물리

기출문제 정복하기

9급 공무원 물리
기출문제 정복하기

개정4판 발행	2025년 01월 24일
개정5판 발행	2026년 01월 16일

편 저 자 | 공무원시험연구소

발 행 처 | ㈜서원각

등록번호 | 1999-1A-107호

주　　　소 | 경기도 고양시 일산서구 덕산로 88-45(가좌동)

교재주문 | 031-923-2051

팩　　　스 | 031-923-3815

교재문의 | 카카오톡 플러스 친구[서원각]

홈페이지 | goseowon.com

PREFACE
이 책의 머리말

시험의 성패를 결정하는 데 있어 가장 중요한 요소 중 하나는 충분한 학습이라고 할 수 있다. 하지만 무작정 많은 양을 학습하는 것은 바람직하지 않다. 시험에 출제되는 모든 과목이 그렇듯, 전통적으로 중요하게 여겨지는 이론이나 내용들이 존재한다. 그리고 이러한 이론이나 내용들은 회를 걸쳐 반복적으로 시험에 출제되는 경향이 나타날 수밖에 없다. 따라서 모든 시험에 앞서 필수적으로 짚고 넘어가야 하는 것이 기출문제에 대한 파악이다.

공무원 시험에서 '물리' 과목은 서울시 9급과 지방직(고졸경채), 해양경찰청 시험 등을 준비하는 데 필요한 과목이다. 시행처별 난도가 상이하여 점수 격차가 크게 나타나는 과목이기도 하다. 물리 과목은 꼭 필요한 이론에 대한 이해를 바탕으로 하지 않고서는 비효율적인 학습이 될 뿐 아니라, 시험에 출제되는 응용문제에 대처할 수 없게 된다. 반복학습으로 이해도를 높이는 동시에 기출문제 풀이로 학습 정도를 확인하고 유형을 살펴보는 것이 좋다.

공무원 기출문제 시리즈는 기출문제 완벽분석을 책임진다. 그동안 시행된 지방직 및 서울시 기출문제를 연도별로 수록하여 매년 빠지지 않고 출제되는 내용을 파악하고, 다양하게 변화하는 출제경향에 적응하여 단기간에 최대의 학습효과를 거둘 수 있도록 하였다. 또한 상세하고 꼼꼼한 해설로 기본서 없이도 효율적인 학습이 가능하도록 하였다.

9급 공무원 시험의 경쟁률이 해마다 점점 더 치열해지고 있다. 이럴 때일수록 기본적인 내용에 대한 탄탄한 학습이 빛을 발한다. 수험생 모두가 자신을 믿고 본서와 함께 끝까지 노력하여 합격의 결실을 맺기를 희망한다.

STRUCTURE

이 책의 특징 및 구성

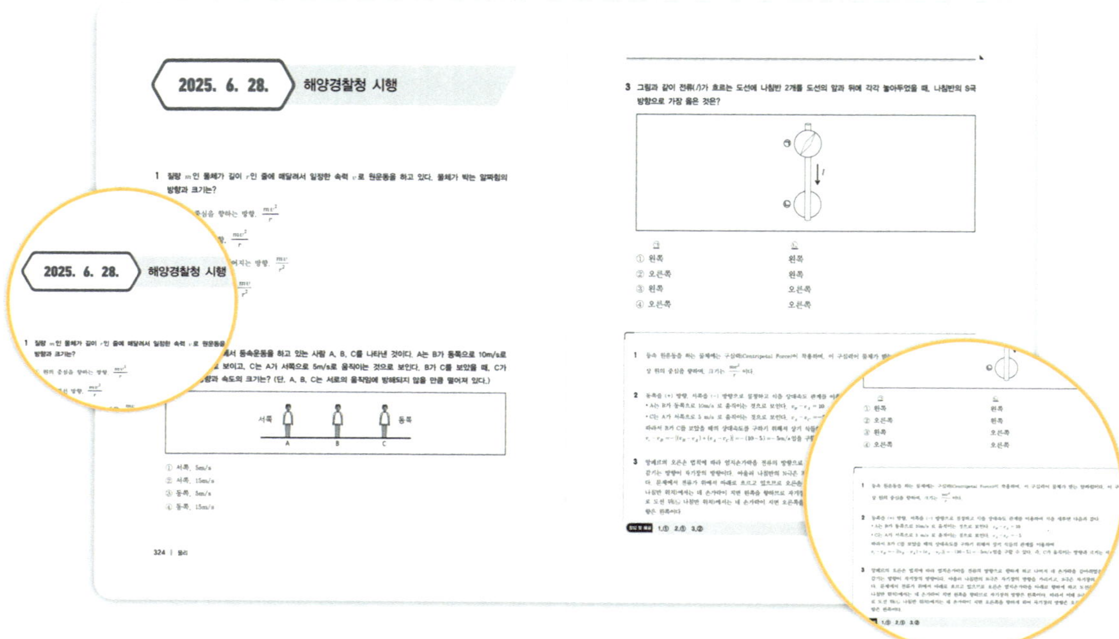

최신 기출문제분석

최신의 최다 기출문제를 수록하여 기출 동향을 파악하고, 학습한 이론을 정리할 수 있습니다. 기출문제들을 반복하여 풀어봄으로써 이전 학습에서 확실하게 깨닫지 못했던 세세한 부분까지 철저하게 파악, 대비하여 실전대비 최종 마무리를 완성하고, 스스로의 학습상태를 점검할 수 있습니다.

상세한 해설

상세한 해설을 통해 한 문제 한 문제에 대한 완전학습을 가능하도록 하였습니다. 정답을 맞힌 문제라도 꼼꼼한 해설을 통해 다시 한 번 내용을 확인할 수 있습니다. 틀린 문제를 체크하여 내가 취약한 부분을 파악할 수 있습니다.

CONTENT
이 책 의 차 례

물리

물리

1 다음 표는 여러 가지 물질의 굴절률을 나타낸 것이다. 빛의 전반사가 일어나는 입사각의 범위가 가장 큰 경우는?

물질	공기	물	유리
굴절률	1.00	1.33	1.52

① 물에서 공기로 진행할 때
② 물에서 유리로 진행할 때
③ 유리에서 공기로 진행할 때
④ 유리에서 물로 진행할 때

2 그림은 비행기가 활주로에 착륙한 후부터 정지할 때까지의 속도 – 시간 그래프를 나타낸 것이다. 이 그래프에 대한 설명으로 옳은 것은?

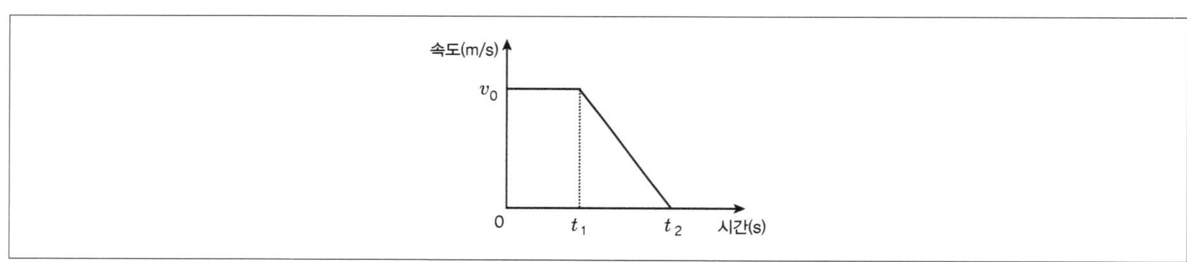

① 시간 $0 \sim t_1$ 동안 비행기에 알짜힘이 작용한다.

② 속도 v_0가 2배가 되면 $0 \sim t_1$ 동안 이동한 거리는 4배가 된다.

③ 시간 $0 \sim t_2$ 동안 이동한 총 거리는 $\dfrac{1}{2} v_0 (t_1 + t_2)$이다.

④ 시간 $t_1 \sim t_2$ 동안 가속도의 방향은 운동 방향과 같다.

3 다음은 나트륨 이온(Na^+)을 표시한 것이다. 이에 대한 설명으로 옳은 것을 〈보기〉에서 모두 고른 것은?

$$^{23}_{11}Na^+$$

〈보기〉
ㄱ 중성자수는 12개이다.
ㄴ 전자수는 10개이다.
ㄷ 이온 반지름이 원자 반지름보다 작다.

① ㄱ, ㄴ

② ㄴ, ㄷ

③ ㄱ, ㄷ

④ ㄱ, ㄴ, ㄷ

---

1 전반사란 빛이 굴절률이 큰 물질로부터 굴절률이 작은 물질의 경계면으로 진행할 때, 입사각이 어떤 임계각보다 크면 빛이 모두 반사되는 현상이다. 따라서 유리에서 공기로 진행할 때 입사각의 범위가 가장 크다.

2 ① 시간 $0{\sim}t_1$ 동안에는 등속운동을 하므로 알짜힘은 0이다.
② 속도 v_0이 2배가 되면 $0{\sim}t_1$ 동안 이동한 거리는 2배가 된다.
④ 시간 $t_1{\sim}t_2$ 동안 속도가 감소하고 있으므로 가속도의 방향은 운동 방향과 반대이다.

3 ㄱ, ㄴ, ㄷ 모두 옳은 설명이다.

4 다음은 동일 직선 상에서 운동하는 물체 A, B의 충돌 전후의 위치를 시간에 따라 나타낸 것이다. 이에 대한 설명으로 옳은 것을 〈보기〉에서 모두 고른 것은? (단, A와 B에 외부의 힘은 작용하지 않는다.)

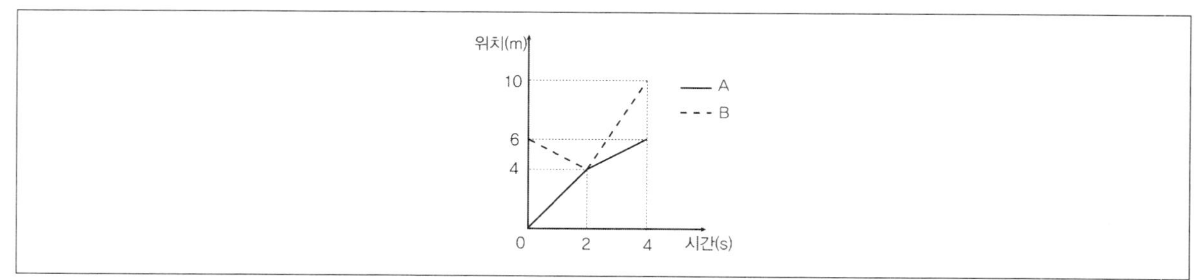

〈보기〉
㉠ 충돌 시 A가 받은 충격량의 크기와 B가 받은 충격량의 크기는 같다.
㉡ A의 질량은 B의 질량의 4배이다.
㉢ A와 B의 운동에너지의 총합은 충돌 전과 후에 동일하다.

① ㉠, ㉡   ② ㉠, ㉢

③ ㉡, ㉢   ④ ㉠, ㉡, ㉢

5 0℃에서 저항이 20Ω일 때, 온도를 100℃로 해주면 저항은 얼마가 되는가? (단, 비저항 온도계수 $\alpha = 3.0 \times 10^{-3}$이다.)

① 13Ω   ② 26Ω

③ 39Ω   ④ 52Ω

6 그래프는 색을 감지하는 사람의 원뿔 세포 A, B, C가 파장에 따라 빛을 흡수하는 정도를 나타낸 것이다. 이에 대한 설명으로 옳은 것을 〈보기〉에서 모두 고른 것은?

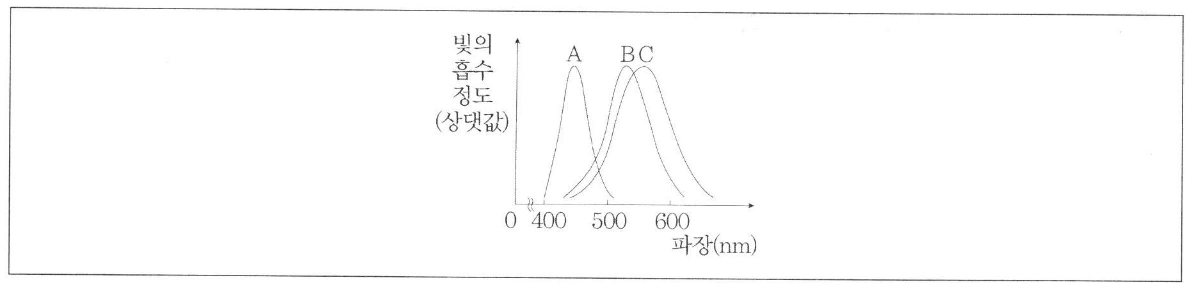

〈보기〉

㉠ 백색광에는 A와 B만 강하게 반응한다.

㉡ A, B, C는 각각 청색, 녹색, 황색 원뿔 세포이다.

㉢ 적외선이 눈에 들어오면 A, B, C 모두 반응하지 않는다.

① ㉠

② ㉠, ㉡

③ ㉡, ㉢

④ ㉢

---

4 ㉢ 충돌 전 운동에너지의 총합은 $\frac{1}{2}m_A(2)^2 + \frac{1}{2}m_B(1)^2 = 2m_A + \frac{1}{2}m_B$이고, 충돌 후 운동에너지의 총합은 $\frac{1}{2}m_A(1)^2 + \frac{1}{2}m_B(3)^2 = \frac{1}{2}m_A + \frac{9}{2}m_B$이다. 따라서 A와 B의 운동에너지의 총합은 충돌 전과 후에 다르다.

5 100℃에서 비저항을 ρ_2이라 할 때, $\rho_2 = \rho_1[1 + \alpha(t_2 - t_1)]$이므로 (이때 α는 비저항 온도계수) $\rho_2 = \rho_1[1 + 3.0 \times 10^{-3}(100 - 0)] = 1.3\rho_1$ 이다. 따라서 100℃에서 저항은 $20 \times 1.3 = 26\Omega$이 된다.

6 ㉠ 백색광에는 A, B, C 모두 강하게 반응한다.
　　㉡ A, B, C는 각각 청색, 녹색, 적색 원뿔 세포이다.

정답 및 해설 　4.① 　5.② 　6.④

7 그림은 자동차에서 발생한 진동수가 f인 경적 소리의 파면을 진행 방향으로 나타낸 것이다. 경적 소리는 벽의 작은 틈을 통해 전파되고 있으며, 자동차로부터 멀어질수록 지면으로부터 위쪽 방향으로 휘어져 진행한다. 이에 대한 설명으로 옳지 않은 것은?

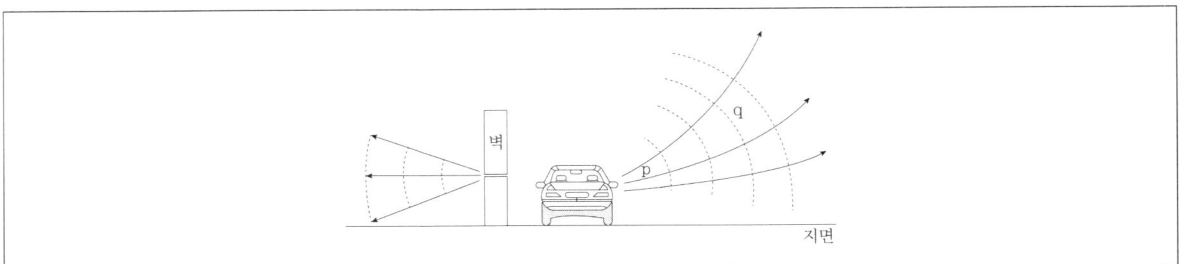

① 벽의 작은 틈에서 소리는 회절한다.

② f가 감소할수록 회절이 더 잘 된다.

③ 지면에서 높아질수록 공기의 온도는 높다.

④ 소리의 속력은 p에서가 q에서보다 빠르다.

8 다음 중 빛을 이용한 정보의 저장매체가 아닌 것은?

① Flash Memory

② Compact Disc

③ Digital Versatile Disc

④ Blu-ray Disc

9 그림은 공기 덩어리가 상승하면서 구름이 생성되는 원리를 나타낸 것이다. 과정 A에서는 공기 덩어리가 단열 팽창하고 과정 B에서는 수증기의 응결이 일어난다. 이에 대한 설명으로 옳은 것을 〈보기〉에서 모두 고른 것은?

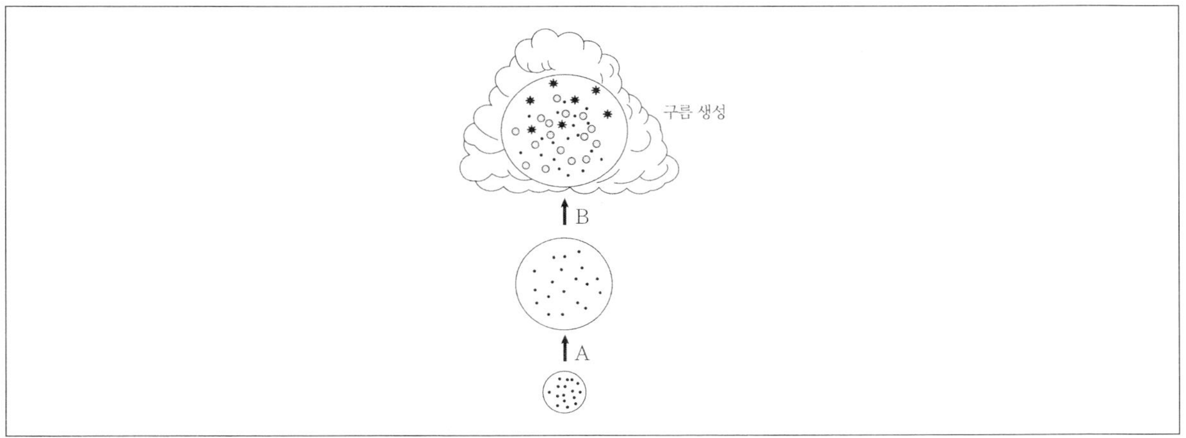

〈보기〉

㉠ A에서 공기 덩어리의 온도는 낮아진다.
㉡ A에서 공기 덩어리는 외부로부터 일을 받는다.
㉢ B에서 응결되는 수증기는 외부로부터 열을 흡수한다.

① ㉠

② ㉠, ㉡

③ ㉢

④ ㉡, ㉢

---

7 ③ 공기는 온도가 상대적으로 낮은 곳일수록 굴절률이 크다. 지면으로부터 위쪽 방향으로 휘어져 진행하고 있으므로 위쪽이 더 굴절률이 크고 공기의 온도는 낮다.

8 ②③④는 광디스크의 일종이다. 플래시 메모리는 전기적 성질을 이용한 저장매체이다.

9 ㉡ A에서 공기 덩어리는 외부에 일을 한다.
　㉢ B에서 응결되는 수증기는 외부에 열을 방출한다.

정답 및 해설　7.③　8.①　9.①

10 다음은 광전 효과에 대해 설명한 글의 일부이다. ㈎ ~ ㈐에 들어갈 내용으로 옳은 것은?

> 금속에 특정 진동수 이상의 진동수를 가진 빛을 쪼이면 금속으로부터 ㈎ 가 튀어나오는 현상을 광전 효과라고 한다. 아인슈타인은 "빛은 ㈏ 에 비례하는 에너지를 갖는 ㈐ 라고 하는 입자들의 흐름이다."라는 광양자설로 광전 효과를 설명하였다. 광양자설에 의하면 금속으로부터 튀어나온 ㈎ 의 운동 에너지는 ㈏ (이)가 큰 빛을 쪼일 때 더 커진다.

	㈎	㈏	㈐
①	중성자	파장	광자
②	전자	세기	쿼크
③	양성자	세기	쿼크
④	전자	진동수	광자

11 전류가 흐를 때 빛을 방출하는 다이오드를 발광다이오드(Light Emitting Diode)라고 한다. 다음 중 발광다이오드에 대한 설명이 아닌 것은?

① p-n 접합 다이오드에 순방향으로 전류가 흐를 때 전도띠의 바닥에 있던 전자가 원자가띠의 꼭대기에 있는 양공으로 떨어지면 그 사이 띠틈에 해당하는 만큼의 에너지가 빛으로 방출된다.

② LED를 제작하는 반도체의 재질에 따라 띠틈의 에너지가 변화하며, 이를 이용하여 방출하는 빛의 색깔을 바꿀 수 있다.

③ LED는 전력 손실이 작은 장점 이외에도 수명이 길고 크기가 작으며 가벼워서 각종 영상 표시 장치, 조명 장치, 레이저 등의 제작에 사용되고 있다.

④ 이미터(E), 베이스(B), 컬렉터(C)라고 부르는 세 개의 단자로 되어 있다.

12 그림과 같이 천장에 매달린 고정 도르래에 질량이 각각 m_1, m_2인 두 개의 벽돌 A, B가 늘어나지 않는 줄에 매달려 있다. 정지해있던 벽돌들을 가만히 놓았을 때 벽돌 B가 아래 방향으로 가속도 a로 내려가게 되었다. 벽돌 A의 질량 m_1은? (단, 줄과 도르래의 질량, 모든 마찰은 무시하며, 중력가속도는 g이다.)

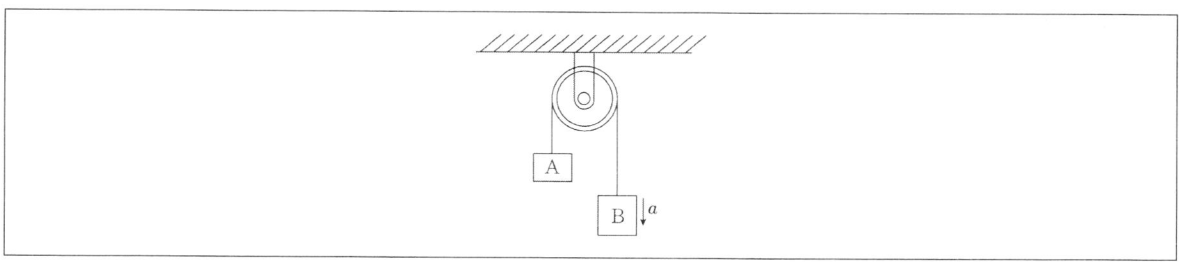

① $\dfrac{g+a}{g-a}m_2$

② $\dfrac{g-a}{g+a}m_2$

③ $\dfrac{g+2a}{g-2a}m_2$

④ $\dfrac{g-2a}{g+2a}m_2$

---

10 금속에 특정 진동수 이상의 진동수를 가진 빛을 쪼이면 금속으로부터 (가)전자가 튀어나오는 현상을 광전 효과라고 한다. 아인슈타인은 "빛은 (나)진동수에 비례하는 에너지를 갖는 (다)광자라고 하는 입자들의 흐름이다."라는 광양자설로 광전 효과를 설명하였다. 광양자설에 의하면 금속으로부터 튀어나온 (가)전자의 운동 에너지는 (나)진동수(이)가 큰 빛을 쪼일 때 더 커진다.

11 ④는 트랜지스터에 대한 설명이다.

12 각 물체에 작용하는 힘은 중력과 장력이다.
- A : $T - m_1 g = m_1 a$ (∵ 물체 A는 위쪽으로 운동하므로 장력이 중력보다 크다.)
- B : $m_2 g - T = m_2 a$ (∵ 물체 B가 연직 아래 방향으로 등가속도 운동을 하므로 B에 작용하는 중력은 장력보다 크다.)

따라서 $m_2 g - m_1 g = m_1 a + m_2 a$이므로 $(g+a)m_1 = (g-a)m_2$, $m_1 = \dfrac{g-a}{g+a}m_2$이다.

정답 및 해설 10.④ 11.④ 12.②

13 일정량의 기체에 5kcal의 열량을 가하였더니 기체가 팽창하면서 외부에 8,400J의 일을 하였다. 이때 기체의 내부 에너지 증가량은 몇 J인가? (1kcal = 4,200J)

① 0

② 8,400

③ 12,600

④ 29,400

14 그림과 같이 정사각형 도선이 균일한 자기장에 가만히 놓여 있다. 자기장의 방향은 정사각형 도선의 면에 수직으로 들어가는 방향이다.

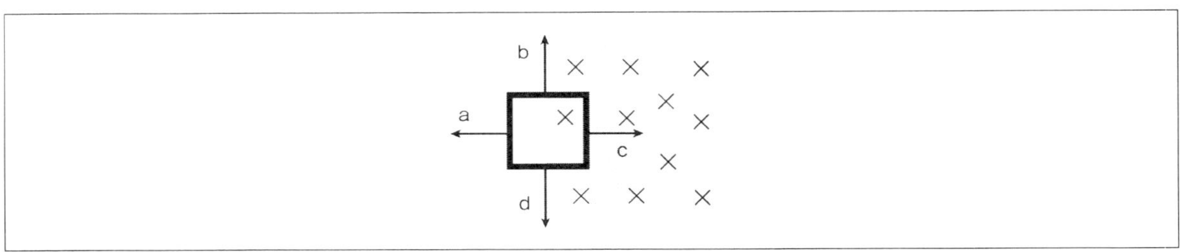

정지해 있던 정사각형 도선을 v의 속력으로 움직이는 순간 도선에 생기는 유도 기전력에 대한 설명으로 옳은 것을 〈보기〉에서 모두 고른 것은?

〈보기〉
㉠ a와 c 방향으로 움직일 때 유도 기전력의 세기는 서로 같다.
㉡ a와 c 방향으로 움직일 때 유도 기전력의 방향은 서로 같다.
㉢ b와 d 방향으로 움직일 때 유도 기전력은 생기지 않는다.

① ㉠

② ㉡

③ ㉠, ㉢

④ ㉡, ㉢

15 그림은 수평면 위에 놓여 있는 질량 4kg인 물체 B위에 질량 1kg인 물체 A를 올려놓은 후, 물체 B에 10N
의 힘을 오른쪽으로 작용한 모습을 나타낸 것이다.

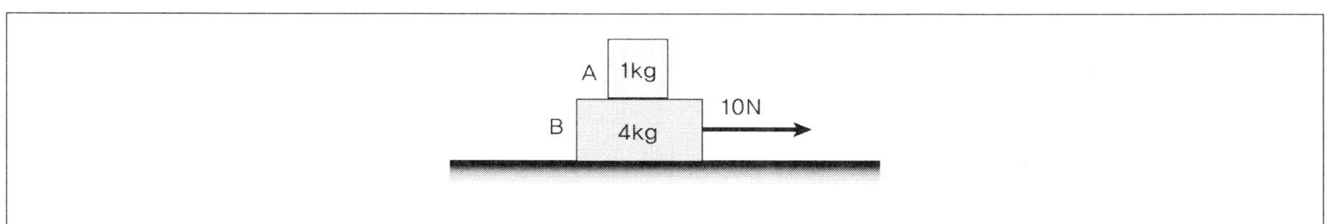

물체 A가 미끄러지지 않고 물체 B와 한 덩어리로 함께 움직였을 때, 물체 A에 작용하는 마찰력의 방향과
크기는? (단, 물체 B와 수평면 사이의 마찰은 무시하고, 중력 가속도는 10m/s^{2}이다.)

	방향	크기		방향	크기
①	왼쪽	2N	②	왼쪽	4N
③	오른쪽	2N	④	오른쪽	4N

---

13 $\delta U = \delta Q - \delta W$에서 $\delta Q = 5 \times 4,200 = 21,000\text{J}$이고, $\delta W = 8,400\text{J}$이므로 $\delta U = 21,000 - 8,400 = 12,600\text{J}$이다.

14 ㉡ a와 c 방향으로 움직일 때 닿향이 반대이므로 유도 기전력의 방향은 서로 반대이다.

15 물체 A가 미끄러지지 않고 물체 B와 한 덩어리로 함께 움직이고 있으므로, $F = ma$에서 $10 = (1+4)a$, $a = 2\text{m/s}$이다.
따라서 $F_A = 1 \times 2 = 2\text{N}$이고 방향은 오른쪽이다.

정답 및 해설 13.③ 14.③ 15.③

16 다음 A, B는 수소(H)의 핵융합과 우라늄(U)의 핵분열 과정을 나타낸 핵 반응식이다.

$$A : {}_{1}^{1}\text{H} + {}_{1}^{2}\text{H} \rightarrow (\ ㉠\ ) + r + 약\ 5.5\text{MeV}$$

$$B : {}_{92}^{235}\text{U} + (\ ㉡\ ) \rightarrow {}_{92}^{236}\text{U} \rightarrow {}_{36}^{92}\text{Kr} + {}_{56}^{141}\text{Ba} + 3\,{}_{0}^{1}\text{n} + 약\ 200\text{MeV}$$

㉠의 중성자 수와 ㉡에 해당하는 입자로 옳은 것은?

	㉠의 중성자 수	㉡
①	0	${}_{1}^{1}\text{H}$
②	1	${}_{0}^{1}\text{n}$
③	2	${}_{0}^{1}\text{n}$
④	1	${}_{-1}^{0}\text{e}$

17 다음 표의 A와 B는 동위원소 관계이고, B와 C는 질량수가 같을 때, ㈎와 ㈏의 합은?

중성 원자	A	B	C
양성자 수	18	㈎	19
중성자 수	20	22	㈏

① 39
② 40
③ 41
④ 42

18 그림은 직선 운동을 하는 어떤 물체의 속도를 시간에 따라 나타낸 것이다. 이 물체의 운동에 대한 설명으로 옳은 것을 〈보기〉에서 모두 고른 것은?

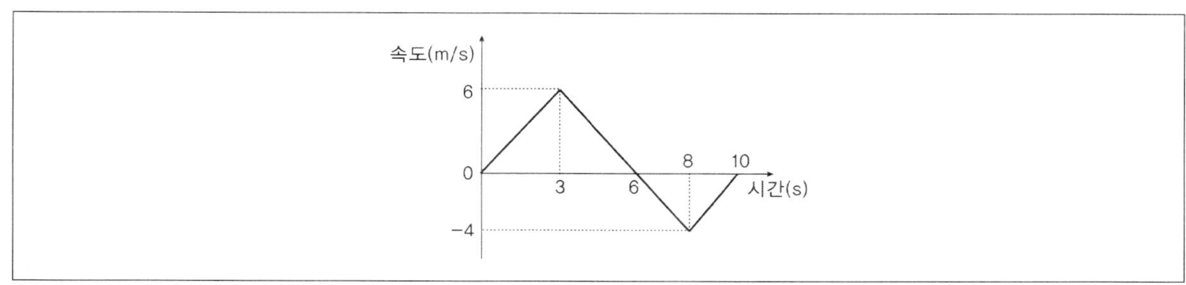

〈보기〉
㉠ 0 ~ 10초 동안 이동한 거리는 10m이다.
㉡ 0 ~ 10초 동안 평균속도의 크기는 1m/s이다.
㉢ 3 ~ 8초 동안의 평균가속도는 $-2m/s^2$이다.

① ㉠

② ㉡

③ ㉠, ㉢

④ ㉡, ㉢

---

16 ㉠ ^3_2He, ㉡ ^1_0n이다. 따라서 ㉠의 중성자 수는 $3 - 2 = 1$개이고, ㉡에 해당하는 입자는 ^1_0n 중성자이다.

17 동위원소는 같은 수의 양성자를 가지므로 ㉮는 18이다. B와 C의 질량수가 같다고 하였으므로 $18 + 22 = 19 + $㉯이므로 ㉯는 21이다. 따라서 ㉮ + ㉯ = $18 - 21 = 39$가 된다.

18 ㉠ 속도–시간 그래프에서 이동 거리는 면적이므로 구할 수 있다. 따라서 0~10초 동안 이동한 거리는
$$\frac{1}{2} \times 6 \times 6 + \frac{1}{2} \times 4 \times 4 = 18 + 8 = 26\text{m}\text{이다. (X)}$$

㉡ 0~10초 동안 평균속도의 크기는 $\frac{18 - 8}{10} = 1^m\!/\!s$이다. (O)

㉢ 3~8초 동안의 평균가속도는 $\frac{-4 - 6}{5} = \frac{-10}{5} = -2^m\!/\!s$이다. (O)

정답 및 해설 **16.**② **17.**① **18.**④

19 그림은 보어의 수소 원자 모형을 나타낸 것이다. 이에 대해 옳게 말한 사람을 모두 고른 것은?

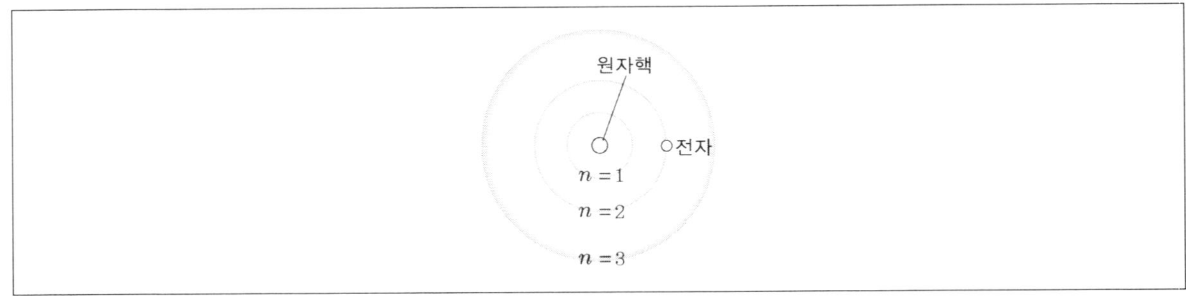

철수 : 원자핵과 전자 사이에는 쿨롱의 법칙을 따르는 힘이 작용해.

영희 : 전자가 n=1인 궤도에 있을 때 전자의 에너지가 가장 커.

민수 : 전자가 n=3에서 n=2인 궤도로 전이할 때 원자가 빛을 흡수해.

① 철수　　　　　　　　　　　② 민수

③ 철수, 영희　　　　　　　　④ 영희, 민수

20 다음 표는 동일한 지진에 대해 관측소 A와 B의 지진 기록이다. 이에 대한 설명으로 옳은 것을 〈보기〉에서 모두 고른 것은?

관측소	지진파 도달 시각		진도
	P파	S파	
A	21시 58분 27초	21시 58분 47초	3.0
B	21시 58분 17초	21시 58분 29초	4.0

〈보기〉

㉠ PS시는 A가 B보다 짧다.
㉡ 지진의 구모는 A와 B에서 같다.
㉢ 진원까지의 거리는 A가 B보다 멀다.
㉣ 지표면이 흔들린 정도는 A가 B보다 크다.

① ㉠, ㉡   ② ㉠, ㉣

③ ㉡, ㉢   ④ ㉢, ㉣

---

19 영희 : 전자가 $n=1$인 궤도에 있을 때 전자의 에너지는 가장 작다.
　　 민수 : 전자가 $n=3$에서 $n=2$인 궤도로 전이할 때 원자는 빛을 방출한다. ($\because$ 잃어버린 에너지가 빛의 형태로 방출되므로)

20　㉠ A의 PS시는 20초이고 B의 PS시는 12초이다. 따라서 PS시는 A가 B보다 길다.
　　 ㉡ 지진의 규모는 진원에서 방출된 지진에너지의 양이므로 동일한 지진일 경우 규모는 A와 B에서 같다.
　　 ㉢ 지진파가 도달 시각이 관측소 A에서 더 느리므로 진원까지의 거리는 A가 B보다 멀다.
　　 ㉣ 진도가 B가 더 크므로 지표면이 흔들린 정도는 B가 A보다 크다.

정답 및 해설　19.①　20.③

1 무게가 550N인 두 개의 동일한 물체가 그림과 같이 도르래를 통해 용수철 저울에 줄로 연결되어 평형을 이루고 있다. 용수철 저울의 눈금[N]은?

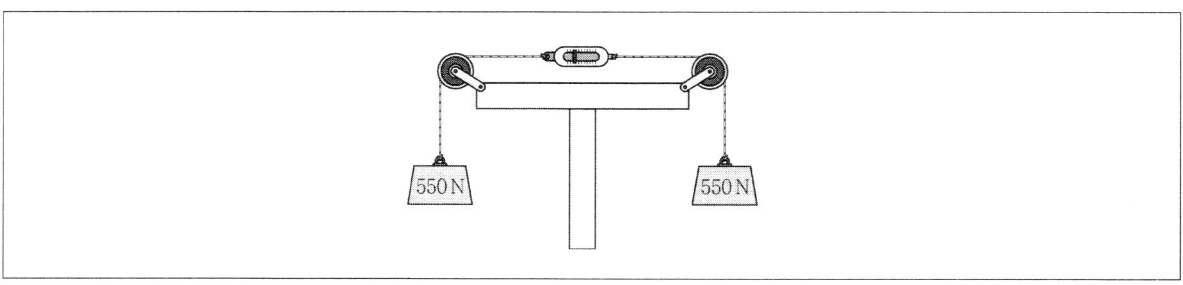

① 0

② 275

③ 550

④ 1,100

2 전자기파는 진공에서의 파장에 따라 다양한 이름으로 불린다. 다음 중 전자기파가 아닌 것은?

① 알파선

② 형광등 불빛

③ 병원에서 엑스레이 사진을 찍을 때 사용하는 X − 선

④ 자외선

3 다음 글에서 설명하는 기본입자는?

> - 렙톤에 속한다.
> - 중성자의 베타(β) 붕괴과정에서 발견된다.
> - 전하량은 $-e$ 이다.

① 중성자

② 전자

③ 양성자

④ 뮤온

---

1 용수철 저울과 두 물체가 '평형' 상태에 있으므로, 각 물체에 평형조건 $\sum \vec{F} = 0$을 이용한다. 물체 A는 평형 상태에 있으므로 무게 $550\,kg \cdot$ 중과 장력 T_A는 같아야 한다. 따라서 $T_A = 500\,kg \cdot$중이다. 같은 이유로 물체 B에 작용하는 장력도 $T_B = 550\,kg \cdot$중이다. 물체에 매달린 줄에 작용하는 장력 T_A, T_B가 용수철에도 그대로 작용하므로 용수철 저울 양끝에서 작용하는 힘 역시 그림과 같이 T_A, T_B이다. 마지막으로 용수철 저울에 작용하는 힘의 합도 0이므로 $T_A = T_B = 550\,kg \cdot$중이 되며 이 힘이 저울의 눈금 $550N$으로 나타난다.

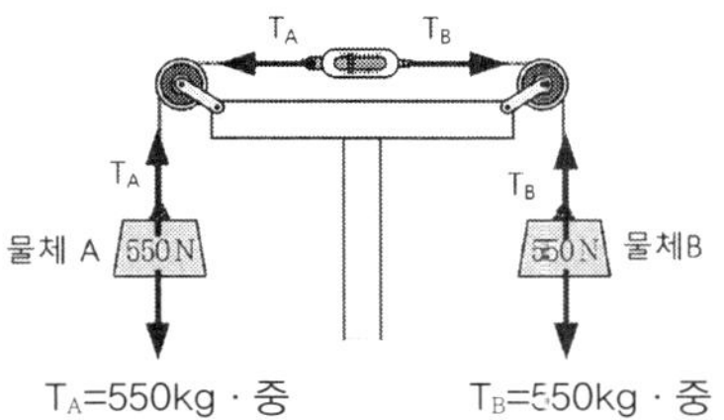

2 알파선은 우라늄 등의 방사성 원소가 다른 핵종으로 변환되면서 방출하는 헬륨 핵입자 (^4He)의 흐름이므로 전자기파가 아니다.

3 모두 전자를 기술하는 내용이다. 렙톤은 전자(중성미자), 뮤온(중성미자), 타우(중성미자)로 구성되어 있다.

4 다음 그림은 똑같은 두 파동이 속력이 같고 서로 반대 방향으로 진행하다가 중첩되기 시작한 것을 나타낸다. 이때부터 파동의 $\dfrac{1}{4}$ 주기가 지났을 때 중첩된 파동의 모양으로 옳은 것은?

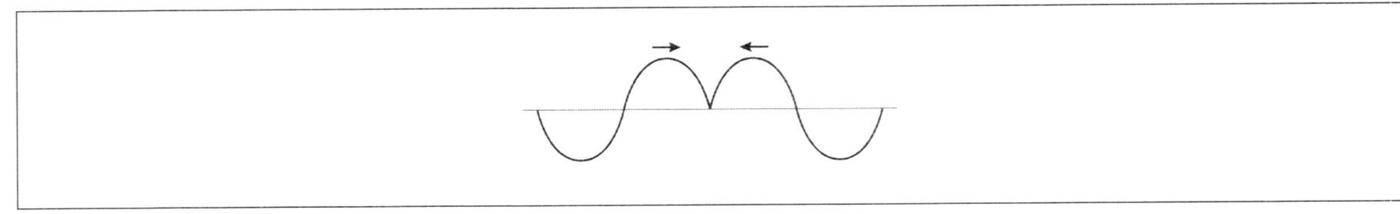

① 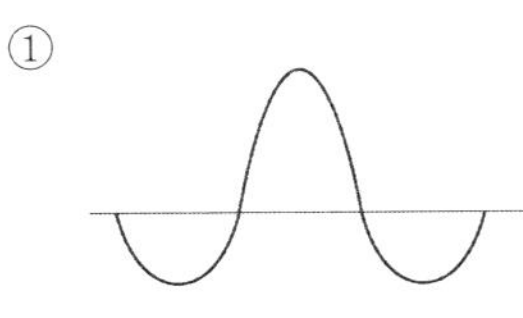

② 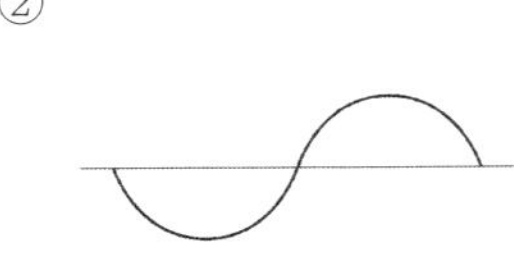

③ 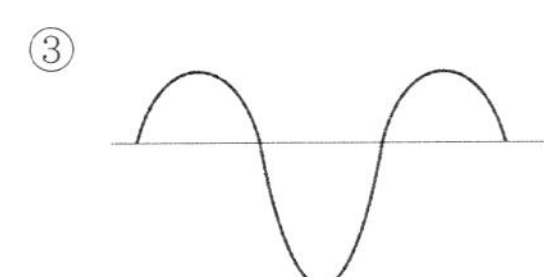

④ 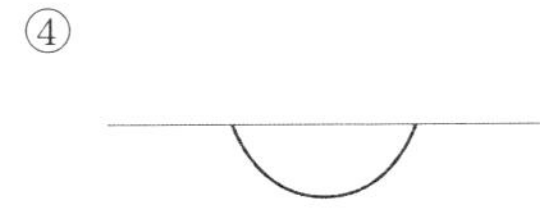

5 그림과 같이 x 축 상에 거리가 d, $2d$, $4d$인 곳에 전하량이 각각 -1C, $+2\text{C}$, q인 전하가 고정되어 있다. 전하 q의 크기[C]는? (단, $x = 0$에서 세 전하에 의한 전기장은 0이다)

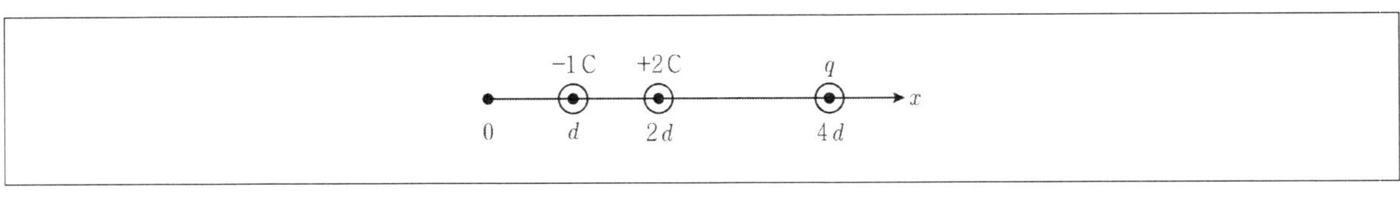

① -4

② $+1$

③ $+2$

④ $+8$

4 파동은 한 주기 T 동안 한 파장 λ를 진행한다. 따라서 1/4 주기, 즉 $\frac{1}{4}T$ 동안 $\frac{1}{4}\lambda$를 이동한다.

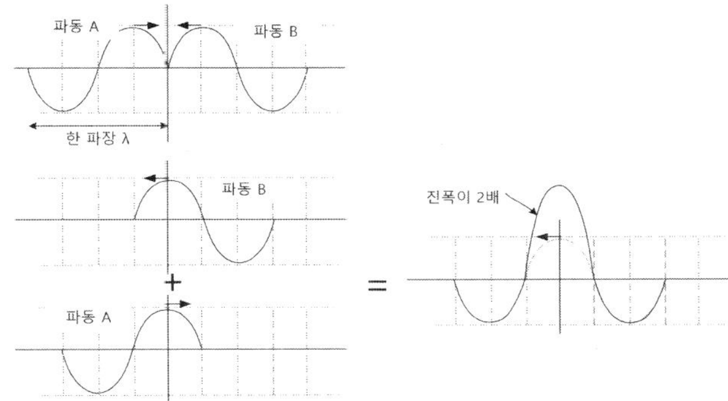

그림과 같이 파동 A가 오른쪽으로 $\frac{1}{4}\lambda$ 만큼, 파동 B가 왼쪽으로 $\frac{1}{4}\lambda$ 진행하면 중첩된 부분의 진폭이 배가 되므로 파동의 모양은 보기 ○과 같아진다.

5 $x=0$에서 전기장이 0임을 이용한다.

즉, q_1, q_2, q에 의한 전기장을 $\overrightarrow{E_1}$, $\overrightarrow{E_2}$, $\overrightarrow{E_0}$라고 하면 $x=0$에서 $\overrightarrow{E_1}+\overrightarrow{E_2}+\overrightarrow{E_0}=0$다.

이를 전개하면 $k\dfrac{q_1}{d^2}(-\hat{x})+k\dfrac{q_2}{(2d)^2}(-\hat{x})+k\dfrac{q}{(4d)^2}(-\hat{x})=0$,

$k\dfrac{(-1)}{d^2}(-\hat{x})+k\dfrac{(+2)}{4d^2}(-\hat{x})+k\dfrac{q}{16d^2}(-\hat{x})=0$이므로 $q=+8C$이다.

(별해) 벡터 연산이 자유롭지 못한 수험생이라면 다음과 같이 답을 찾을 수 있다.

전기장은 거리의 제곱에 반비례하고, 전하량에 비례한다는 점을 기억하면, q_1에 의한 전기장이 q_2에 의한 전기장보다 강하므로 두 전하량에 의한 전기장은 $+x$방향이다. 그러므로 $x=0$에서 전기장이 0이 되기 위한 q는 일단 양전하이어야 한다.

전하량은 $\left|k\dfrac{q_1}{d^2}+k\dfrac{q_2}{(2d)^2}\right|=k\dfrac{q}{(4d)^2}$ 을 만족하는 q이다.

$\left|k\dfrac{(-1)}{d^2}+k\dfrac{2}{4d^2}\right|=k\dfrac{q}{16d^2}$ 로부터 $q=+8C$을 얻을 수 있다.

정답 및 해설 4.① 5.④

6 두 인공위성 A와 B가 궤도반경이 각각 r_A, r_B인 다른 원궤도를 등속 원운동하고 있다. A와 B의 공전속력이 각각 v, $2v$라고 할 때 궤도 반경의 비 $r_A : r_B$는?

① $1 : 2$

② $2 : 1$

③ $1 : 4$

④ $4 : 1$

7 그림은 p형 반도체에 (+)극을 연결하고, n형 반도체에 (−)극을 연결한 모습이다. 이에 대한 설명으로 옳지 않은 것은?

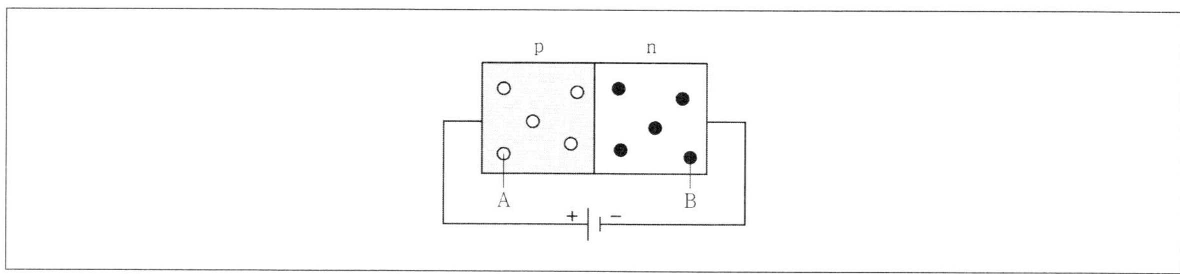

① A는 양공이다.

② 순방향 연결이다.

③ 이 회로에는 전류가 잘 흐른다.

④ B는 전자로 (−)극 쪽으로 이동한다.

8 그림과 같이 일정한 전류 I가 흐르는 직선 도선이 있고, 같은 평면에 놓인 원형 도선을 일정한 속도 v로 오른쪽으로 당길 때 일어나는 현상으로 옳지 않은 것은?

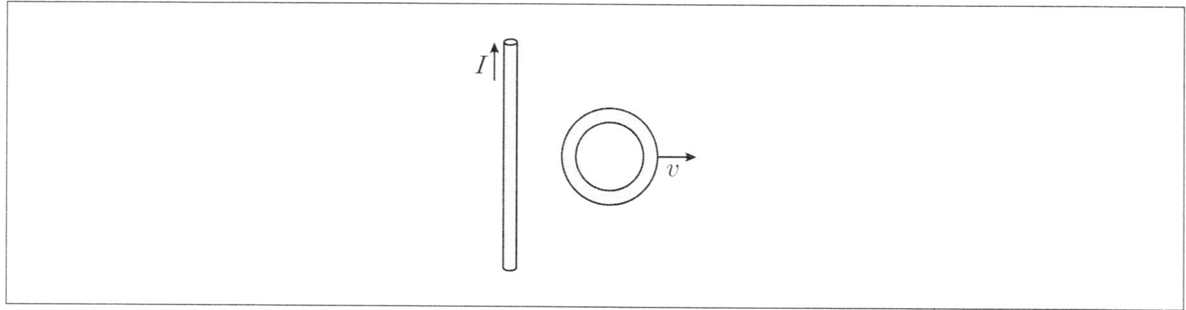

① 원형 도선에 전자기 유도 현상이 발생한다.

② 원형 도선 내부를 통과하는 자기력선속은 감소한다.

③ 원형 도선에 흐르는 유도전류의 방향은 반시계방향이다.

④ 원형 도선 내부를 통과하는 직선도선에 의한 자기장의 방향은 종이면으로 들어가는 방향이다.

6 먼저 각 지구 중심에서 r만큼 떨어진 인공위성에 뉴턴의 제2법칙, $\sum \vec{F} = m\vec{a}$을 적용하면 $G\dfrac{Mm}{r^2} = m\dfrac{v^2}{r}$ 이다. (여기서 M,

m은 지구와 인공위성의 질량이다.)

이로부터 $r = \dfrac{GM}{v^2}$, 즉 거리는 속도의 제곱에 반비례함을 알 수 있다.

따라서 $r_A = \dfrac{GM}{v^2}$, $r_B = \dfrac{GM}{(2v)^2}$ 이므로 $r_A : r_B = \dfrac{1}{v^2} : \dfrac{1}{4v^2} = 4 : 1$이다.

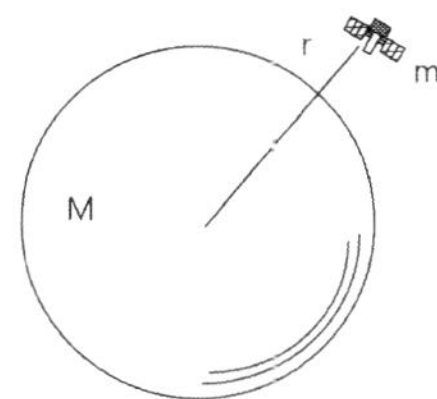

7 ④ B는 전자이며 p형의 양공에 의해 오른쪽(+)으로 이동한다.

8 그림과 같이 직선 도선 주위에 자속밀도가 형성되며 그 세기는 직선 도선에서 멀어 질수록 거리에 반비례하며 작아진다. 따라서 원형 도선이 오른쪽으로 움직이면서 원형 도선 내부를 지나는 자기력선속은 감소하며(②) 원형 도선에 전자기 유도 현상이 발생한다(①). 렌츠의 법칙에 의하여 시계방향으로 전류가 유도되어야 한다(따라서 ③번이 틀리다). 원형 도선 쪽에 생기는 자속의 방향은 종이면으로 들어가는 방향이다(④).

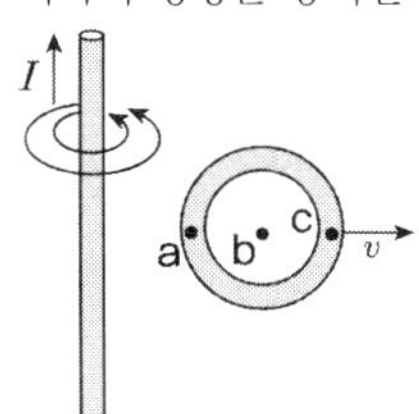

9 그림은 한쪽 끝이 열린 관에 물을 담고 소리굽쇠에서 나는 음파의 공명위치를 찾는 실험을 나타낸 것이다. 물의 높이를 낮추어 갈 때, n번째 공명이 일어난 위치를 x_n이라고 하자. x_1 = L일 때 x_2와 x_3의 값은?

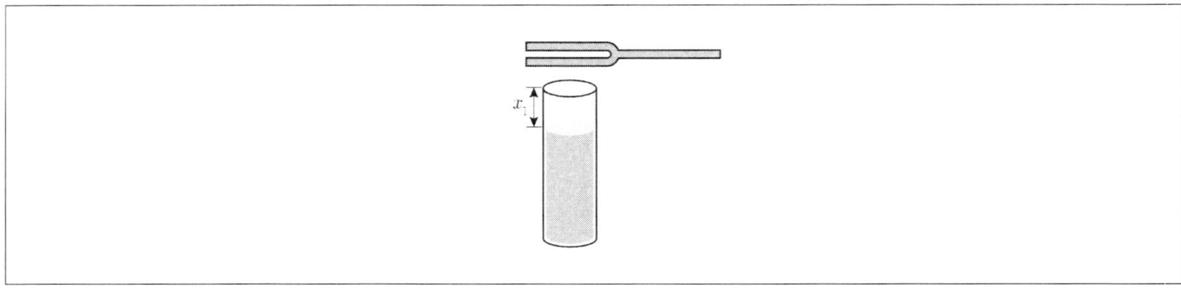

	x_2	x_3
①	1.5L	2L
②	2L	3L
③	2L	4L
④	3L	5L

10 그림과 같이 받침대 A, B에 질량이 5kg, 길이가 4m인 막대를 수평면과 나란하게 올려놓고, O점으로부터 3m인 지점에 질량이 2kg인 물체를 올려놓았을 때 힘의 평형상태가 유지된다. 이때, 받침대 A가 막대에 작용하는 힘의 크기[N]는? (단, 중력가속도는 10m/s²이고, 막대의 밀도는 균일하며 두께와 폭은 무시한다)

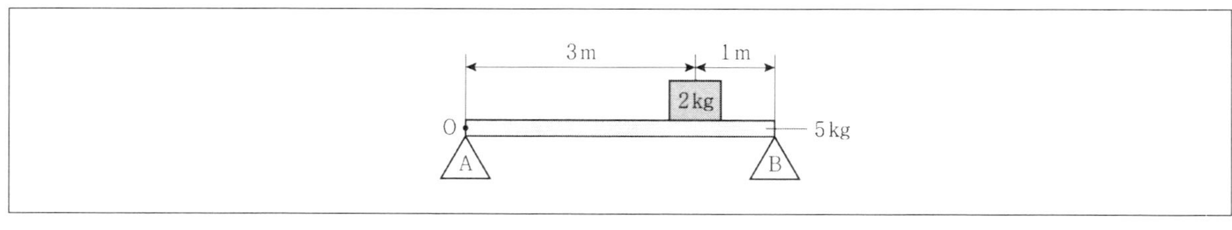

① 30

② 40

③ 45

④ 50

11 다음은 핵융합 과정의 일부를 나타낸 반응식이다. 이에 대한 설명으로 옳지 않은 것은?

$$^{2}_{1}\mathrm{H} + {}^{3}_{1}\mathrm{H} \ \rightarrow \ {}^{4}_{2}\mathrm{He} + (\ \bigcirc\ ) + 17.6\mathrm{MeV}$$

① ㉠은 중성자이다.

② 에너지를 흡수하는 반응이다.

③ 반응 전과 후에 질량수가 변하지 않는다.

④ 반응 과정에서 질량결손이 일어난다.

---

9 그림과 같이 소리굽쇠에서 나는 음파의 첫 번째 공명위치는 1/4 파장에 해당한다. 따라서 두 번째 공명위치 x_2는 3/4 파장 즉, 3L이고, 세 번째 공명위치 x_3는 5/4 파장, 즉 5L이다.

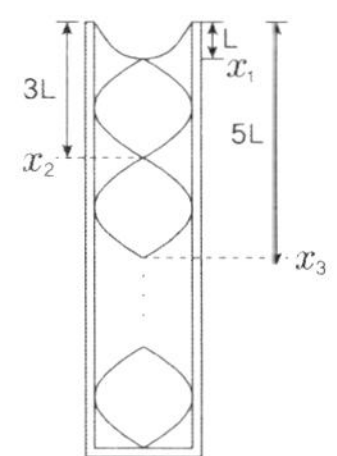

10

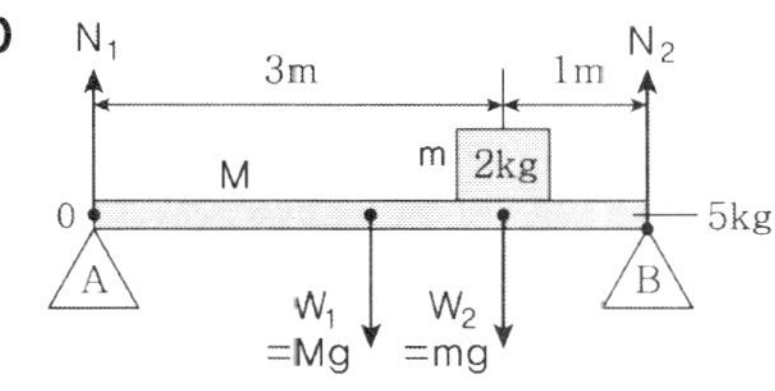

강체의 평형조건을 적용한다. E를 기준점으로 잡고 막대에 작용하는 토우크의 힘이 0임을 이용한다.

$N_1(4) - W_1(2) - W_2(1) = 0$, $N_1(4) - Mg(2) - mg(1) = 0$, $4N_1 - 100 - 20 = 0$ 따라서 $N_1 = 30N$이다.

11 핵융합 반응식에서 반응 전후 원자번호 합과 질량수 모두 같아야 한다. 따라서 빠진 원소는 $^{1}_{0}n$, 즉 중성자가 된다. 반응식에서 반응 이후 $+17.6MeV$가 방출되므로 이는 에너지를 방출하는 반응이다. 따라서 ②는 틀리다.

정답 및 해설 9.④ 10.① 11.②

12 그림 ㈎는 동일한 두 금속구 A, B를 절연된 실에 연결하여 서로 접촉을 시켜 놓고 (+)대전체를 A에 가까이 가져간 것이고, 그림 ㈏는 대전체를 가까이 한 상태에서 두 금속구를 분리시킨 후 대전체를 치운 상태이다. 이 때, 금속구 A, B에 대전된 전하량은 각각 $-Q$, $+Q$이다. 두 금속구와 동일한 대전되지 않은 금속구 C를 ㈏의 A에 접촉시키고 나서 분리한 후, 다시 B에 접촉시키고 나서 분리하였을 때 이에 대한 설명으로 옳지 않은 것은?

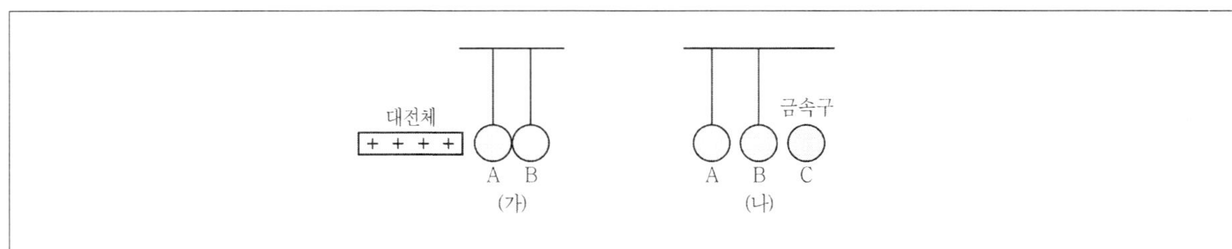

① 금속구 B의 최종 전하량은 $+\dfrac{Q}{2}$이다.

② 금속구 A의 최종 전하량은 $-\dfrac{Q}{2}$이다.

③ ㈎에서 전자는 금속구 B에서 A로 이동하였다.

④ 금속구 C는 마지막에 (+)전하로 대전된다.

13 그림은 빛이 A매질에서 B매질로 비스듬히 입사할 때 경계면에서의 반사와 굴절 현상을 나타낸 것이다. 이에 대한 설명으로 옳은 것만을 모두 고른 것은?

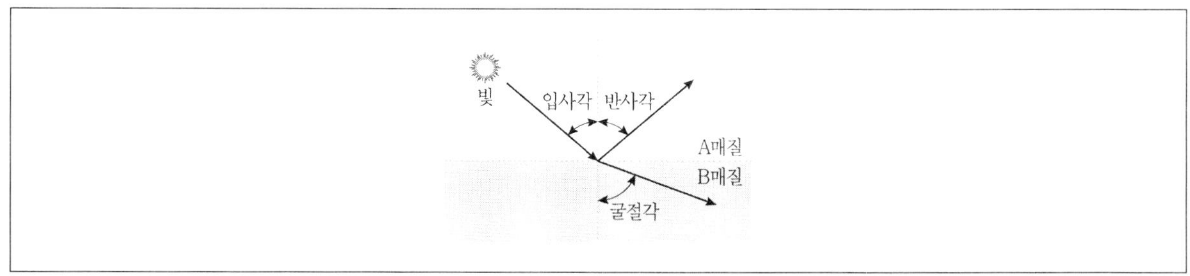

㉠ 입사각을 점점 증가시키면 특정각 이상부터 전반사가 일어난다.
㉡ 매질의 굴절률은 A가 B보다 크다.
㉢ 입사광의 속력은 굴절광의 속력보다 크다.
㉣ 입사광과 굴절광의 진동수는 같다.

① ㉠, ㉢
② ㉡, ㉣
③ ㉠, ㉡, ㉣
④ ㉡, ㉢, ㉣

---

12 ⑺의 경우 전자가 금속구 B에서 금속구 A로 이동하여 A는 $-\dfrac{Q}{2}$, B는 $+\dfrac{Q}{2}$를 갖는다(③). 금속구 C를 ⑷의 A에 접촉시키면 두 금속구가 $-Q$를 나누어 갖게 된다. 이때 두 금속구 A, C를 분리하면 A, C 금속구 모두 $-\dfrac{Q}{2}$를 갖는다(②). C를 다시 B에 접촉시키면 B가 갖고 있던 전하량 $+Q$와 C의 전하량 $-\dfrac{Q}{2}$가 합쳐져 두 금속구 C, B는 각각 총 전하량 $+\dfrac{Q}{2}$를 갖게 되고(④ 맞음) 이를 분리하면 각 구가 $+\dfrac{Q}{4}$를 갖게 된다(①이 틀리다).

13 ㉠ 굴절각이 크므로 적당한 입사각에서 굴절각이 90도가 되어 전반사가 일어날 수 있다.
㉡ 입사한 빛은 굴절률이 큰 매질 쪽으로 휘어진다. 따라서 A매질이 B매질보다 굴절률이 크다.
㉢ 굴절률이 크면 속력이 느려진다. 따라서 입사광의 속력이 굴절광의 속력보다 작다. →틀림
㉣ 입사광, 굴절광의 진동수는 변함이 없다.

정답 및 해설 12.① 13.③

14 그림은 일정량의 이상기체 상태를 A→B→C로 변화시키는 동안, 이상기체의 압력과 부피를 나타낸 것이다. 이에 대한 설명으로 옳은 것은?

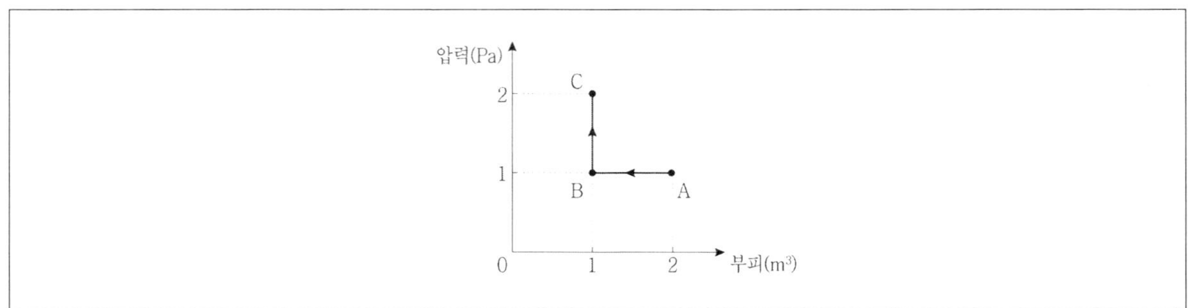

① A→B 과정에서 기체가 외부에 일을 한다.

② 기체의 내부 에너지는 A보다 B에서 더 크다.

③ B→C 과정에서 기체가 외부에 열을 방출한다.

④ 기체의 온도는 B보다 A에서 더 높다.

15 물체가 정지 상태에서 출발하여 다음 그래프와 같이 가속된다. t = 0s에서 t = 20s까지 물체가 이동한 거리[m]는? (단, 물체는 직선상에서 운동한다)

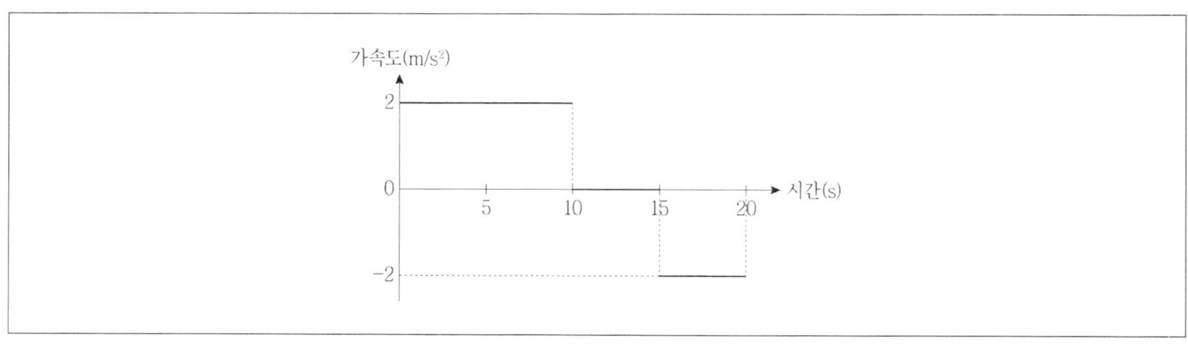

① 225

② 250

③ 275

④ 300

16 부피가 1,000cm^{3}이고 질량이 0.1kg인 물체가 있다. 이 물체를 물속에 완전히 잠기게 했을 때 받게 되는 부력의 크기[N]는? (단, 물의 밀도는 1g/cm^3, 중력가속도는 10m/s^{2}이다)

① 1

② 10

③ 100

④ 1,000

---

14 ① A → B는 부피가 감소하므로 기체는 외부에서 일을 받는다.

② 내부 에너지 $\Delta E = \dfrac{3}{2}nR\Delta T$로 온도에 비례한다. A의 온도가 B보다 높으므로 A에서 내부 에너지가 더 크다.

③ B → C는 등적과정이며 압력과 온도가 증가하는 과정이다. 따라서 기체는 외부에서 열을 흡수한다.

15 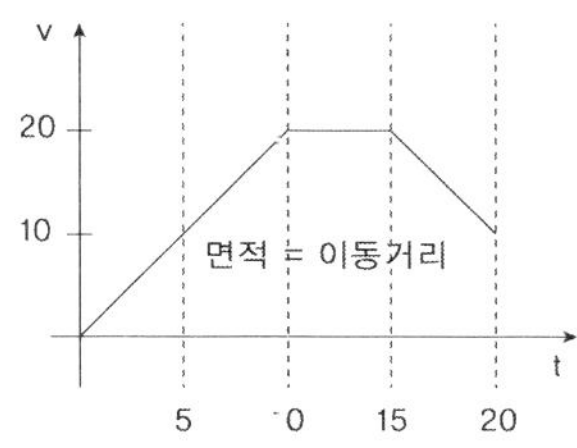

$a = \dfrac{dv}{dt}$ 에서 $v = \displaystyle\int a(t)dt$ 이므로 a–t 그래프의 면적은 v–t 그래프이다. $v = \dfrac{dx}{dt}$, $x = \displaystyle\int v(t)dt$ 에 의하여 v–t 그래프의 면적은 이동거리가 된다.

따라서 $25 + 75 + 100 + 75 = 275\text{m}$이다.

16 부력은 잠긴 물체의 무게 W와 같으므로

$$W = mg = (\rho V)g = (1g/cm^3)(1{,}000\,cm^3)(1{,}000\,cm/s^2) = 10^6\,g\cdot cm/s^2 = 10N$$

17 그림과 같이 두 점전하 A, B가 원점 O에서 동일한 거리만큼 떨어진 x축 상에 놓여 있다. y축 상의 한 점 P에서 A, B에 의해 $-y$방향의 전기장이 형성되어 있다고 할 때, 이에 대한 설명으로 옳은 것은?

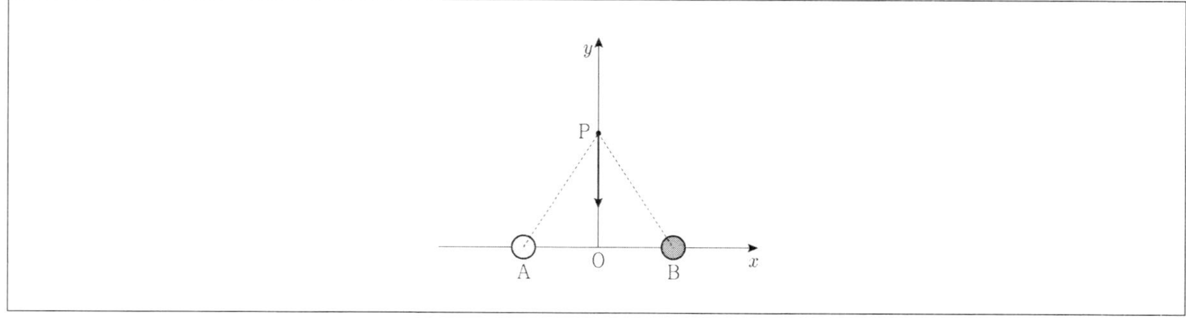

① A의 전하와 B의 전하는 서로 다른 종류이다.

② A의 전하량의 크기와 B의 전하량의 크기는 다르다.

③ P점에 (−)전하를 놓는다면, (−)전하는 ＋y축 방향으로 힘을 받는다.

④ 전기장의 세기는 O에서보다 P에서 더 작다.

18 그림과 같이 질량 3kg인 물체를 천장에 실로 매달고 수평방향으로 힘 F를 가해, 실이 연직방향과 30°의 각이 유지되도록 하였다. 이 때 줄에 걸리는 장력의 크기[N]는? (단, 중력가속도는 10m/s^{2}이다)

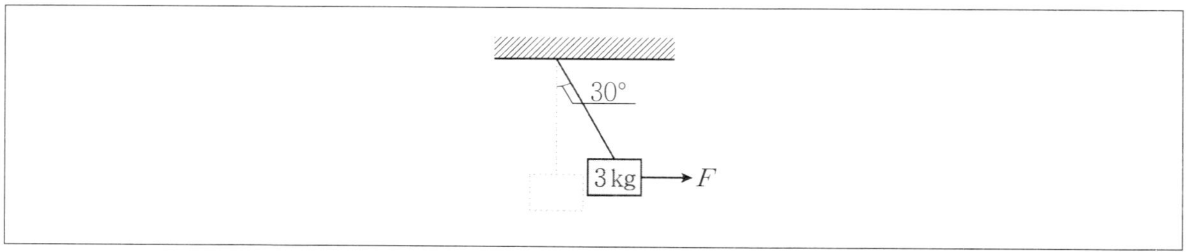

① $15\sqrt{2}$

② $15\sqrt{3}$

③ $20\sqrt{2}$

④ $20\sqrt{3}$

17

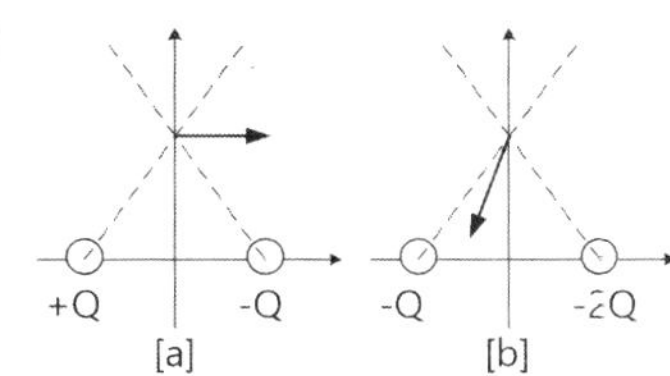

① 틀림 : 전하의 종류가 다르면 전기장은 수평방향이다. (그림 [a]) 전하가 모두 음전하이어야 한다.

② 틀림 : 전하량의 크기가 다르면 수직방향을 벗어난다. (그림 [b])

③ 맞음 : 전기장은 +1C이 받는 전기장이므로 여기에 (−)전하를 갖다 놓으면 전기장과 반대방향 즉, +y방향으로 힘을 받는다.

④ 틀림 : O에서 전기장의 세기는 같으므로 P에서 전기장이 더 크다.

18

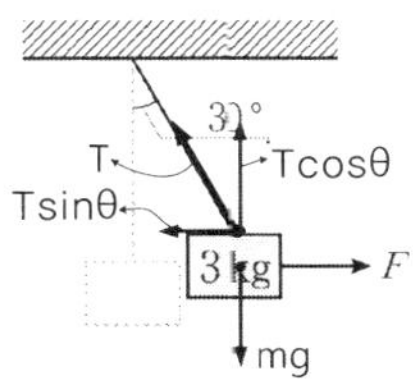

물체에 작용하는 세 힘이 평형을 이루어야 한다.

그림과 같이 장력의 수직성분과 중력이 같아야 하므로 $T\cos\theta = mg$, $T = \dfrac{mg}{\cos\theta} = \dfrac{(3)(10)}{\cos 30} = \dfrac{30}{\dfrac{\sqrt{3}}{2}} = 20\sqrt{3}\ N$이다.

정답 및 해설 17.③ 18.④

19 보어의 수소원자 모형에서 양자수 n에 따른 전자의 에너지 E_n은 바닥상태의 에너지가 $-E_0$일 때 $E_n = -\dfrac{E_0}{n^2}$ 이다. 전자가 $n=2$인 상태로 전이하면서 방출하는 빛의 진동수들 중에서 제일 큰 것을 제일 작은 것으로 나눈 값은?

① $\dfrac{3}{2}$
② $\dfrac{9}{5}$
③ 2
④ $\dfrac{11}{4}$

20 그림은 감은 수 N_1인 1차 코일에 전압 V_1인 교류전원장치를 연결한 이상적인 변압기의 구조를 나타낸 것이다. 2차 코일에는 전압과 감은 수가 각각 V_2, $3N_1$일 때, 이에 대한 설명으로 옳지 않은 것은?

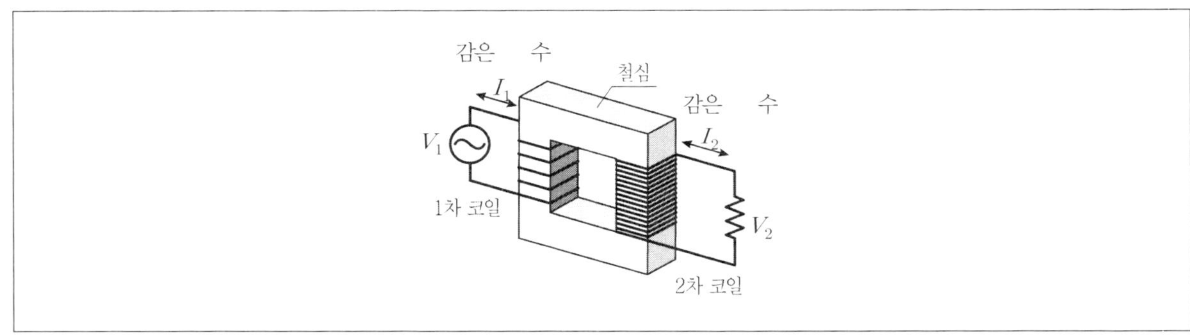

① 패러데이의 전자기 유도 현상을 이용한 것이다.

② 2차 코일에 걸리는 전압 V_2는 V_1의 3배이다.

③ 코일에 흐르는 교류전류의 세기는 I_2가 I_1의 3배이다.

④ 1차 코일과 2차 코일에 흐르는 교류전류의 진동수는 같다.

19

$E = hf$와 같이 빛에너지와 진동수는 비례하며 에너지상태는 $E_n = -\dfrac{13.6}{n^2}\,eV$이다.

$n = \infty$에서 $n = 2$인 상태로 전이할 때 가장 큰 에너지 $\Delta E_{\infty \to 2}$가 방출되고,

$n = 3$에서 $n = 2$로 전이할 때 가장 작은 에너지 $\Delta E_{3 \to 2}$가 방출된다.

$$\Delta E_{\infty \to 2} = hf_1 = \left(-\frac{E_0}{\infty}\right) - \left(-\frac{E_0}{4}\right) = \frac{E_0}{4}$$

$$\Delta E_{3 \to 2} = hf_2 = \left(-\frac{E_0}{9}\right) - \left(-\frac{E_0}{4}\right) = \frac{5E_0}{36}$$

따라서 $\dfrac{f_1}{f_2} = \dfrac{E_0/4}{5E_0/36} = \dfrac{9}{5}$ 이다.

20

이상변압기의 권선비, 전압, 전류의 관계 $\dfrac{N_2}{N_1} = \dfrac{V_2}{V_1} = \dfrac{I_1}{I_2}$ 를 이용한다.

① 맞음 : 이상/실제 변압기 모두 패러데이의 전자기 유도 현상을 이용한다.

② 맞음 : $V_2 = \dfrac{N_2}{N_1} V_1 = \dfrac{3N_1}{N_1} V_1 = 3V_1$ 이다.

③ 틀림 : $I_2 = \dfrac{N_1}{N_2} I_1 = \dfrac{N_1}{3N_1} I_1 = \dfrac{1}{3} I_1$ 이므로 1/3배 줄어든다.

④ 맞음 : 변압기 입출력의 진동수는 변하지 않는다.

정답 및 해설 19.② 20.③

1 얼음을 알루미늄 호일로 싸는 것보다 담요로 싸면 잘 녹지 않는다. 〈보기〉 중 이 현상에 대한 옳은 설명을 가장 잘 고른 것은?

〈보기〉
㉠ 감자를 삶을 때 쇠젓가락을 꽂아 놓으면 감자가 더 빨리 익는다.
㉡ 방에 난로를 피우면 난로에서 먼 곳에 있는 공기도 따뜻해진다.
㉢ 추운 날 밖에 놓여 있는 의자에 앉을 때, 철로 만든 의자보다는 나무 의자에 앉을 때 훨씬 덜 차갑게 느낀다.

① ㉠, ㉡
② ㉠, ㉢
③ ㉡, ㉢
④ ㉠, ㉡, ㉢

2 다음 빈칸을 순서대로 옳게 제시한 것은?

전류의 흐름을 방해하는 것을 (㉠)이라 하고, 단위는 (㉡)를/을 사용한다.

	㉠	㉡
①	전압	V
②	저항	A
③	전력	W
④	저항	Ω

3 다음은 xy 평면에서 전류가 흐르는 무한히 가늘고 긴 직선 도선 A, B, C를 나타낸 것이다. A, B에는 각각 $-x$, $+y$ 방향으로 세기가 I_0인 전류가 흐르고 있다. 점 P, Q는 xy 평면상에 있으며, Q에서 자기장의 세기는 0이다. 〈보기〉 중 옳은 설명을 가장 잘 고른 것은?

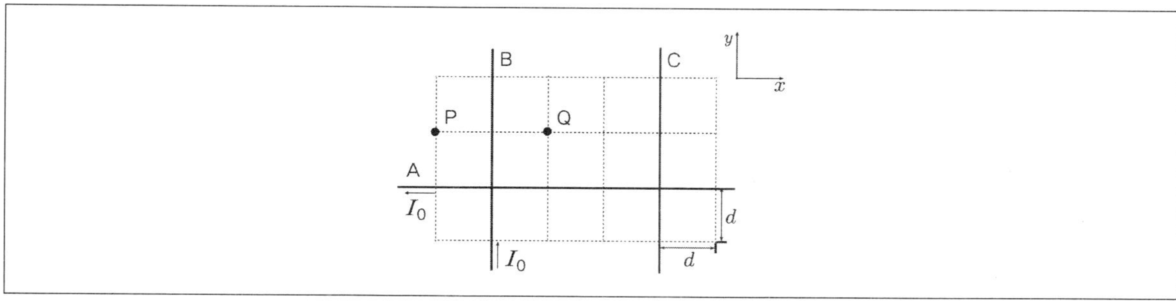

〈보기〉

㉠ C에 흐르는 전류의 세기는 I_0보다 크다.
㉡ C에 흐르는 전류의 방향은 $-y$ 방향이다.
㉢ P에서 자기장의 방향은 xy 평면에 수직으로 들어가는 방향이다.

① ㉠   ② ㉡

③ ㉠, ㉡   ④ ㉠, ㉢

---

1 얼음을 알루미늄 호일로 싸는 것보다 담요로 싸면 잘 녹지 않는 것은 알루미늄 호일의 열전도율이 담요보다 높기 때문이다.
㉠, ㉢은 전도에 현상이고, ㉡은 복사에 의한 현상이다.

2 전류의 흐름을 방해하는 것을 <u>저항</u>이라고 하고, 단위는 <u>Ω</u> 을 사용한다.

3 ㉠ Q에서의 자기장의 세기가 0이므로, Q에서 A, B, C에 의한 자기장의 세기의 합은 0이다.

Q에서 A, B, C 각각에 의한 자기장의 세기는 $k\dfrac{I_0}{d}$, $k\dfrac{I_0}{d}$, $k\dfrac{I_C}{2d}$이고, A, B와 C의 방향은 반대이므로

$k\dfrac{I_0}{d}+k\dfrac{I_0}{d}-k\dfrac{I_C}{2d}=0$이다. 따라서 $I_C=4I_0$로 C에 <u>흐르는 전류의 세기는 I_0보다 크다</u>. (O)

㉡ C에 흐르는 전류의 방향은 $+y$ 방향이다. (×)

㉢ P에서의 자기장의 방향은 $k\dfrac{I_0}{d}-k\dfrac{I_0}{d}-k\dfrac{4I_0}{4d}=-k\dfrac{I_0}{d}$이므로 xy 평면에 수직으로 나오는 방향이다. (×)

정답 및 해설   1.②   2.④   3.①

4 특수상대성 이론에 따라, 질량이 $10g$인 정지한 물체가 모두 에너지로 전환된다면, 발생된 에너지는?

① $10^9 J$

② $3 \times 10^9 J$

③ $9 \times 10^{14} J$

④ $9 \times 10^{16} J$

5 다음은 카레이서인 영수가 탄 자동차의 운동에 관한 글이다. 아래의 ㉠~㉢ 중 옳게 사용된 것은 모두 몇 개인가?

> 카레이서인 영수가 $400m$ 트랙을 10바퀴 도는 시합, 즉 ㉠이동거리 $4km$를 달리는 시합에 참가하였다. 곡선 구간을 달리는 동안 영수는 자동차 계기판을 통해 ㉡등속도로 달리고 있다는 것을 알았으며, 영수가 탄 자동차가 출발선에서 출발하여 최종 도착선을 통과할 때까지 1분 40초의 기록으로 우승 하였다. 출발선에서 출발하여 최종 도착선을 통과할 때까지 자동차의 ㉢평균속도는 $40m/s$이었다.

① 없음

② 1개

③ 2개

④ 3개

6 그림은 전압이 9V인 전원에 전기 용량이 각각 C_1, C_2, C_3인 축전기 3개를 연결하여 각각의 축전기가 완전히 충전된 회로를 나타낸 것이다. $C_1 = 4\mu F$, $C_2 = 2\mu F$, $C_3 = 3\mu F$ 일 때, 축전기 C_3에 저장된 전기 에너지는?

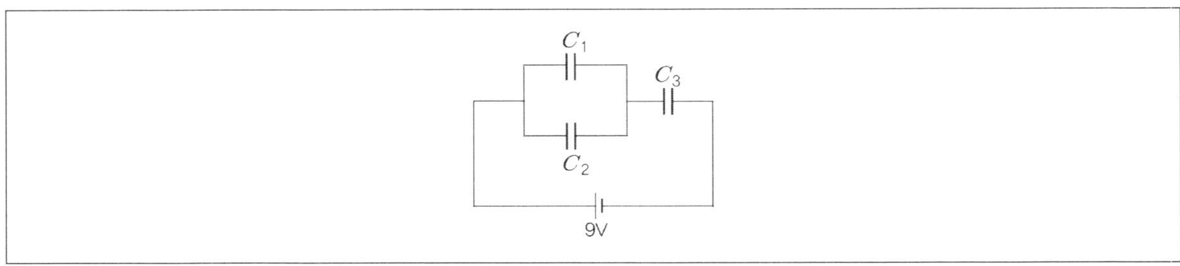

① $54\mu J$

② $60\mu J$

③ $81\mu J$

④ $108\mu J$

4 $E = mc^2 = 1 \times 10^{-2} \times (3 \times 10^8)^2 = 9 \times 10^{14}\text{J}$

※ 광속 c는 대략 3억㎧로 정의된다.

5 속력은 스칼라량, 속도는 벡터량이다. 트랙은 곡선 위의 한 점에서 출발하여 곡선을 따라 한 방향으로 움직였을 때 처음 출발한 점으로 되돌아오게 되는 폐곡선이므로, ㉡은 등속력, ㉢은 평균속력으로 사용해야 한다.

6 축전기에 저장되는 전하량은 축전기에 걸어 준 전압에 비례한다. 즉, $Q = CV$이다.

C_1과 C_2는 병렬로 연결되어 전압이 같으므로 각각에 축적되는 전하량은 $Q_1 = C_1 V$, $Q_2 = C_2 V$이다. 두 개의 병렬연결을 한 개의 축전지로 생각할 때, 축전된 전하량은 두 개의 축전지에 축전된 전하량의 합이므로 $Q = Q_1 + Q_2 = (C_1 + C_2)V$이고, $C = 4 + 2 = 6\mu F$이다.

이때, $Q = 6V_1 = 3V_2$이고 $V_1 + V_2 = 9V$이므로 $V_1 = 3$, $V_2 = 6$이다.

따라서 축전기 C_3에 저장된 전기 에너지 $E = \dfrac{1}{2} \times 3 \times 6^2 = 54\mu\text{J}$이다.

정답 및 해설 4.③ 5.② 6.①

7 ㈎는 한쪽 끝이 벽에 고정된 줄을 따라 $\dfrac{d}{t_0}$ 의 속력으로 $-x$ 방향으로 진행하는 진폭 A 인 파동의 모습을 나타낸 것이다. ㈏는 ㈎의 줄에서 정상파가 만들어진 후, $x = 3d$ 에서 줄의 변위를 $t = 0$ 인 순간부터 시간에 따라 나타낸 것이다.

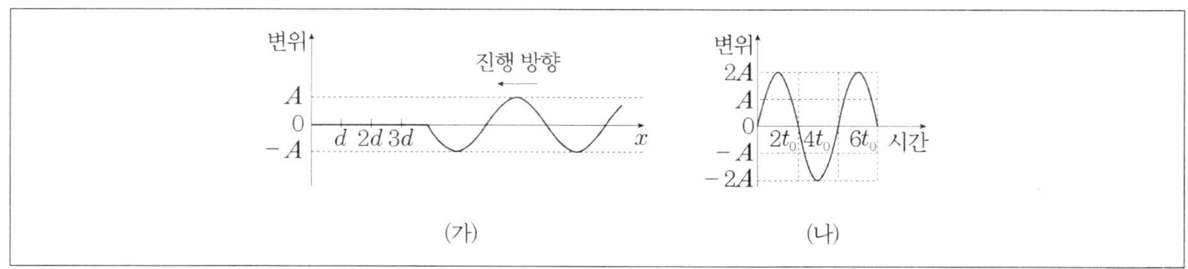

$x = d$ 와 $x = 2d$ 에서 줄의 변위를 $t = 0$ 인 순간부터 시간에 따라 나타낸 것으로 〈보기〉 중 적절한 그래프로 가장 잘 고른 것은?

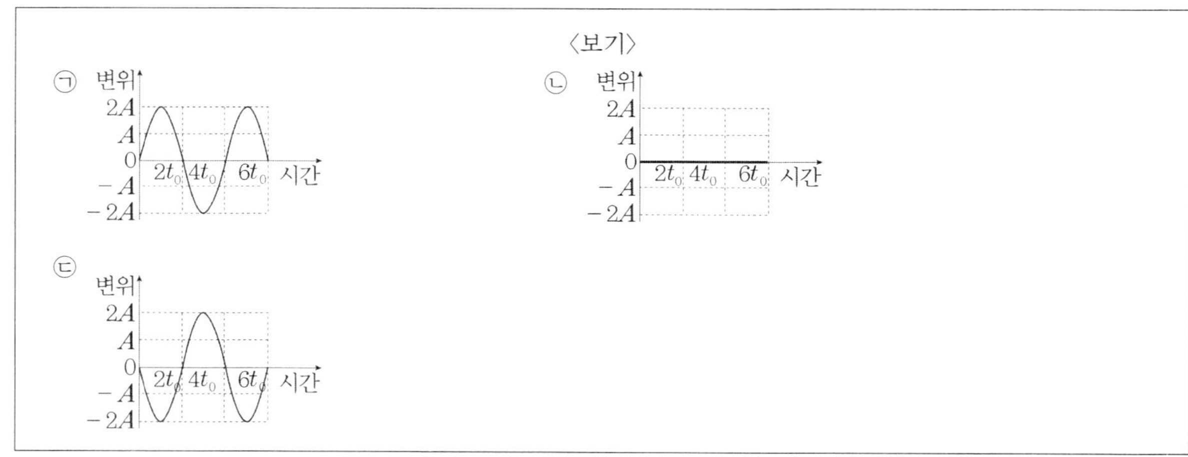

	$x = d$	$x = 2d$		$x = d$	$x = 2d$
①	㉠	㉡	②	㉢	㉠
③	㉢	㉡	④	㉠	㉢

8 질량이 $10kg$인 정지한 물체에 힘을 가했을 때 물체의 속도와 시간과의 관계가 그래프와 같았다. 이 힘이 가해지는 5초 동안의 일률의 크기는?

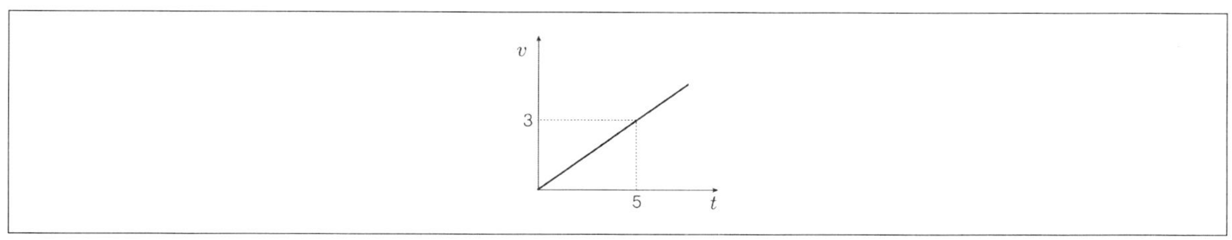

① $6\,W$

② $9\,W$

③ $10\,W$

④ $12\,W$

7

(나) 그래프를 보면 주기 $T = 4t_0$이고 진동수 $f = \dfrac{1}{T} = \dfrac{1}{4t_0}$이므로, 파장 $\lambda = \dfrac{v}{f} = \dfrac{\dfrac{d}{t_0}}{\dfrac{1}{4t_0}} = \dfrac{4t_0 d}{t_0} = 4d$이다.

따라서 $x = d$는 $x = 3d$에서 $2d$ 즉, 반파장만큼 이동하므로 배이고 변위는 반대가 된다. → ㉢

$x = 2d$는 마디가 되므로 변위가 0이다. → ㉡

8 $v-t$ 그래프에서 기울기는 가속도이고 면적은 이동거리이다.

따라서 $a = \dfrac{3}{5}\,\text{m/s}$이고, $s = \dfrac{1}{2} \times 5 \times 3 = \dfrac{15}{2}\,m$이므로, 일률 $P = \dfrac{W}{t} = \dfrac{10 \times \dfrac{3}{5} \times \dfrac{15}{2}}{5} = \dfrac{45}{5} = 9\,W$이다.

정답 및 해설   7.③   8.②

9 다음과 같이 저항값이 R인 저항, 전기 용량이 C인 축전기, 자체 인덕턴스가 각각 L, $2L$인 두 코일을 교류전원에 연결하였다. 교류 전원의 진동수는 $\dfrac{1}{2\pi\sqrt{LC}}$ 이다. 〈보기〉 중 옳은 설명을 가장 잘 고른 것은?

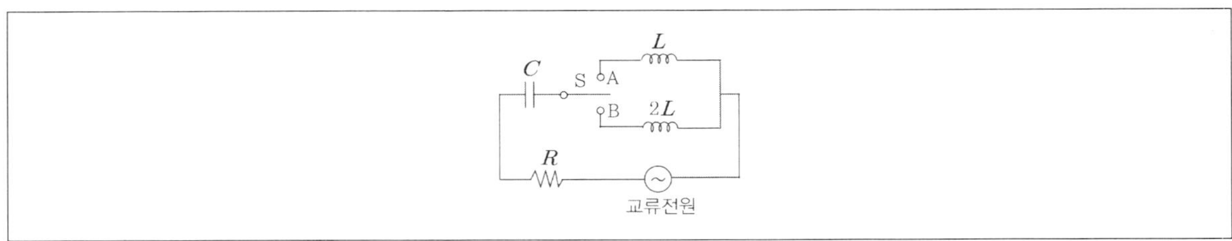

〈보기〉

㉠ S를 A에 연결했을 때 회로의 임피던스는 R이다.

㉡ S를 A에 연결했을 때 저항에 걸리는 전압과 축전기에 걸리는 전압은 위상이 같다.

㉢ 전류의 실효값은 S를 B에 연결했을 때가 A에 연결했을 때보다 작다.

① ㉠, ㉡ 　　　　② ㉠, ㉢

③ ㉡, ㉢ 　　　　④ ㉠, ㉡, ㉢

10 다음과 같이 온도 $300K$의 이상기체 n몰(mol)이 A상태에서 B상태로 변화하였다. 이때 기체의 변화를 설명한 것으로 가장 옳은 것은? (단, 이 기체는 단원자분자 기체이다.)

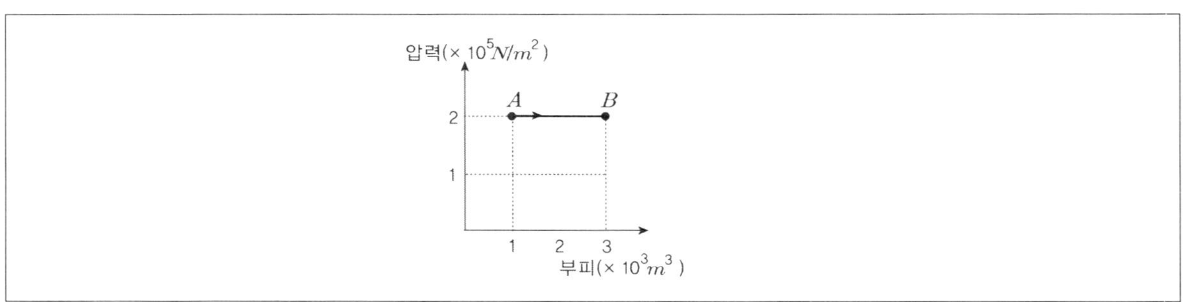

① A→B 과정에서 기체가 흡수한 열은 기체가 한 일보다 크다.

② B 상태의 온도는 $600K$이다.

③ A→B 과정에서 기체가 외부에 한 일은 $600J$이다.

④ B 상태의 압력은 $2\times 10^5 N/m^2$이다.

11 오른쪽 방향으로 등가속도 운동하던 물체가 5초 뒤에는 왼쪽으로 $40\,m/s$의 속도가 되었다. 이 물체의 평균 가속도는? (단, 물체의 처음 속도는 $10\,m/s$)

① $-4\,m/s^2$ ② $-6\,m/s^2$

③ $-8\,m/s^2$ ④ $-10\,m/s^2$

---

9 ㉡ S를 A에 연결했을 때 저항에 걸리는 전압의 위상은 축전기에 걸리는 전압의 위상보다 $90°$ 빠르다.

10 ④ 압력을 일정하게 유지하고 온도와 부피를 변화시키는 등압과정이므로, B상태의 압력은 $2\times10^5 N/m^2$이다.

① 압력은 그대로이고 부피가 3배 증가하였으므로 온도가 3배 증가한다.

$dU=\delta Q-\delta W$에서 $dU=\dfrac{3}{2}nR\triangle T$, $\delta W=nR\triangle T$이므로 $\delta Q=\dfrac{5}{2}nR\triangle T$이다.

따라서 A→B 과정에서 기체가 흡수한 열량은 기체가 한 일보다 크다.

(※ 해당 보기는 중복정답에 논란이 있었으나 '열의 크기를 비교하는 것으로 '열량'으로 표현하는 것이 바람직하여 가장 옳은 ④가 정답으로 처리되었다.)

② 부피가 3배 증가하였으므로 온도도 3배 증가한 900K이다.

③ A→B 과정에서 기체가 외부에 한 일은 면적이므로 $\delta W=2\times10^5\times2\times10^3=4\times10^8$J이다.

11
평균 가속도 $\overline{a_x}=\dfrac{\triangle v_x}{\triangle t}=\dfrac{-40-10}{5-0}=-10\,\text{m/s}$

정답 및 해설 9.② 10.④ 11.④

12 물체, 책상면, 지구 사이에 상호 작용하는 힘이 다음과 같다. 작용·반작용의 관계에 있는 힘과 평형을 이루고 있는 힘을 가장 옳게 짝지은 것은?

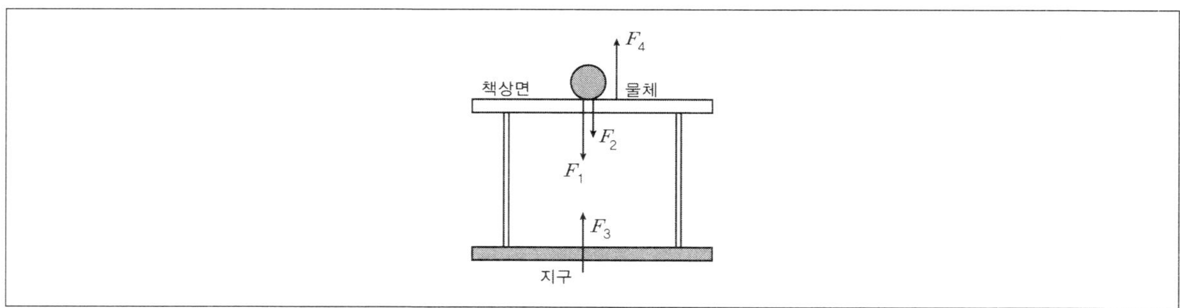

- F_1 = 지구가 물체를 당기는 힘(중력)
- F_2 = 물체가 책상을 누르는 힘(전압력)
- F_3 = 물체가 지구를 당기는 힘
- F_4 = 책상면이 물체를 떠받치는 힘(수직항력)

<u>작용과 반작용</u>　　　<u>힘의 평형</u>

① $F_2 - F_4$ 　　　　$F_1 - F_4$

② $F_2 - F_4$ 　　　　$F_1 - F_2$

③ $F_1 - F_2$ 　　　　$F_3 - F_4$

④ $F_1 - F_2$ 　　　　$F_1 - F_4$

13 $_{92}U^{238}$의 반감기는 4.5×10^9년이다. 1.8×10^{10}년 후에는 $_{92}U^{238}$의 양은 현재보다 몇 배로 변화되는가?

① $\dfrac{1}{2}$ 　　　　　　　　　　② $\dfrac{1}{4}$

③ $\dfrac{1}{16}$ 　　　　　　　　　④ $\dfrac{1}{32}$

12 • **작용과 반작용** : 모든 작용력에 대하여 항상 방향이 반대이고 크기가 같은 반작용 힘이 따름 → $F_1 - F_3$, $F_2 - F_4$

   • **힘의 평형** : 어떤 물체에 두 가지 이상의 힘이 작용할 때에, 그 합력 및 힘의 모멘트가 영이 되어 아무런 힘의 작용이 없는 것과 같이 된 상태 → $F_1 - F_4$

13 $\dfrac{1.8 \times 10^{10}}{4.5 \times 10^9} = \dfrac{2}{5} \times 10 = 4$ 이므로 4번의 반감기가 지난 것이다. 따라서 $\dfrac{1}{2^4} = \dfrac{1}{16}$ 배가 된다.

정답 및 해설　12.①　13.③

14 ⑰는 자기화되지 않은 물체 A, B를 $+x$ 방향의 균일한 자기장 영역 P에 고정시켜 놓은 것을, ⒃는 ⑰에서 자기장을 제거하고 B 대신에 자기화 되지 않은 C를 놓아 고정시켜 놓은 것을 나타낸 것이다. ⑰와 ⒃에서 A와 B, A와 C 사이에는 서로 당기는 방향으로 자기력이 작용한다. A, B, C는 각각 강자성체, 상자성체, 반자성체를 순서를 없이 나타낸 것이다.

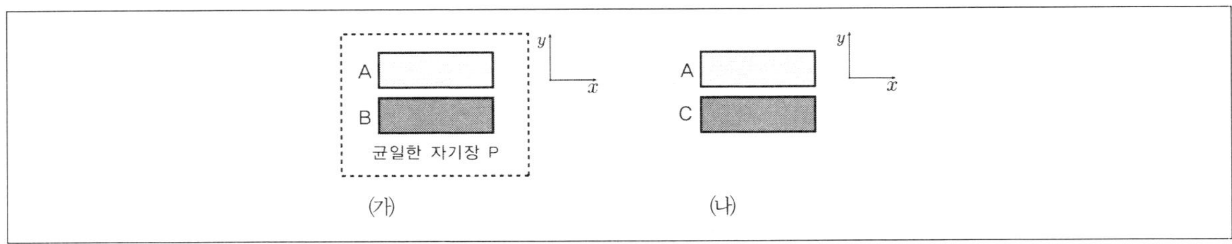

〈보기〉 중 옳은 설명을 가장 잘 고른 것은?

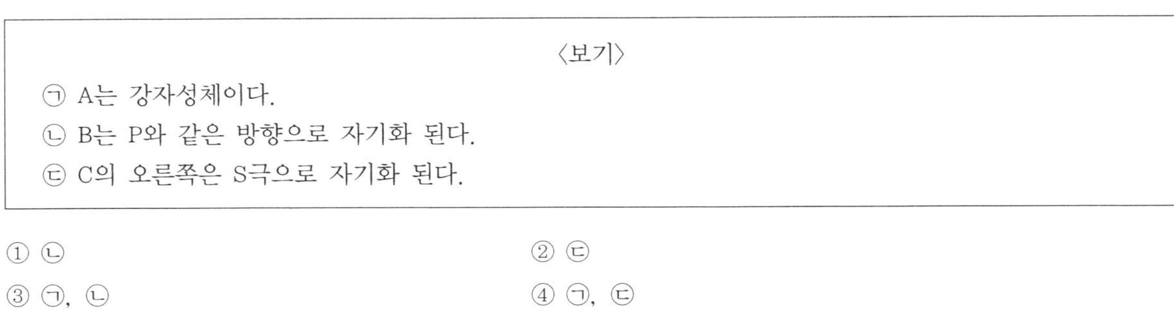

〈보기〉

　㉠ A는 강자성체이다.
　㉡ B는 P와 같은 방향으로 자기화 된다.
　㉢ C의 오른쪽은 S극으로 자기화 된다.

① ㉡   ② ㉢

③ ㉠, ㉡   ④ ㉠, ㉢

15 그림과 같이 물체 A를 높이가 $4h$인 곳에서 가만히 놓고, 잠시 후에 물체 B를 높이가 h인 곳에서 가만히 놓았더니 두 물체가 낙하하여 동시에 바닥에 닿았다. B를 놓는 순간 A의 높이는? (단, 중력 가속도는 일정하고, 물체의 크기와 공기 저항은 무시한다.)

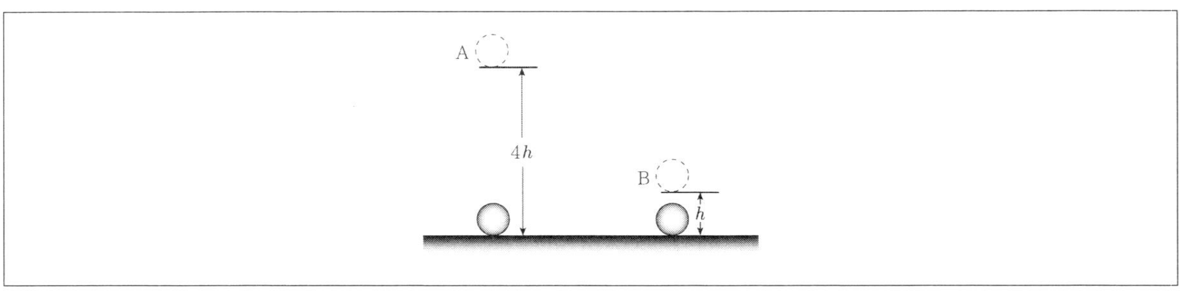

① h ② $\dfrac{3}{2}h$

③ $2h$ ④ $3h$

16 A가 $20m$ 떨어진 B를 부를 때, A가 만들어낸 음파의 진동수가 100Hz라면, B가 듣게 되는 음파의 파장과 주기로 가장 옳은 것은? (단, 공기 중의 음속은 $340m/s$ 이다.)

	파장	주기
①	$3.4m$	$100s$
②	$3.4m$	$0.01s$
③	$100m$	$0.01s$
④	$0.01m$	$3.4s$

---

14 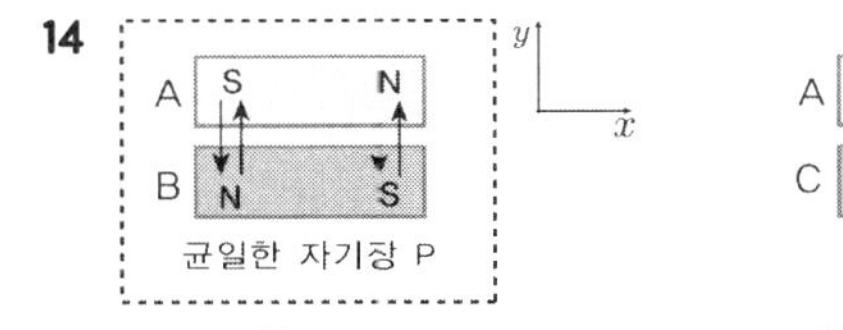 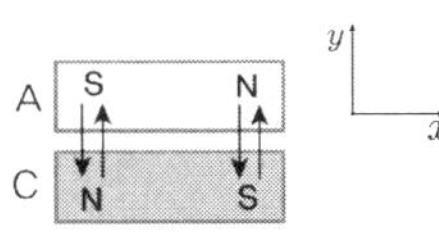

㉠ A는 자기장을 제거한 뒤에도 자기력이 작용하므로 강자성체이다.

㉡ B는 P와 반대 방향으로 자기화 된다.

㉢ C는 오른쪽이 S극, 왼쪽이 N극으로 자기화 된다.

15 자유낙하에서 이동거리 $s = \dfrac{1}{2}gt^2$ 이므로 A와 B가 떨어지는 시간을 구하면

- $A : t_A = \sqrt{\dfrac{2 \times 4h}{g}} = 2\sqrt{\dfrac{2h}{g}}$

- $B : t_B = \sqrt{\dfrac{2h}{g}}$

따라서 물체 A가 혼자만 낙하한 시간은 $2\sqrt{\dfrac{2h}{g}} - \sqrt{\dfrac{2h}{g}} = \sqrt{\dfrac{2h}{g}}$ 이고,

이 시간에 물체 A가 낙하한 거리는 $\dfrac{1}{2} \times g \times \left(\sqrt{\dfrac{2h}{g}}\right)^2 = h$ 이므로

물체 B를 놓는 순간 물체 A의 높이는 $4h - h = 3h$ 이다.

16
- 파장 : $\lambda = \dfrac{v}{f} = \dfrac{340}{100} = 3.4m$

- 주기 : $T = \dfrac{1}{f} = \dfrac{1}{100} = 0.01s$

정답 및 해설 14.④ 15.④ 16.②

17 (가)는 매질 Ⅰ에서 매질 Ⅱ를 향해 입사각 θ_1으로 입사한 빛이 두 매질의 경계면을 따라 진행하는 모습을 나타낸 것이고, (나)는 매질 Ⅰ에서 매질 Ⅲ를 향해 입사각 θ_1으로 입사한 빛이 굴절각 θ_2로 굴절하여 진행하는 모습을 나타낸 것이다.

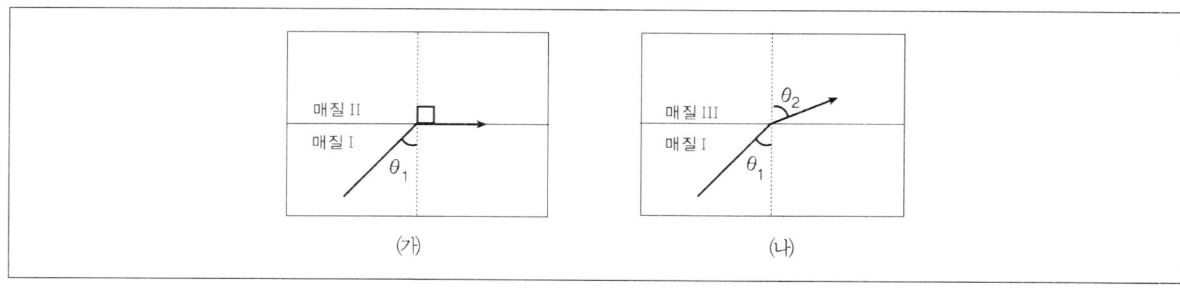

〈보기〉 중 옳은 설명을 가장 잘 고른 것은?

〈보기〉

㉠ 굴절률은 매질 Ⅰ이 매질 Ⅲ보다 작다.
㉡ 굴절률은 매질 Ⅱ가 매질 Ⅲ보다 크다.
㉢ (가)에서 매질 Ⅰ에서 매질 Ⅱ로, 입사각 θ_2로 빛이 입사하면 경계면에서 전반사가 일어난다.

① ㉢
② ㉠, ㉡
③ ㉠, ㉢
④ ㉡, ㉢

18 다음은 전자기파의 특징과 이용분야를 나타낸 것이다. ㉠, ㉡에 해당하는 전자기파의 명칭을 가장 잘 고른 것은?

전자기파	특징과 이용분야
㉠	원자핵이 붕괴하는 경우에 발생한다. 투과력이 강하며, 암을 치료하는데 이용된다.
㉡	열을 내는 물체에서 주로 발생하며, 리모컨 등에 이용된다.

	㉠	㉡
①	X선	자외선
②	γ선	적외선
③	자외선	가시광선
④	가시광선	전파

19 〈보기〉 중 옳은 설명을 가장 잘 고른 것은?

〈보기〉

㉠ 열역학 제1법칙은 열에너지를 포함한 역학적 에너지가 보존됨을 말한다.

㉡ 열역학 제2법칙은 자연현상의 방향성을 설명한다.

㉢ 효율이 100%인 열기관은 열역학 제2법칙에 위배된다.

㉣ 에너지를 생산하면서 영구히 가동되는 기관은 제2종 영구기관이다.

---

① ㉠, ㉡

② ㉡, ㉢

③ ㉠, ㉡, ㉢

④ ㉡, ㉢, ㉣

17

(가) 굴절률 $= \dfrac{\sin \text{입사각}}{\sin \text{굴절각}} = \dfrac{\sin \theta_1}{\sin 90°} = \dfrac{n_{\mathrm{II}}}{n_{\mathrm{I}}} \rightarrow n_{\mathrm{I}} > n_{\mathrm{II}}$

(나) 굴절률 $= \dfrac{\sin \text{입사각}}{\sin \text{굴절각}} = \dfrac{\sin \theta_1}{\sin \theta_2} = \dfrac{n_{\mathrm{III}}}{n_{\mathrm{I}}} \rightarrow n_{\mathrm{I}} > n_{\mathrm{III}}$

이때, (나) ÷ (가)에서 $\dfrac{\sin \theta_1}{\sin \theta_2} \div \dfrac{\sin \theta_1}{\sin 90°} = \dfrac{\sin \theta_1}{\sin \theta_2} \times \dfrac{1}{\sin \theta_1} = \dfrac{1}{\sin \theta_2} = \dfrac{n_{\mathrm{III}}}{n_{\mathrm{II}}} \rightarrow n_{\mathrm{II}} < n_{\mathrm{III}}$

18 ㉠은 γ선, ㉡은 적외선에 대한 설명이다.

19 ㉣ 에너지를 생산하면서 영구히 가동되는 기관은 제1종 영구기관이다. 제2종 영구기관은 열을 그대로 모두 일로 바꾸는 효율 100%의 열기관을 말한다.

정답 및 해설   **17.**①   **18.**②   **19.**③

20 그림은 수소 원자의 전자 전이를 나타낸 것이다. 전자 전이 a ~ e에 대해 〈보기〉 중 옳은 설명을 가장 잘

고른 것은? (단, 수소 원자의 에너지 준위는 $E_n = -\dfrac{1,312}{n^2} = KJ/mol$ 이다.)

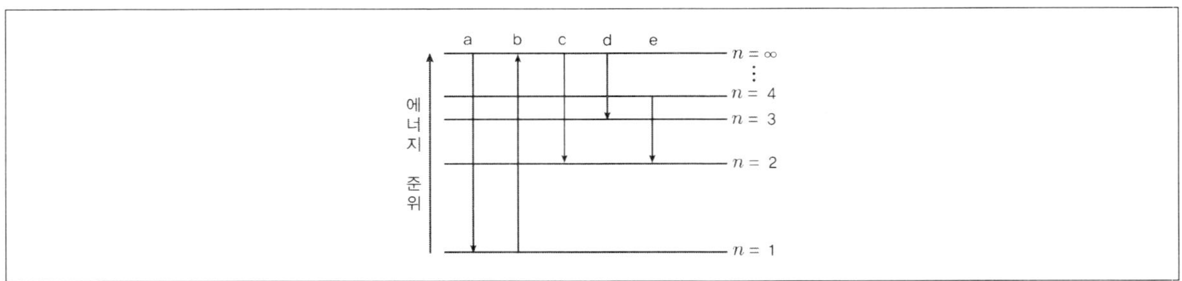

〈보기〉

㉠ 파장이 가장 짧은 빛을 방출하는 것은 a이다.

㉡ d에 의해 방출되는 빛은 적외선 영역에 해당한다.

㉢ b에 해당하는 에너지는 수소 원자의 이온화 에너지와 같다.

① ㉠, ㉡   ② ㉠, ㉢

③ ㉡, ㉢   ④ ㉠, ㉡, ㉢

20 수소 원자의 선스펙트럼과 전자 전이

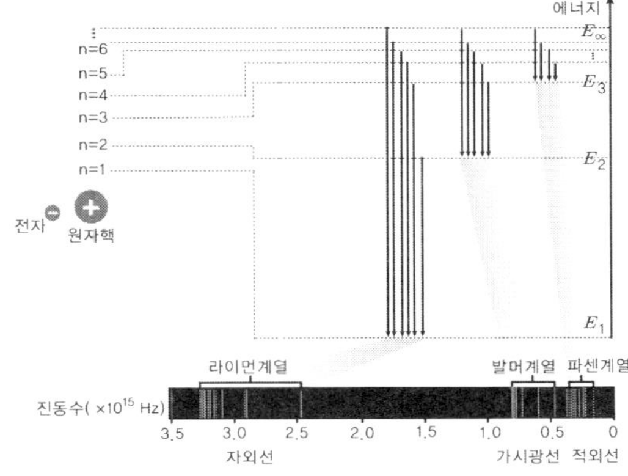

정답 및 해설 20.④

1 다음은 일상에서 사용되는 전자기파의 예를 설명한 것으로 ㉠~㉢의 특성을 옳게 짝지은 것은?

㉠ 휴대전화와 같은 통신기기나 전자레인지에 사용된다.

㉡ 물질에 쉽게 흡수되므로 물질을 가열하며, 비접촉 온도계에 사용된다.

㉢ 에너지가 높아 생체조직과 유기체를 쉽게 투과하며, 공항에서 가방 속 물건을 검사하는 데 사용된다.

	㉠	㉡	㉢
①	마이크로파	적외선	X선
②	마이크로파	자외선	X선
③	자외선	적외선	γ선
④	적외선	자외선	X선

2 그림처럼 솔레노이드 근처에서 막대자석을 움직였을 때, 솔레노이드에 유도되어 저항 R에 흐르는 전류의 방향이 A→R→B가 아닌 것은?

3 그림은 직선 운동하는 물체의 속도를 시간에 따라 나타낸 것이다. 이 물체의 운동에 대한 설명으로 옳지 않은 것은?

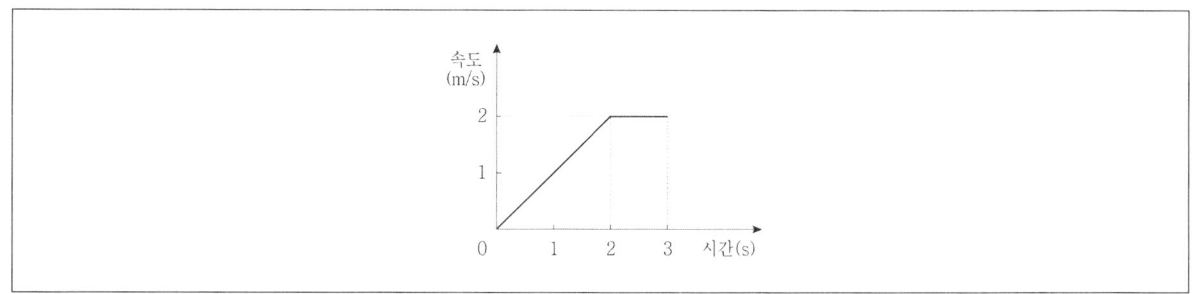

① 0초에서 2초까지 등가속도 운동을 한다.

② 0초에서 2초까지 이동한 거리가 2초에서 3초까지 이동한 거리보다 크다.

③ 0초부터 2초까지 평균속력은 1m/s이다.

④ 1초일 때 가속도의 크기는 $1m/s^2$이다.

---

1 ㉠ 마이크로파, ㉡ 적외선, ㉢ X선에 대한 설명이다.

2 ④ 솔레노이드의 왼쪽에 N극, 오른쪽에 S극이 유도되므로 저항 R에 흐르는 전류의 방향은 B→R→A이다.

3 ② 속도–시간 그래프에서 이동거리는 면적이다. 따라서 0초에서 2초까지 이동한 거리는 $\frac{1}{2} \times 2 \times 2 = 2m$이고, 2초에서 3초까지 이동한 거리도 $2 \times 1 = 2m$로 동일하다.

정답 및 해설　1.①　2.④　3.②

4 그림은 고열원에서 500kJ의 열을 흡수하여 W의 일을 하고 저열원으로 300kJ의 열을 방출하는 열기관을 모식적으로 나타낸 것이다. 이 열기관의 열효율[%]은?

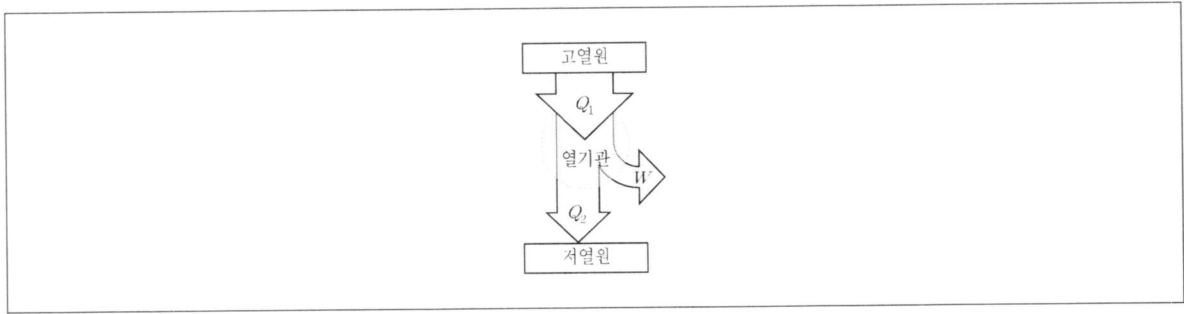

① 20

② 30

③ 40

④ 50

5 그림은 일정량의 이상 기체 상태가 A→B→C를 따라 변화할 때 부피와 온도의 관계를 나타낸 것이다. 이에 대한 설명으로 옳은 것은?

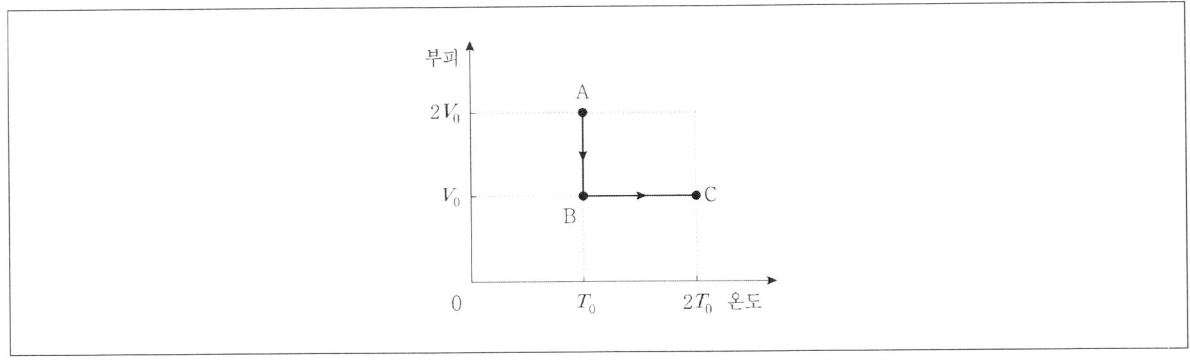

① A→B 과정에서 기체가 한 일은 0이다.

② A→B 과정에서 기체의 압력은 2배가 된다.

③ B→C 과정에서 내부에너지는 일정하다.

④ A→B 과정에서는 열을 흡수하고 B→C 과정에서는 열을 방출한다.

6 그림 ⑺는 단색광이 매질 A에서 매질 B로 입사각 θ로 입사할 때 반사하는 일부의 빛과 굴절하는 일부의 빛의 진행 경로를 나타낸 것이다. 그림 ⑷는 같은 단색광이 매질 C에서 매질 B로 입사각 θ로 입사할 때 매질의 경계면에서 모두 반사되는 빛의 진행 경로를 나타낸 것이다. 이에 대한 설명으로 옳은 것은?

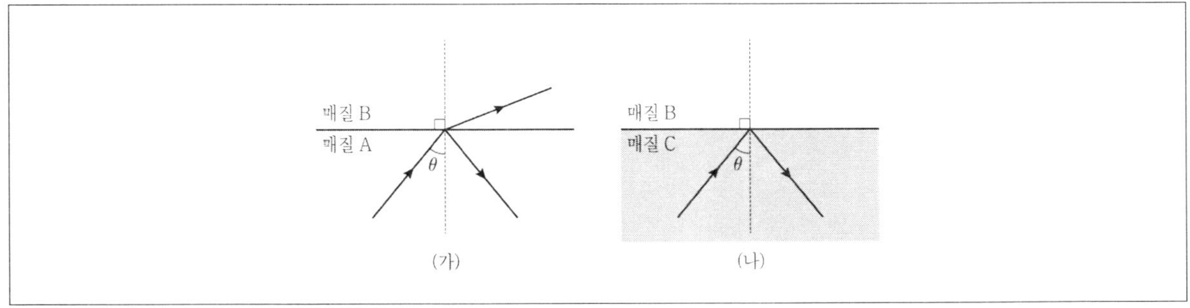

① 단색광의 속력은 A에서보다 C에서 더 크다.
② 매질 A의 굴절률이 가장 크다.
③ ⑷에서 임계각은 θ보다 작다.
④ 매질 A에서 매질 C로 같은 단색광을 입사각 θ로 입사하면 전반사가 일어난다.

---

4 열효율 $\eta = \dfrac{W}{Q}$이므로 $\eta = \dfrac{500-300}{500} = \dfrac{2}{5} = 0.4$, 따라서 40%이다.

5 ② A→B 과정에서 온도는 그대로인데 부피가 절반으로 감소하였으므로, 기체의 압력은 2배가 된다.
① A→B 과정에서 부피가 감소하였으므로 기체가 한 일은 0이 아니다.
③ B→C 과정에서 부피는 일정하고 온도는 2배로 상승하였으므로 내부에너지는 증가한다.
④ A→B 과정에서는 열을 방출하고, B→C 과정에서는 열을 흡수한다.

6 매질 A, B, C의 굴절률은 $n_C > n_A > n_B$이다.
③ ⑷에서 입사각이 θ일 때 전반사가 일어나고 있으므로, 임계각은 θ보다 작다.
① 단색광의 속력은 A에서보다 C에서 더 작다. (∵ C가 더 밀한 매질이기 때문에)
② 매질 C의 굴절률이 가장 크다.
④ 전반사란 빛이 굴절률이 큰 물질로부터 굴절률이 작은 물질의 경계면으로 진행할 때, 입사각이 어떤 임계각보다 크면 빛이 모두 반사되는 현상이다. $n_C > n_A$이기 때문에 전반사는 일어나지 않는다.

정답 및 해설 4.③ 5.② 6.③

7 그림은 질량이 5kg인 정지한 물체에 작용하는 알짜힘을 시간에 대해 나타낸 것이다. 알짜힘이 작용하는 동안 물체의 운동 방향은 변하지 않는다. 물체의 운동에 대한 설명으로 옳은 것만을 모두 고르면?

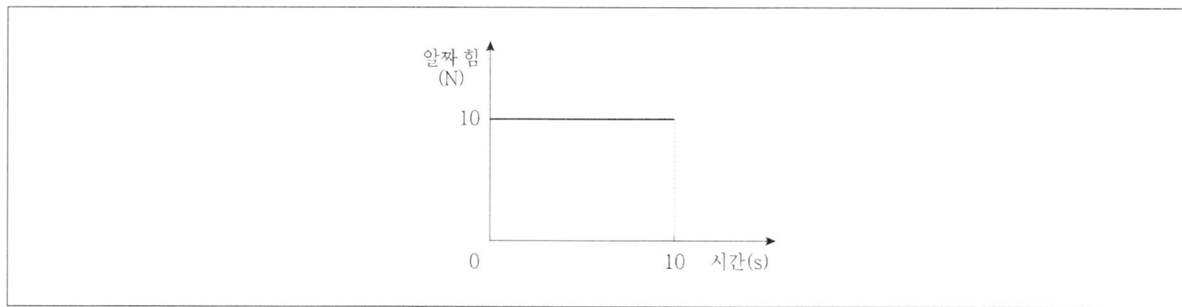

㉠ 0에서 10초까지 물체가 받은 충격량의 크기는 100N · s이다.
㉡ 0에서 10초까지 물체의 운동량의 크기는 일정하다.
㉢ 10초에서 물체의 속력은 20m/s이다.

① ㉡　　　　　　　　　　　② ㉢
③ ㉠, ㉡　　　　　　　　　④ ㉠, ㉢

8 그림은 행성 A에서 행성 B를 향해 일정한 속도로 움직이는 우주선을 나타낸 것이다. 우주선은 광속에 가까운 속도로 운동하고 있으며, 철수는 우주선내에 있고, 영희와 행성 A, B는 우주선 밖에 정지해 있다. 영희가 측정한 A와 B 사이의 거리와 우주선의 x방향의 길이는 각각 L과 l이다. 이에 대한 설명으로 옳은 것만을 모두 고르면? (단, 행성 A와 우주선, 행성 B는 동일 선상에 있으며, 우주선은 $+x$방향으로 운동한다)

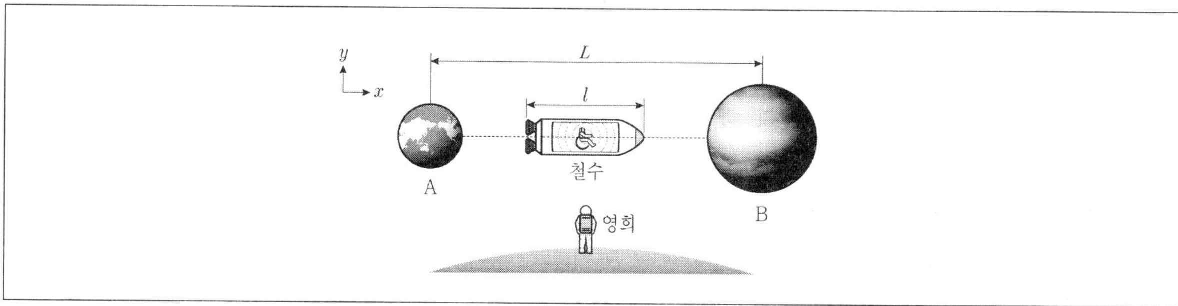

> ㉠ 철수가 측정한 A와 B 사이의 거리는 L보다 짧다.
> ㉡ 철수가 측정한 우주선의 x축 방향의 길이는 l보다 짧다.
> ㉢ 영희가 관찰한 철수의 시간은 영희 자신의 시간보다 느리게 간다.

① ㉠, ㉡

② ㉠, ㉢

③ ㉡, ㉢

④ ㉠, ㉡, ㉢

---

7 ㉠ 0에서 10초까지 물체가 받은 충격량의 크기는 $10 \times 10 = 100\mathrm{N} \cdot \mathrm{s}$이다. (O)
㉡ 물체는 0에서 10초까지 $100\mathrm{N} \cdot \mathrm{s}$의 충격량을 받으므로 운동량의 크기는 증가한다. (X)
㉢ $p = mv = N \cdot s$이므로 $5 \times v = 100$, 따라서 $v = 20m/s$이다. (O)

8 아인슈타인의 특수상대성이론에 따라 생각해 보면, 다음과 같다.
- 정지한 관찰자 영희의 입장에서는 우주선의 길이가 짧아지고(길이 수축), 우주선 안의 시간은 천천히 흐른다(시간 팽창).
- 우주선내에 있는 철수의 입장에서는 우주선 밖에 있는 물체의 길이가 짧아지고(길이 수축), 우주선 밖의 시간은 천천히 흐른다(시간 팽창).
㉡ 철수가 측정한 우주선의 x축 방향의 길이는 l이고, 영희가 측정한 우주선의 x축 방향의 길이는 l보다 짧다.

정답 및 해설 7.④ 8.②

9 그림은 전압이 일정한 전원장치에 연결되어 녹색 단색광을 방출하는 $p-n$ 발광다이오드(LED)를 나타낸 것이다. 이에 대한 설명으로 옳지 않은 것은?

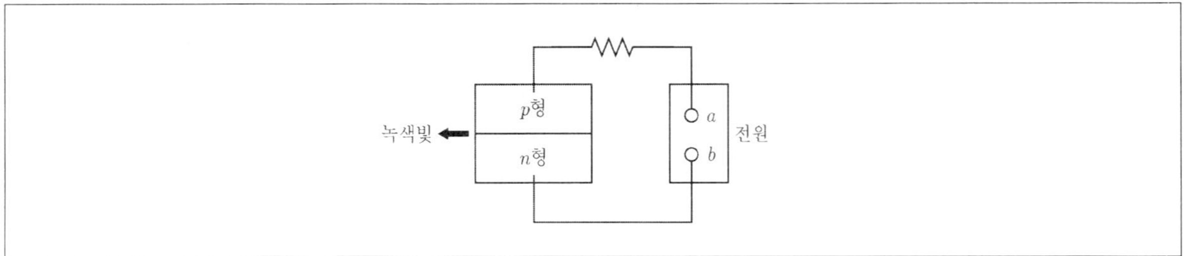

① a 단자는 (+)극이다.

② LED 내부에서 전자와 양공이 결합한다.

③ 전원 장치를 반대로 연결하면 불이 들어오지 않는다.

④ 파란빛이 방출되는 다이오드는 그림의 다이오드보다 에너지 띠 간격(띠틈)이 더 작다.

10 그림은 등속 직선 운동하는 자동차 A, B, C를 나타낸 것이다. A는 지면에 대하여 서쪽으로 20m/s, B는 A에 대하여 동쪽으로 30m/s, C는 B에 대하여 동쪽으로 20m/s의 속력으로 운동한다. 지면에 대한 A, B, C의 속력을 각각 v_A, v_B, v_C라고 할 때, 옳지 않은 것은? (단, 처음에 A는 B의 서쪽에, C는 B의 동쪽에 있다)

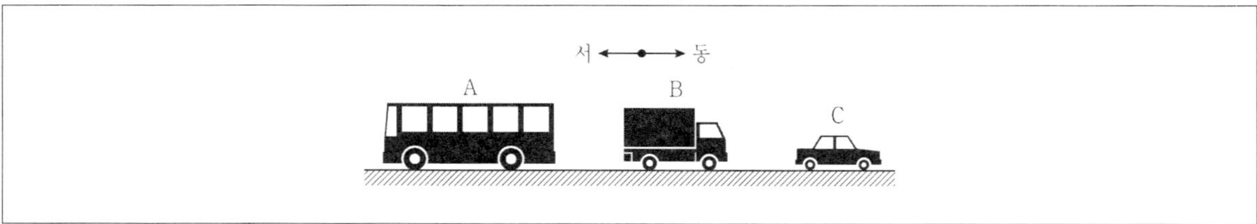

① $v_A > v_B > v_C$ 이다.

② v_B는 10m/s이다.

③ v_C는 30m/s이다.

④ B와 C 사이의 거리는 점점 멀어진다.

11 그림은 보어의 원자모형에서 에너지준위 E_1, E_2, E_3와 전자가 전이하는 과정 a, b를 나타낸 것이다. 이에 대한 설명으로 옳은 것만을 모두 고르면?

    ㉠ 에너지 준위는 불연속적이다.
    ㉡ 과정 a에서 빛이 방출된다.
    ㉢ 출입하는 빛에너지는 과정 a에서가 과정 b에서보다 크다.

① ㉠   ② ㉡

③ ㉠, ㉡   ④ ㉡, ㉢

---

9 ④ 파란빛이 방출되는 다이오드는 그림의 다이오드보다 에너지 띠 간격(띠틈)이 더 크다.

10 ① A를 기준으로 B, C의 속도를 구해보면 v_A는 서쪽으로 20㎧, v_B는 동쪽으로 10㎧, v_C는 동쪽으로 30㎧이다. 따라서 $v_C > v_A > v_B$가 된다.

11 ㉢ 출입하는 빛에너지는 과정 a에서가 과정 b에서보다 작다.

정답 및 해설   9.④   10.①   11.③

12 핵반응에 대한 설명으로 옳은 것은?

① 우라늄 235($^{235}_{92}$U)가 중성자를 흡수한 후 가벼운 원자핵으로 분열한다.

② 수소 핵융합이 일어나면 질량이 증가한다.

③ 핵반응 전후에 질량이 보존된다.

④ 제어봉으로 연쇄 반응이 빠르게 일어나도록 조절한다.

13 그림은 균일한 외부 자기장 B 영역에 물체를 넣었을 때, 물체 내부의 원자 자석의 배열을 나타낸 것이다. 원자 자석은 B와 반대 방향으로 정렬한다. 이에 대한 설명으로 옳은 것은?

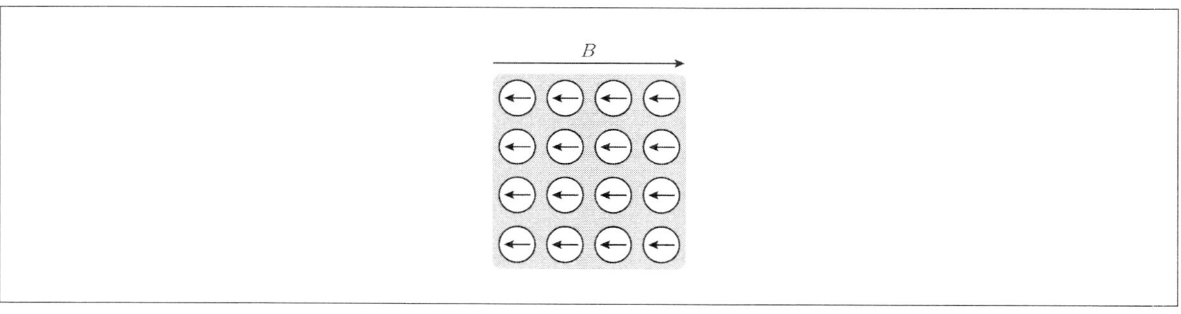

① B를 제거해도 원자 자석은 오랫동안 정렬을 유지한다.

② 그림과 같은 성질을 갖는 물질로는 철, 니켈, 코발트가 있다.

③ 원자 자석이 존재하는 이유는 원자 내 전자의 운동 때문이다.

④ B가 0일 때, 물체에 자석을 가까이 하면 물체와 자석 사이에는 인력이 작용한다.

14 그림과 같이 점전하 $+Q$를 고정하고 거리 r인 점에 점전하 A를 두었다. $-9Q$인 점전하를 그림에 표시된 위치에 놓았을 때, 점전하 A가 받는 전기력이 0이 되었다. 거리 x는? (단, 전기력 외의 다른 힘은 모두 무시한다)

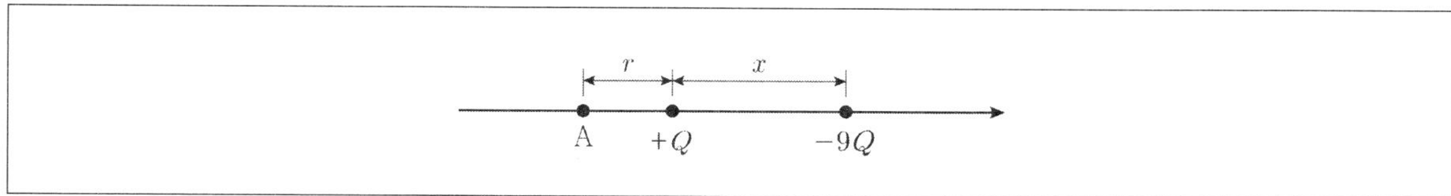

① $\dfrac{1}{2}r$

② r

③ $\dfrac{3}{2}r$

④ $2r$

---

12 ② 수소 핵융합이 일어나면 질량결손에 의해 에너지를 방출하므로 질량이 감소한다.
③ 핵반응 전후에 질량은 보존되지 않는다.
④ 제어봉으로 연쇄 반응이 느리게 일어나도록 조절한다.

13 물체 내부의 원자 자석이 외부 자기장 B와 반대 방향으로 정렬하므로 이 물체는 반자성체이다.
① 반자성체는 외부 자기장을 제거하면 다시 돌아가므로 B를 제거하면 원자 자석은 정렬을 유지하지 않는다.
② 철, 니켈, 코발트는 상자성체이다. 반자성체로는 납, 수은, 구리, 금, 은 등이 있다.
④ B가 0일 때, 물체는 자성이 없으므로 물체와 자석을 가까이 해도 인력이 작용하지 않는다.

14 점전하에 의한 전기장의 세기는 전하량에 비례하고 거리의 제곱에 반비례한다.
점전하 A가 받는 전기력이 0이라고 하였으므로,

$$-k\frac{Q_A \cdot Q}{r^2}+k\frac{Q_A \cdot 9Q}{(r+x)^2}=0$$

$$-\frac{1}{r^2}+\frac{9}{(r+x)^2}=0$$

$$9r^2=(r+x)^2$$

$r+x=3r$, 따라서 $x=2r$이다.

정답 및 해설 12.① 13.③ 14.④

15 그림은 발전기의 원리를 도식으로 나타낸 것이다. 사각형 고리는 자석 사이에 있으며 고리와 연결된 회전축이 회전함에 따라 고리가 회전한다. 이에 대한 설명으로 옳은 것만을 모두 고르면?

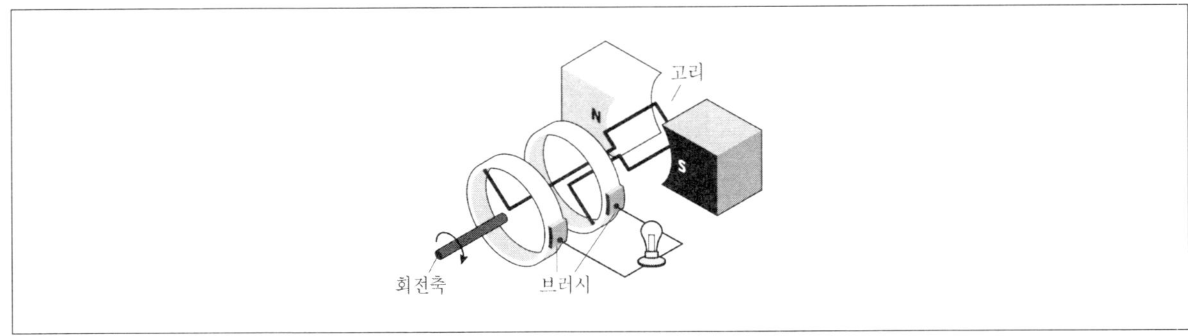

> ㉠ 발전기는 역학적 에너지를 전기에너지로 전환시키는 장치이다.
> ㉡ 고리를 통과하는 자기력선속의 변화가 클수록 흐르는 전류의 양이 증가한다.
> ㉢ 이 발전기에서 발생하는 전류의 방향은 일정하게 유지된다.

① ㉠, ㉡
② ㉠, ㉢
③ ㉡, ㉢
④ ㉠, ㉡, ㉢

16 그림에서 실선은 어느 파동의 한 순간의 모습을 나타낸 것이다. 0.1초 후에 점선과 같이 이동했다고 할 때, 이 파동의 속력[m/s]은?

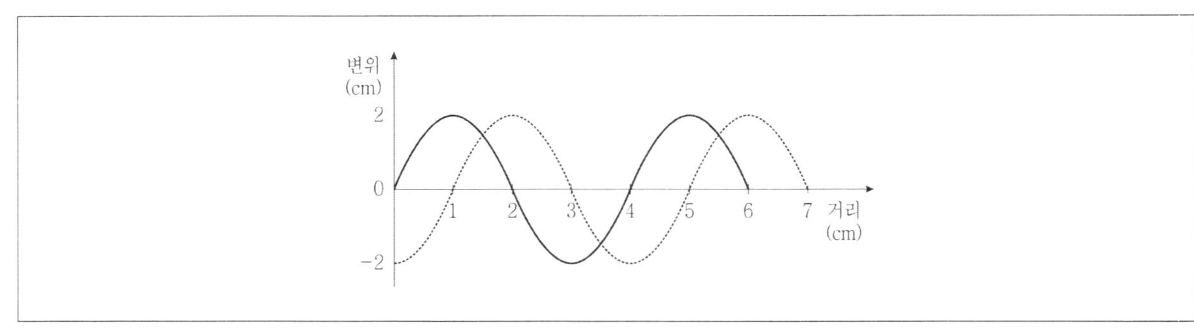

① 0.05
② 0.10
③ 0.15
④ 0.20

17 그림은 스마트카드 내부의 모습을 도식으로 나타낸 것이다. 이에 대한 설명으로 옳은 것만을 모두 고르면?

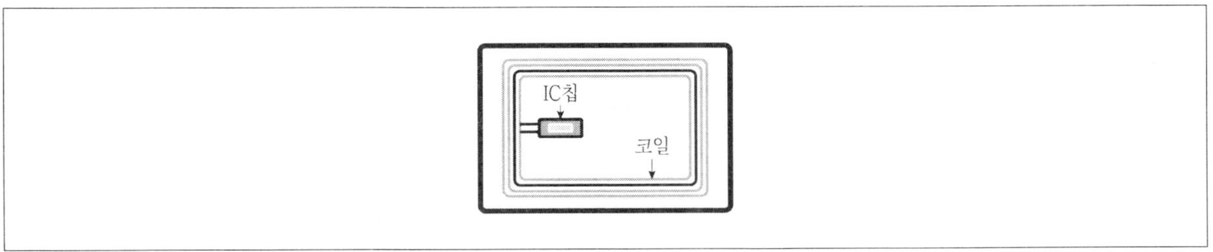

㉠ 코일은 안테나의 역할을 한다.
㉡ 전자기 유도현상에 의해서 코일에 전류가 흐른다.
㉢ 교통 카드나 하이패스 카드도 이 원리를 이용한 것이다.

① ㉠, ㉡　　　　　　　　　② ㉠, ㉢
③ ㉡, ㉢　　　　　　　　　④ ㉠, ㉡, ㉢

---

15 ㉢ 이 발전기에서 발생하는 전류는 교류이므로 전류의 방향은 주기적으로 변한다.

16 그래프상의 파동을 보면 0.1초 동안 주기의 $\frac{1}{4}$ 만큼 이동한 것을 알 수 있다.

따라서 $T=0.4$이고 $v=\dfrac{\lambda}{T}$ 이므로 이 파동의 속력은 $\dfrac{0.04}{0.4}=0.10$ ㎧이다.

17 ㉠, ㉡, ㉢ 모두 옳은 설명이다.

정답 및 해설　15.①　16.②　17.④

18 그림은 평행하게 놓인 직선 도선 P에 전류 I_0가 흐르고 P로부터 $2r$만큼 떨어진 지점에 도선 Q가 P에 나란하게 놓인 것을 나타낸 것이고, 표는 Q에 흐르는 전류의 크기와 방향, P와 Q 사이의 중심점 O에 형성되는 자기장의 세기를 나타낸 것이다. B_1, B_2, B_3 대소관계로 옳은 것은? (단, P에 흐르는 전류의 방향을 (+)로 하며, 지구자기장은 무시한다)

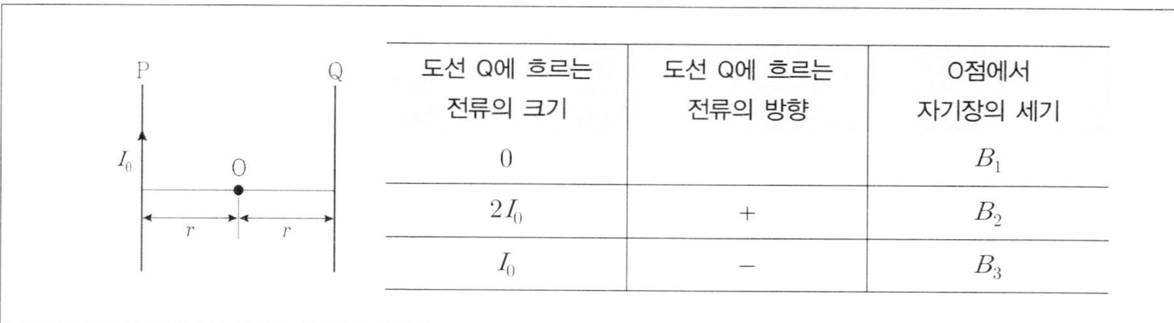

도선 Q에 흐르는 전류의 크기	도선 Q에 흐르는 전류의 방향	O점에서 자기장의 세기
0		B_1
$2I_0$	+	B_2
I_0	−	B_3

① $B_1 = B_2 > B_3$

② $B_2 > B_1 = B_3$

③ $B_3 > B_1 = B_2$

④ $B_3 > B_2 > B_1$

19 그림은 광전관의 금속판에 단색광 A 또는 B를 비추는 모습을 나타낸 것이다. A를 비추었을 때 금속판에서는 광전자가 방출되었고, B를 비추었을 때는 광전자가 방출되지 않았다. 이에 대한 설명으로 옳은 것은?

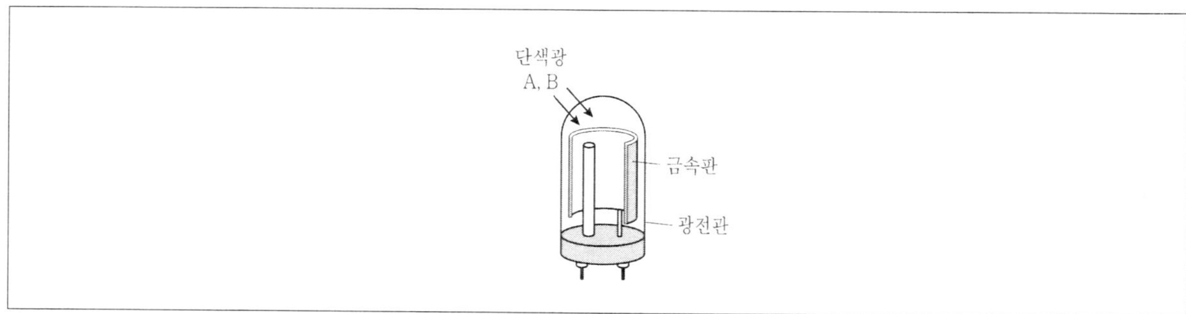

① A의 진동수는 금속판의 문턱진동수보다 작다.

② 파장은 A가 B보다 짧다.

③ 금속판에 A, B를 동시에 비추면 광전자가 방출되지 않는다.

④ 금속판을 비추는 B의 세기를 증가시키면 광전자가 방출될 수 있다.

20 그림은 질량이 M인 물체 A와 질량이 m인 물체 B를 도르래와 실을 사용하여 연결하고, A를 가만히 놓았을 때 A가 연직 아래 방향으로 등가속도 운동하는 것을 나타낸 것이다. A의 가속도의 크기는 $\dfrac{1}{2}g$이다. A, B에 작용하는 알짜힘을 각각 F_A, F_B라 할 때, $F_A : F_B$는? (단, g는 중력 가속도이고, 모든 마찰과 공기 저항, 실의 질량은 무시한다)

① 1 : 2

② 1 : 3

③ 2 : 1

④ 3 : 1

18
- $B_1 = \dfrac{\mu_0}{2\pi}\dfrac{I_0}{r}$

- $B_2 = \dfrac{\mu_0}{2\pi}\dfrac{I_0}{r} - \dfrac{\mu_0}{2\pi}\dfrac{2I_0}{r} = -\dfrac{\mu_0}{2\pi}\dfrac{I_0}{r}$

- $B_3 = \dfrac{\mu_0}{2\pi}\dfrac{I_0}{r} + \dfrac{\mu_0}{2\pi}\dfrac{I_0}{r} = \dfrac{\mu_0}{2\pi}\dfrac{2I_0}{r}$

따라서 대소관계는 $B_3 > B_1 = B_2$

19 ① A의 진동수는 금속판의 문턱진동수보다 크다.
③ 금속판에 A, B를 동시에 비추면 광전자가 방출된다.
④ 금속판을 비추는 B의 세기를 증가시켜도 광전자는 방출되지 않는다.

20 각 물체에 작용하는 힘은 중력과 장력이다.
- A : $Mg - T = M \times \dfrac{1}{2}g$, $T = \dfrac{Mg}{2}$ (∵ 물체 A가 연직 아래 방향으로 등가속도 운동을 하므로 A에 작용하는 중력은 장력보다 크다.)
- B : $T - mg = m \times \dfrac{1}{2}g$, $T = \dfrac{3mg}{2}$ (∵ 물체 B는 위쪽으로 운동하므로 장력이 중력보다 크다.)

따라서 $\dfrac{Mg}{2} = \dfrac{3mg}{2}$, $M = 3m$이므로 $F_A : F_B = 3 : 1$이다.

정답 및 해설 18.③ 19.② 20.④

1 〈보기〉와 같이 평평한 바닥에서 두 개의 공 A, B를 동시에 같은 속력으로, 공중에 발사한다. A는 바닥면과 30° 방향으로, B는 바닥면과 60° 방향으로 발사한다. 두 공의 운동에 대한 설명으로 가장 옳은 것은? (단, 공기저항은 무시한다.)

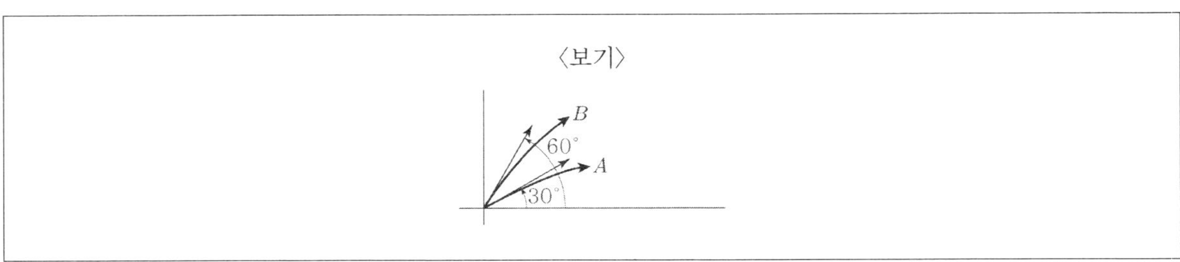

① A가 더 높이 올라간다.

② B가 먼저 바닥에 떨어진다.

③ 바닥에 떨어지는 순간의 속력은 B가 더 크다.

④ 바닥에 떨어질 때까지 두 공의 수평 이동 거리는 같다.

2 무선통신에 사용하는 두 전자기파의 주파수가 각각 800MHz와 1.8GHz이고, 공기 중에서 빛의 속도를 3.0×10^8m/s라고 할 때, 〈보기〉의 설명 중 옳은 것을 모두 고른 것은?

〈보기〉
㉠ 800MHz 전자기파의 파장이 1.8GHz 전자기파의 파장보다 더 길다.
㉡ 800MHz 전자기파가 1.8GHz 전자기파보다 빨리 전달되어 통신 속도가 빠르다.
㉢ 1.8GHz 전자기파의 파장은 1.67m로, 대략 성인 사람의 신장과 비슷하다.

① ㉠

② ㉠, ㉡

③ ㉡, ㉢

④ ㉠, ㉡, ㉢

3 〈보기〉와 같이 곡선과 원 형태로 되어 있는 장치에서, 질량 m의 구슬이 수직방향 아래로 작용하는 중력에 의해 마찰 없이 미끄러진다. 정지상태의 구슬을 높이 $h = 4R$에서 가만히 놓는다면, 점 A에서 구슬에 작용하는 수직항력은?

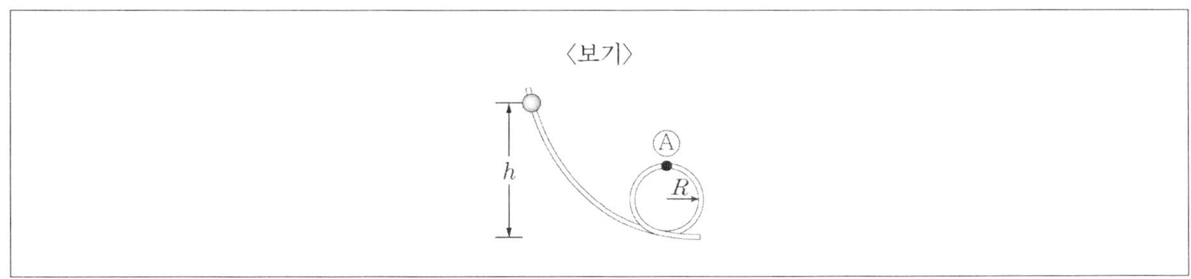

① mg

② $\dfrac{5}{3}mg$

③ $\dfrac{5}{2}mg$

④ $3mg$

---

1 ④ 수평 이동 거리는 초속도 × 비행시간으로 구할 수 있다. 비행시간은 최고점 도달 시간의 2배이다. 따라서 수평 도달 거리

$$R = v_0\cos\theta \times \frac{2v_0\sin\theta}{g} = \frac{2v_0^2\sin\theta\cos\theta}{g} = \frac{v_0^2\sin2\theta}{g}$$ 에서 $\sin60° = \sin120°$ 이므로 두 공의 수평 이동 거리는 같다.

① B가 더 높이 올라간다.

② A가 먼저 ㅂ닥에 떨어진다.

③ 바닥에 떨어지는 순간의 속력은 동일하다.

2 ㉠㉡ 두 전자기파의 통신 속도는 동일하므로 $v = f\lambda$ 이므로, 800㎒ 전자기파의 파장이 1.8㎓ 전자기파의 파장보다 더 길다.

㉢ 1.8㎓ 전자기파의 파장은 $\dfrac{3.0 \times 10^8}{1.8 \times 10^9} ≒ 0.167\text{m}$ 이다.

3 $4R$ 높이에 정지상태의 구슬의 위치에너지는 점 A에서 $2R$ 높이의 위치에너지와 그때까지 미끄러져 내려온 운동에너지로 전환된다. $\rightarrow mg \times 4R = mg \times 2R + \dfrac{1}{2}mv^2$, $v^2 = 4gR$

점 A에서의 구심력은 중력과 수직항력의 합이므로 $\dfrac{mv^2}{R} = mg + n$ 이고 여기서 수직항력을 구하면,

$$n = \frac{mv^2}{R} - mg = \frac{m \cdot 4gR}{R} - mg = 4mg - mg = 3mg \text{이다.}$$

정답 및 해설 1.④ 2.① 3.④

4 이상기체 n몰의 열역학적 성질에 대한 설명으로 가장 옳지 않은 것은? (단, R은 기체상수이고 T는 절대온도이다.)

① 단원자 분자 이상기체는 병진운동에 대한 3개의 자유도를 가지므로 내부에너지는 $U = \dfrac{3}{2}nRT$로 표현된다.

② 이상기체의 평균속력은 온도에 정비례하여 증가한다.

③ 이상기체의 내부에너지는 압력과 부피의 곱에 정비례하여 증가한다.

④ 이상기체는 기체분자 사이에 힘이 작용하지 않는 것을 가정한다.

5 〈보기〉와 같이 자동차가 반지름이 100m인 원형 궤적을 달린다. 자동차 타이어와 도로면 사이의 마찰력이 구심력으로 작용한다. 도로면은 경사가 없이 수평이고, 도로와 바퀴의 정지마찰계수가 0.9일 때, 미끄러지지 않고 달릴 수 있는 최대 속력의 값[m/s]은? (단, 중력가속도는 10m/s^{2}이다.)

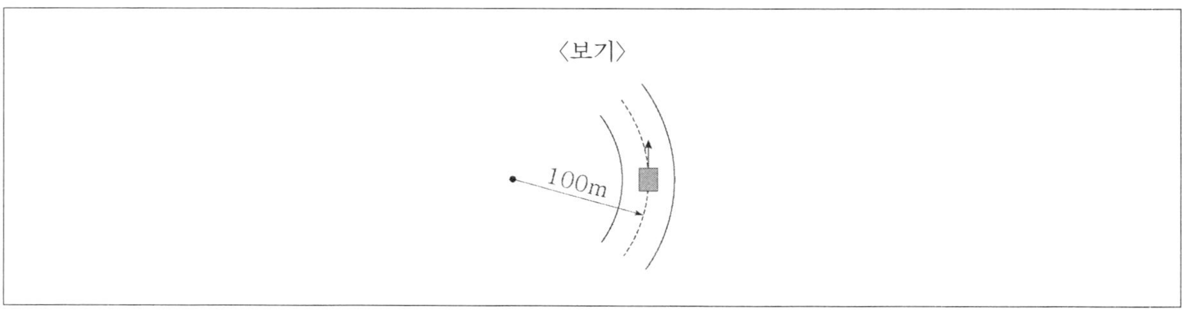

① 15

② 20

③ 25

④ 30

6 길이가 1m이고 질량분포가 균일한 막대자의 한쪽 끝에 질량 1kg의 돌멩이가 〈보기〉와 같이 매달려 있다. 지렛대의 지점이 막대자의 1/8m 표기 위치일 때 돌멩이와 막대자가 평형을 이루었다고 한다. 막대자 질량의 값[kg]은?

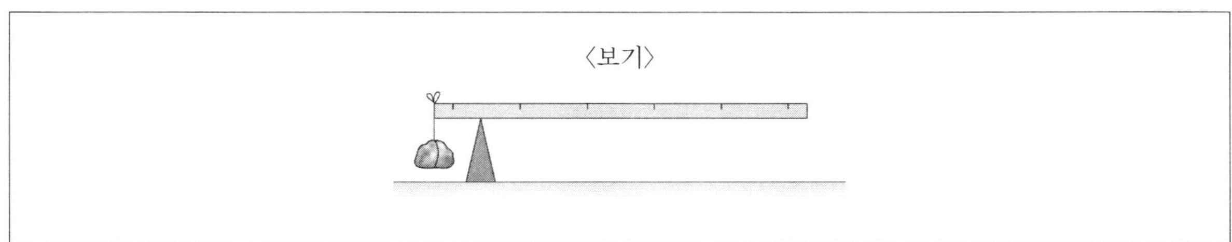

① $\dfrac{1}{4}$

② $\dfrac{1}{3}$

③ $\dfrac{1}{2}$

④ $\dfrac{2}{3}$

4
② 이상기체의의 평균속력은 $v = \sqrt{\dfrac{3RT}{M}}$ 이므로 온도의 제곱에 비례하여 증가한다.

5 • 구심 방향에 대하여

$$f_s = \frac{mv^2}{r}, \; f_s \leq \mu_s n$$

• 연직 방향에 대하여

$$\sum F_y = n - mg = 0$$

$$\frac{mv^2}{r} \leq \mu_s mg, \; v^2 \leq \mu_s gr$$

따라서 최대 속력

$$v_{\max} = \sqrt{\mu_s gr} = \sqrt{0.9 \times 10 \times 100} = 30 m/s \text{이다.}$$

6 받침점을 회전축으로 하여 돌립힘 평형을 구하면

$$1 \times \frac{1}{8} = m \times \frac{3}{8}, \; m = \frac{1}{3} kg$$

정답 및 해설   4.②   5.④   6.②

7 〈보기〉와 같이 실린더 안에 이상기체가 들어 있다. 피스톤을 사용하여 기체의 부피를 처음의 3배가 되도록 하였고, 기체의 절대온도가 처음의 2배가 되게 하였다. 이때 이상기체 압력의 변화는? (단, 실린더와 피스톤을 통하여 열이 빠져나가지 않는다.)

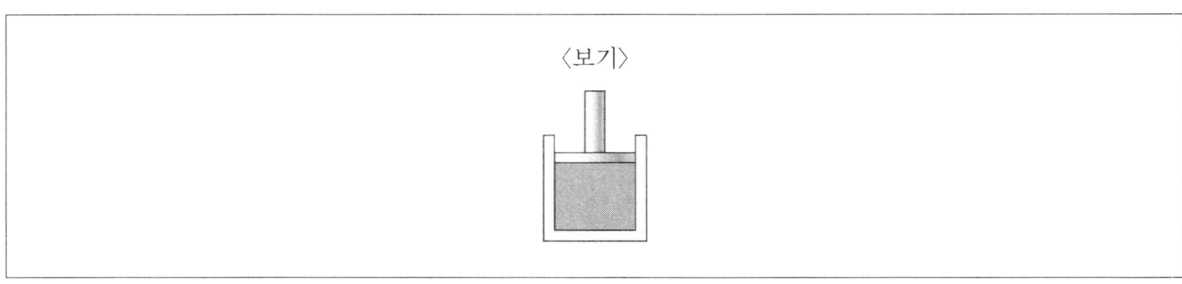

① 처음의 2/3배　　　　　　　　② 처음의 3/2배

③ 처음의 4/9배　　　　　　　　④ 처음의 1/3배

8 카르노 기관이 온도 500K의 고열원에서 열을 흡수하고 300K의 저열원으로 열을 방출한다. 한 번의 순환 과정에서 이 기관이 200J의 일을 한다면 고열원에서 흡수하는 열의 값[J]은?

① 300　　　　　　　　　　　　② 400

③ 500　　　　　　　　　　　　④ 600

9 반지름 $R = 2.0\text{m}$, 관성 모멘트 $I = 300\text{kg} \cdot \text{m}^2$인 원판형 회전목마가 10rev/min의 각속력으로 연직방향의 회전축을 중심으로 마찰 없이 회전하고 있다. 회전축을 향하여 25kg의 어린이가 회전목마 위로 살짝 뛰어올라 가장자리에 앉는다. 이때, 회전목마의 각속력의 값[rad/s]은?

① $\dfrac{1}{8}$　　　　　　　　　　　　② $\dfrac{1}{4}$

③ $\dfrac{\pi}{4}$　　　　　　　　　　　　④ $\dfrac{\pi}{2}$

10 변압기의 1차 코일과 2차 코일의 감은 수가 각각 100번과 400번이다. 1차 코일에 전압 3V인 교류전원을 연결할 때 2차 코일에 발생하는 전압의 값[V]은?

① 3/4

② 3

③ 12

④ 16

---

7 $P = \dfrac{nRT}{V}$ 이므로 부피가 3배, 졀대온도가 2배가 되게 하면 압력은 처음의 $\dfrac{2}{3}$ 배가 된다.

8 $\dfrac{500 - 300}{500} = \dfrac{200}{Q_H}$ 이므로 이 기관이 고열원에서 흡수하는 열의 값은 500J이다.

9 각운동량 $L = m \cdot I \cdot r^2$ 이므로 어린이가 회전목마 가장자리에 앉아있을 때 어린이의 각운동량은 mr^2 이다.

이때 회전목마의 전체 관성모멘트는 $mr^2 + I_0$ 이고,

각운동량 보존법칙에 따라 회전목마의 나중 각속도 ω 에 대하여 $\omega(mr^2 + I_0) = w_0 \times I_0$ 이므로

$$\omega = \frac{\omega_0 I_0}{mr^2 + I_0} = \frac{\dfrac{2\pi \times 10}{60} \times 300}{25 \times 2^2 + 300} = \frac{\pi}{4}[\text{rad/s}] \quad (\because\ 1\text{rev} = 1\text{바퀴} = 360\text{도} = 2\pi)$$

10 $\dfrac{N_2}{N_1} = \dfrac{V_2}{V_1}$, $\dfrac{400}{100} = \dfrac{V_2}{3}$

따라서 2차 코일에 발생하는 전압 $V_2 = 12\text{V}$ 이다.

정답 및 해설 7.① 8.③ 9.③ 10.③

11 금속판에 자외선을 쬐었을 때 전자가 튀어나오는 광전효과의 실험적 사실에 대한 설명으로 가장 옳은 것은?

① 튀어나오는 전자의 수는 자외선의 진동수에 의해 결정된다.

② 자외선을 쬐어준 후 전자가 튀어나올 때까지 걸리는 시간은 자외선의 세기에 따라 달라진다.

③ 튀어나오는 전자의 최대 운동에너지는 자외선의 진동수에 따라 달라진다.

④ 금속의 종류와 상관없이 자외선의 진동수가 같으면, 튀어나오는 전자의 최대 운동에너지는 같다.

12 일정한 속도 v로 움직이는 질량 m인 전하 q가 균일한 자기장 B와 수직한 방향으로 입사하는 경우, 원운동을 하게 된다. 이 원운동의 반지름과 각속도에 대한 설명으로 가장 옳지 않은 것은?

① 각속도는 자기장에 비례한다.

② 각속도는 질량에 반비례한다.

③ 원운동의 반지름은 자기장에 반비례한다.

④ 원운동의 반지름은 전하량의 크기와 무관하다.

13 운전자가 고속도로에서 동쪽을 향해 20m/s의 속력으로 이동한다. 운전자 앞쪽에서 경찰차가 500Hz의 진동수로 사이렌을 울리면서 서쪽을 향해 40m/s의 속력으로 접근하고 있다. 경찰차가 접근하는 동안 운전자가 듣는 사이렌 소리의 진동수의 값[Hz]은? (단, 정지된 공기 중에서 소리의 속력은 340m/s라 한다.)

① 440

② 480

③ 520

④ 600

14 항구에서 배에 물건을 실을 때, 빗면을 이용하는 경우가 있다. 〈보기 1〉과 같이 경사각이 θ인 빗면을 따라 일정한 힘을 가해 물건을 배로 올리는 경우에 대한 〈보기 2〉의 설명에서 옳은 것을 모두 고른 것은? (단, 마찰 저항은 무시한다.)

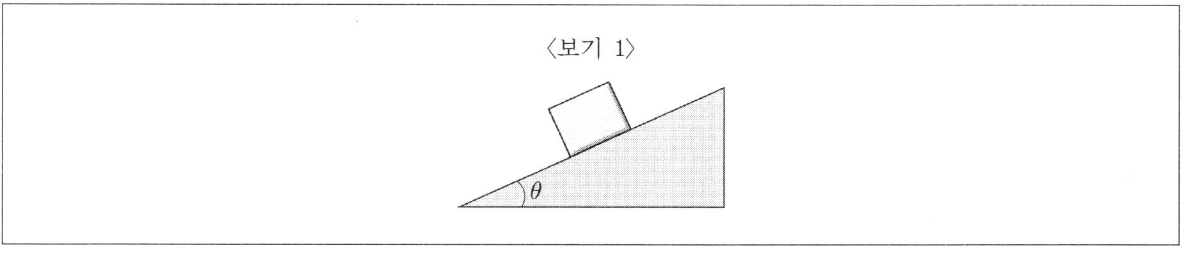

〈보기 1〉

〈보기 2〉

㉠ 물체가 움직이기 시작한 후, 물체를 일정한 속도로 올리기 위해 경사면과 평행하게 작용해야 하는 힘은 $mg\sin\theta$이다.

㉡ 경사면이 물체에 경사면의 수직 위 방향으로 작용하는 힘의 크기는 $mg\cos\theta$이다.

㉢ 적절한 마찰력이 존재하면 물건이 경사면에 정지해 있을 수 있다. 그 경우 마찰계수는 $\mu = \tan\theta$이다.

① ㉠

② ㉡

③ ㉡, ㉢

④ ㉠, ㉡, ㉢

---

11 ① 튀어나오는 전자의 수는 자외선의 세기에 의해 결정된다.
② 자외선을 쬐어준 후 전자가 튀어나올 때까지 걸리는 시간은 동일하다. 자외선의 세기는 전자의 수와 관련된다.
④ 금속의 종류에 따라 일함수가 다르므로 자외선의 진동수가 같아도 튀어나오는 전자의 최대 운동에너지는 다르다.

12 ④ $F = qvB = \dfrac{mv^2}{r}$ 이므로 원운동의 반지름 $r = \dfrac{mv}{qB}$ 로 전하량의 크기에 반비례한다.

13 운전자가 진행하는 방향인 동쪽을 (+)라고 할 때,
$$f = f_0 \times \frac{c + v_운}{c - v_경} = 500 \times \frac{340 + 20}{340 - 40} = 600\text{Hz}\,\text{이다.}$$

14 ㉠, ㉡, ㉢ 모두 옳은 설명이다.

정답 및 해설 11.③ 12.④ 13.④ 14.④

15 밀도가 물의 2.5배인 유리로 만든 공의 질량이 M이다. 이 유리공이 물속에 완전히 잠겼을 때 작용하는 부력은? (단, 중력가속도는 g이다.)

① $0.20Mg$

② $0.25Mg$

③ $0.40Mg$

④ $0.50Mg$

16 두 대의 선박이 서로 반대편으로 등속 이동하고 있다. 선박 A는 속력 18km/h로 남쪽에서 북쪽으로 이동하고 선박 B는 속력 24km/h로 북쪽에서 남쪽으로 이동하고 있을 때, 교차한 후 상대 속도의 크기[km/h]는?

① 18

② 24

③ 42

④ 84

17 1몰의 이상기체 계가 〈보기〉와 같이 열역학적 평형상태 A에서 출발하여 열역학적 평형상태 B, C, D를 거쳐 다시 처음 상태 A로 돌아오는 열역학적 순환과정을 반복한다고 한다. 열역학 제1법칙을 적용하여 매 순환 과정으로 계에서 빠져나간 열이 $Q_{\text{out}} = 1.0 \times 10^3$J일 때, 매 순환 과정으로 계에 들어온 열 Q_{in}의 값[J]은? (단, $P_i = 1.0 \times 10^5$Pa, $V_i = 1.6 \times 10^{-2}$m³이고 기체상수는 $R = 8.0$Jmol^{-1}K^{-1}이라 가정한다.)

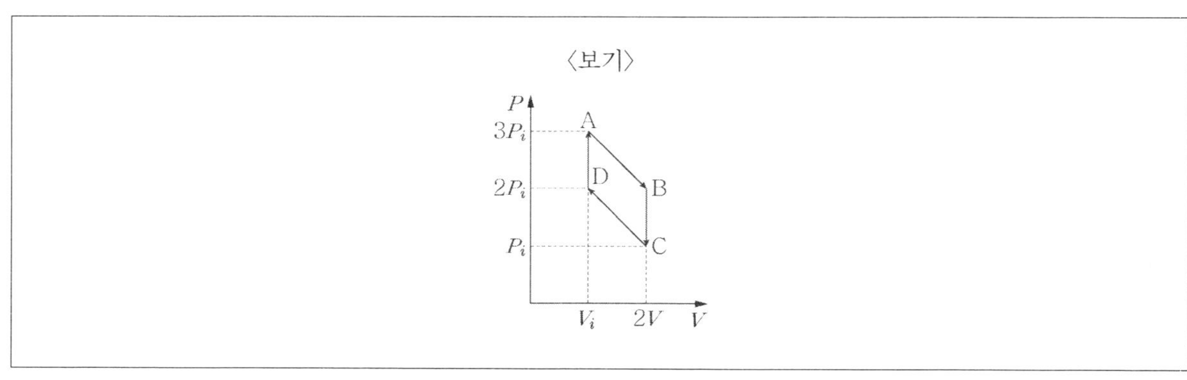

① 1.2×10^3

② 2.6×10^3

③ 3.2×10^3

④ 4.8×10^3

18 반지름이 0.2m인 두 개의 동일한 부도체 구가 무중력 상태에서 0.6m 길이의 부도체 끈에 의해 직선형태로 연결되어 있다. 두 구에 각각 10μC의 양전하가 균일하게 분포되어 있다고 가정할 때, 두 구를 연결하는 끈에 작용하는 장력의 값[N]은? (단, 쿨롱상수는 k_e=9.0×10⁹Nm²C⁻²이다.)

① 0.9

② 1.5

③ 1.8

④ 3.6

---

15 물의 밀도를 ρ라고 할 때, 공에 작용하는 부력 $F=\rho\times\dfrac{M}{2.5\rho}\times g=\dfrac{Mg}{2.5}=0.40Mg$

16 교차한 후에 선박 A, B의 진행 방향은 남북으로 반대이므로,
18 − (−24) = 42 또는 24 − (−18) = 42로 상대 속도의 크기는 42km/h이다.

17 $W=PV$이므로 평행사변형 ABCD의 면적과 일의 양은 동일하다.
따라서 $W=10\times10^5\times1.6\times10^{-2}=1.6\times10^3$J
$Q_{in}=Q_{out}+W=1.0\times10^3+1.6\times10^3=2.6\times10^3$

18 두 구를 연결하는 끈에 작용하는 장력 $T=k_e\dfrac{q_1q_2}{r^2}$ 이므로
$9.0\times10^9\times\dfrac{(10\times10^{-6})^2}{(2\times0.2+0.6)^2}=0.9$N 이다.

  15.③ 16.③ 17.② 18.①

19 물이 1.8m 높이에서 0.2ℓ/s의 비율로 튀지 않게 저울 위에 있는 용기에 떨어진다. 처음 빈 용기의 질량이 1.2kg일 때, 물이 3초 동안 떨어진 직후 저울 눈금의 값[N]은? (단, 중력가속도 g=10m/s^{2}이고, 물 1ℓ의 질량은 1kg이며, 물의 낙하 거리는 일정하다.)

① 3

② 6

③ 15.6

④ 19.2

20 간격이 L인 두 벽 사이에서 1차원 운동하는 전자의 물질파는 정상파를 이루게 된다. 〈보기 1〉은 가능한 정상파를 보여주고 있다. 이에 대한 설명으로 옳은 것을 〈보기 2〉에서 모두 고른 것은? (단, h는 플랑크 상수이다.)

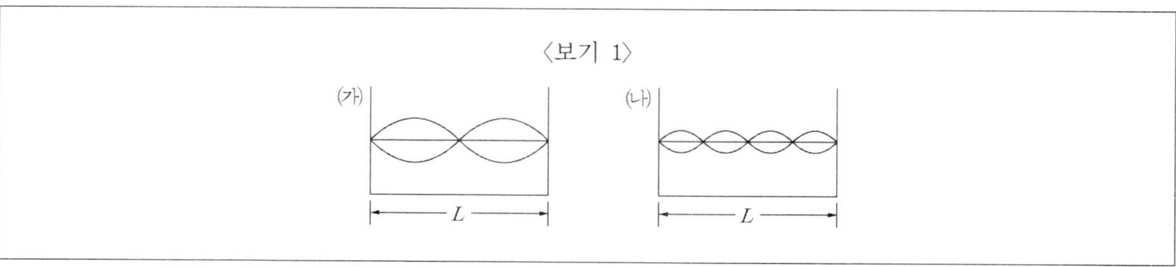

〈보기 2〉

㉠ (가)의 경우 전자의 운동량 크기는 $\dfrac{h}{L}$이다.

㉡ 전자의 운동에너지는 (나)가 (가)의 2배이다.

㉢ 전자의 운동량 크기는 (나)가 (가)의 2배이다.

① ㉠

② ㉡

③ ㉠, ㉢

④ ㉡, ㉢

19
$$F = \frac{dp}{dt} = \frac{d(mv)}{dt} = \frac{dm}{dt}v + m\frac{dv}{dt} \text{에서}$$

$\dfrac{dm}{dt} = 0.2kg/s$ ($\because$ 물 1ℓ 의 질량은 1kg), $\dfrac{dv}{dt} = 10m/s^2$ 이므로 $F = 0.2v + 10m$ 이다.

$v = \sqrt{2gh}$ 에서 $v^2 - 0^2 = 2gh = 2 \times 10 \times 1.8 = 36$, $v = 6m/s$ 이고, $m(t) = 0.2t$ 이므로

$F(t) = 0.2 \times 6 + 10 \times 0.2t = 1.2 + 2t$, $F(3) = 1.2 + 6 = 7.2\text{N}$ 이다.

따라서 물이 3초 동안 떨어진 직후 저울 눈금의 값은 $1.2 \times 10 + 7.2 = 19.2\text{N}$ 이다.

20
㉠ $\lambda = L$ 이므로 운동량의 크기는 $p = \dfrac{h}{\lambda} = \dfrac{h}{L}$ 이다.

㉡ (개)와 (내)의 파장의 비는 $2 : 1$ 이므로 운동량의 비는 $1 : 2$, 운동에너지의 비는 $1^2 : 2^2 = 1 : 4$ 이다.

㉢ 전자의 운동량의 크기는 (내)가 (개)의 2배이다.

정답 및 해설 19.④ 20.③

1 힘과 운동의 법칙을 설명하고 있다. 다른 하나는 무엇인가?

① 달리던 사람이 돌부리에 걸려 넘어진다.
② 로켓이 가스를 내뿜으며 올라간다.
③ 버스가 갑자기 출발하면 승객이 뒤로 넘어진다.
④ 마라톤 선수가 결승선에서 계속 달리다가 멈춘다.

2 지구 주위를 돌고 있는 인공위성 안에서 물체를 공중에 놓아도 떨어지지 않고 떠 있는 이유를 옳게 설명한 것은 무엇인가?

① 물체의 무게와 공기의 부력에 의한 크기가 같아 평형 상태이다.
② 인공위성이 지구와 태양의 만유인력의 평형점에 있기 때문이다.
③ 물체의 무게와 원심력의 합력이 같기 때문이다.
④ 인공위성이 중력의 영향에서 탈출했기 때문이다.

3 20m/s로 수평으로 날아오는 공을 $\frac{1}{10}$초 후 멈추게 하려면 얼마만큼의 힘이 필요한가? (단, 공의 질량은 150g이고, 공기저항을 무시한다.)

① 150dyne
② 3×10^5dyne
③ 3×10^6dyne
④ 3×10^7dyne

4 베르누이 법칙을 바르게 설명한 것은 모두 몇 개 인가?

> ㉠ 유체 속도가 증가하면 압력이 낮아진다.
> ㉡ 깊이가 같으면 같은 깊이 지점의 압력이 모두 같다.
> ㉢ 분무기, 벤투리관, 비행기의 날개
> ㉣ 자동차 브레이크, 자동차 조향 장치, 굴삭기의 유압장치

① 1개

② 2개

③ 3개

④ 4개

---

1 ①③④는 관성의 법칙, ②는 작용 · 반작용의 법칙이다.

2 지구 주위를 돌고 있는 인공위성 안에서 물체를 공중에 놓아도 떨어지지 않고 떠 있는 이유는 물체의 무게와 원심력의 합력이 같기 때문이다.

3 $F = ma$에서 $m = 0.15kg$이고 $a = \dfrac{20-0}{\dfrac{1}{10}} = 200\,m/s^2$이므로

공을 멈추게 하는 데 필요한 힘은 $0.15 \times 200 = 30N = 3 \times 10^6 dyne$ $(\because 1dyne = 10^{-5}N)$

4 ㉡ 정지유체속의 압력에 대한 설명이다.
ㄹ 파스칼의 원리와 관련된 설명이다.

정답 및 해설 1.② 2.③ 3.③ 4.②

5 다음 중 물리량과 차원의 관계가 다른 것은?

물리량	차원		물리량	차원
① 밀도	$[ML^{-3}]$		② 에너지	$[ML^2T^{-2}]$
③ 운동량	$[ML^{-1}T^{-2}]$		④ 힘	$[MLT^{-2}]$

6 평행한 두 직선도선에서 왼쪽 도선은 위쪽으로 전류가 흐르고 오른쪽 도선은 아래쪽으로 흐를 때 두 도선 사이 중앙부에서 자기장의 방향은?

① 위쪽

② 아래쪽

③ 중앙부로 들어가는 방향

④ 중앙부에서 나오는 방향

7 이상 기체 1몰이 있다. 이 이상 기체의 상태가 압력이 3배, 부피가 $\dfrac{1}{4}$ 배로 변하게 되었다. 최종 상태의 내부에너지는 처음 상태의 몇 배가 되겠는가?

① $\dfrac{3}{4}$ 배

② $\dfrac{4}{3}$ 배

③ $\dfrac{1}{4}$ 배

④ $\dfrac{1}{12}$ 배

8 다음 그림은 발광다이오드의 발광 원리를 나타내고 있다. 이에 대한 설명으로 틀린 것은?

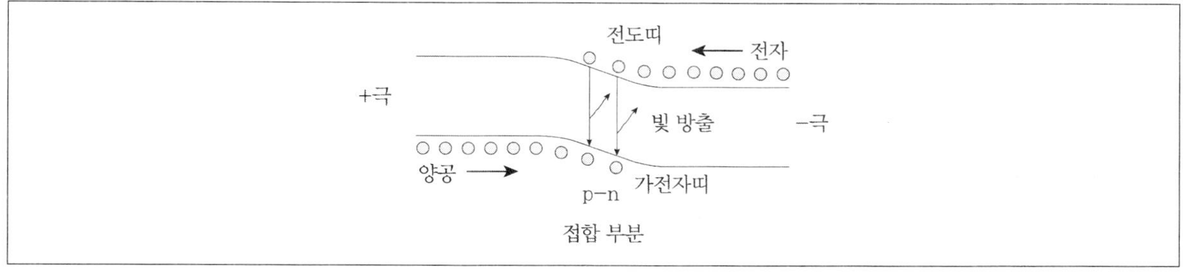

① 발광 다이오드는 p−n 접합 다이오드로 제작된다.

② LED에 어떤 파장의 빛을 비추어도 전류는 발생하지 않는다.

③ 많은 수의 전자가 전도띠에 있으며 많은 수의 양공이 원자가띠에 분포한다.

④ n형 반도체에 전지로부터 전자가 계속 공급되어 빛을 방출하게 된다.

---

5 ③ 운동량의 단위 $kg \cdot m/s \rightarrow [MLT^{-1}]$

① 밀도의 단위 $kg/m^3 \rightarrow [ML^{-3}]$

② 에너지의 단위 $J = N \cdot m = kgCDOTm^2/s^2 \rightarrow [ML^2T^{-2}]$

④ 힘의 단위 $N = kg \cdot m/s^2 \rightarrow [MLT^{-2}]$

6 앙페르의 법칙에 따라 두 도선 사이 중앙부에서 자기장의 방향은 중앙부로 들어가는 방향이다.

※ 앙페르 고리에 대한 경로 적분의 방향은 오른나사 법칙에 따른다.

7 온도는 압력과 부피에 비례하므로, 압력이 3배, 부피가 $\frac{1}{4}$ 배로 변한 이상 기체의 온도는 처음 상태의 $\frac{3}{4}$ 배가 된다. 내부에너지 $U = C_V T$이므로 내부에너지 역시 처음 상태의 $\frac{3}{4}$ 배가 된다.

8 ② LED에 광전효과가 발생하도록 한계진동수 이상의 빛을 비추면 전류가 발생한다.

※ 한계진동수 … 금속판에 단색광을 비출 때 광전자가 튀어나올 수 있는 최소한의 빛의 진동수

정답 및 해설 5.③ 6.③ 7.① 8.②

9 다음 그림은 어떤 망원경의 빛의 경로를 나타낸 것이다. 이에 대한 설명으로 옳은 것은?

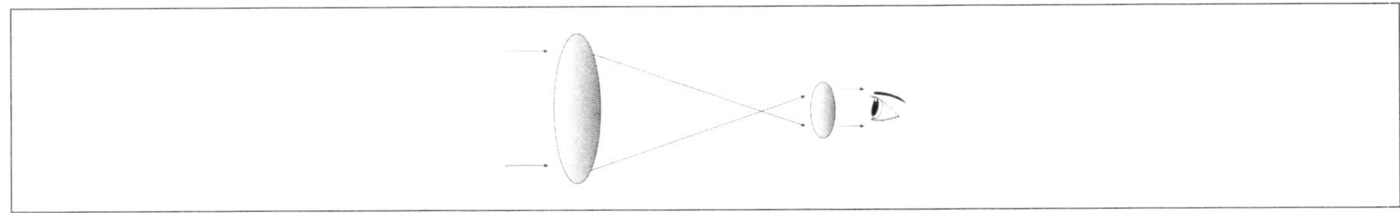

① 대형 망원경의 제작이 어렵고 제작비가 많이 든다.

② 반사 망원경의 원리이다.

③ 오목거울을 사용하여 빛을 모은다.

④ 상이 흔들리는 단점이 있다.

10 다음 그림은 베르누이 법칙을 알아볼 수 있는 장치를 나타낸 것이다. 굵은 관과 가는 관을 U자 모양의 관으로 연결하고 가벼운 스티로폼 공을 넣어 기압의 차이를 확인할 수 있다. 굵은 관의 A 지점을 지날 때 공기의 속력은 v_A, 압력은 P_A이고 가는 관의 B 지점을 지날 때 공기의 속력은 v_B, 압력은 P_B이다. 공기가 관을 지나는 동안에 대한 설명으로 옳은 것은 모두 몇 개 인가? (단, 유체는 베르누이 법칙을 만족한다.)

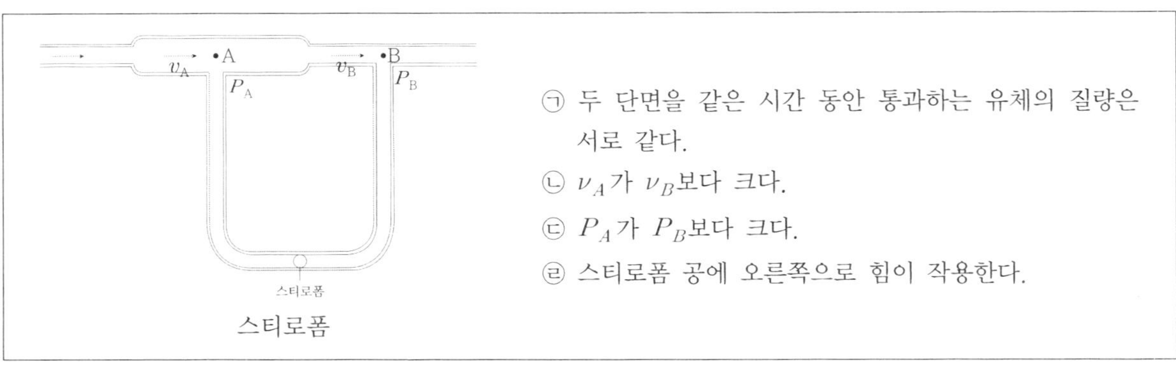

㉠ 두 단면을 같은 시간 동안 통과하는 유체의 질량은 서로 같다.

㉡ v_A가 v_B보다 크다.

㉢ P_A가 P_B보다 크다.

㉣ 스티로폼 공에 오른쪽으로 힘이 작용한다.

① 1개   ② 2개

③ 3개   ④ 4개

11 높이 300m인 곳에서 물체 A를 자유 낙하시킴과 동시에 그 바로 밑의 지상에서는 물체 B를 50m/s로 연직 상방으로 던져 올렸다. 두 물체는 몇 초 후에 만나겠는가? (단, 중력가속도는 g이고, 공기의 저항은 무시한다.)

① 4초 　　　　　　　　　　　② 6초

③ 10초 　　　　　　　　　　　④ 12초

9 　그림은 케플러식 망원경이다.
② 굴절 망원경의 원리이다.
③ 갈릴레이식 망원경에 대한 설명이다.
④ 반사 망원경에 대한 설명이다.
※ 케플러식 망원경과 갈릴레이식 망원경

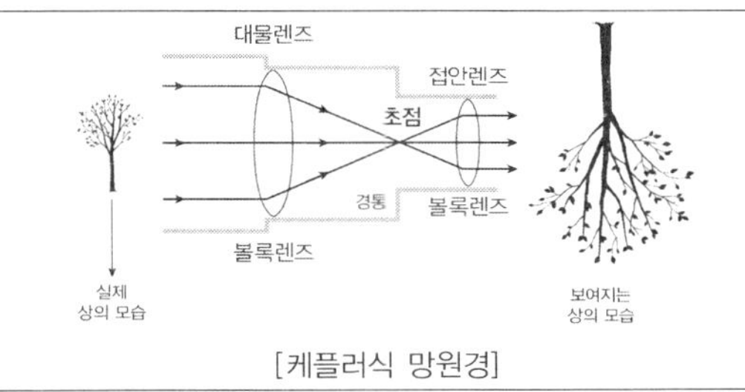

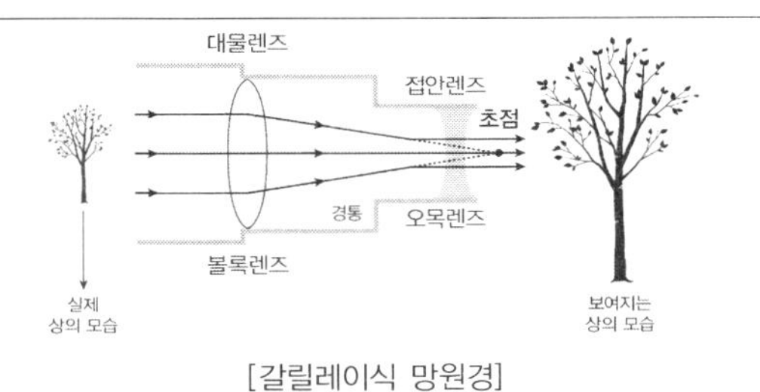

10 　ⓛ 단면적이 A가 더 크기 때문이 v_A가 v_B보다 작다.

11 　물체 A가 낙하한 거리와 물체 B가 연직 상방으로 운동한 거리의 합은 300m가 된다.
자유낙하운동에서 $h = \dfrac{1}{2}gt^2$ 이고 연직상방운동에서 $h = v_0t - \dfrac{1}{2}gt^2$ 이므로

$\dfrac{1}{2}gt^2 + 50t - \dfrac{1}{2}gt^2 = 300$, $\therefore t = 6$초이다.

정답 및 해설　9.①　10.③　11.②

12 열의 이동에 대한 설명으로 옳은 것을 모두 고른 것은?

> ㉠ 금속 막대에서 전도에 의해 이동하는 열량은 금속 막대의 길이에 비례하고 양끝의 온도 차이에 비
> 례한다.
> ㉡ 모든 조건이 같고 열전도율만 다른 두 금속 막대에서 열전도율이 클수록 전도에 의해 단위 시간당
> 이동하는 열의 양이 많다.
> ㉢ 지구 중력장을 벗어나면 대류에 의한 열의 이동은 거의 일어나지 않는다.
> ㉣ 열은 고온의 물체에서 저온의 물체로 스스로 이동하며 저온의 물체에서 고온의 물체로는 스스로
> 이동하지 않는다.

① ㉠, ㉢, ㉣   ② ㉠, ㉡, ㉢

③ ㉡, ㉢, ㉣   ④ ㉠, ㉡, ㉣

13 다음 그림은 같은 양의 물이 들어 있는 두 열량계에 물체 A, B를 각각 넣었을 때 물체와 물의 온도를 시간에 따라 나타낸 것이다. A, B의 질량은 각각 m, $2m$ 이다.

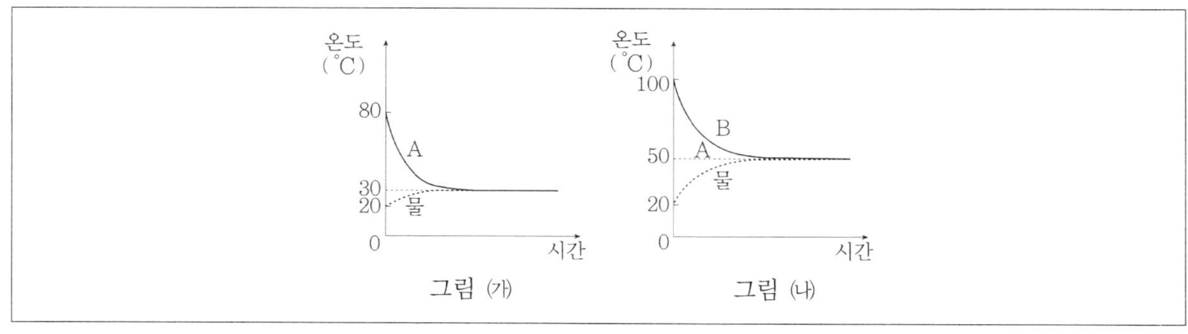

위 그림에서 물체 A, B의 비열을 각각 C_A, C_B라고 할 때 $C_A : C_B$는? (단, 외부와의 열 출입은 없다고 가정한다.)

① 2 : 3   ② 3 : 4

③ 1 : 1   ④ 3 : 2

14 기체가 단열 팽창하는 경우와 단열 압축하는 경우 기체분자의 평균 운동에너지는 어떻게 변하는가?

	단열 팽창	단열 압축
①	감소한다	감소한다
②	감소한다	증가한다
③	증가한다	증가한다
④	증가한다	감소한다

---

12 ㉠ 금속 막대에서 전도에 의해 이동하는 열량은 금속 막대의 길이에 반비례하고 양끝의 온도 차이에 비례한다.

13 그림 ㈎에서 물체 A를 물에 넣었을 때 물체의 온도는 $80℃ \rightarrow 30℃$, 물의 온도는 $20℃ \rightarrow 30℃$에서 평형을 이루었다.
그림 ㈏에서 물체 B를 물에 넣었을 때 물체의 온도는 $100℃ \rightarrow 50$, 물의 온도는 $20℃ \rightarrow 50℃$에서 평형을 이루었다.
따라서 $C_A \times m \times 50 = C_물 \times 10$과 $C_B \times 2m \times 50 = C_물 \times 30$을 도출할 수 있으므로
$C_A : C_B = 2 : 3$

14 기체가 단열 팽창하는 경우 온드가 감소하므로 평균 운동에너지는 감소하고, 반대로 단열 압축하는 경우 온도가 증가하므로 평균 운동에너지는 증가한다.

정답 및 해설　12.③　13.①　14.②

15 다음 그림은 주상 변압기를 통해 공급된 전기 에너지가 집 안의 전등과 헤어드라이어에서 소비되고 있는 모습을 나타낸 것이다. 주상 변압기의 1차 코일과 2차 코일에 걸리는 전압은 각각 V_1, V_2이다. 헤어드라이어를 켰을 때가 껐을 때보다 큰 물리량만을 모두 고른 것은? (단, 주상 변압기에서 에너지 손실은 무시한다.)

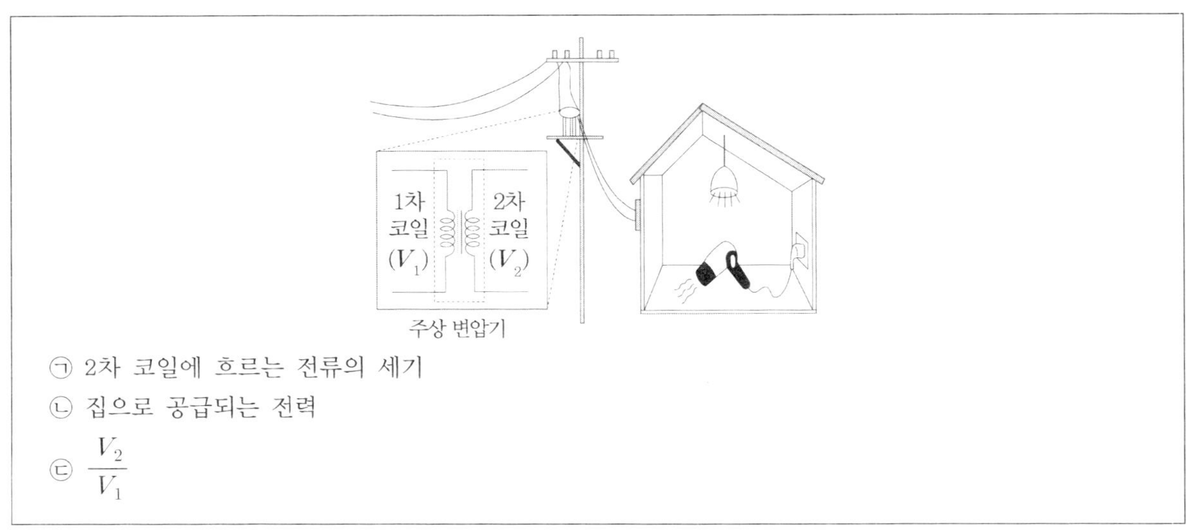

ㄱ. 2차 코일에 흐르는 전류의 세기

ㄴ. 집으로 공급되는 전력

ㄷ. $\dfrac{V_2}{V_1}$

① ㄱ

② ㄴ, ㄷ

③ ㄱ, ㄷ

④ ㄱ, ㄴ

16 다음 그림은 광전 효과를 실험한 것이다. 아래의 설명 중 가장 옳지 않은 것은?

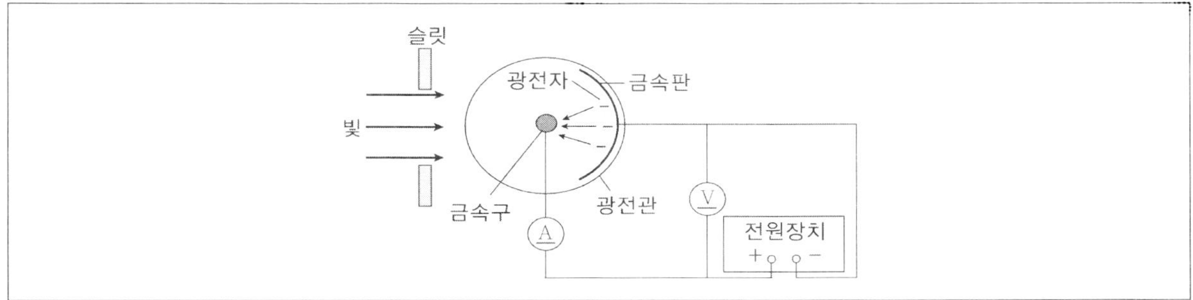

① 금속판에 (−)극을, 금속구에 (+)극을 연결한 후 한계 진동수 이상의 빛을 가해 광전자가 방출되어 전류가 흐를 때 전압을 증가시켜드 전류의 세기는 거의 변하지 않는다.

② 금속판에 (+)극을, 금속구에 (−)극을 연결한 후 한계 진동수 이상의 빛을 가해 광전자가 방출될 때 역전압을 걸어 전압을 증가시키면 광전류의 세기는 증가한다.

③ 광전 효과가 발생할 때 방출되는 광전자의 최대 운동에너지는 빛의 진동수와 관계있다.

④ 광전관에 역전압을 걸어주어 광전류가 0이 되는 순간 전압은 광전자의 최대 운동에너지에 비례한다.

15
 ⓒ $\dfrac{N_2}{N_1} = \dfrac{V_2}{V_1}$ 으로 일정하다.

16
 ② 금속판에 (+)극을, 금속구에 (−)극을 연결한 후 한계 진동수 이상의 빛을 가해 광전자가 방출될 때 역전압을 걸어 전압을 증가시키면, 금속구에 도달하는 광전자 수가 감소하여 광전류의 세기는 감소한다.

정답 및 해설   15.④   16.②

17 다음 그림은 백열전구에서 방출되는 빛의 스펙트럼을 알아보는 실험이다.

[실험 방법]

(가) 그림과 같이 백열전구를 직류 전원 장치에 연결한다.

(나) 직류 전원 장치의 전압을 V_1에서 V_2로 높이면서 필라멘트의 색과 온도, 전구에서 방출되는 빛의 스펙트럼을 분광기를 통해 관찰한다.

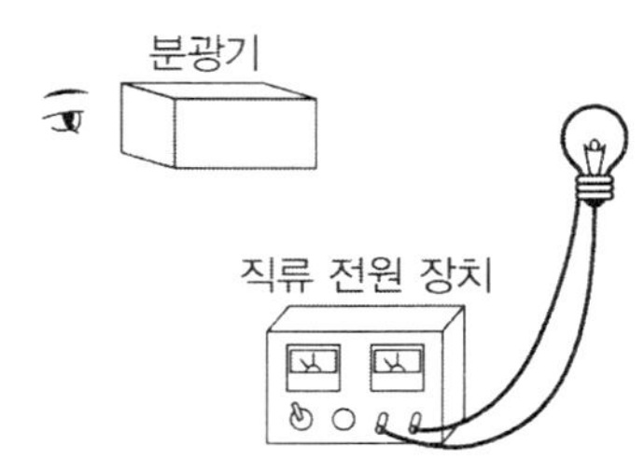

[실험 결과]

전압	필라멘트의 색	필라멘트의 온도	전구에서 방출되는 빛의 스펙트럼
V_1	빨간색	T_1	
V_2	노란색	T_2	A

위 실험 결과에 대한 설명으로 옳은 것을 모두 고른 것은?

ㄱ. T_2는 T_1보다 높다.
ㄴ. A는 연속 스펙트럼이다.
ㄷ. 필라멘트 색의 변화는 빈의 변위 법칙으로 설명할 수 있다.

① ㄱ, ㄷ
② ㄴ, ㄷ
③ ㄱ, ㄴ, ㄷ
④ ㄱ, ㄴ

18 진폭 2cm, 주기 2초인 횡파가 4cm/s의 속력으로 x축의 (+) 방향으로 진행하고 있다. 이 파동의 파장은 얼마인가?

① 2cm

② 4cm

③ 6cm

④ 8cm

---

17 ㉠ $V_1 < V_2$이므로 T_2는 T_1보다 높다. (O)

㉡ 백열전구에서 방출되는 빛의 스펙트럼인 A는 연속 스펙트럼이다. (O)

㉢ 빈의 변위 법칙은 에너지밀도가 최대인 파장과 흑체의 온도가 반비례한다는 법칙이다. (O)

18 $\lambda = \dfrac{v}{f}$, $T = \dfrac{1}{f}$ 이므로 $\lambda = vT = 4 \times 2 = 8cm$

19 전자기파를 진동수가 작은 것부터 큰 순서대로 바르게 나열한 것은?

① 장파 → 단파 → 적외선 → γ 선

② 단파 → 장파 → γ 선 → 적외선

③ γ 선 → 적외선 → 단파 → 장파

④ 적외선 → γ 선 → 장파 → 단파

20 소음측정기로 주택가 주변의 소음을 측정한 결과, 낮에는 50dB로 밤의 20dB보다 30dB이 높았다. 낮에는 밤보다 소음의 세기가 몇 배인가?

① 10배

② 100배

③ 1,000배

④ 10,000배

19 진동수가 작은 것부터 큰 수서대로 나열하면 장파 < 단파 < 적외선 < γ선이다.

20 dB이 10 증가할 때 소음의 세기는 10배가 된다.

따라서 밤에 비해 낮에 소음이 30dB 증가하였으므로 소음의 세기는 $10^3 = 1,000$배가 된다.

※ 별해

- 낮 : $50\text{dB} = 10\log\dfrac{I_\text{낮}}{I_0}$, $I_\text{낮} = 10^5 I_0$

- 밤 : $20\text{dB} = 10\log\dfrac{I_\text{밤}}{I_0}$, $I_\text{밤} = 10^2 I_0$

따라서 $\dfrac{I_\text{낮}}{I_\text{밤}} = 10^3 = 1,000$배이다.

정답 및 해설   19.①   20.③

1 두 개의 물체 A, B가 수평면에서 줄에 매달려 각각 등속 원운동을 하고 있다. 물체 A에 의한 원 궤적 반지름은 물체 B에 의한 원 궤적 반지름의 절반이고, 물체 A가 원을 한 바퀴 도는 데 걸리는 시간은 물체 B가 원을 한 바퀴 도는 데 걸리는 시간의 배이다. 물체 A의 속력을 v_A, 물체 B의 속력을 v_B라 할 때, $\dfrac{v_B}{v_A}$의 값은?

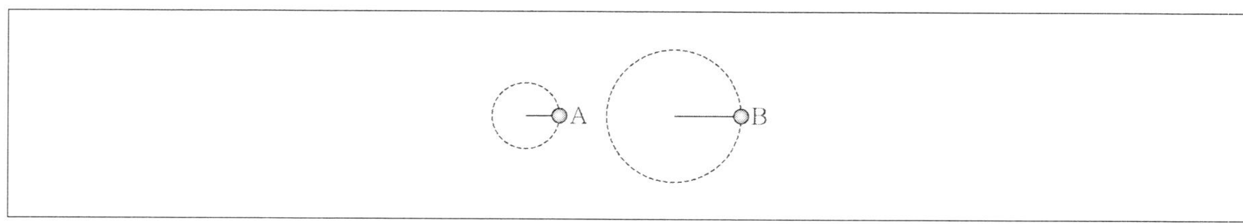

① $\dfrac{1}{2}$

② 2

③ 4

④ 8

2 그림처럼 용수철 상수가 $k_1 = 1000/\text{N/m}$, $k_2 = 500\text{N/m}$인 두 개의 용수철이 수직으로 연결되어 있다. 여기에 질량 1kg인 물체를 매달았을 때 두 용수철이 늘어난 총 길이는? (단, 중력 가속도 $g = 10\text{m/s}^2$로 한다.)

① $\dfrac{1}{1.5}$ cm

② 1.5cm

③ $\dfrac{1}{3}$ cm

④ 3cm

3 그림과 같은 U모양의 관에 밀도가 ρ인 액체 a를 채우고 관의 한 쪽에 액체 b를 높이 10cm만큼 채웠더니 액체 윗면의 높이차가 3cm가 되었다. b의 밀도는?

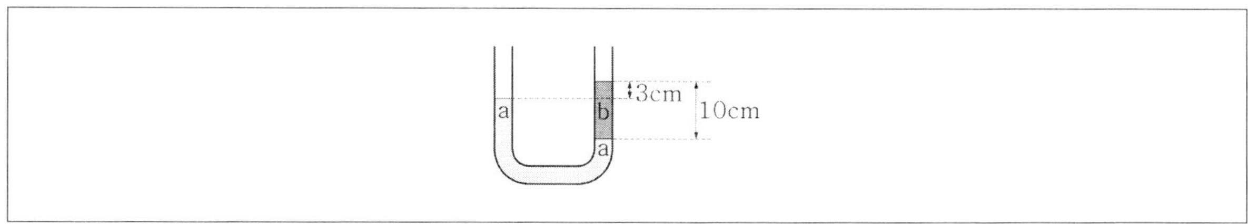

① $\dfrac{3}{10}\rho$

② $\dfrac{3}{7}\rho$

③ $\dfrac{3}{5}\rho$

④ $\dfrac{7}{10}\rho$

---

1 주기 $T=\dfrac{2\pi r}{v}$ 이므로

- 물체 A의 속력 $v_A = \dfrac{2\pi r_A}{T_A}$

- 물체 B의 속력 $v_B = \dfrac{2\pi r_B}{T_B}$

이때, 물체 A에 의한 원 궤적의 반지름은 물체 B에 의한 원 궤적 반지름의 절반이고, 주기는 2배라고 하였으므로 $r_A = \dfrac{1}{2}r_B$ 를, 주기는 $T_A = 2T_B$ 를 대입하면

$$\frac{v_B}{v_A} = \frac{\dfrac{2\pi r_B}{T_B}}{\dfrac{2\pi \frac{1}{2}r_B}{2T_B}} = \frac{\dfrac{2\pi r_B}{T_B}}{\dfrac{\pi r_B}{2T_B}} = \frac{4T_B \pi r_B}{T_B \pi r_B} = 4 \text{이다.}$$

2 용수철이 직렬로 연결되었을 경우 합성 용수철 상수 $\dfrac{1}{k_{eq}} = \dfrac{1}{k_1} + \dfrac{1}{k_2}$ 이므로

그림에서 합성 용수철 상수는 $\dfrac{1}{1,000} + \dfrac{1}{500} = \dfrac{3}{1,000}$, 즉 $k_{eq} = \dfrac{1,000}{3}$ N/m이다.

따라서 늘어난 길이는 $\dfrac{1 \times 10}{\dfrac{1,000}{3}} = \dfrac{30}{1,000} = \dfrac{3}{100}m$이므로 3cm이다.

3 액체 b의 10cm와 액체 a의 7cm의 부력($=\rho Vg$)이 동일하므로 $\rho \times 7 \times g = \rho_b \times 10 \times g$, 따라서 $\rho_b = \dfrac{7}{10}\rho$이다.

   1.③   2.①   3.④

4 지구 주위를 도는 위성의 궤도 운동에 대한 아래 설명 중 가장 옳은 것은? (단, 위성의 궤도 운동은 지구 중심을 중심으로 하는 등속 원운동이라 가정한다.)

① 궤도 운동 주기는 궤도 반지름에 반비례한다.

② 궤도 운동 주기는 위성 질량과 무관하다.

③ 같은 주기로 도는 위성의 각운동량은 위성 질량에 무관하다.

④ 궤도 운동하는 위성의 총 역학적 에너지 값은 양수이다.

5 그림은 매질 A에서 같은 경로로 입사하여 매질 B를 지나 거울에서 반사한 빨간색 빛과 파란색 빛의 경로를 나타낸 것이다. B에서 두 빛에 대한 매질의 굴절률은 n으로 같다. A와 B의 경계면은 거울 면과 나란하다. 〈보기〉에서 이에 대한 설명으로 옳은 것을 모두 고른 것은?

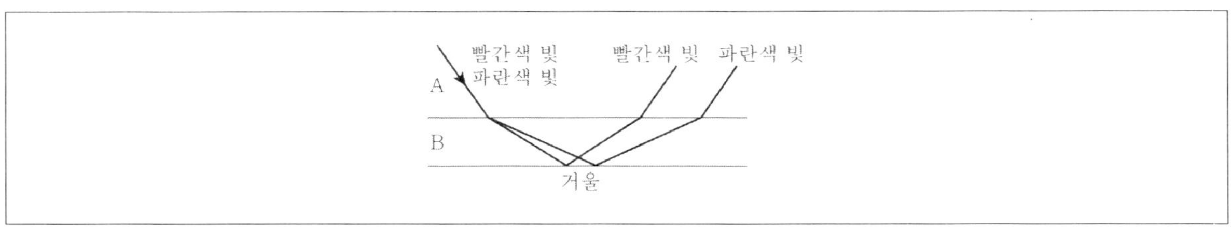

〈보기〉

㉠ 반사하고 B를 지나 A로 굴절하여 나온 빨간색과 파란색 빛의 경로는 서로 나란하다.

㉡ 빨간색 빛에 대한 A의 굴절률은 n보다 작다.

㉢ 파란색 빛에 대한 A의 굴절률이 빨간색 빛에 대한 A의 굴절률보다 크다.

① ㉠

② ㉡

③ ㉠, ㉢

④ ㉠, ㉡, ㉢

4 ② 궤도 운동 주기 $T = \dfrac{2\pi r}{v}$ 로 위성 질량(m)과 무관하다.

　① 궤도 운동 주기의 제곱은 $T^2 = \dfrac{4\pi^2 r^2}{v^2} = \dfrac{4\pi^2 r^2}{\dfrac{GM}{r}} = \dfrac{4\pi^2 r^3}{GM}$ 으로, 궤도 반지름의 세제곱에 비례한다. $\left(\because v^2 = \dfrac{GM}{r}\right)$

　③ 각운동량 L은 물체의 운동량이 p일 때 기준점으로부터의 위치 r에 의해 $\vec{L} = \vec{r} \times \vec{p}$이다. 이때, $\vec{p} = m\vec{v}$이므로, $\vec{L} = m\vec{r} \times \vec{v}$로 나타낼 수 있다. 따라서 같은 주기로 도는 위성의 각운동량은 위성 질량에 영향을 받는다.

　④ 궤도를 운동하는 위성의 총 역학적 에너지 값 $E = \dfrac{1}{2}mv^2 - \dfrac{GMm}{r} = \dfrac{GMm}{2r} - \dfrac{GMm}{r} = -\dfrac{GMm}{2r}$ 이므로 음수이다.

5 ㉡ 빨간색 빛이 A에서 B로 입사할 때 입사각 < 굴절각이므로 빨간색 빛에 대한 A의 굴절률은 n보다 크다.

정답 및 해설 4.② 5.③

6 위치 A에서 초기 속력이 0인 상태의 물체가 움직이기 시작하여 위치 B와 C를 지날 때 물체의 속력이 각각 v_B, v_C라고 하자. $\dfrac{v_B^2}{v_C^2}$의 값은? (단, 마찰은 무시한다.)

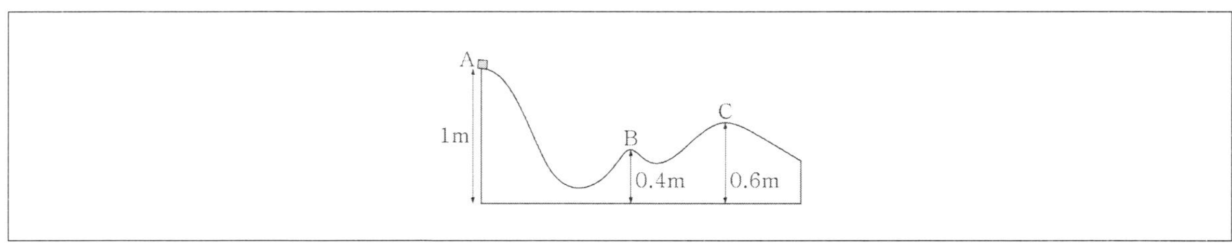

① $\dfrac{3}{2}$

② $\dfrac{9}{4}$

③ $\dfrac{2}{3}$

④ $\dfrac{4}{9}$

7 높이 80m 되는 폭포에서 물이 떨어질 때 중력에 의한 위치 에너지의 감소가 모두 물의 내부 에너지로 변화하였다면 폭포 바닥에 떨어진 물의 온도 변화는? (단, 중력 가속도 $g = 10\text{m/s}^2 = 10\text{N/kg}$, 물의 비열 $c = 4\text{kJ/kg} \cdot \text{K}$로 한다.)

① 20K

② 5K

③ 0.5K

④ 0.2K

8 그림과 같이 마찰이 없는 평면상에서 질량이 같은 두 물체가 각각 수평방향으로 $2v$, 수직방향으로 v의 초기속도로 진행하다 충돌하여 하나로 뭉쳐져 계속 진행한다. 충돌 후 두 물체의 총 역학적 에너지는 충돌 전 총 역학적 에너지의 몇 배인가?

① 0.1배　　　　　　　　② 0.5배

③ 1배　　　　　　　　　④ 2배

6　• 위치 A에서 물체의 위치에너지는 mgh이다. (여기서 $h=1$)

　• 위치 B에서 물체의 에너지는 $mg \times 0.4 + \frac{1}{2}mv_B{}^2$이다.

　• 위치 C에서 물체의 에너지는 $mg \times 0.6 + \frac{1}{2}mv_C{}^2$이다.

　이 세 가지 값이 모두 동일하므로 $v_B{}^2 = 1.2g$, $v_C{}^2 = 0.8g$이고 따라서 $\dfrac{v_B{}^2}{v_C{}^2} = \dfrac{1.2g}{0.8g} = \dfrac{3}{2}$ 이다.

7　위치 에너지가 모두 내부 에너지로 변하였으므로 $mgh = dU = cm\triangle T$로 볼 수 있다.

　따라서 $mgh = cm\triangle T$이고 $gh = c\triangle T$이므로 $\triangle T = \dfrac{gh}{c}$ 이다.

　조건에 따라 대입하면 $\dfrac{10 \times 80}{4,000} = \dfrac{1}{5} = 0.2\text{K}$이다.

8　운동량 보존법칙에 따라 충돌 전후 수평, 수직방향의 운동량이 보존된다고 할 때,

　수평방향은 $m2v = 2mv_x$, $v_x = v$이고, 수직방향은 $mv = 2mv_y$, $v_y = \dfrac{v}{2}$ 이다.

　• 충돌 전 두 물체의 총 역학적 에너지 $= \dfrac{1}{2}m(2v)^2 + \dfrac{1}{2}mv^2 = \dfrac{5}{2}mv^2$

　• 충돌 후 두 물체의 총 역학적 에너지 $= \dfrac{1}{2} \times 2m \times \left[v^2 + \left(\dfrac{v}{2}\right)^2 \right] = \dfrac{5}{4}mv^2$

　6.①　7.④　8.②

9 그림처럼 지름이 10cm에서 5cm로 줄어드는 관이 있다. 지름이 큰 부분인 단면적 A에서 유입되는 유체의 속력이 20cm/s였다면, 줄어든 단면적 B에서 유체의 속력은? (단, 유체는 정상흐름을 하고 있다.)

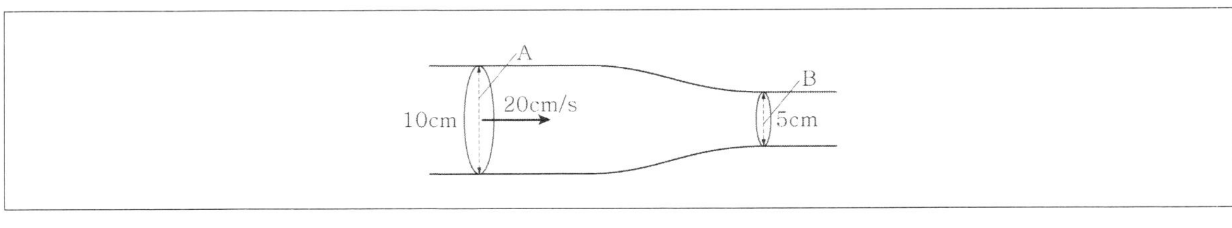

① 80cm/s

② 40cm/s

③ 10cm/s

④ 5cm/s

10 두 개의 컵에 서로 다른 유체 A, B가 담겨 있다. 각각의 컵에 동일한 재질로 만든 같은 크기의 균일한 물체를 넣었을 때 유체 A, B에 잠긴 정도가 달랐다. 유체 A에는 물체의 절반이 잠겼고, 유체 B에는 물체의 $\dfrac{3}{4}$ 이 잠긴 상태에서 평형을 유지하고 있다. 유체 A, B의 밀도를 ρ_A, ρ_B라고 할 때 $\dfrac{\rho_A}{\rho_B}$ 의 값은?

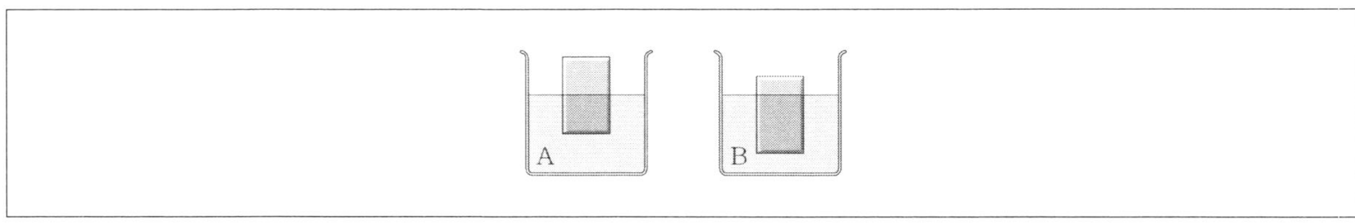

① $\dfrac{3}{2}$

② $\dfrac{4}{3}$

③ $\dfrac{5}{4}$

④ $\dfrac{6}{5}$

11 1몰의 이상기체가 열역학적 평형 상태 A_1에서 열역학적 평형 상태 A_2로 변하였다. 각 상태 A_i에서의 온도, 압력, 부피는 T_i, P_i, V_i로 표시되며, $T_1 = T_2$, $P_1 > P_2$, $V_1 < V_2$였다. 열역학적 평형 상태 A_1에서 A_2로의 변화과정에 대한 설명 중 가장 옳은 것은?

① 기체가 외부로 열을 방출한다.

② 기체가 외부에서 열을 흡수한다.

③ 기체의 내부 에너지는 증가한다.

④ 기체의 내부 에너지는 감소한다.

---

9 반지름이 $2 : 1$이므로 면적은 $2^2 : 1 = 4 : 1$이다. 유속은 면적에 반비례하므로 속력비는 $1 : 4$이고 A에서 유입되는 유체의 속력이 20cm/s였다면, B에서 유체의 속력은 80cm/s가 된다.

10 부력 $F_b = \rho V g$이므로

- A : $\rho_A \dfrac{1}{2} V g = \rho V g$, $\rho_A = 2\rho$

- B : $\rho_B \dfrac{3}{4} V g = \rho V g$, $\rho_B = \dfrac{4}{3}\rho$

따라서 $\dfrac{\rho_A}{\rho_B} = \dfrac{2\rho}{\dfrac{4}{3}\rho} = \dfrac{6}{4} = \dfrac{3}{2}$이다.

11 온도는 변함없이 압력은 감소하고 부피는 증가한다.
①② 부피가 증가하므로 기체가 외부에서 열을 흡수한다.
③④ 온도가 변함없으므로 내부 에너지도 변하지 않는다.

정답 및 해설   9.①   10.①   11.②

12 극판의 면적이 A이고 간격이 d인 평행판 축전기에 전하 q가 대전되어 있을 때, 축전기에 에너지가 저장되며 단위 부피당 에너지 밀도는 u_1이다. 극판의 간격을 $2d$로 늘리고 대전된 전하를 $2q$로 만들었을 때의 에너지 밀도를 u_2라고 하면, $\dfrac{u_2}{u_1}$의 값은?

① 1

② 2

③ 4

④ 8

12

축전기에 저장된 퍼텐셜 에너지 $U = \dfrac{Q^2}{2C} = \dfrac{1}{2}CV^2$, 에너지 밀도 $u = \dfrac{\dfrac{1}{2}CV^2}{Ad}$

- 전하 q가 대전되어 있을 때 축전기에 저장된 퍼텐셜 에너지 $U_1 = \dfrac{q^2}{2C_1} = \dfrac{q^2}{2\epsilon_0 \dfrac{A}{d}} = \dfrac{q^2 d}{2\epsilon_0 A}$

이때의 에너지 밀도 $u_1 = \dfrac{U_1}{Ad} = \dfrac{\dfrac{q^2 d}{2\epsilon_0 A}}{Ad} = \dfrac{q^2}{2\epsilon_0 A^2}$

- 극판 간격이 $2d$, 전하가 $2q$일 때 퍼텐셜 에너지 $U_2 = \dfrac{(2q)^2}{2C_2} = \dfrac{4q^2}{2\epsilon_0 \dfrac{A}{2d}} = \dfrac{4q^2 d}{\epsilon_0 A}$

이때 에너지 밀도 $u_2 = \dfrac{U_2}{A2a} = \dfrac{\dfrac{4q^2 d}{\epsilon_0 A}}{A2d} = \dfrac{2q^2}{\epsilon_0 A^2}$

따라서 $\dfrac{u_2}{u_1} = \dfrac{\dfrac{2q^2}{\epsilon_0 A^2}}{\dfrac{q^2}{2\epsilon_0 A^2}} = 4$이다.

※ 평행판 축전기의 구조

$E = \dfrac{\sigma}{\epsilon_0} = \dfrac{Q}{\epsilon_0 A}$

$V_{ab} = Ed = \dfrac{1}{\epsilon_0}\dfrac{Qd}{A}$

$\therefore C = \dfrac{Q}{V_{ab}} = \varepsilon_0 \dfrac{A}{d}$

정답 및 해설　12.③

13 그림 (가)와 같이 q, $3q$의 전하가 거리 d만큼 떨어져 정지해 있을 때 두 전하 사이의 힘의 크기는 이다. 그림 (나)와 같이 $2q$, Q의 전하가 거리 $2d$만큼 떨어져 있을 때 두 전하 사이의 힘의 크기는 $2F$이다. Q의 크기는?

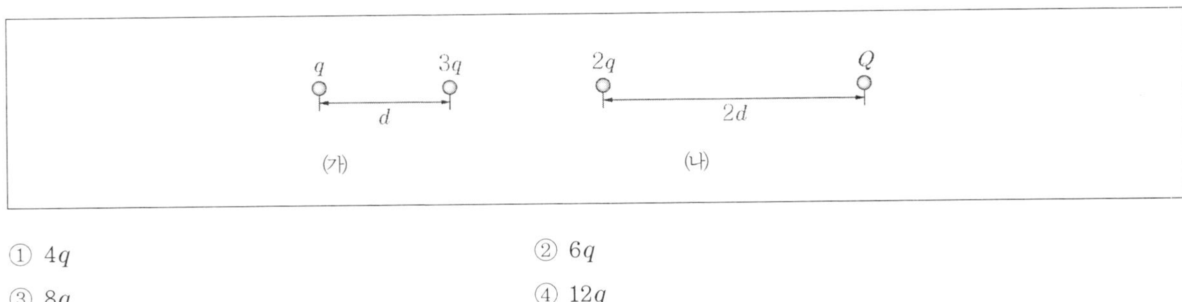

① $4q$

② $6q$

③ $8q$

④ $12q$

14 축전기와 유도기가 직렬로 연결된 LC회로가 있다. 이 회로에 동일한 축전기와 유도기를 각각 추가로 직렬 연결하여 얻어지는 LC회로의 각진동수는 원래 LC회로 각진동수의 몇 배가 되는가?

① 1배

② $\dfrac{1}{\sqrt{2}}$ 배

③ $\dfrac{1}{2}$ 배

④ $\dfrac{1}{4}$ 배

15 그림과 같이 평평한 바닥에서 초기 속력이 2m/s인 물체가 용수철 판에 부딪친다. 용수철은 10cm만큼 압축되었다가 제자리로 돌아오고 이 순간 물체는 용수철 판에서 팅겨 나온다. 용수철이 압축되는 구간의 바닥면은 운동마찰계수가 $\mu_k = 0.5$이고 다른 바닥면은 마찰이 없다. 물체가 용수철 판에서 팅겨 나오는 순간의 속력은? (단, 중력 가속도 $g = 10\text{m/s}^2$로 한다.)

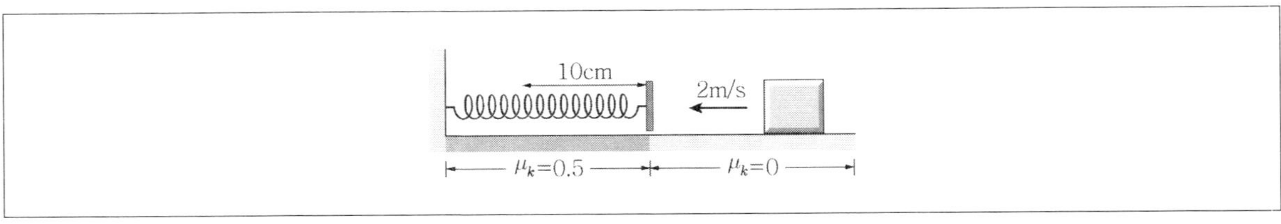

① 4m/s

② 2m/s

③ $\sqrt{2}$ m/s

④ 1m/s

13 (가) $k\dfrac{3q^2}{d^2}=F$

(나) $k\dfrac{2qQ}{(2d)^2}=k\dfrac{qQ}{2d^2}=2F$

따라서 $2\times k\dfrac{3q^2}{d^2}=k\dfrac{qQ}{2d^2}$, $6q^2=\dfrac{qQ}{2}$ 이므로 $Q=12q$이다.

※ **쿨롱 법칙** … 두 전하의 전하량을 q_1과 q_2(C), 두 전하 사이의 거리를 r(m)이라고 할 때, 두 전하 사이에 작용하는 전기력 F(N)는 전하량의 곱에 비례하고, 두 전하 사이의 거리의 제곱에 반비례한다. 즉, 전기력 $F=k\dfrac{q_1q_2}{r^2}$ 이다.

14 LC회로의 각진동수는 교류전류 전원의 각진동수와 같다. 전원의 각진동수가 변하지 않았으므로 LC회로의 각진동수도 변하지 않는다.

15 판에 부딪치기 전 물체의 에너지는 $\dfrac{1}{2}mv^2=2m$이고, 마찰력에 의해 감소한 에너지는 $\mu_k mg\times2s=5m\times2(0.1)=m$이다. 따라서 $2m-m=\dfrac{1}{2}mv^2$이므로, 물체가 용수철 판에서 튕겨 나오는 순간의 속력 $v=\sqrt{2}\ \text{m/s}$이다.

정답 및 해설   13.④   14.①   15.③

16 겹실틈[double−slit] 간섭 실험에서 실틈 사이의 거리가 d_0, 간섭 실험에 사용된 빛의 파장이 λ_0일 때 밝은 간섭 무늬 사이의 거리는 일정하고 그 값은 y_0이다. 실틈 사이의 거리를 $2d_0$, 빛의 파장을 $2\lambda_0$로 바꿨을 때 밝은 간섭 무늬 사이의 거리가 일정한 경우 그 거리의 값은?

① $\dfrac{y_0}{2}$ ② y_0

③ $2y_0$ ④ $3y_0$

17 가정용 스피커의 최대 일률은 스피커 1m 앞에서 1kHz의 진동수를 가지는 음파로 측정한다. 어떤 스피커의 최대 일률이 60W였다면 음파의 세기는? (단, 스피커는 점원에서 전면으로만 균일하게 반구 형태로 소리를 방출하며, 편의를 위해 $\pi = 3$으로 계산한다.)

① 60W/m^2 ② 30W/m^2

③ 10W/m^2 ④ 5W/m^2

18 유도기, 저항, 기전력원, 스위치를 그림과 같이 연결하여 회로를 구성한 후 스위치를 닫아 회로에 전류가 흐르기 시작했다. 스위치를 닫은 후 충분히 오랜 시간이 지나 일정한 크기의 전류가 회로에 흐르게 되었을 때, 유도기에 저장된 에너지는? (단, 인덕턴스(inductance), 저항, 기전력의 크기는 L, R, V_0이다.)

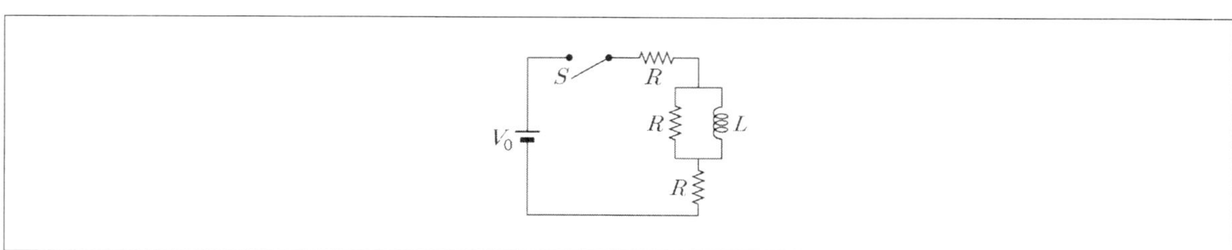

① $\dfrac{LV_0^2}{8R^2}$ ② $\dfrac{LV_0^2}{6R^2}$

③ $\dfrac{LV_0^2}{4R^2}$ ④ $\dfrac{LV_0^2}{2R^2}$

16 $y_0 = \dfrac{L\lambda_0}{d_0} = \dfrac{L2\lambda_0}{2d_0}$. 따라서 실틈의 거리와 빛의 파장을 바꿔도 간섭 무늬 사이 거리는 y_0 이다.

※ 영의 실험에서 간섭 무늬 간격

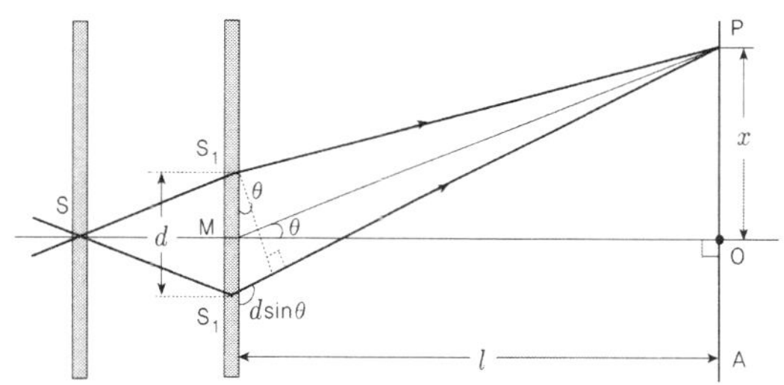

슬릿 간격을 d, 슬릿과 스크린 사이의 거리를 l, 빛의 파장을 λ 라고 하면, 간섭 무늬 간격 $\triangle x = \dfrac{\lambda l}{d}$ 이다.

17 $I = \dfrac{P}{A} = \dfrac{P}{2\pi R^2}$ 이므로, $\dfrac{60}{2\pi(1)^2} = 10\text{W/m}^2$

※ 파의 세기 $= \dfrac{\text{에너지/시간}}{\text{면적}} = \dfrac{\text{일률}}{\text{면적}}$ 이므로 소리의 세기는 W/m^2 의 단위를 갖는다.

18 스위치를 닫은 후 충분히 오랜 시간이 지나 일정한 크기의 전류가 회로에 흐르게 되었을 때에는 유도기와 병렬로 연결된 저항에는 전류가 흐르지 않으므로, $I = \dfrac{V_0}{2R}$ 이다.

따라서 유도기에 저장된 에너지 $U = \dfrac{1}{2}LI^2 = \dfrac{1}{2}L\left(\dfrac{V_0}{2R}\right)^2 = \dfrac{LV_0^2}{8R^2}$ 이다.

정답 및 해설 16.② 17.③ 18.①

19 〈표〉는 여러 반도체와 절연체의 띠틈을 나타낸 것이다. ⓐ와 ⓑ는 각각 반도체와 절연체 중 하나이고, ⓒ와 ⓓ는 각각 다이아몬드와 실리콘 중 하나이다. 〈보기〉에서 옳은 설명을 모두 고른 것은?

〈표〉			
ⓐ		ⓑ	
물질	띠틈(eV)	물질	띠틈(eV)
저마늄	0.67	이산화규소	9
ⓒ	1.14	ⓓ	5.33

〈보기〉

ㄱ. ⓐ는 반도체이다.
ㄴ. ⓒ는 실리콘이다.
ㄷ. 저마늄의 비저항이 다이아몬드의 비저항보다 크다.

① ㄱ
② ㄱ, ㄴ
③ ㄷ
④ ㄴ, ㄷ

20 전자의 운동 에너지가 100eV일 때, 물질파 파장이 λ_0이다. 전자의 운동 에너지가 400eV일 때 물질파 파장은?

① $\dfrac{\lambda_0}{8}$

② $\dfrac{\lambda_0}{4}$

③ $\dfrac{\lambda_0}{2}$

④ λ_0

19 ㉢ 저마늄은 반도체이므로 절연체인 다이아몬드보다 비저항이 작다.

20

$p = \dfrac{h}{\lambda}$, $E_k = \dfrac{p^2}{2m} = \dfrac{\left(\dfrac{h}{\lambda}\right)^2}{2m} = \dfrac{h^2}{2m\lambda^2}$ 이고 따라서 $\lambda = \dfrac{h}{\sqrt{2mE_k}}$ 이므로 운동 에너지가 100eV에서 400eV로 4배가 되면 파장

은 $\dfrac{1}{2}$ 배가 된다. 따라서 $\dfrac{\lambda_0}{2}$ 이다.

정답 및 해설 19.② 20.③

1 그림은 전자기파를 파장에 따라 분류한 것이다. A에 대한 설명으로 옳은 것만을 모두 고르면?

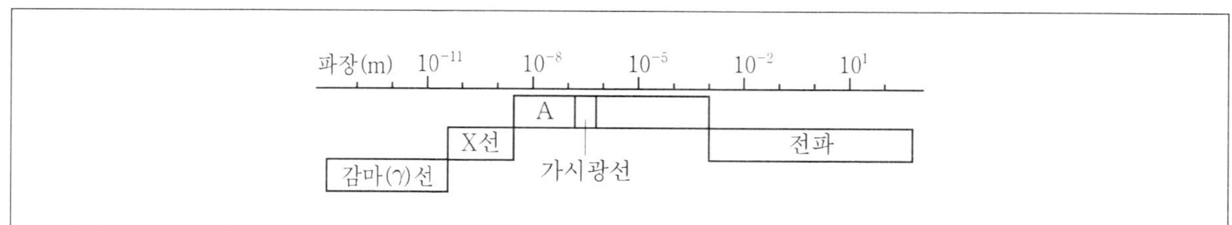

ㄱ 살균이나 소독에 사용한다.
ㄴ 가시광선의 빨강 빛보다 진동수가 작다.
ㄷ 열을 내는 물체에서 주로 발생한다.

① ㄱ

② ㄴ

③ ㄱ, ㄴ

④ ㄴ, ㄷ

2 저항이 $4\,\Omega$ 인 송전선에 20A의 전류가 흐를 때, 송전선에서 열로 손실된 전력[W]은?

① 800

② 1,000

③ 1,600

④ 3,200

3 그림은 원점에 놓인 대전된 도체구 A에 의해 형성된 전기력선의 일부와 전기장 내에서 대전된 점전하를 P점에 가만히 놓았더니 Q점을 향하여 이동하는 것을 나타낸 것이다. 이에 대한 설명으로 옳은 것은?

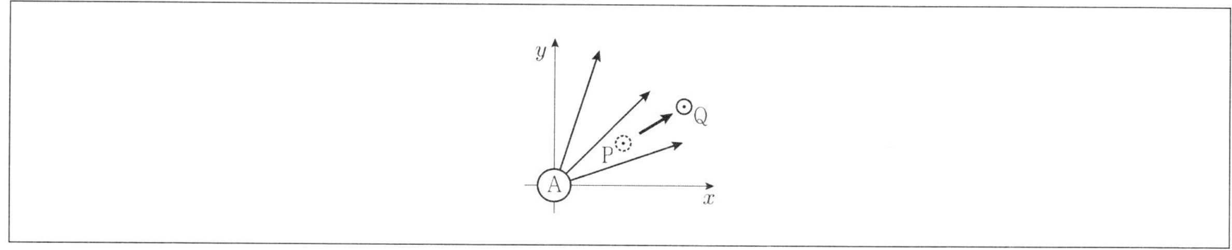

① A는 음(−)전하를 띤다.

② 점전하는 음(−)전하로 대전되어 있다.

③ 전기장의 세기는 P에서가 Q에서보다 작다.

④ P에서 Q로 이동하는 동안 점전하의 속력은 증가한다.

---

1 A는 자외선이다.

   ⓛ, ⓒ은 적외선에 대한 설명이다.

2 $P_{손실} = I^2 R$이므로 $20^2 \times 4 = 1,600\text{W}$이다.

3 ① A는 양(+)전하를 띤다.

   ② 점전하는 양(+)전하로 대전되어 있다.

   ③ 전기장의 세기는 P에서가 Q에서보다 크다.

정답 및 해설 1.① 2.③ 3.④

4 그림은 빛이 광섬유의 코어를 통해서만 진행하는 모습을 나타낸 것이다. 이에 대한 설명으로 옳지 않은 것은?

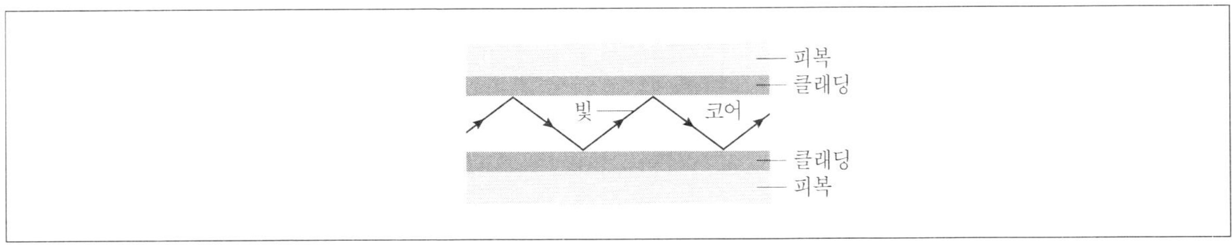

① 코어의 굴절률이 클래딩의 굴절률보다 크다.

② 코어와 클래딩의 경계면에서 전반사가 일어난다.

③ 코어를 진행하는 빛의 속력은 진공에서보다 느리다.

④ 코어와 클래딩의 경계면에서 빛의 입사각은 임계각보다 작다.

5 그림과 같이 철수에 대하여 광속에 가까운 속력으로 등속도 운동하는 우주선에 영희가 타고 있다. 영희가 측정할 때 광원 O에서 나온 빛이 검출기 A, B에 동시에 도달했다. 이에 대한 설명으로 옳은 것만을 모두 고르면?

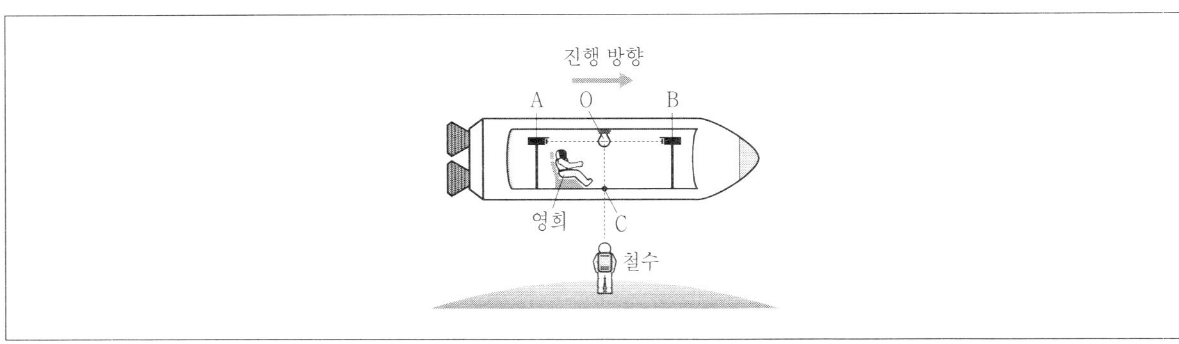

㉠ 철수가 측정할 때 O에서 나온 빛은 A와 B에 동시에 도달한다.

㉡ 우주선의 길이는 철수가 측정한 값이 영희가 측정한 값보다 크다.

㉢ 빛이 O에서 C까지 진행하는 데 걸린 시간은 철수가 측정한 값이 영희가 측정한 값보다 크다.

① ㉠

② ㉢

③ ㉠, ㉡

④ ㉡, ㉢

6 그림은 평면 위에 전류가 흐르는 직선 도선과 검류계가 연결된 직사각형 도선이 놓인 것을 나타낸 것이다. 직사각형 도선에 A→ⓖ→B 방향으로 전류가 흐르는 경우만을 모두 고르면?

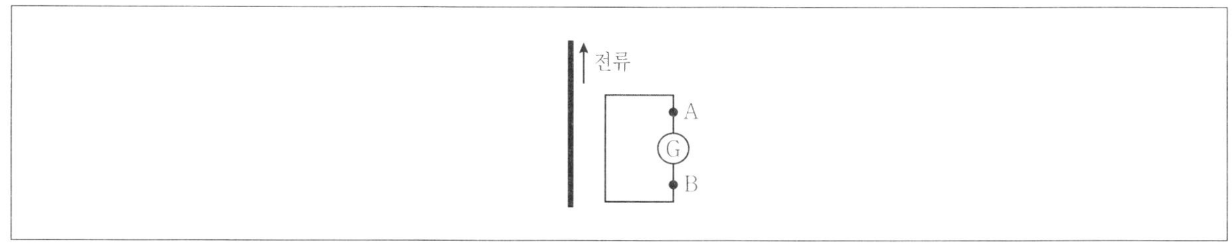

> ㉠ 직선 도선에 흐르는 전류 세기가 일정하다.
> ㉡ 직선 도선에 흐르는 전류 세기가 점점 감소한다.
> ㉢ 직선 도선의 전류 세기가 일정하고 직선 도선과 직사각형 도선 사이의 거리가 점점 멀어진다.

① ㉡

② ㉠, ㉢

③ ㉡, ㉢

④ ㉠, ㉡, ㉢

---

4 ④ 코어와 클래딩의 경계면에서 빛의 입사각은 임계각과 같거나 크다.

5 아인슈타인이 발표한 특수 상대성 이론에 대한 문제이다. 정지한 관찰자 A의 입장에서는 우주선의 길이가 짧아지고(길이 수축), 우주선 안의 시계는 천천히 흐른다(시간 팽창).
㉠ 철수가 측정할 때 O에서 나온 빛은 A에 먼저 도달한다.
㉡ 우주선의 길이는 철수가 측정한 값이 영희가 측정한 값보다 작다.

6 ㉠ 직선 도선어 흐르는 전류 세기가 일정하면 자속이 변하지 않으므로 전류가 흐르지 않는다.
㉡㉢ 자속이 감소하므로 렌츠의 법칙에 의해 A→ⓖ→B 방향으로 전류가 흐른다.

정답 및 해설 4.④ 5.② 6.③

7 그림은 수소 원자가 방출하는 선스펙트럼 계열의 일부를 나타낸 것이다. 이에 대한 설명으로 옳지 않은 것은?

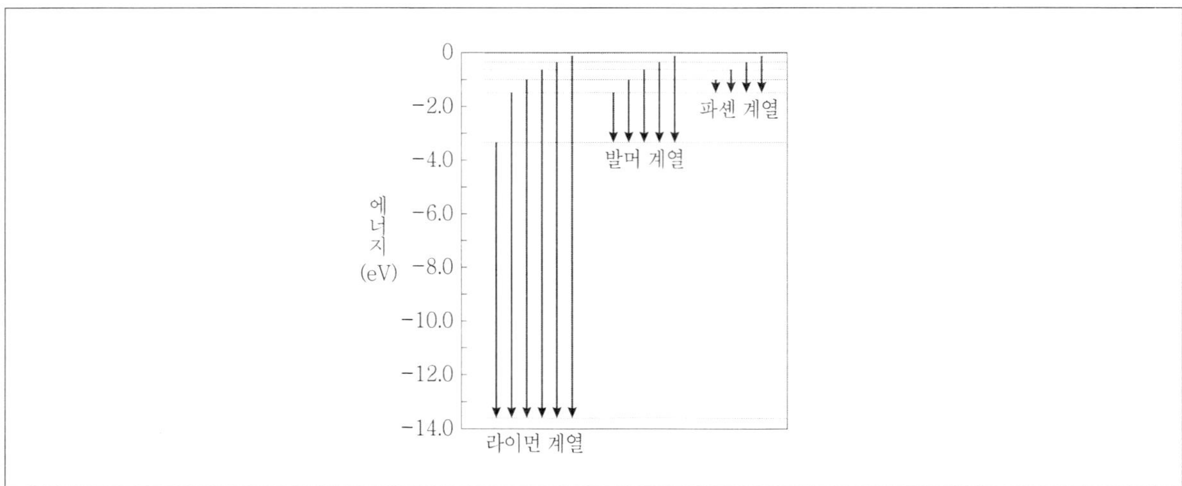

① 수소 원자에 있는 전자의 에너지 준위는 불연속적이다.

② 전자기파의 진동수는 라이먼 계열이 발머 계열보다 크다.

③ 광자 1개의 에너지는 라이먼 계열이 파셴 계열보다 크다.

④ 파셴 계열의 전자기파는 인체의 골격 사진을 찍는 데 이용된다.

8 그림은 단열된 실린더에 일정량의 이상기체가 들어 있고 추가 놓여 있는 단열된 피스톤이 정지해 있는 모습을 나타낸 것이며, 이상기체의 온도와 외부의 온도는 각각 T_1과 T_2이다. 추를 제거하였더니 피스톤은 천천히 움직이다가 멈추었고 이상기체의 온도와 외부의 온도는 T_2로 같아졌다. 이에 대한 설명으로 옳은 것만을 모두 고르면? (단, 이상기체의 누출은 없고 대기압은 일정하며, 실린더와 피스톤 사이의 마찰은 무시한다)

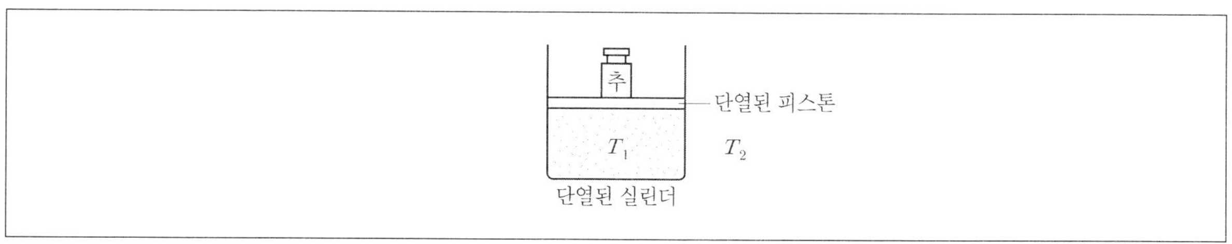

ㄱ. $T_1 > T_2$이다.
ㄴ. 피스톤이 움직이는 동안 이상기체의 압력은 증가한다.
ㄷ. 이상기체가 한 일은 이상기체의 내부에너지 감소량과 같다.

① ㄱ   ② ㄴ
③ ㄱ, ㄷ   ④ ㄴ, ㄷ

---

7 ④ 인체의 골격 사진을 찍는 데 이용되는 것은 X선이다.

8 ㄴ 피스톤이 움직이는 동안 이상기체의 압력은 감소한다.

정답 및 해설 7.④ 8.③

9 그림은 xy평면에서 Q점에 놓인 가늘고 긴 직선 도선에 일정한 세기의 전류가 흐르는 것을 나타낸 것이고, 표는 xy평면에 있는 점 P, R에서 전류에 의한 자기장의 방향과 세기를 나타낸 것이다. 다른 조건은 그대로 두고 직선 도선을 y축과 평행하게 P로 옮겼을 때, 이에 대한 설명으로 옳은 것만을 모두 고르면?

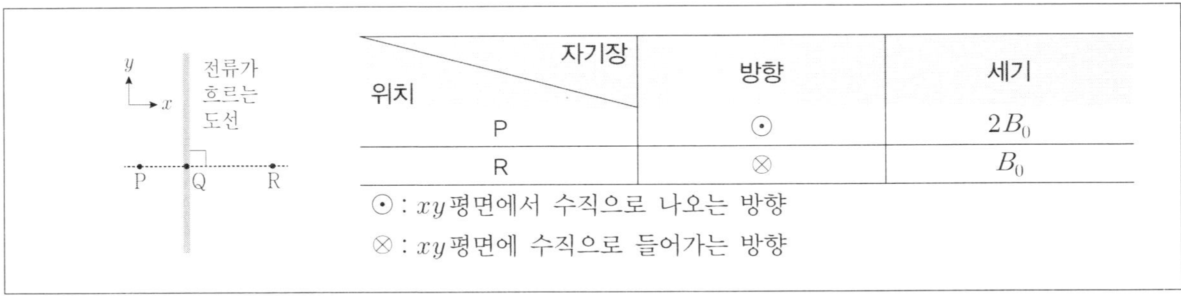

위치 \ 자기장	방향	세기
P	$\odot$	$2B_0$
R	$\otimes$	B_0

$\odot$: xy평면에서 수직으로 나오는 방향

$\otimes$: xy평면에 수직으로 들어가는 방향

ㄱ 도선에 흐르는 전류의 방향은 $+y$방향이다.

ㄴ Q에서 자기장의 방향은 $\otimes$방향이다.

ㄷ R에서 자기장의 세기는 $\dfrac{1}{3}B_0$이다.

① ㄱ, ㄴ

② ㄱ, ㄷ

③ ㄴ, ㄷ

④ ㄱ, ㄴ, ㄷ

10 직선상에서 움직이는 물체의 속도가 시간이 0초일 때 10 m/s이며, 5 m/s^{2}의 등가속도 운동을 한다. 5초일 때 물체의 속도[m/s]는?

① 25

② 35

③ 45

④ 50

11 그림과 같이 검전기를 (−)로 대전시킨 후, 금속판의 문턱진동수보다 낮은 진동수의 빛을 금속판에 비추어 주었다. 이때 일어나는 현상으로 옳은 것은?

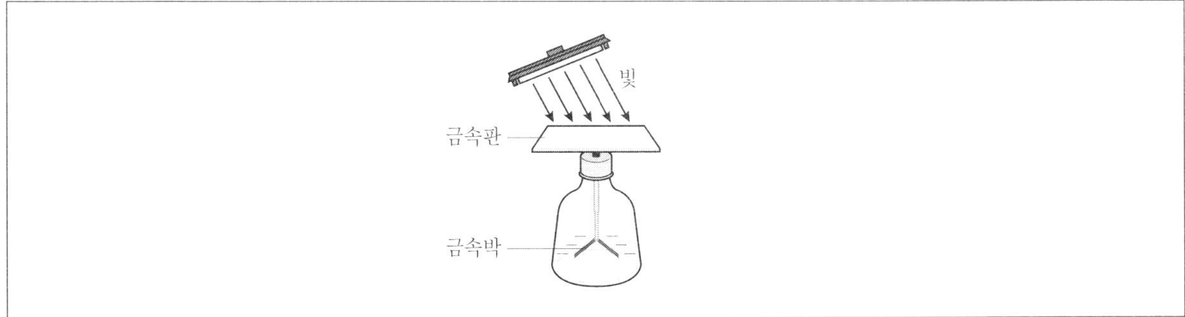

① 금속박이 오므라든다.

② 금속박이 더 벌어진다.

③ 금속박이 오므라들다 벌어진다.

④ 금속박이 변하지 않는다.

---

9 ㉢ $\overline{PQ} : \overline{QR} = 1 : 2$이므로 $\overline{PQ} : \overline{PR} = 1 : 3$이다. 따라서 R에서 자기장의 세기는 $\dfrac{2}{3}B_0$이다.

10 $v = v_0 + at$이므로, 5㎧의 가속도로 5초간 등가속도 운동을 했을 때 속도는 $10 + 5 \times 5 = 35$㎧이다.

11 문턱진동수보다 낮은 진동수의 빛을 비추었으므로 광전현상은 발생하지 않고 따라서 금속박은 변하지 않는다.

정답 및 해설 9.① 10.② 11.④

12 그림은 수면파 발생장치에서 발생한, 진동수가 f 이고 속력이 일정한 수면파의 어느 순간의 모습을 표현한 것이다. 실선은 수면파의 이웃한 마루를 나타낸 것이고, 처음과 마지막 마루 사이의 거리가 L일 때, 이 수면파의 속력은?

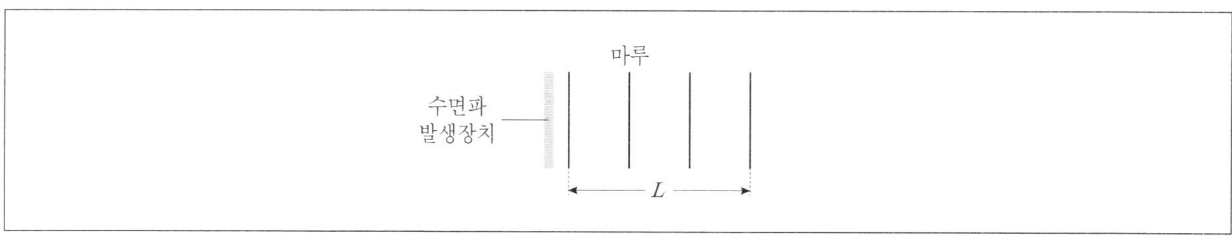

① $3fL$

② $2fL$

③ $\dfrac{fL}{3}$

④ $\dfrac{2fL}{3}$

13 다음은 원자핵의 변환에서 방사선 방출을 나타낸 것이다. 이에 대한 설명으로 옳은 것만을 모두 고르면?

$$^{24}_{11}\text{Na} \rightarrow {}^{24}_{12}\text{Mg} + (\text{A})$$

$$^{226}_{88}\text{Ra} \rightarrow {}^{222}_{86}\text{Rn} + (\text{B})$$

ㄱ. A는 전기장의 방향으로 힘을 받는다.
ㄴ. A는 렙톤에 속한다.
ㄷ. B는 헬륨 원자핵이다.

① ㄴ

② ㄱ, ㄴ

③ ㄱ, ㄷ

④ ㄴ, ㄷ

14 그림은 마찰이 없는 수평면에서 1m/s의 속력으로 운동하던 질량 4kg인 물체에 수평면과 나란한 방향으로 일정한 힘 2.4N을 계속 가하였더니 물체의 속력이 5m/s가 된 것을 나타낸 것이다. 이때 힘이 가해지는 동안 물체의 이동거리[m]는? (단, 물체의 크기는 무시한다)

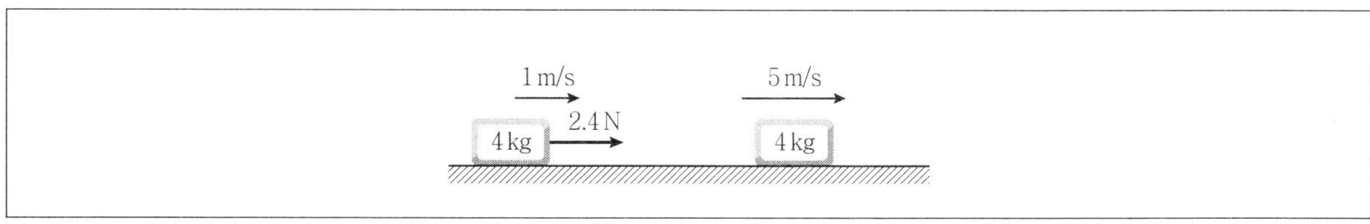

① 20

② 15

③ 10

④ 5

---

12 $L = 3\lambda$, $\lambda = \dfrac{L}{3}$ 이므로 $v = f\lambda = f\dfrac{L}{3}$

13 A는 전자를 방출하는 베타붕괴이고 B는 헬륨의 원자핵($^4_2\mathrm{He}^{2+}$), 즉 알파 입자를 방출하는 알파붕괴이다.

ㄱ. A는 전자이므로 전기장의 반대 방향으로 힘을 받는다.

14 2.4N이 한 일은 증가한 운동 에너지 만큼이다.

$W = Fd$ 이므로 $2.4 \times d = \dfrac{1}{2} \times 4 \times 5^2 - \dfrac{1}{2} \times 4 \times 1^2$, $d = 20$ 이다.

정답 및 해설 12.③ 13.④ 14.①

15 그림은 자기장 영역 Ⅰ, Ⅱ가 있는 xy평면에서 금속 고리 A와 ㉠, ㉡, ㉢이 운동하고 있는 어느 순간의 모습을 나타낸 것이다. A와 ㉠은 $+x$방향으로, ㉡은 $-y$방향으로, ㉢은 $-x$방향으로 각각 등속 직선 운동을 한다. 영역 Ⅰ, Ⅱ에서 자기장은 세기가 각각 B, 2B로 균일하며 xy평면에 수직으로 들어가는 방향이다. 이 순간 ㉠~㉢에 흐르는 유도전류의 방향이 A에 흐르는 유도전류의 방향과 같은 것만을 모두 고르면? (단, 금속 고리는 회전하지 않는다)

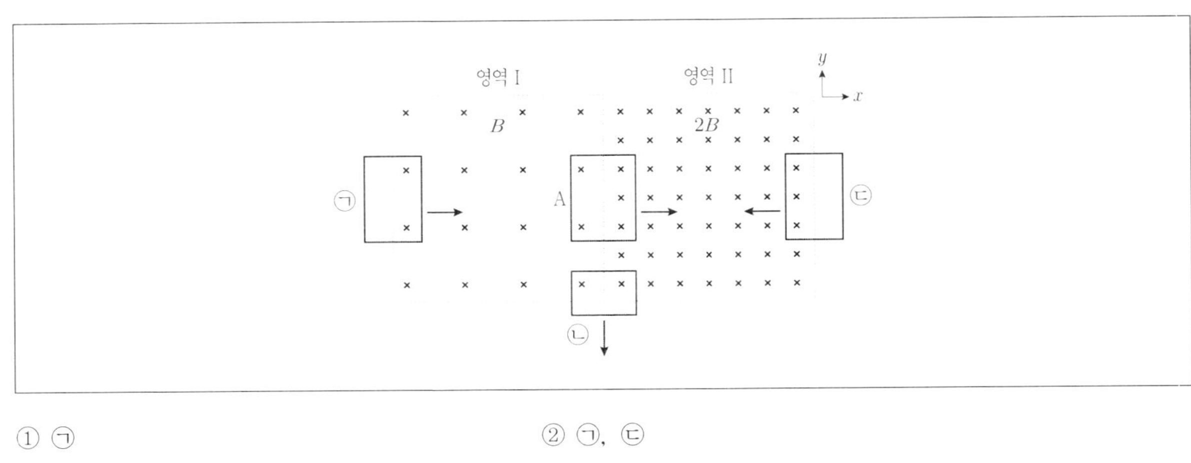

① ㉠

② ㉠, ㉢

③ ㉡, ㉢

④ ㉠, ㉡, ㉢

16 다음 글에서 설명하는 기본 힘은?

- 이 힘을 매개하는 입자에는 Z보손과 W보손이 있다.
- 중성자가 전자와 중성미자를 방출하면서 양성자로 붕괴되는 과정(베타붕괴)에서 발견되었다.

① 약한 상호작용(약력)

② 강한 상호작용(강력)

③ 전자기력

④ 중력

17 그림은 빗면을 따라 운동하는 물체 A가 점 p를 속력 20m/s로 통과하는 순간, q점에서 물체 B를 가만히 놓는 것을 나타낸 것이며, A가 최고점에 도달하는 순간 B와 충돌한다. B를 놓는 순간부터 A, B가 충돌할 때까지 B의 평균속력[m/s]은? (단, A, B의 크기와 모든 마찰은 무시하며, A, B는 동일 직선상에서 운동한다)

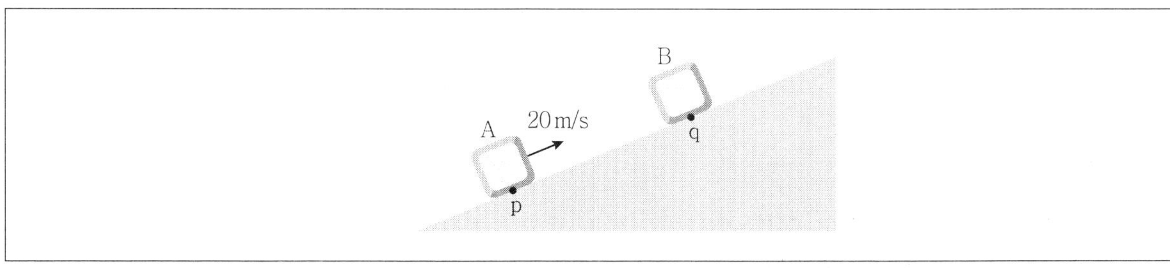

① 5

② 10

③ 15

④ 20

---

15 A의 자속은 증가하므로 유도전류는 자속변화를 방해하는 방향인 반시계 방향이다. (∵ 렌츠의 법칙)

ㄱ, ㄷ은 자속이 증가하므로 반시계 방향, ㄴ은 자속이 감소하므로 시계 방향으로 유도전류가 흐른다.

16 제시된 내용은 약한 상호작용(약력)에 대한 설명이다.

17 빗면에서 가속도를 a라고 하면 A가 최고점에 도달하는 순간은 $20 - at = 0$, $t = \dfrac{20}{a}$ 이다.

이때 B가 A와 충돌하기까지 이동한 거리는 $\dfrac{1}{2}at^2 = \dfrac{1}{2} \times a \times \left(\dfrac{20}{a}\right)^2 = \dfrac{200}{a}$ 이므로

B의 평균속력은 $\dfrac{거리}{시간} = \dfrac{\dfrac{200}{a}}{\dfrac{20}{a}} = 10\,\text{m/s}$ 이다.

정답 및 해설   15.②   16.①   17.②

18 그림은 소비전력이 각각 40W인 전구 A와 20W인 형광등 B를 220V인 전원에 연결하여 동시에 사용하는 모습을 나타낸 것이다. 이에 대한 설명으로 옳은 것만을 모두 고르면?

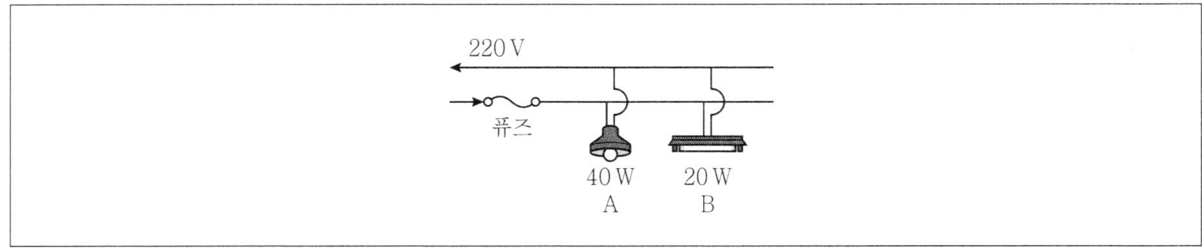

㉠ A와 B에 흐르는 전류의 세기는 같다.
㉡ A와 B의 저항의 크기의 비는 1 : 2이다.
㉢ A와 B를 동시에 5시간 동안 사용하면 전체 소비 전력량은 300Wh이다.

① ㉠, ㉡   ② ㉠, ㉢
③ ㉡, ㉢   ④ ㉠, ㉡, ㉢

19 그림 (가)는 압력 P, 부피 V, 절대 온도 T인 일정량의 이상기체가 상자 안에 들어 있는 것을 나타낸 것이다. 기체의 압력을 일정하게 유지하면서 기체에 $5PV$의 열을 가하였더니 그림 (나)와 같이 부피가 증가하였고 온도는 $3T$가 되었다. 이 과정에서 기체의 내부에너지 변화량은? (단, 상자 안의 기체 분자 수는 일정하다)

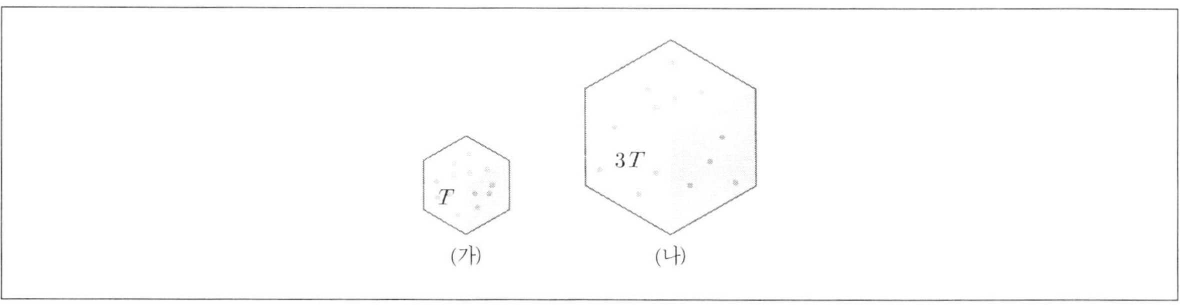

① PV

② $2PV$

③ $3PV$

④ $4PV$

18 ㉠ 소비전력 $P = IV$이므로 A에는 $\dfrac{40}{220}$, B에는 $\dfrac{20}{220}$의 전류가 흐른다. 따라서 전류의 세기는 다르다. (X)

㉡ $R = \dfrac{V}{I}$이므로 전압은 같고 전류가 2배일 때 저항은 $\dfrac{1}{2}$배가 된다. 따라서 A와 B의 저항의 크기의 비는 1 : 2이다. (O)

㉢ A와 B를 동시에 5시간 동안 사용하면 전체 소비전력량은 $(40+20) \times 5 = 300\text{Wh}$이다. (O)

19 압력을 일정하게 유지하면서 온도가 3배가 되었으므로 부피 역시 3배가 된다.
$\triangle U = Q - W$, $\delta U = \delta Q - \delta W$에서 $\delta Q = 5PV$이고 $\delta W = P(3V - V) = 2PV$이므로
$\delta U = 5PV - 2PV = 3PV$이다.

정답 및 해설 18.③ 19.③

20 그림 ㈎는 마찰이 없는 수평면 위에서 물체 A가 정지해 있는 물체 B를 향해 일정한 속도 v_0으로 운동하는 것을 나타낸 것이다. A, B는 질량이 각각 m이고, 충돌 후 일직선상에서 각각 등속 운동한다. 그림 ㈏는 충돌하는 동안 A가 B로부터 받는 힘의 크기를 시간에 따라 나타낸 것이며, 시간 축과 곡선이 만드는 면적은 $\dfrac{2}{3}mv_0$이다. 이에 대한 설명으로 옳은 것만을 모두 고르면? (단, 물체의 크기는 무시한다)

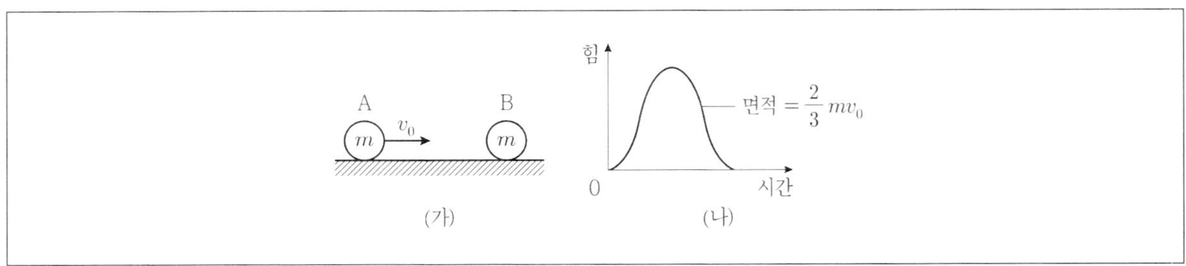

㉠ 충돌 후 A의 속도는 $-\dfrac{1}{3}v_0$이다.

㉡ 충돌 후 B의 속도는 $\dfrac{2}{3}v_0$이다.

㉢ 충돌하는 동안 A가 B로부터 받은 충격량의 크기는 B가 A로부터 받은 충격량의 크기보다 크다.

① ㉠
② ㉡
③ ㉠, ㉡
④ ㉠, ㉡, ㉢

20

㉠ 충돌 전 운동량에서 충격량을 빼면 충돌 후 운동량을 구할 수 있다. 따라서 충돌 후 운동량은 $mv_0 - \dfrac{2}{3}mv_0 = \dfrac{1}{3}mv_0$ 이고, 이때 A의 속도는 $\dfrac{1}{3}v_0$ 이다.

㉡㉢ 충돌을 통해 A와 B가 받는 충격량의 크기는 동일하다. 따라서 정지해 있던 물체 B가 받은 충격량은 $\dfrac{2}{3}mv_0$ 이고 이때 B의 속도는 $\dfrac{2}{3}v_0$ 이다.

정답 및 해설 20.②

1 x축을 따라 움직이는 입자의 위치가 $x = 3.0 + 2.0t - 1.0t^2$으로 주어진다. 여기서 x의 단위는 m이고 t의 단위는 초이다. $t = 2.0$일 때 속도는?

① $-2.0\,\mathrm{m/s}$

② $0.0\,\mathrm{m/s}$

③ $3.0\,\mathrm{m/s}$

④ $5.0\,\mathrm{m/s}$

2 지구에서 초의 주기를 갖는 단진자가 있다고 할 때 중력 가속도가 지구의 $\frac{1}{4}$인 행성에서 이 단진자의 주기는?

① 6초   ② 3.2초

③ 2초   ④ 1초

3 단면이 원형인 같은 길이의 도선 A와 도선 B가 있다. 도선 A의 반지름과 비저항이 각각 도선 B의 2배이고 같은 전원이 공급될 때, 도선 A에 전달되는 전력의 크기는 도선 B의 몇 배인가?

① 2

② $\sqrt{2}$

③ 1

④ $\dfrac{1}{\sqrt{2}}$

1 속도 $v_t = \dfrac{dx}{dt} = \dfrac{d(3.0 + 2.0t - 1.0t^2)}{dt} = 2.0 - 2.0t$ 에서 $t = 2.0$이므로

$v_t = 2.0 - 2.0 \times 2.0 = -2\,\text{m/s}$

2 단진자의 주기 $T = 2\pi\sqrt{\dfrac{l}{g}}$ 이므로, 중력가속도가 지구의 $\dfrac{1}{4}$ 인 행성에서 단진자의 주기는 2배가 된다. 따라서 2초이다.

3 $P = \dfrac{V^2}{R}$ 에서 같은 전원이 공급되므로 도선 A, B의 전압은 동일하고, 따라서 전력의 크기는 $\dfrac{1}{R}$ 에 비례한다. 이때, $R = \rho\dfrac{l}{S}$

이므로 도선 A와 도선 B의 R의 비는 $2\dfrac{1}{2^2} : 1\dfrac{1}{1^2} = \dfrac{1}{2} : 1$이고, 따라서 도선 A와 도선 B의 P의 비는 $2 : 1$이 된다.

정답 및 해설 1.① 2.③ 3.①

4 〈보기〉와 같은 이중슬릿 실험에서 단색광의 파장은 $\lambda = 600\,mm$, 슬릿 간 간격은 $d = 0.30\,mm$, 슬릿에서 스크린까지의 거리가 $L = 5.0\,m$일 때 스크린의 중앙 점 O에서 두 번째 어두운 무늬의 중심 위치 y값은?

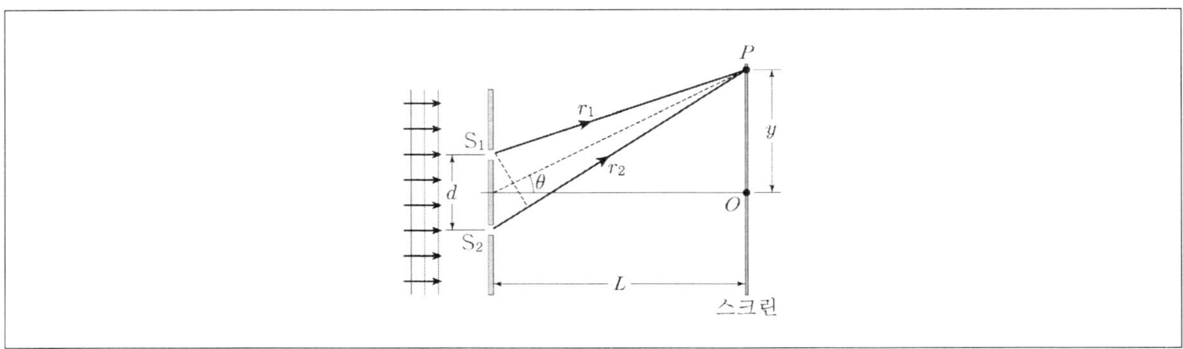

① $0.50 \times 10^{-2}\,m$

② $1.0 \times 10^{-2}\,m$

③ $1.5 \times 10^{-2}\,m$

④ $2.0 \times 10^{-2}\,m$

5 질량 m인 비행기가 활주로를 달리고 있다. 날개의 아랫면에서 공기의 속력은 ν이다. 날개의 표면적이 A라면 비행기가 뜨기 위해서 날개 윗면의 공기가 가져야 할 최소 속도는? (단, 베르누이 효과만을 고려하고 공기의 밀도는 ρ_a, 중력가속도는 g라 한다.)

① $\left(\dfrac{2mg}{\rho_a A} + \nu^2 \right)^{1/2}$

② $\left(\dfrac{3mg}{\rho_a A} + \nu^2 \right)^{1/2}$

③ $\left(\dfrac{4mg}{\rho_a A} + \nu \right)^{1/2}$

④ $\left(\dfrac{5mg}{2\rho_a A} + 3\nu^2 \right)^{1/2}$

4

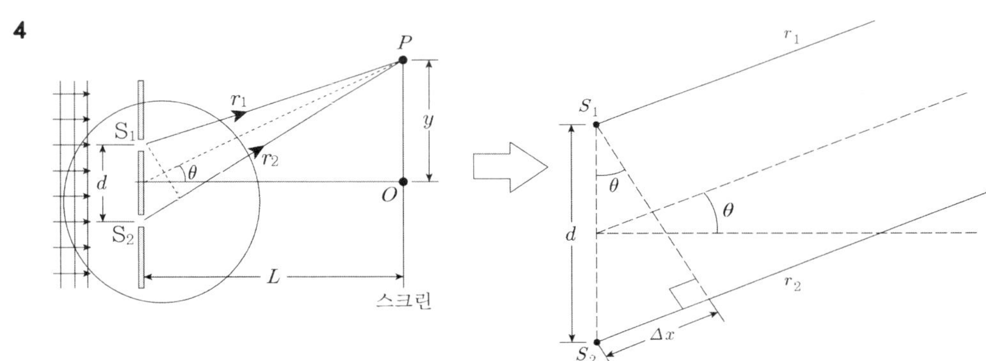

경로차 $\triangle x = r_2 - r_1 = d\sin\theta$ (∵ 스크린까지의 거리가 슬릿의 간격보다 훨씬 크기 때문에 r_1과 r_2는 거의 평행하다고 볼 수 있다.)

θ가 작을 경우 $\sin\theta \approx \tan\theta = \dfrac{y}{L}$ 이므로, 점 O에서 두 번째 어두운 무늬의 경로차 $\dfrac{3}{2}\lambda = d\dfrac{y}{L}$

$$y = \frac{3}{2}\times\frac{\lambda L}{d} = \frac{3}{2}\times\frac{5.0\times600\times10^{-9}}{0.30\times10^{-3}} = 1.5\times10^{-2}\,\text{m}$$

5 베르누이의 원리는 유체의 위치에너지와 운동에너지의 합이 일정하다는 법칙에서 유도하며, '유체의 속력이 증가하면 압력이 감소한다.'라고 표현할 수 있다. 날개 아랫면에서 공기의 압력을 P, 속력을 v이라고 하고, 날개 윗면에서의 압력을 P_1, 속력을 v_1라고 할 때, 베르누이의 원리에 따라서 $P + \dfrac{1}{2}\rho_a v^2 = P_1 + \dfrac{1}{2}\rho_a v_1^2 + \dfrac{mg}{A}$ 가 성립한다.

비행기가 뜨기 위한 상승력을 받기 위해서는 날개 아래쪽보다 위쪽의 압력이 더 작아야 하므로, $P - P_1 \geq 0$,

$$\frac{1}{2}\rho_a\left(v_1^2 - v^2\right) - \frac{mg}{A} \geq 0$$

따라서 비행기가 뜨기 위해서 날개 윗면의 공기가 가져야 할 최소 속도 $v_1 \geq \left(\dfrac{2mg}{\rho_a A} + v^2\right)^{1/2}$ 이다.

정답 및 해설 4.③ 5.①

6 하나의 위성이 지구 주위로 반지름이 R인 원 궤도를 돌고 있다. 이때 위성의 운동에너지를 K_1 라 하자. 만약에 위성이 이동하면서 반지름이 $2R$인 새로운 원 궤도로 진입하게 된다면 이때 이 위성의 운동에너지는?

① $\dfrac{1}{4}K_1$

② $\dfrac{1}{2}K_1$

③ $2K_1$

④ $4K_1$

7 양쪽 끝이 열려 있고 길이가 L인 유리관이 진동수 $f = 680\,\text{Hz}$인 오디오 확성기 근처에 있다. 확성기와 공명할 수 있는 관의 최소 길이는? (단, 대기 중 소리 속력은 $340\,\text{m/s}$이다.)

① 약 0.25m

② 약 0.5m

③ 약 1.0m

④ 약 2.0m

8 초전도체에 대한 설명으로 가장 옳은 것은?

① 임계 온도보다 낮은 온도에서 전기저항이 0이 된다.
② 임계 온도가 액체 질소의 끓는점인 77K보다 높은 물질은 없다.
③ 임계 온도보다 낮은 온도에서 물질 내부와 외부의 자기장이 균일하다.
④ 임계 온도보다 낮은 온도에서 유전율이 높아 축전기에 많이 쓰인다.

6 위성이 궤도를 돌게 하는 힘인 구심력은 지구와 위성이 서로 당기는 힘인 만유인력과 같다.

따라서 위성의 질량을 m이라 하고, 지구의 질량을 M이라고 할 때, $\dfrac{mv^2}{R} = \dfrac{GMm}{R^2}$이 성립하고, 이를 속력에 대해 정리하면 $v^2 = \dfrac{GM}{R}$이다.

따라서 반지름이 $R \rightarrow 2R$로 2배 증가하면 v^2은 $\dfrac{1}{2}$배가 되고 운동에너지 역시 $\dfrac{1}{2}$배가 되어 $\dfrac{1}{2}K_1$이 된다.

7 양 끝이 열린 개관에서는 양 끝이 배가 되는 정상파가 생성된다. 따라서 관의 길이가 $\dfrac{1}{2}\lambda$이 된다. 이때 유리관의 길이가 L이고, 정상파의 파장을 λ_n, 진동수를 f_n이라고 하면, $\lambda_n = \dfrac{2L}{n}$, $f_n = \dfrac{v}{\lambda_n} = \dfrac{v}{2L}n$ $(n = 1,\ 2,\ 3\cdots)$을 만족한다.

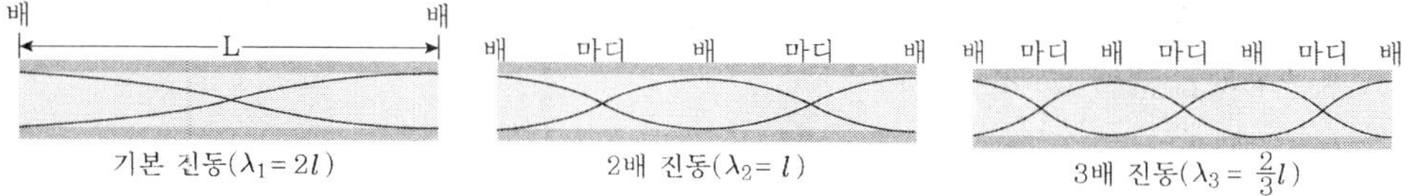

대기 중 소리의 속력이 340㎧일 때, 진동수 $f = 680\text{Hz}$인 오디오 확성기 소리의 파장 $\lambda = \dfrac{v}{f} = \dfrac{340}{680} = \dfrac{1}{2}$이므로, 이 소리와 공명할 수 있는 유리관의 최소 길이 $L = \dfrac{1}{2}\lambda = \dfrac{1}{2} \times \dfrac{1}{2} = 0.25\text{m}$이다.

8 ② 고온 초전도체(HTS)를 사용할 때는 보통 77K의 액체 질소를 사용하지만, 구리 기반 초전도체 중 150K에 해당하는 것도 있다.
③ 임계 온도보다 낮은 온도에서 물질 내부의 자기장은 0이 된다.
④ 임계 온도보다 낮은 온도에서는 유전율이 0이다.

정답 및 해설 6.② 7.① 8.①

9 한 변의 길이가 10.0cm이고 밀도가 640kg/m³인 정육면체 나무토막이 물에 떠 있다. 나무토막의 맨 위 표면을 수면과 같게 하려면 그 표면 위에 놓여야 할 금속의 질량은? (단, 물의 밀도는 1000kg/m³로 한다)

① 240g

② 320g

③ 360g

④ 480g

10 열전도도가 0.080W/(m · ℃)인 나무로 지어진 오두막이 있다. 실내 온도가 25℃, 바깥 온도가 5℃인 날 실내 온도가 일정하게 유지되기 위한 난로의 일률은? (단, 오두막은 바닥을 포함한 전면적이 두께가 5.0cm인 동일한 나무로 지어졌고 바깥과 접촉한 표면적의 크기는 50m²이며 열의 출입은 전체 표면적에서 균일하다.)

① 400W

② 800W

③ 1200W

④ 1600W

11 용수철 상수가 $k = 200\,\text{N/m}$인 용수철 끝에 질량 0.125kg인 물체가 매달려 단순 조화 운동을 하고 있는 경우 진동수는? (단, N/m 단위는 뉴턴/미터이다.)

① 40Hz

② $\dfrac{40}{\pi}\,\text{Hz}$

③ 20Hz

④ $\dfrac{20}{\pi}\,\text{Hz}$

9 나무토막의 맨 위 표면을 수면과 같게 하기 위해서는 '부력 = 중력'인 중성부력이 작용해야 하므로, '부력 = 나무토막의 무게 + 금속의 무게'가 성립한다.

금속의 질량을 m, 나무토막의 부피를 V, 나무토막의 밀도를 ρ라고 할 때, $mg + \rho Vg = \rho_{물} Vg$이므로 ($\because$ 질량 = 밀도 $\times$ 부피)이므로 $m = (\rho_{물} - \rho)V = (1{,}000 - 640) \times (0.1)^3 = 0.36\text{kg}$, 따라서 360g이다.

10 실내의 온도가 일정하게 유지되기 위해서는 천장 및 바닥, 외벽을 통해 손실되는 열량과 같은 열량이 공급되어야 한다.

열전도도를 k, 바깥과 접촉한 표면적의 크기를 A, 전면적의 두께를 l, 내부와 외부의 온도차를 $\triangle t$라고 할 때,

손실열량 $q = k\dfrac{A\triangle t}{l}$ 이므로, $0.080 \times \dfrac{50 \times (25 - 5)}{0.05} = 0.080 \times 20{,}000 = 1{,}600\text{W}$이다.

11 단순 조화 운동의 주기 $T = \dfrac{1}{f} = \dfrac{2\pi}{\omega} = 2\pi \sqrt{\dfrac{m}{k}}$ 이다.

$\omega = \sqrt{\dfrac{k}{m}} = \sqrt{\dfrac{200}{0.125}} = 40 rad/\sec$이고, $f = \dfrac{\omega}{2\pi} = \dfrac{40}{2\pi} = \dfrac{20}{\pi}\text{Hz}$이다.

정답 및 해설 9.③ 10.④ 11.④

12 스카이다이버가 지상에서 3000m 상공에 떠 있는 헬리콥터에서 점프를 한다. 공기 저항을 무시한다면 2000m 상공에서 스카이다이버의 낙하속도는? (단, 중력가속도는 $g = 9.8\text{m/s}^2$로 한다.)

① 300m/s

② 250m/s

③ 200m/s

④ 140m/s

13 빛이 공기 중에서 어떤 물질로 입사할 때, 입사각이 $i = 60°$이고 굴절각이 $r = 30°$이다. 이 물질 속에서 빛의 속력은? (단, 진공과 공기 중에서 빛의 속력은 $3 \times 10^8\text{m/s}$이다.)

① $v = \sqrt{3} \times 10^8\text{m/s}$

② $v = 3\sqrt{3} \times 10^8\text{m/s}$

③ $v = 3\sqrt{2} \times 10^8\text{m/s}$

④ $v = \dfrac{3 \times 10^8}{\sqrt{2}}\text{m/s}$

12 3,000m 상공에서의 위치에너지 $E_p = mgh = m \times 9.8 \times 3,000 = m \times 29,400$

2,000m 상공에서의 위치에너지 $E_p = mgh = m \times 9.8 \times 2,000 = m \times 19,600$

2,000m 상공에서의 운동에너지 $E_k = \frac{1}{2}mv^2$

이때, 공기 저항을 무시한다면 에너지 보존 법칙에 의해 $m \times 29,400 = (m \times 19,600) + \frac{1}{2}mv^2$ 이고, 각 항에서 m을 소거하고

v를 구하면 $v = \sqrt{2 \times (29,400 - 19,600)} = \sqrt{19,600} = 140\,\text{m/s}$ 이다.

별해) $v = \sqrt{2gh} = \sqrt{2 \times 9.8 \times (3,000 - 2,000)} = 140\,\text{m/s}$

13 아래의 그림과 같을 때, 스넬의 법칙에 따라 $\dfrac{\sin\theta_1}{\sin\theta_2} = \dfrac{n_2}{n_1} = \dfrac{v_1}{v_2}$ 가 성립한다.

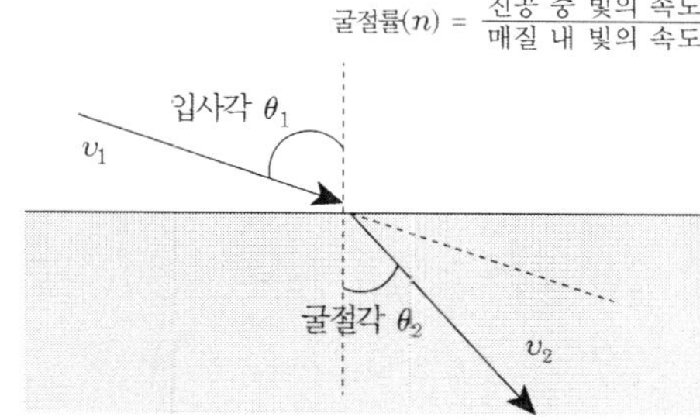

따라서 $\dfrac{\sin 60}{\sin 30} = \dfrac{3 \times 10^8}{v}$ 이고,

$$v = \frac{\frac{1}{2}}{\frac{\sqrt{3}}{2}} \times 3 \times 10^8 = \frac{3}{\sqrt{3}} \times 10^8 = \sqrt{3} \times 10^8\,\text{m/s}$$

14 〈보기 1〉은 어떤 기체를 방전관에 넣고 전압을 걸어 방전시켰을 때 나온 빛을 분광기로 관찰한 결과이다. A와 B 중 하나는 노란색 빛을, 다른 하나는 초록색 빛을 나타낼 때, 이에 대한 설명으로 옳은 것을 〈보기 2〉에서 모두 고른 것은?

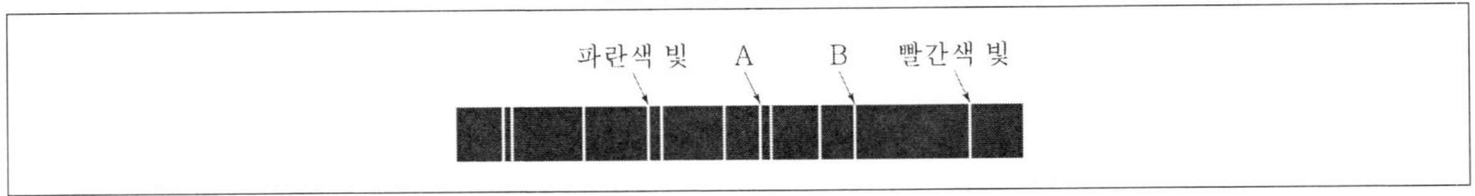

〈보기 2〉

㉠ A가 노란색 빛이다.
㉡ 진동수는 A가 B보다 크다.
㉢ 광자 하나의 에너지는 A가 B보다 크다.

① ㉠

② ㉡

③ ㉠, ㉢

④ ㉡, ㉢

15 우주정거장이 지구 중심으로부터 반지름이 7000km인 원 궤도를 7.0km/s의 등속력 v로 돌고 있다. 우주정거장의 질량은 200톤이다. 우주정거장의 가속도는?

① 0.007m/s^2

② $\dfrac{1}{7}\text{m/s}^2$

③ 1.0m/s^2

④ 7.0m/s^2

16 〈보기〉와 같은 회로에서 흐르는 전류 I는?

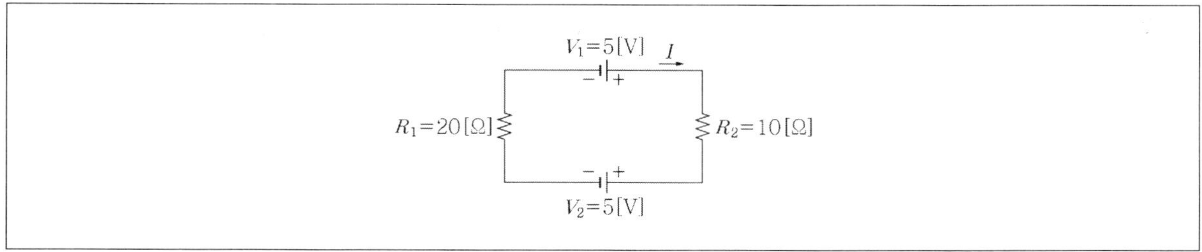

① $-\dfrac{1}{3}A$

② $0A$

③ $\dfrac{1}{3}A$

④ $3A$

---

14 ㉠ A는 초록색 빛이다. B가 노란색 빛이다.

㉡ 진동수는 파장이 짧은 A가 B보다 크다.

㉢ 에너지는 진동수에 비례하므로, 진동수가 큰 A가 B보다 크다.

※ 제시된 스펙트럼은 수은(Hg)을 방전관 속에 넣었을 때 분광기로 관찰한 스펙트럼이다.

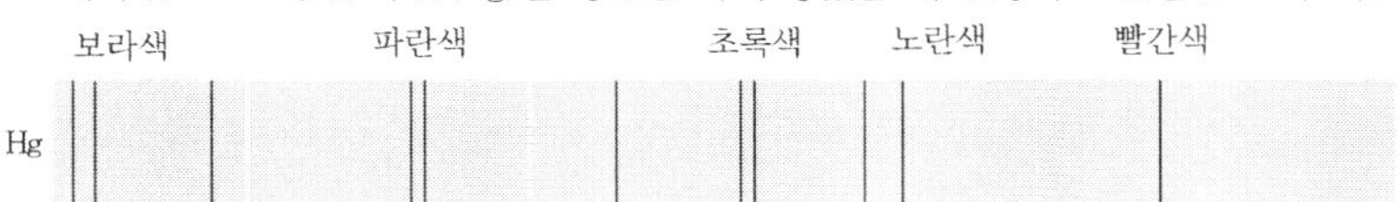

15 우주정거장의 구심력 $\dfrac{mv^2}{r}$ 은 $F=ma$와 같으므로, $\dfrac{mv^2}{r}=ma$, $a=\dfrac{v^2}{r}$ 이다.

따라서 우주정거장의 가속도는 $\dfrac{(7.0)^2}{7{,}000}=0.007\text{km/s}^2=7.0\text{m/s}^2$이다.

16 키르히호프의 전압법칙(제2법칙)에 따르면 닫힌회로에서 기전력과 저항으로 인해 강하된 전압의 합은 0이다. 즉, 전류가 흐르는 방향으로 볼 때 $V_1-IR_2-V_2-IR_1=0$이므로

$5-10I-5-20I=0$, $I=0A$이다.

정답 및 해설   14.④   15.④   16.②

17 자동차 엔진의 실린더에서 기체가 원래 부피의 $\frac{1}{10}$ 로 압축되었다. 처음 압력과 온도가 1.0기압 27°C이고, 압축 후의 압력이 20.0기압이라면 압축 기체의 온도는? (단, 기체를 이상기체라 한다.)

① 270°C

② 327°C

③ 473°C

④ 600°C

18 수평면 위에 정지하고 있는 200g의 나무토막을 향해 수평방향으로 10.0g의 총알이 발사되었다. 나무토막이 8.00m 미끄러진 후 정지할 때 나무토막과 수평면 사이의 마찰 계수가 0.400 이라면, 충돌 전 총알의 속력은? (단, 중력가속도는 $g = 10\,\text{m/s}^2$로 한다.)

① 108m/s

② 168m/s

③ 224m/s

④ 284m/s

19 어떤 증기기관이 섭씨 500도와 섭씨 270도 사이에서 동작하고 있을 때 이 증기관의 최대 효율 값에 가장 가까운 것은?

① 약 50%

② 약 30%

③ 약 23%

④ 약 10%

20 두 원자가 서로의 동위원소일 경우에 대한 설명으로 가장 옳은 것은?

① 두 원자의 원자번호와 원자질량수가 같다.

② 두 원자의 원자번호와 원자질량수가 다르다.

③ 두 원자의 원자번호는 같지만, 원자질량수는 다르다.

④ 두 원자의 원자번호는 다르지만, 원자질량수는 같다.

---

17 이상 기체 상태 방정식 $PV = nRT$에서 R과 n이 동일하므로, 압축 전후의 상태는 $\dfrac{P_1 V_1}{T_1} = \dfrac{P_2 V_2}{T_2}$가 성립한다.

따라서 $\dfrac{1.0 \times V}{273 + 27} = \dfrac{20.0 \times \dfrac{V}{10}}{T_2}$, $T_2 = 600K$이고, $600 - 273 = 327\text{℃}$ 이다.

18 두 물체가 충돌해서 하나가 되어 운동하는 완전비탄성충돌에 해당한다. → 운동량 보존 $0.01 \times v_1 = (0.01 + 0.2)v_2$, $v_1 = 21v_2$

총알이 박힌 나무토막의 운동에너지는 마찰력이 한 일이 된다. → 에너지 보존 $\dfrac{1}{2}mv_2^2 = \mu mg \times s$ $(\because$ 마찰력 $F = \mu N = \mu mg)$,

$v_2^2 = 64$, $v_2 = 8\text{m/s}$

따라서 $v_1 = 21 \times 8 = 168\text{m/s}$다.

19 열효율을 최대로 얻을 수 있는 이상적인 열기관은 카르노 기관이다.

열효율 $\eta = \dfrac{W}{Q_1} = \dfrac{Q_1 - Q_2}{Q_1} = \dfrac{T_h - T_l}{T_h} = 1 - \dfrac{T_l}{T_h}$ 이므로, $1 - \dfrac{270 + 273.15}{500 + 273.15} = 1 - 0.7($소수 둘째자리 반올림$) = 0.3$, 약 30%이다.

20 동위원소란 양성자 수는 같지만 중성자 수가 달라서 원자번호가 같지만 질량수는 다르다.

정답 및 해설 17.② 18.② 19.② 20.③

1 다음 중 72km/h의 속력으로 30초 동안 이동한 물체의 이동 거리는 몇 m인가?

① 100m

② 200m

③ 400m

④ 600m

2 다음 그림은 xy 평면에서 등가속도 운동하는 질량이 m인 물체의 x축 방향 속력 v_x와 y축 방향 속력 v_y를 시간 t에 따라 각각 나타낸 것이다. 0초부터 4초까지 물체에 작용하는 알짜힘의 크기는 2N이고, 알짜힘이 물체에 한 일은 W이다.

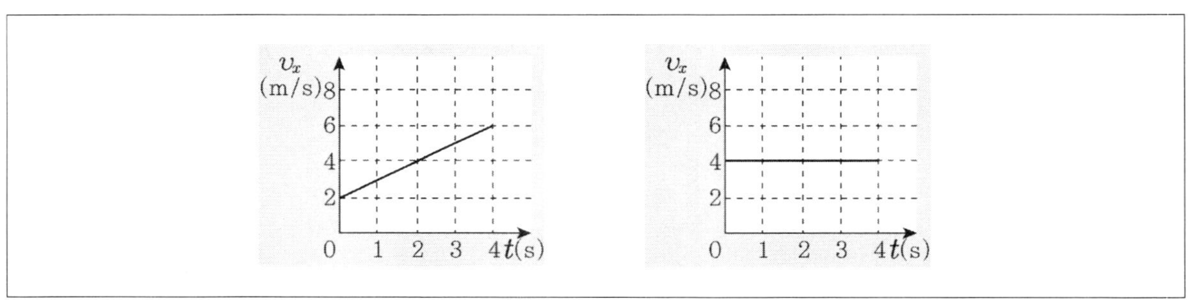

다음 중 W와 m으로 옳은 것은?

	W	m
①	16J	1kg
②	16J	2kg
③	32J	2kg
④	32J	2.5kg

3 다음 중 지면에서 5m 높이에 있던 질량 2kg의 물체가 지면에 도달할 때의 속도는? (단, 중력 가속도는 10m/s^{2}이며 낙하하는 동안 공기의 저항에 의한 열 에너지로의 전환은 없었다.)

① 10m/s

② 20m/s

③ 50m/s

④ 100m/s

---

1 속력 72km/h를 m/s로 변환하면 $\dfrac{72\times1,000}{60\times60}=20$m/s이므로, 30초 동안 이동한 물체의 이동 거리는 $20\times30=600$m이다.

2 x축 방향으로는 등가속도 운동을, y축 방향으로는 등속도 운동을 하고 있다. 따라서 알짜힘은 x축 방향으로 작용하고 있다.

x축 방향의 가속도 $a=\dfrac{6-2}{4}=1$m/s^{2}이므로, $F=ma$에서 $2N=m\times1$, $m=2$kg이다.

x축 방향의 이동거리 $s=2\times4+\dfrac{1}{2}\times4\times4=16$m

따라서 알짜힘이 물체에 한 일 $W=FS=2\times16=32$J

3 5m 높이에서 질량 2kg인 물체의 위치에너지가 지면에서 운동에너지로 모두 전환되므로, $mgh=\dfrac{1}{2}mv^2$이다.

따라서 $2\times10\times5=\dfrac{1}{2}\times2\times v^2$이므로 $v=10$m/s이다.

정답 및 해설　1.④　2.③　3.①

4 다음 설명 중 가장 옳지 않은 것은?

① 자기장의 단위는 T(테슬라)이다.
② 직류 전동기는 자기력의 원리를 이용한 것이다.
③ 자기력선은 자석의 N극에서 나와서 S극으로 들어간다.
④ 솔레노이드 내부에서는 중심쪽으로 갈수록 자기장이 세다.

5 다음 중 전자기력을 이용한 기구가 아닌 것은?

① 전류계
② 전압계
③ 발전기
④ 전동기

6 코일의 양끝에 검류계를 연결해 놓고 막대자석을 코일에 접근시키거나 멀리 가져가면 검류계의 바늘이 움직인다. 이처럼 코일 내부를 통과하는 자기장을 변화시킬 때 코일에 전류가 흐르는 전자기 유도 현상과 가장 관계가 깊은 물리학자는 다음 중 누구인가?

① 드 브로이
② 키르히호프
③ 맥스웰
④ 패러데이

4 ④ 솔레노이드 내부에는 축과 나란하고 균일한 자기장이 형성된다.
  ※ 솔레노이드에 의한 자기장

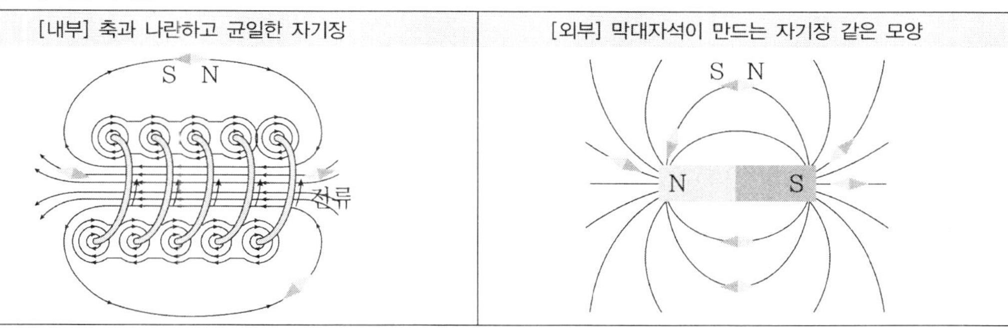

5 ③ 발전기란 역학적 에너지, 즉 운동에너지나 위치에너지를 전기에너지로 변환시켜 주는 기기이다.

6 패러데이의 전자기 유도 법칙 … 전자기 유도에 의한 유도 기전력 (V)의 크기는 회로를 관통하는 자기력선속의 시간적 변화율과 코일의 감은 수에 비례한다. 문제의 지문은 우측과 같은 페러데이의 전자기 유도를 설명하고 있는 것이다.

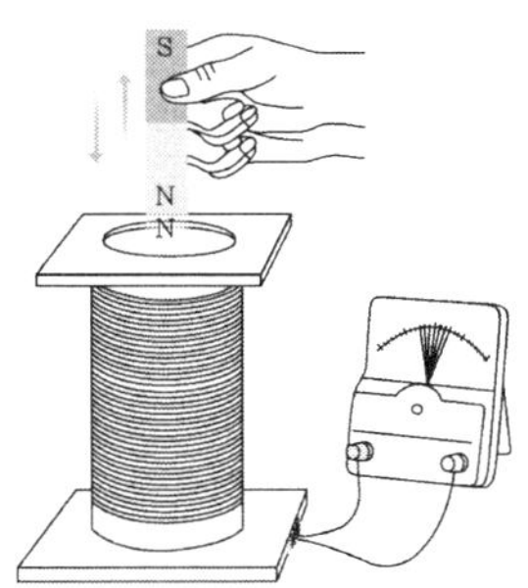

정답 및 해설 4.④ 5.③ 6.④

7 다음 그림은 무선 충전 패드 위에 스마트폰을 올려놓고 충전하는 것을 나타낸 것이다. 충전 패드의 1차 코일에 전원을 연결하면 스마트폰 내부의 2차 코일에 의해 스마트폰이 충전된다. 다음 중 이에 대한 설명으로 옳은 것만을 〈보기〉에서 모두 고른 것은?

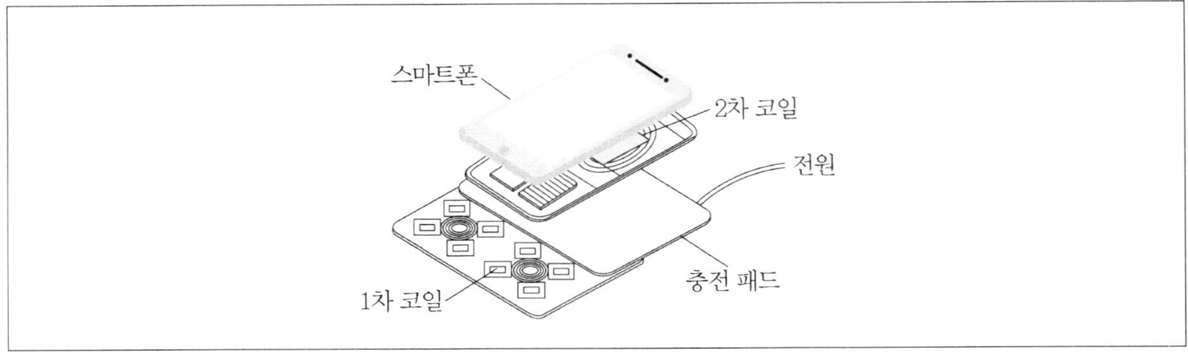

〈보기〉

㉠ 1차 코일에 흐르는 전류에 의한 자기장은 시간에 따라 변한다.
㉡ 2차 코일에는 기전력이 유도된다.
㉢ 충전 패드와 스마트폰 사이의 거리가 멀수록 2차 코일에 흐르는 전류의 세기는 감소한다.

① ㉠

② ㉡

③ ㉡, ㉢

④ ㉠, ㉡, ㉢

8 다음 그림은 원자핵 속의 중성자가 양성자로 바뀌면서 입자 A와 중성미자를 방출하는 모습을 모식적으로 나타낸 것이다. 다음 중 이어 대한 옳은 설명만을 〈보기〉에서 모두 고른 것은?

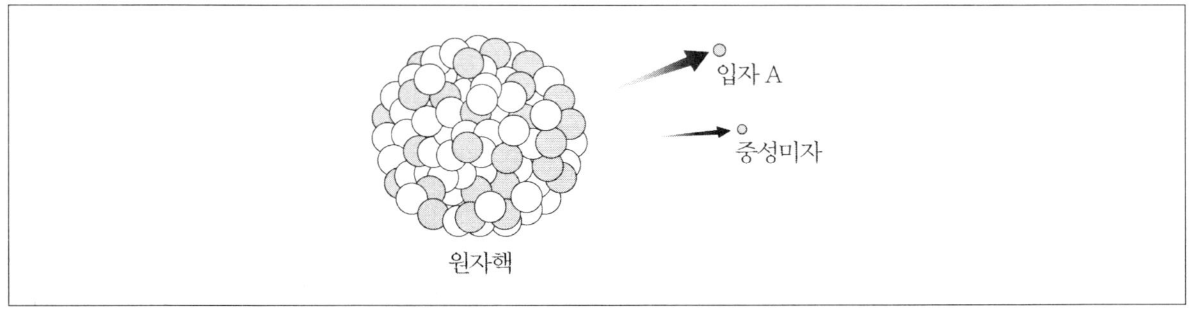

〈보기〉

㉠ A는 전자이다.
㉡ 양성자는 위 쿼크 1개, 아래 쿼크 2개로 이루어져 있다.
㉢ 약한 상호 작용의 매개 입자는 중성미자이다.

① ㉠

② ㉠, ㉡

③ ㉡, ㉢

④ ㉠, ㉢

---

7 ㉠㉡ 전원을 연결한 1차 코일에 전류가 흐르면 전자기장이 발생하고, 전자기 유도 현상에 따라 2차 코일에서 유도 전류를 받아들여 배터리를 충전한다. 패러데이의 법칙에 의해 1차 코일에 흐르는 전류에 자기장은 시간에 따라 변한다.
㉢ 충전 패드와 스마트폰 사이의 거리가 멀수록 2차 코일을 관통하는 자기력선속의 수가 감소하므로 2차 코일에 흐르는 전류의 세기는 감소한다.

8 그림은 약한 상호 작용에 의해 원자핵 속의 중성자(n)가 양성자(p^+)로 변환되면서 전자(e^-)와 전자 반중성미자($\bar{\nu_e}$)를 방출하는 베타마이너스붕괴이다. 반대로, 양성자(p^+)가 에너지를 흡수하여 중성자(n)를 만들면서 양전자(e^+)와 전자 중성미자(ν_e)를 방출하는 베타플러스붕괴가 있다.
㉠ A는 전자이다.
㉡ 양성자(uud)는 위 쿼크 2개 + 아래 쿼크 1개로 이루어져 있고, 중성자(udd)는 위 쿼크 1개 + 아래 쿼크 2개로 이루어져 있다.
㉢ 약한 상호 작용(약력)의 매가 입자는 W 보손과 Z 보손이다.

정답 및 해설 7.④ 8.①

9 반감기가 1,600년인 라듐 12g이 있다. 다음 중 4,800년 후의 라듐의 질량은?

① 6g

② 4.5g

③ 3g

④ 1.5g

10 그림 ㈎, ㈏, ㈐는 수소 원자의 양자수에 따른 전자구름의 형태를 모식적으로 나타낸 것이다. 표는 ㈎, ㈏, ㈐ 상태에서의 주 양자수 n, 궤도 양자수 l을 각각 나타낸 것이다.

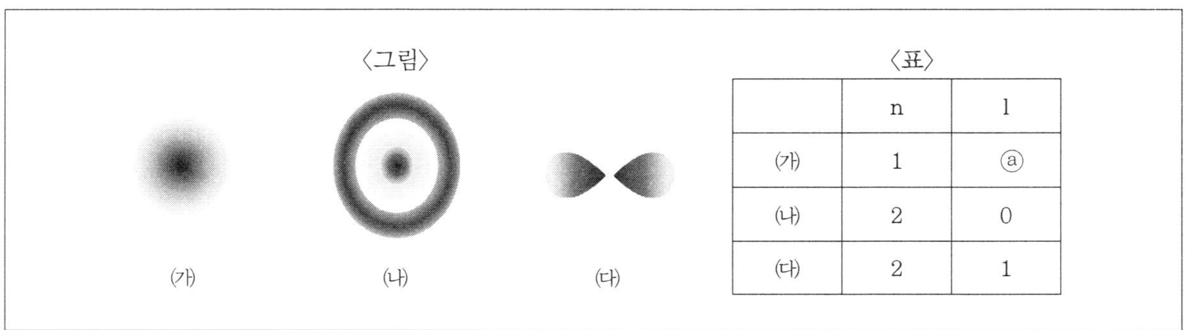

	n	l
㈎	1	ⓐ
㈏	2	0
㈐	2	1

다음 중 이에 대한 설명으로 옳은 것만을 〈보기〉에서 모두 고른 것은?

〈보기〉

㉠ 위 표의 ⓐ는 0이다.

㉡ 전자의 에너지 준위는 ㈏가 ㈐보다 낮다.

㉢ ㈐의 상태에서 전자가 가질 수 있는 자기 양자수의 개수는 모두 3개이다.

① ㉠, ㉡

② ㉠, ㉢

③ ㉡, ㉢

④ ㉠, ㉡, ㉢

11 속도 25m/s로 달리는 차가 정지해 있던 차를 스쳐 지나갈 때 정지해 있던 차가 $10m/s^2$의 가속도로 출발 하였다면 두 차는 몇 초 후에 만나겠는가?

① 2초

② 3초

③ 4초

④ 5초

---

9 반감기가 1,600년이므로, 4,800년 후는 3번의 반감기가 지난 것이다. 따라서 $12 \rightarrow 6 \rightarrow 3 \rightarrow 1.5$로, 1.5g이 남는다.

별해) $12 \times \left(\dfrac{1}{2}\right)^3 = \dfrac{3}{2} = 1.5$

10 전자구름의 형태는 주 양자수 n, 궤도 양자수(부 양자수) l, 자기 양자수 m의 조합에 따라 달라진다.

ㄱ (가)에서 주 양자수 n이 1일 때 가능한 궤도 양자수 l은 0이므로, 표의 ⓐ는 0이다.

ㄴ (나)와 (다)는 주 양자수 n이 2로 동일하므로, 전자의 에너지 준위도 동일하다.

ㄷ 자기 양자수는 전자구름의 분포 방향을 결정한다. (다)에서 l이 1이므로, (다)의 상태에서 전자가 가질 수 있는 자기 양자수의 개수는 −1, 0, 1의 3개이다.

11 등속도 운동을 하는 차와 등가속도 운동을 하는 차가 동일한 거리만큼 이동하여 만나는 것이므로, $25 \times t = \dfrac{1}{2} \times 10 \times t^2$

$t = 5$초이다.

정답 및 해설   9.④   10.②   11.④

12 질량이 50kg인 사람이 엘리베이터를 탔다. 엘리베이터의 중력 가속도가 $9.8m/s^2$이라면, 다음 중 이 사람의 몸무게가 가장 무겁게 측정될 때는?

① 엘리베이터가 $0.5m/s^2$의 가속도로 내려가고 있을 때

② 엘리베이터가 $0.5m/s^2$의 가속도로 올라가고 있을 때

③ 엘리베이터가 등속으로 내려가고 있을 때

④ 엘리베이터가 등속으로 올라가고 있을 때

13 마찰을 무시할 수 있는 얼음판 위에서, 질량 40kg인 어린이는 10m/s의 속력으로, 질량 60kg인 어른은 5m/s의 속력으로 마주보며 달려오다가 정면으로 충돌하였다. 충돌 직후 두 사람이 껴안았다면 다음 중 두 사람의 속력(m/s)은?

① 0.5m/s

② 1m/s

③ 2m/s

④ 4m/s

12 엘리베이터가 위 또는 아래로 운동할 때 내부에 있는 사람에게는 가속도의 방향과 반대로 관성력이 작용하게 된다. 관성력은
가속 운동을 하는 경우에만 나타난다.

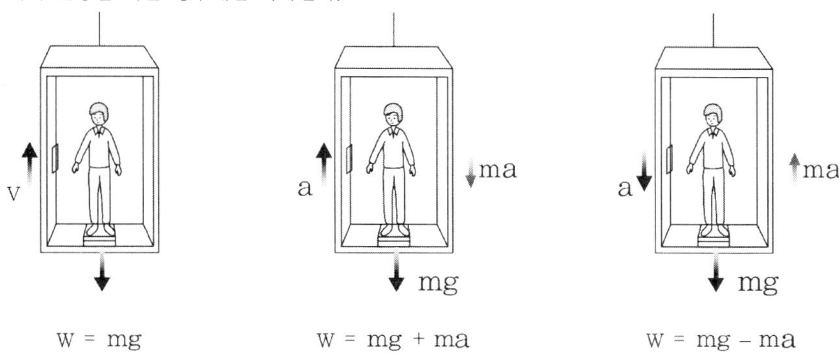

① 아래쪽 방향으로 가속 운동을 할 때는 관성력(ma) 위쪽 방향, 즉 중력의 반대 방향으로 작용하므로 내부에 있는 사람의
　무게 w = mg − ma가 된다. →무게 감소
② 위쪽 방향으로 가속 운동을 할 때는 관성력(ma)이 아래쪽 방향, 즉 중력과 같은 방향으로 작용하므로 내부에 있는 사람의
　무게 w = mg + ma가 된다. →무게 증가
③④ 등속 운동을 할 때 관성력은 0이므로 원래의 무게와 같다. →무게 동일

13 물체의 운동량 p는 질량 m에 속도 v를 곱한 물리량으로, 방향은 속도의 방향과 같다. 즉, $\vec{p}=m\vec{v}$가 성립하는데 문제에서
어린이와 어른이 마주보며 달려오다가 충돌하였으므로, 그 방향은 반대가 된다. 운동량 보존의 법칙에 따라 충돌 전후의 운동
량은 동일하므로 충돌 직후 껴안고 있는 두 사람의 속도를 구하면
$$(40\times10)-(60\times5)=(40+60)v$$
따라서 $v=1\text{m/s}$이다.

14 다음 그림은 p-n 접합 다이오드, 직류 전원, 교류 전원, 스위치, 저항을 이용하여 회로를 구성하고 스위치를 a에 연결하였더니 저항에 화살표 방향으로 전류가 흐르는 것을 나타낸 것이다. X는 p형 반도체와 n형 반도체 중 하나이다.

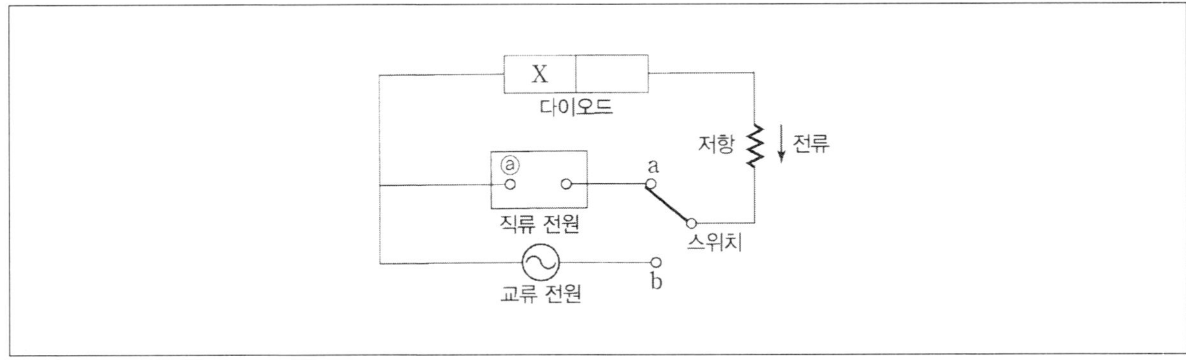

다음 중 이에 대한 설명으로 옳은 것만을 〈보기〉에서 모두 고른 것은?

〈보기〉
㉠ 직류 전원의 단자 ⓐ는 (+)극이다.
㉡ X는 p형 반도체이다.
㉢ 스위치를 b에 연결하면 저항에 흐르는 전류의 방향은 변한다.

① ㉠, ㉡　　　　　　　　　　② ㉠, ㉢
③ ㉡, ㉢　　　　　　　　　　④ ㉠, ㉡, ㉢

15 다음 중 파동의 회절에 대한 설명으로 가장 옳은 것은?
① 회절은 호이겐스의 원리로 설명할 수 있다.
② 회절은 슬릿의 폭이 넓을수록 잘 일어난다.
③ 회절은 파동의 파장이 짧을수록 잘 일어난다.
④ 빛에 의해 나타난 물체의 그림자는 회절현상으로 볼 수 있다.

14 ㉠㉡ 전류가 시계방향으로 흐르고 있으므로 직류 전원의 단자 ⓐ는 (+)극이고 X는 p형 반도체이다.

㉢ 스위치를 b에 연결해도 p-n 접합 다이오드는 한쪽 방향으로만 전류를 흐르게 하므로 저항에 흐르는 전류의 방향은 변하지 않는다.

15 ② 회절은 슬릿의 폭이 좁을수록 잘 일어난다.

③ 회절은 파동의 파장이 길수록 잘 일어난다.

④ 빛에 의해 나타난 물체의 그림자는 직진현상으로 볼 수 있다.

※ **호이겐스의 원리** … 파동의 전파를 설명하는 원리로, 파면 위의 모든 점들은 새로운 점파원이 되고 이 점파원에서 만들어진 파들의 파-면에 공통 접선이 새로운 파면이 된다.

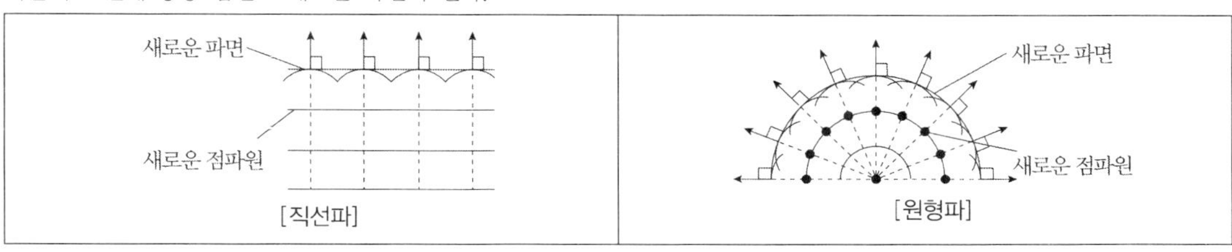

16 다음 중 다이오드에 대한 설명으로 가장 옳지 않은 것은?

① 전류가 흐를 때 접합면을 통해 p형 반도체의 전자와 n형 반도체의 양공이 서로 반대 방향으로 이동한다.

② p형 반도체와 n형 반도체를 접합하여 만든 소자이다.

③ 고주파 속의 저주파 성분만을 검출하는 작용을 한다.

④ p형 반도체 쪽에 (+)극, n형 반도체 쪽에 (−)극을 연결해야만 전류가 흐른다.

17 다음 그림은 저항 A, B, C, D, E와 전압이 일정한 전원, 스위치로 회로를 구성한 것을 나타낸 것이다. 저항 A~E의 저항값은 각각 $2R$, $2R$, $3R$, $3R$, $12R$이다. 스위치를 a, b에 각각 연결할 때, 총 저항값은 각각 R_a, R_b이다. 다음 중 $\dfrac{R_a}{R_b}$는?

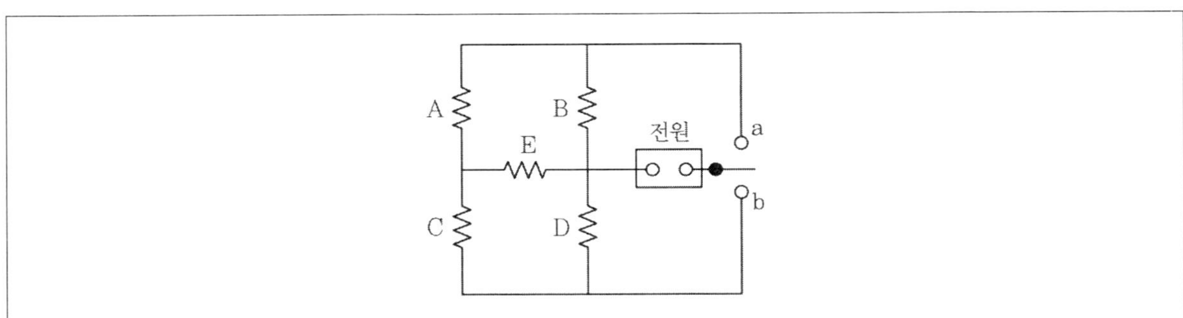

① $\dfrac{1}{2}$

② $\dfrac{2}{3}$

③ $\dfrac{3}{4}$

④ $\dfrac{4}{5}$

16 ① 전류가 흐를 때 접합면을 통해 p형 반도체의 양공과 n형 반도체의 전자가 서로 반대 방향으로 이동한다.

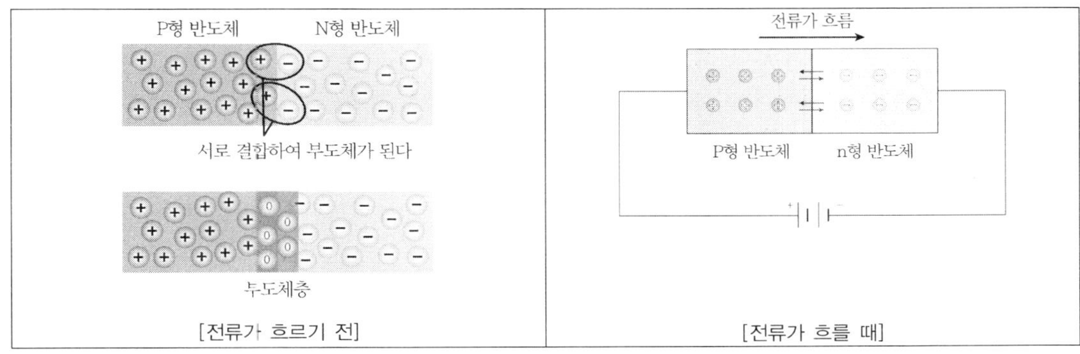

17 저항 A~E의 저항값을 표시하면 다음과 같다.

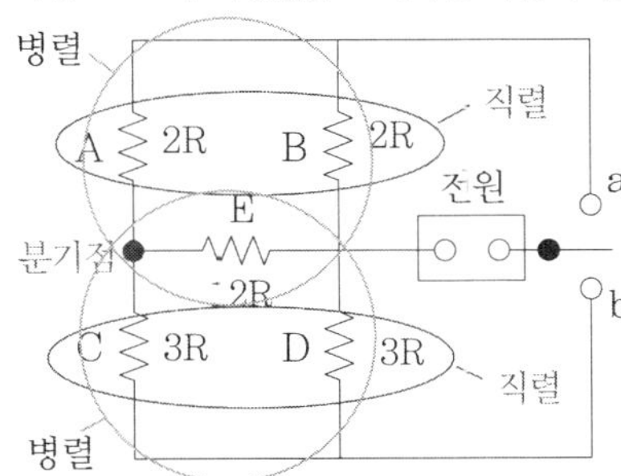

- 스위치 a 연결 : (C, D)와 E는 병렬연결, (C, D, E)와 A는 직렬연결, (A, C, D, E)와 B는 병렬연결

$$R_a = \left\{ \left(R_C + R_D \right) \parallel R_E + R_A \right\} \mid R_B = (6R \parallel 12R + 2R) \parallel 2R = (4R + 2R) \parallel 2R = \frac{3}{2}R$$

- 스위치 b 연결 : (A, B)와 E는 병렬연결, (A, B, E)와 C는 직렬연결, (A, B, C, E)와 D는 병렬연결

$$R_b = \left\{ \left(R_A + R_B \right) \parallel R_E + R_C \right\} \parallel R_D = (4R \parallel 12R + 3R) \parallel 3R = (3R + 3R) \parallel 3R = 2R$$

따라서 $\dfrac{R_a}{R_b} = \dfrac{\frac{3}{2}R}{2R} = \dfrac{3}{4}$

정답 및 해설 16.① 17.③

18 다음 그림은 도서관에서 학생이 RFID 도서 반납 시스템을 이용하여 여러 권의 책을 한 번에 반납할 때 도서 반납 시스템의 작동 원리를 나타낸 것이다.

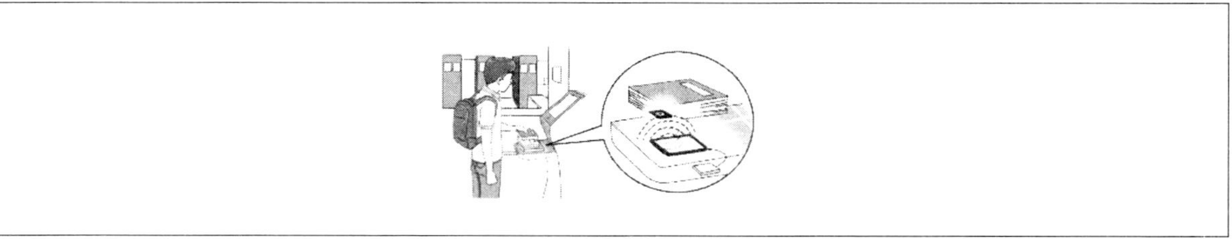

다음 중 이에 대한 옳은 설명만을 〈보기〉에서 모두 고른 것은?

〈보기〉
㉠ 리더는 자외선을 이용하여 태그의 정보를 읽는다.
㉡ 책에 부착된 태그에는 책을 식별할 수 있는 정보가 담겨 있다.
㉢ 정보를 주고받을 때 태그와 리더에는 전자기파 공명 현상이 일어난다.

① ㉠
② ㉠, ㉡
③ ㉡, ㉢
④ ㉠, ㉡, ㉢

19 빛을 금속에 쬐어서 전자가 방출될 때, 다음 중 에너지가 가장 큰 것은?

① 적외선
② γ 선
③ 자외선
④ X선

20 다음 〈보기〉는 여러 가지 빛의 현상을 나타낸 것이다. 빛의 파동성으로만 설명이 가능한 것은?

〈보기〉

㉠ 빛의 간섭 현상
㉡ 빛의 직진 현상
㉢ 빛의 회절 현상
㉣ 빛의 광전 효과

① ㉠, ㉡

② ㉠, ㉢

③ ㉡, ㉣

④ ㉢, ㉣

---

18 RFID(Radio Frequency IDentification) ··· 무선인식이라고도 하며, 반도체 칩이 내장된 태그, 라벨, 카드 등에 저장된 데이터를 무선주파수를 이용하여 비접촉으로 읽어내는 인식시스템
㉠ 리더는 RF(Radio Frequency)를 이용하여 태그의 정보를 읽는다.

19 빛을 금속에 쬐어서 전자가 방출될 때, 에너지가 가장 큰 것은(= 진동수가 가장 큰 것) γ선이다.
※ 에너지의 크기 ··· γ선 > X선 > 자외선 > 가시광선 > 적외선 > 마이크로파 > 라디오파

20 ㉡ 빛의 직진 현상 → 빛의 직진성
㉣ 빛의 광전 효과 → 빛의 입자성

1 온도와 열에 대한 설명으로 옳지 않은 것은?

① 온도는 물체의 차고 뜨거운 정도를 수량적으로 나타낸 것이다.

② 열기관은 열을 역학적인 일로 바꾸는 장치이다.

③ 열은 자발적으로 저온에서 고온으로 이동할 수 있다.

④ 절대온도에서 1K 차이는 섭씨온도에서 $1\degree C$ 차이와 같다.

2 그림은 다이오드가 연결된 회로에 교류 전원을 연결할 경우 저항에 흐르는 전류의 파형을 나타낸 것이다. 이로부터 알 수 있는 다이오드의 작용은?

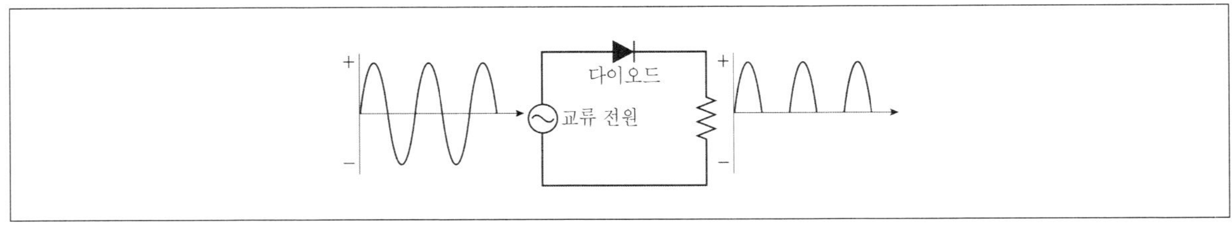

① 정류 작용

② 스위치 작용

③ 증폭 작용

④ 자기 작용

3 다음은 중수소 원자핵($_{1}^{2}\mathrm{H}$)이 삼중수소 원자핵($_{1}^{3}\mathrm{H}$)과 반응하여 헬륨 원자핵($_{2}^{4}\mathrm{He}$)과 중성자($_{0}^{1}\mathrm{n}$)가 생성되면서 에너지가 방출되는 과정을 나타낸 것이다. 이에 대한 설명으로 옳지 않은 것은?

$$_{1}^{2}\mathrm{H} + _{1}^{3}\mathrm{H} \rightarrow _{2}^{4}\mathrm{He} + _{0}^{1}\mathrm{n} + 17.6\,\mathrm{MeV}$$

① 핵융합 반응이다.
② 핵반응 전후 질량의 합은 같다.
③ 핵반응 전후 질량수의 합은 같다.
④ 핵반응 전후 전하량의 합은 같다.

---

1 ③ 열은 자발적으로 고온에서 저온으로 이동할 수 있다.

2 다이오드는 전기가 통하는 물체인 도체와 전기가 통하지 않는 부도체의 중간성질을 가지는 반도체의 결합물로, 전류가 흐를 때 (+)와 (−)가 교대하게 되는데, 다이오드를 거치게 되면 (+)만 통과할 수 있게 되어 정류 작용이 일어나게 된다.

3 ② 핵반응에서 반응 후 질량의 합은 반응 전보다 줄어들게 되는데 이를 질량 결손이라고 한다. 핵반응에서 방출되는 에너지는 이러한 질량 결손에 의하며, 질량 결손의 양을 $\triangle m$이라고 할 때, 질량·에너지 동등성에 따라 방출되는 에너지 $E = \triangle mc^2$ 이다.

정답 및 해설 1.③ 2.① 3.②

4 그림은 일반적인 광통신 과정을 나타낸 것이다. 이에 대한 설명으로 옳은 것만을 모두 고르면?

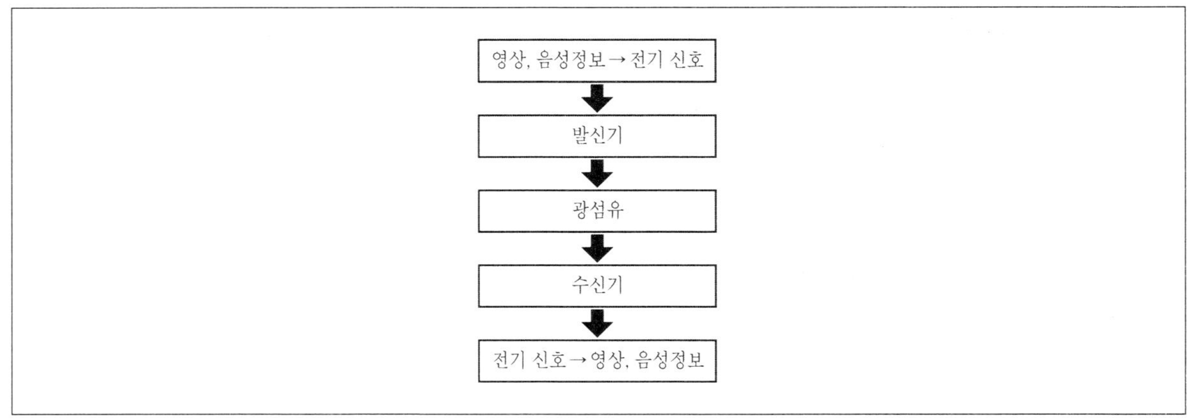

㉠ 발신기에서 전기 신호를 빛 신호로 변환한다.
㉡ 광섬유에서 코어의 굴절률이 클래딩의 굴절률보다 커서 전반사가 일어난다.
㉢ 광통신은 구리 도선을 이용한 전기통신에 비하여 도청이 어렵고 정보의 전송용량이 크다.

① ㉠

② ㉠, ㉡

③ ㉡, ㉢

④ ㉠, ㉡, ㉢

5 20m/s의 속력으로 직선 운동하던 질량 200g의 공을 배트로 쳐서 반대 방향으로 30m/s의 속력으로 날려 보냈다. 이 공이 배트로부터 받은 충격량의 크기[N · s]는?

① 2

② 4

③ 10

④ 12

4 ㉠ 발신기는 전기 신호를 빛 신호로 변환하여 광섬유로 전달한다.

㉡ 광섬유에서 코어의 굴절률이 클래딩의 굴절률보다 커서 전반사가 일어난다.

㉢ 구리 도선을 이용한 전기통신은 전기가 흐를 때 자기장이 발생해서 주변에 영향을 미치므로 도청이 쉽다. 반면 광통신은 전반사를 하면서 빛이 진행하므로 도청하기가 어렵고 정보의 전송용량이 크다.

※ 광통신

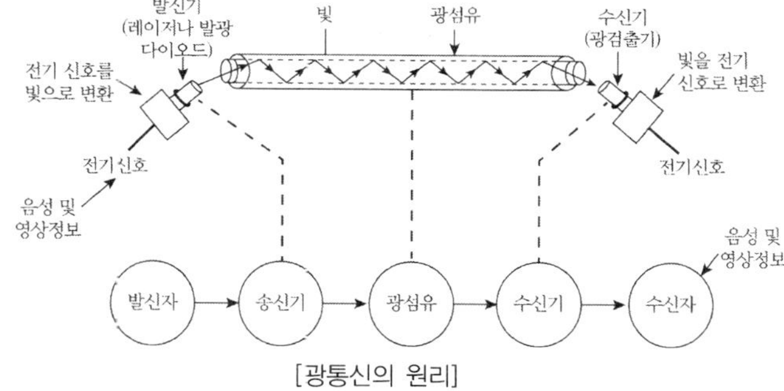

[광통신의 원리]

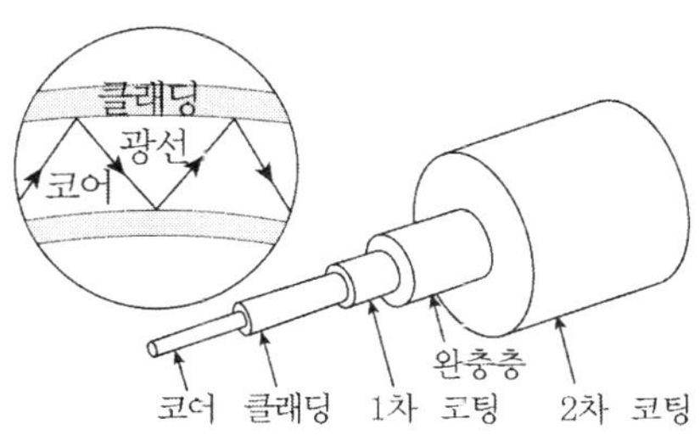

[광섬유]

5 충격량 = 운동량의 변화량이므로, $0.2 \times 30 - (0.2 \times -20) = 6 + 4 = 10 \text{N} \cdot \text{s}$ 이다.

정답 및 해설 4.④ 5.③

6 표는 입자 A와 B의 질량과 속력을 나타낸 것이다. 이 물체가 등속운동할 때 이에 대한 설명으로 옳은 것만을 모두 고르면?

입자	질량	속력
A	m	$2v$
B	$2m$	v

㉠ 운동에너지는 A가 B의 2배이다.
㉡ 운동량은 A가 B의 2배이다.
㉢ 물질파의 파장은 A와 B가 같다.

① ㉡

② ㉢

③ ㉠, ㉢

④ ㉠, ㉡, ㉢

7 그림은 어떤 원자의 에너지 준위를 나타낸 것이다. 전자가 $n = 4$인 상태에서 $n = 2$인 상태로 전이할 때 일어나는 현상으로 옳은 것은?

$$n = 4 \quad\underline{\hspace{3cm}}\quad E_4 = -3.4\,\text{eV}$$
$$n = 3 \quad\underline{\hspace{3cm}}\quad E_3 = -6.0\,\text{eV}$$
$$n = 2 \quad\underline{\hspace{3cm}}\quad E_2 = -13.6\,\text{eV}$$
$$n = 1 \quad\underline{\hspace{3cm}}\quad E_1 = -54.4\,\text{eV}$$

① 7.6 eV의 에너지 흡수

② 7.6 eV의 에너지 방출

③ 10.2 eV의 에너지 흡수

④ 10.2 eV의 에너지 방출

8 그림은 정지하고 있는 질량 2kg인 물체에 수평 방향으로 10N의 일정한 힘이 작용하는 모습을 나타낸 것이다. 정지에서 2초 후 물체의 운동에너지[J]는? (단, 공기저항, 물체와 지면 사이의 마찰은 무시한다)

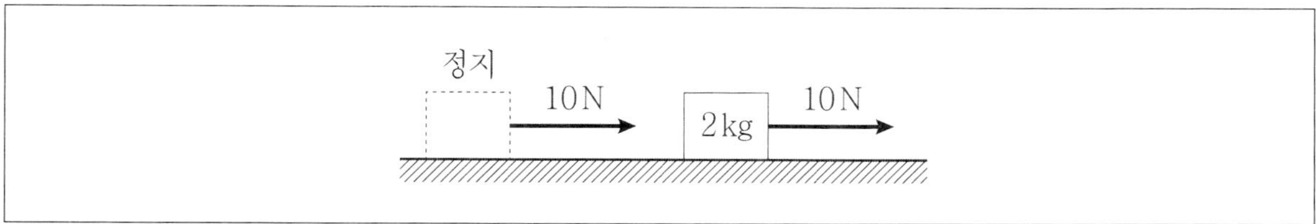

① 20

② 40

③ 60

④ 100

---

6 ㉠ [O] 운동에너지 $E_k = \dfrac{1}{2}mv^2$으로, A의 운동에너지는 $2mv^2$, B의 운동에너지는 mv^2이다.

ㄴ [X] 운동량 $p = mv$이다. 따라서 A와 B의 운동량은 $2mv$로 동일하다.

ㄷ [O] $\lambda = \dfrac{h}{p}$에서 운동량 p가 동일하므로 파장은 A와 B가 같다.

7 전자가 높은 에너지 준위로 가기 위해서는 에너지의 흡수가 필요하고, 낮은 에너지 준위로 내려갈 때에는 에너지를 방출한다. 따라서 $-3.4\text{eV} - (-13.6\text{eV}) = -3.4\text{eV} + 13.6\text{eV} = 10.2\text{eV}$의 에너지를 방출한다.

8 물체에 작용하는 힘이 일정하므로, 물체는 등가속도 직선 운동을 한다.

$F = ma$에서 $a = 5\text{m/s}^2$이고, $s = v_0 t + \dfrac{1}{2}at^2 = \dfrac{1}{2} \times 5 \times 4 = 10\text{m}$이다.

따라서 물체의 운동에너지 $J = N \cdot m = 10 \times 10 = 100\text{J}$이다.

정답 및 해설 6.③ 7.④ 8.④

9 그림은 순수한 반도체 결정의 에너지띠 구조를 나타낸 것이다. 이에 대한 설명으로 옳지 않은 것은?

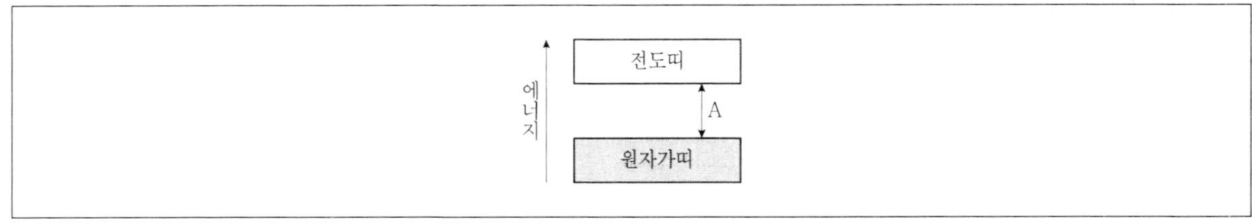

① A의 영역에는 전자가 존재할 수 없다.

② 원자가띠에 채워진 전자의 에너지는 모두 동일하다.

③ 절대온도 0K일 때, 전도띠에는 전자가 존재하지 않는다.

④ 이 물질은 온도가 올라갈수록 전기 전도도가 증가한다.

10 그림 (가)는 수평면 일직선상에서 질량 $2m$인 물체 A가 정지해 있는 질량 m인 물체 B와 충돌하는 것을 나타낸 것이고, 그림 (나)는 A가 B에 정면으로 충돌한 후 A, B가 같은 방향으로 운동하는 것을 나타낸 것이다. A의 속력이 충돌 직전 $2v$에서 충돌 직후 v로 변했다면, 충돌 직후 B의 속력은?

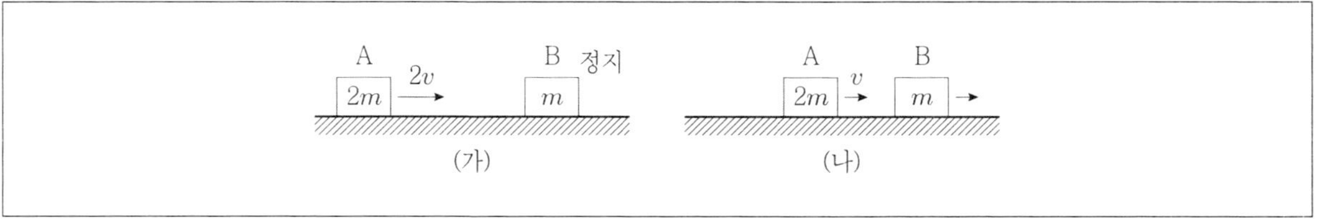

① $0.5v$

② v

③ $1.5v$

④ $2v$

9 A는 띠틈이다.

② 원자에 속박되어 있는 전자는 에너지띠의 가장 낮은 에너지 준위부터 채워나가는데, 전자가 채워진 에너지띠 중 에너지가 가장 큰 띠가 원자가띠이다. 에너지띠는 크기가 거의 비슷한 에너지 준위들이 모여 띠처럼 보이는 것이므로, 원자가띠에는 여러 개의 에너지 준위를 포함한다. 즉, 원자가띠에 채워진 전자의 에너지가 모두 동일한 것은 아니다.

10 충돌 전후의 운동량은 동일하므로, 충돌 직후 물체 B의 속력을 v_B라고 할 때

$2m \times 2v = 2m \times v + m \times v_B$가 성립한다.

따라서 $v_B = 2v$이다.

11 그림은 충분히 긴 구리관 속으로 자석이 낙하하는 모습이다. 이에 대한 설명으로 옳은 것만을 모두 고르면? (단, 공기저항, 자석과 구리관 사이의 마찰은 무시한다)

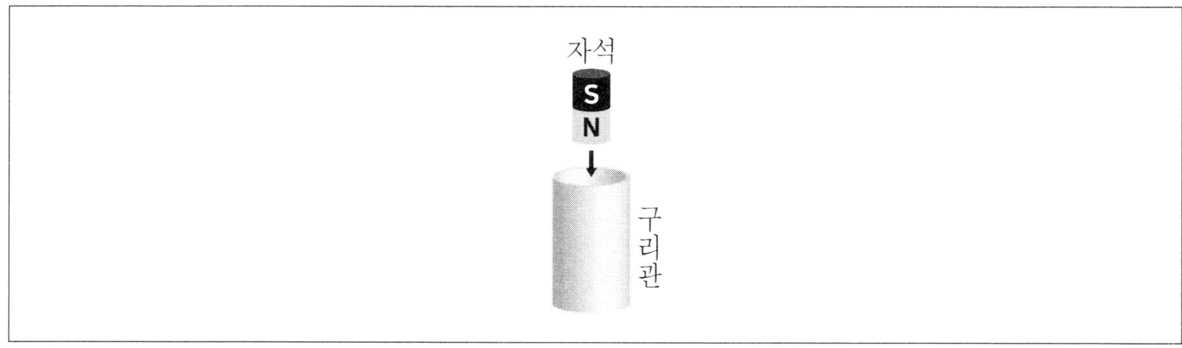

> ㉠ 자석이 낙하하는 동안 자석의 위치에너지는 감소한다.
> ㉡ 자석이 낙하한 거리만큼 자석의 운동에너지는 증가한다.
> ㉢ 자석의 역학적 에너지는 보존된다.
> ㉣ 감소한 역학적 에너지만큼 전기 에너지로 전환된다.

① ㉠, ㉡
② ㉠, ㉢
③ ㉠, ㉣
④ ㉡, ㉣

12 컴퓨터에서 정보를 저장하고 기록하는 장치인 하드디스크에 대한 설명으로 옳은 것만을 모두 고르면?

> ㉠ 빛을 이용하여 저장된 정보를 읽어 낸다.
> ㉡ 디지털 신호로 정보가 기록된다.
> ㉢ 강자성체의 특성을 이용한 저장 매체이다.

① ㉠, ㉡
② ㉠, ㉢
③ ㉡, ㉢
④ ㉠, ㉡, ㉢

11 ㉡ 구리관에서 자석이 낙하하면 자석에 의한 자기장의 변화에 의해 관에 유도기전력이 발생하고, 이 기전력에 의해 구리관에 유도전류가 흐른다. 유도전류는 자기장의 변화를 방해하는 방향으로 흐르므로, 유도전류에 의한 저항력은 자석이 움직이는 방향과 반대방향으로 작용한다.(렌츠의 법칙) 따라서 '증가한 운동에너지 < 감소한 위치에너지'가 된다.

㉢ 자석의 역학적 에너지는 감소하고, 감소한 역학적 에너지만큼 전기 에너지로 전환된다.

12 ㉠ 빛을 이용하여 저장된 정보를 읽어 내는 것은 광디스크이다. 하드디스크는 원판형의 자기 디스크로, 자성을 이용하여 플래터(디스크)에 디지털 정보를 쓰고, 저장된 정보를 읽는다.

정답 및 해설 11.③ 12.③

13 그림은 전자기파를 어떤 물리량의 크기 순서대로 나타낸 것이다. 이에 대한 설명으로 옳은 것은?

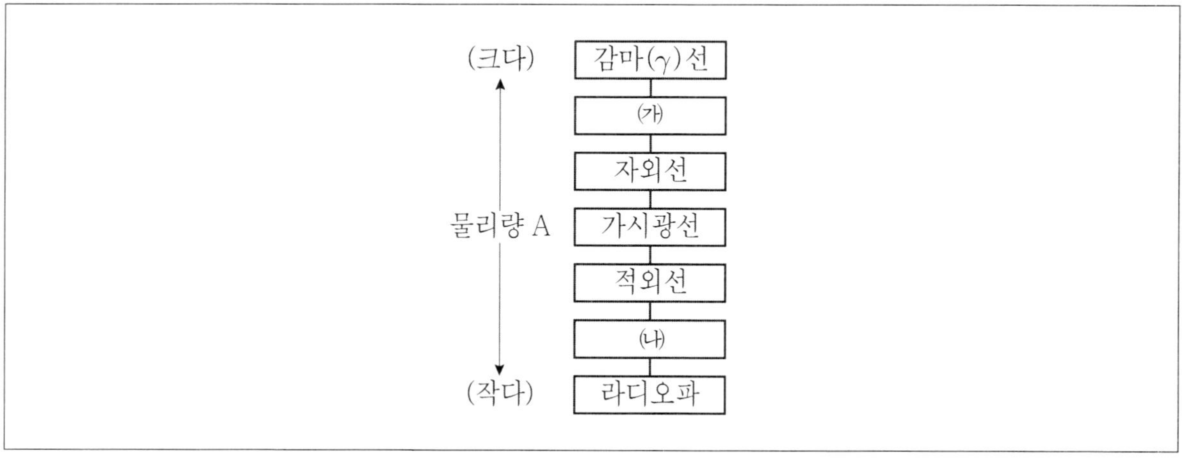

① 물리량 A에는 파장을 넣을 수 있다.

② 적외선보다 자외선의 진동수가 크다.

③ (가)는 휴대전화 데이터 통신과 전자레인지에 이용된다.

④ (나)는 사람 몸이나 건물 벽을 투과할 수 있어 의료 진단 분야, 비파괴 검사, 공항 검색대에서 사용된다.

14 탄산음료가 담긴 차가운 병의 뚜껑을 처음으로 열었을 때 뚜껑 주변에 하얀 김이 서리는 현상이 나타난다. 이에 대한 설명으로 옳은 것만을 모두 고르면?

> ㉠ 기체가 병 밖으로 빠져나오면서 기체는 등온 팽창한다.
> ㉡ 기체가 병 밖으로 빠져나오면서 부피가 증가하여 기체는 외부에 일을 한다.
> ㉢ 기체가 병 밖으로 빠져나오면서 기체의 내부 에너지는 감소한다.

① ㉡

② ㉢

③ ㉠, ㉢

④ ㉡, ㉢

15 파동에 대한 설명으로 옳지 않은 것은?

① 파동이 굴절할 때 파동의 파장은 변하지 않는다.

② 파동이 반사할 때 파동의 속력은 변하지 않는다.

③ 간섭현상은 두 개 이상의 파동이 만날 때 일어난다.

④ 파동이 퍼져 나갈 때 에너지가 전달된다.

---

13 물리량 A는 에너지이고, ㈎는 X선, ㈏는 마이크로파이다.

② 진동수는 에너지와 비례 관계이므로, 에너지가 큰 자외선의 진동수가 적외선의 진동수보다 크다.

① 파장은 에너지와 반비례 관계이므로 물리량 A에 넣을 수 없다.

③④ 설명이 반대로 되었다.

※ 에너지의 크기 … γ선 > X선 > 자외선 > 가시광선 > 적외선 > 마이크로파 > 라디오파

14 ㉠ 기체가 병 밖으로 순식간에 빠져나오면서 부피가 증가하므로 단열 팽창한다. 따라서 온도가 감소하여 뚜껑 주변에 수증기가 응결이 된다.

15 ① 파동이 굴절할 때 굴절파의 진동수는 입사파의 진동수와 동일하지만, 파장과 속력은 달라진다.

정답 및 해설 13.② 14.④ 15.①

16 그림 (가)는 코일 위에서 자석을 연직 방향으로 움직이는 모습을 나타낸 것이고, (나)는 코일과 자석 사이의 간격을 시간에 따라 나타낸 것이다. 이에 대한 설명으로 옳은 것은?

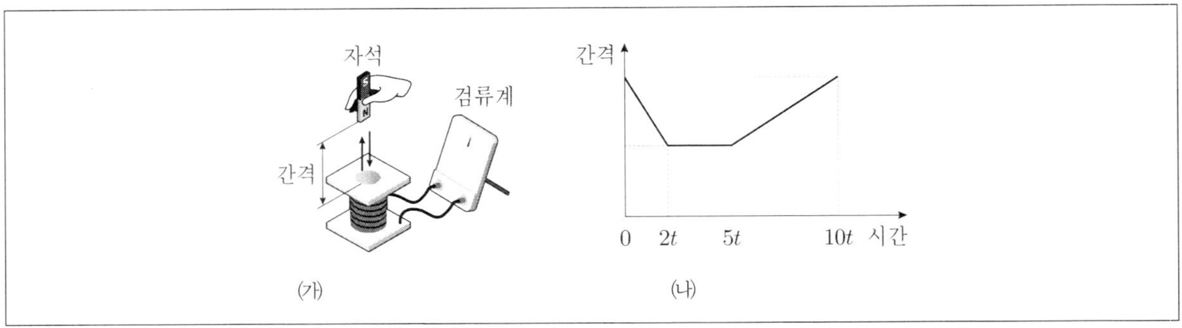

① $4t$일 때 검류계에는 일정한 세기의 전류가 흐른다.

② 검류계에 흐르는 전류의 세기는 t일 때가 $8t$일 때보다 크다.

③ t일 때 코일이 자석에 작용하는 자기력의 방향은 자석의 운동 방향과 같다.

④ t일 때와 $7t$일 때, 검류계에 흐르는 전류의 방향은 서로 같다.

17 Ge 반도체에 In을 소량 첨가하여 만든 불순물 반도체에 그림처럼 화살표 방향으로 전기장을 걸었을 때, 이에 대한 설명으로 옳은 것만을 모두 고르면?

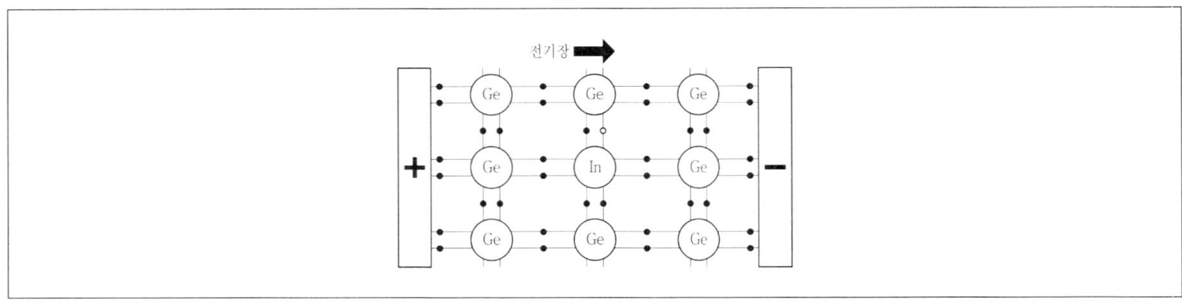

ㄱ. 불순물 반도체에 생성된 양공은 전도띠에 존재한다.
ㄴ. 양공은 오른쪽($-$)에서 왼쪽($+$)으로 이동한다.
ㄷ. 전류의 방향은 양공의 이동 방향과 같다.
ㄹ. 양공이 전도띠에 있는 전자보다 많으므로 주로 양공에 의해 전류가 흐른다.

① ㄱ, ㄴ   ② ㄱ, ㄹ

③ ㄴ, ㄷ   ④ ㄷ, ㄹ

16 ① $2t$ 에서 $5t$ 사이에 코일과 자석 사이의 간격이 일정하므로 $4t$ 일 때 전류가 흐르지 않는다.

③ 유도 기전력의 방향은 코일 면을 통과하는 자속의 변화를 방해하는 방향으로 나타난다.

④ t 일 때와 $7t$ 일 때, 검류계에 흐르는 전류의 방향은 서로 반대이다.

※ **렌츠의 법칙**… 유도 기전력의 방향은 코일 면을 통과하는 자속의 변화를 방해하는 방향으로 나타난다.

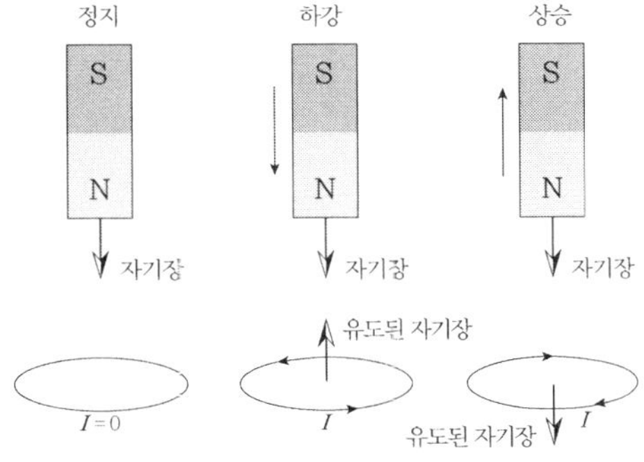

17 원자가 전자가 4개인 Ge에 원자가 전자가 3개인 In을 도핑한 p형 반도체로, 공유 결합 후 여분의 양공이 생긴다.

㉠ 여분의 양공이 갖는 에너지 준위는 원자가띠 바로 위에 위치하여 약간의 에너지만 받아도 원자가띠에 있던 전자들이 양공의 에너지 준위로 올라갈 수 있고, 이때 원자가띠에 많은 양공이 생긴다.

㉡㉢ 반도체 내부에서 양공은 실제로 이동하지 않고 자유 전자가 이동하는데, 자유 전자의 이동에 의해 양공이 전자와 반대 방향으로 이동하는 것처럼 된다. 따라서 양공은 (+)에서 (−)로 이동하고, 이는 전류의 방향과 같다.

㉣ 양공의 수가 전자의 수보다 많으므로 양공이 전하 운반자 역할을 한다.

정답 및 해설　16.② 　17.④

18 그림은 시간 $t = 0$에서 어떤 파동의 모습을 나타낸 것이다. $t = 0.1$초에서 점 P의 변위가 증가하였다면 이에 대한 설명으로 옳은 것은? (단, 파동의 주기는 0.5초이다)

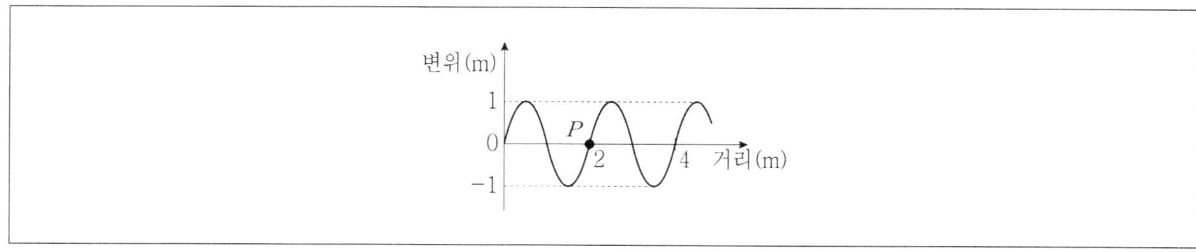

① 파동의 속력은 1m/s이다.

② 파동의 진행 방향은 왼쪽이다.

③ 파동의 파장은 1m이다.

④ 파동의 진폭은 2m이다.

19 그림 ㈎, ㈏는 한쪽 끝이 닫힌 관에서 공기를 진동시켜 만든 정상파의 기본 진동수를 모식적으로 나타낸 것이다. 이에 대한 설명으로 옳지 않은 것은? (단, 관 안의 공기의 상태는 ㈎와 ㈏가 같으며 $L_1 > L_2$이다)

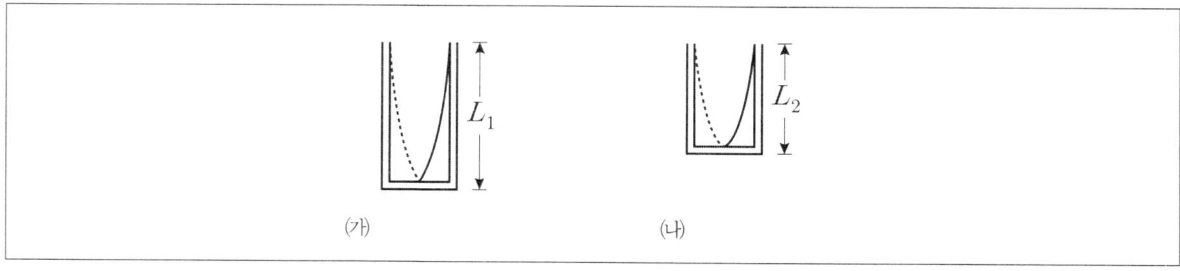

① ㈎에서 정상파의 파장은 관의 길이의 4배이다.

② 정상파의 파장은 ㈎가 ㈏에서보다 더 길다.

③ ㈎가 ㈏에서보다 더 높은 소리가 난다.

④ 관의 열린 끝 부분에서 정상파의 배가 만들어진다.

20 그림은 B가 탄 우주선이 A에 대하여 $+x$방향으로 $0.8c$로 등속도 운동하고 있는 것을 나타낸 것이다. A에 대하여 정지한 막대 P, Q는 각각 x축, y축상에 놓여 있고, A가 측정한 P, Q의 길이는 모두 L이다. 이에 대한 설명으로 옳지 않은 것은? (단, c는 빛의 속력이다)

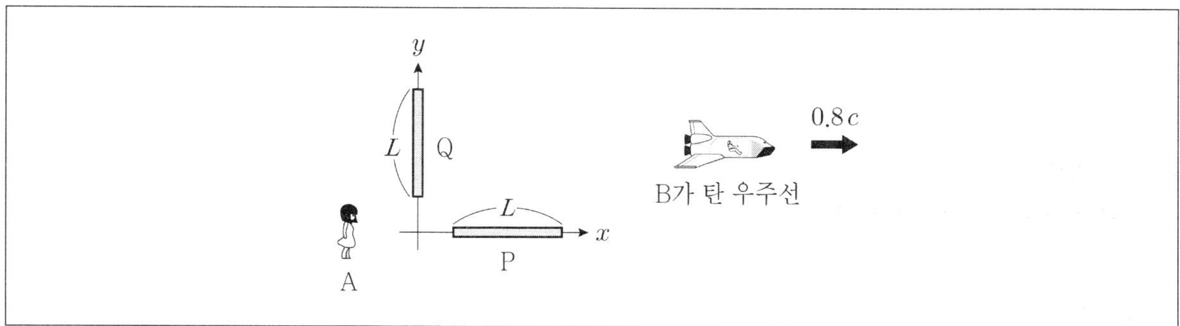

① B가 측정할 때, A의 시간은 빠르게 간다.

② B가 측정할 때, Q의 길이는 L이다.

③ B가 측정할 때, P의 길이가 Q의 길이보다 짧다.

④ B가 볼 때, A는 $-x$방향으로 $0.8c$의 속력으로 움직인다.

---

18 파동의 변위–거리 그래프에서 파장과 진폭은 각각 다음과 같다.

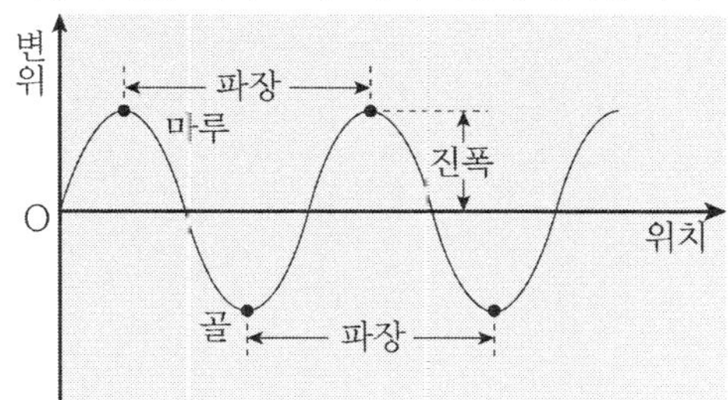

① 파동의 속력 $v = \dfrac{\lambda}{T} = \dfrac{2}{0.5} = 4\,\text{m/s}$이다.

③ 파동의 파장은 2m이다.

④ 파동의 진폭은 1m이다.

19 ③ 관의 길이가 더 짧은 (나)에서 파장이 짧고 진동수가 크므로, 더 높은 소리가 난다.

20 ① 아인슈타인의 특수상대성이론에 따르면, 우주선 내에 있는 B의 입장에서 우주선 밖에 있는 물체의 길이는 짧아지고(길이 수축), 우주선 밖에 있는 시간은 천천히 흐른다(시간 팽창). 따라서 B가 측정할 때, A의 시간은 느리게 간다.

정답 및 해설 18.② 19.③ 20.①

1 몸무게가 80kg중인 사람이 탄 엘리베이터가 4m/s의 등속도로 올라가고 있을 때, 엘리베이터의 밑바닥이 받는 힘(N)은? (단, 중력 가속도는 10m/s^{2}이다.)

① 0

② 320

③ 400

④ 800

2 변압기에서 1차 코일과 2차 코일의 감은 횟수의 비가 5:2일 때 2차 코일에 저항 10Ω 의 전열기를 연결하였더니 10A의 전류가 흘렀다. 변압기의 전력 손실이 없다면 1차 코일의 전압은 몇 V인가?

① 150

② 250

③ 500

④ 750

3 아래 그림과 같이 서로 다른 물질의 경계면에서 빛이 진행되고 있다.

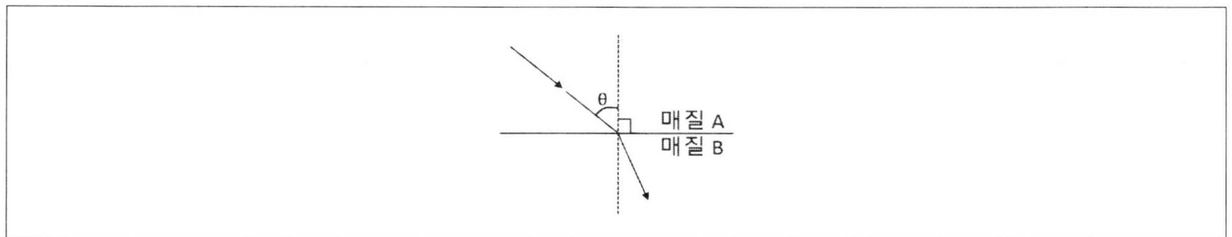

다음 〈보기〉 중 옳은 것을 모두 고른 것은?

〈보기〉

㉠ 매질 A의 굴절률이 B의 굴절률보다 더 작다.

㉡ 입사각 θ를 아무리 크게 하여도 전반사는 일어나지 않는다.

㉢ 매질 B에서 빛의 속력이 A보다 더 빠르다.

① ㉠

② ㉡

③ ㉠, ㉡

④ ㉡, ㉢

---

1 엘리베이터는 등속 운동을 하고 있으므로 엘리베이터의 운동에 의해 엘리베이터 밑바닥에 작용하는 힘은 0이며, 따라서 엘리베이터의 밑바닥이 받는 힘은 사람의 몸무게에 의한 중력이다.
$F = mg = 80 \times 10 = 800\text{N}$

2 변압기에서 1차 코일과 2차 코일에 감은 수의 비는 각 코일에 유도된 전압의 크기의 비와 같다. 2차 코일에 유도된 전압 $V_2 = 10\text{A} \times 10\text{ohm} = 100\text{V}$ 이고, $\dfrac{V_1}{100} = \dfrac{5}{2}$ 에서 1차 코일의 전압 $V_1 = 250\text{V}$ 이다.

3 ㉠ 그림에서 입사각이 굴절각보다 크므로 매질 A의 굴절률이 B의 굴절률보다 더 작다.
㉡ 매질 A의 굴절률이 B의 굴절률보다 작으므로 입사각 θ를 아무리 크게 하여도 전반사는 일어나지 않는다.
㉢ 매질 A의 굴절률이 B의 굴절률보다 작으므로 매질 A에서 빛의 속력이 B보다 더 빠르다.

정답 및 해설 1.④ 2.② 3.③

4 아래 그림과 같이 수평면에 정지해 있던 질량이 2kg인 물체에 수평 방향으로 8N의 힘을 2초 동안 작용하였다. 물체가 수평면을 지나서 경사면을 따라 도달할 수 있는 수평면으로부터의 최대 높이 h(m)는? (단, 수평력이 작용되는 동안 물체는 수평면에 있고, 물체의 크기 및 모든 마찰과 공기 저항은 무시하며, 중력 가속도는 10m/s^{2}이다.)

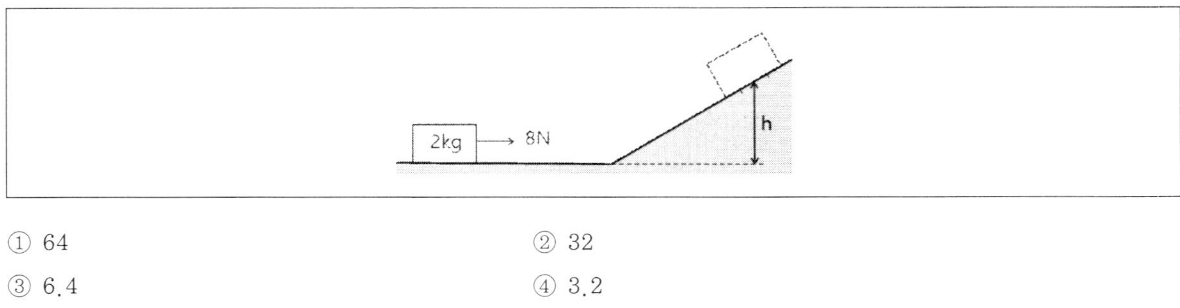

① 64

② 32

③ 6.4

④ 3.2

5 자체 인덕턴스가 20mH인 코일이 0.02초 동안 5A의 전류를 증가시키면 이 회로에 발생하는 유도 기전력 (V)은?

① 2

② 5

③ 10

④ 20

6 70℃ 물 100g과 10℃ 물 50g을 섞으면 몇 ℃가 되겠는가? (단, 외부와의 열 출입은 없다고 가정한다.)

① 45

② 50

③ 55

④ 60

7 자동차가 200km를 가는데 처음 80km는 20km/h의 속력으로 나머지 120km는 30km/h의 속력으로 달렸다면 전체 평균속력은 몇 km/h인가?

① 20

② 25

③ 28

④ 30

---

4 물체에 대한 충격량은 그 물체의 운동량의 변화량과 같으므로($m\Delta v = F\Delta t$), $2 \times \Delta v = 8 \times 2$에서 2초 후 물체의 속도는 $0 + 8 = 8\text{m/s}$이다. 물체가 운동하면서 물체의 운동 에너지는 퍼텐셜 에너지로 전환되었으므로 $\frac{1}{2}mv^2 = mgh$에서,

$$h = \frac{v^2}{2g} = \frac{8^2}{2 \times 10} = 3.2\,\text{m}$$ 임을 구한다.

5 $$V = L\frac{\Delta I}{\Delta t} = (20 \times 10^{-3}\text{H}) \times \frac{5\text{A}}{0.02\text{s}} = 5\text{V}$$

6 (70℃ 물이 잃은 열량) = (10℃ 물이 얻은 열량) 이므로, $c_{물} \times 0.1 \times (70 - T) = c_{물} \times 0.05 \times (T - 10)$에서 $T = 50$℃임을 구한다.

7 $$v = \frac{s}{t} = \frac{200}{\dfrac{80}{20} + \dfrac{120}{30}} = 25\,\text{km/h}$$

정답 및 해설   4.④   5.②   6.②   7.②

8 아래 그림에서 ㈎는 전기 용량이 동일한 축전기 A, B를 전압이 일정한 전원에 직렬로 연결한 것을 나타낸 것이고, ㈏는 ㈎상태에서 축전기 A의 두 극판 사이의 간격은 $\frac{1}{2}$ 배로 감소하고, B의 두 극판 사이의 간격은 2배로 증가한 것을 나타낸 것이다.

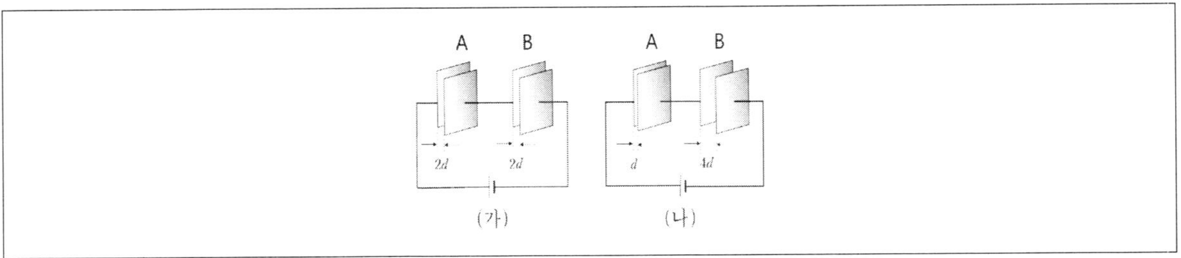

㈎에서 ㈏로 변화시킬때, A, B에 대한 설명으로 다음 〈보기〉 중 옳은 것을 모두 고른 것은?

〈보기〉
㉠ A에 저장되는 전하량은 증가한다.
㉡ B에 걸리는 전압이 감소한다.
㉢ B에 저장되는 전기 에너지는 증가한다.

① ㉠   ② ㉡

③ ㉢   ④ ㉡, ㉢

9 지구보다 반지름이 2배 크고, 질량이 8배 큰 행성에서의 탈출속력은 지구에서의 탈출속력의 몇 배인가?

① $\frac{1}{4}$ ② 1배

③ 2배   ④ 4배

10 어떤 물체에 30N의 힘을 주어서 힘의 방향과 60° 방향으로 20m를 이동시켰다. 이 힘이 한 일(J)은?

① 10

② 30

③ 100

④ 300

---

8 ⓐ ㈎에서 ㈏로 변화시킬 때 전원은 변하지 않았으므로 A에 저장되는 전하량은 일정하다.

ⓑ ㈎에서 ㈏로 변화시킬 때 B의 극판 사이의 간격이 2배로 증가하였으므로 전기 용량은 $\frac{1}{2}$ 배로 감소한다. B에 저장되는 전하량은 일정하므로 $Q = CV$의 관계에서 B에 걸리는 전압은 2배로 증가한다.

ⓒ 축전기에 저장되는 전기 에너지 $E = \frac{Q^2}{2C}$ 의 관계에서, 전하량은 일정하고 전기용량은 $\frac{1}{2}$ 배로 감소하므로 B에 저장되는 전기 에너지는 2배로 증가한다.

9 $G\frac{Mm}{R} = \frac{1}{2}mv_e^2$ 에서 탈출속력 $v_e = \sqrt{\frac{2GM}{R}}$ 이다. 따라서 지구보다 반지름이 2배 크고, 질량이 8배 큰 행성에서의 탈출속력은 지구에서의 탈출속력의 $\sqrt{\frac{8}{2}} = 2$배이다.

10 $W = F\cos\theta \times s = 30\cos 60° \times 20 = 300\,\text{N}$

정답 및 해설 8.③ 9.③ 10.④

11 아래 그림은 xy평면에 무한히 긴 직선 도선 A, B가 y축과 나란하게 고정되어 있는 것을 나타낸 것이다. A, B에는 각각 $+y$방향, $-y$방향으로 세기가 I_0인 전류가 흐른다.

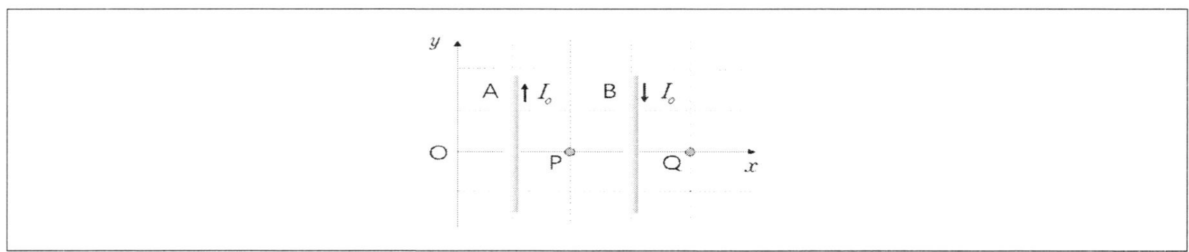

전류에 의한 자기장에 대한 설명으로 다음 〈보기〉 중 옳은 것을 모두 고른 것은? (단, 모눈 간격은 일정하고, 지구 자기장은 무시한다.)

〈보기〉
㉠ P에서 자기장의 방향은 xy평면에 수직으로 들어가는 방향이다.
㉡ O와 Q에서 자기장의 방향은 서로 같은 방향이다.
㉢ 자기장의 세기는 P에서가 Q에서보다 크다.

① ㉠
② ㉡
③ ㉠, ㉢
④ ㉠, ㉡, ㉢

12 다음 중 러더퍼드의 원자 모형에 대한 설명으로 가장 옳지 않은 것은?

① 원자중심에는 양전기를 띤 원자핵이 있다.

② 원자핵이 원자 질량의 대부분을 차지한다.

③ 원자핵의 크기는 $10^{-10}m$ 정도이고, 그 둘레를 전자가 돌고 있다.

④ 전자는 에너지 준위가 다른 궤도로 전이할 때 그 차에 해당하는 에너지를 방출 또는 흡수한다.

13 양 끝이 고정되어 있는 40cm의 기타줄을 따라 진행 하는 파동의 속력이 1,500m/s일 때, 이 기타줄에서 나올 수 있는 가장 낮은 소리의 진동수(Hz)는?

① 1,250

② 1,550

③ 1,750

④ 1,875

11 ㉠ 앙페르의 오른나사 법칙에 따라 P에서 자기장의 방향은 xy평면에 수직으로 들어가는 방향이다.

㉡ O는 A에 더 가까우므로 자기장의 방향은 xy평면에 수직으로 나오는 방향이고, Q는 B에 더 가까우므로 자기장의 방향은 xy평면에 수직으로 나오는 방향이다. 따라서 O와 Q에서 자기장의 방향은 서로 같은 방향이다.

㉢ P에서 A와 B에 의한 자기장의 방향이 같고 A와 B로부터 모두 같은 거리에 위치하므로 자기장의 세기는 P에서가 Q에서보다 크다.

12 ④는 보어의 원자 모형에 대한 설명으로 러더퍼드의 원자 모형으로는 설명이 불가능하다.

13 가장 낮은 소리의 진동수일 때는 파장이 제일 길 때를 말하므로, $\dfrac{\lambda}{2} = 40\text{cm}$ 에서 $\lambda = 80\text{cm} = 0.8\text{m}$ 이다. 따라서 그때의 진동수 $f = \dfrac{1,500\,\text{m/s}}{0.8\,\text{m}} = 1,875\,\text{Hz}$ 임을 구한다.

정답 및 해설 11.④ 12.④ 13.④

14 아래 그림은 보어의 수소 원자 모형을 나타낸 것으로 n은 양자수이다.

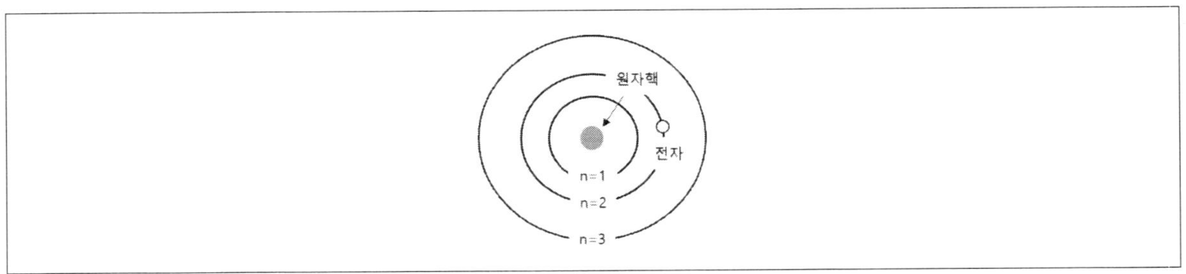

다음 〈보기〉 중 옳은 것을 모두 고른 것은?

　　㉠ 전자가 n=1인 궤도에 있을 때 전자의 에너지가 가장 크다.
　　㉡ 원자핵과 전자 사이에는 쿨롱 법칙을 따르는 힘이 작용한다.
　　㉢ 전자가 n=3에서 n=2인 궤도로 전이할 때, 원자가 에너지를 방출한다.

① ㉠　　　　　　　　　　　　　　② ㉠, ㉡
③ ㉡, ㉢　　　　　　　　　　　　④ ㉠, ㉡, ㉢

15 길이가 0.6m인 도선을 자기장 0.4T인　공간에서 자기장에 직각으로 5m/s의 속도로 이동시키면 유도 되는 기전력(V)은?

① 1.0　　　　　　　　　　　　　　② 1.2
③ 1.5　　　　　　　　　　　　　　④ 2.0

16 어떤 이상 기체의 절대 온도를 T라고 할 때, 이 기체 분자의 드브로이 파장과 절대 온도와의 관계로 가장 옳은 것은?

① $\sqrt{T}$에 반비례

② $\sqrt{T}$에 비례

③ T에 반비례

④ T에 비례

---

14 ㉠ 전자가 n=1(주양자 수 최소)인 궤도에 있을 때 전자의 에너지가 가장 작다.

  ㉡ 원자핵과 전자 사이에는 쿨롱 법칙을 따르는 힘인 정전기적 인력이 작용한다.

  ㉢ 전자가 주양자 수가 큰 궤도에서 작은 궤도로 전이할 때 즉, 에너지 준위가 높은 전자껍질에서 낮은 전자껍질로 전이할 때 에너지를 방출한다. 따라서 전자가 n=3에서 n=2인 궤도로 전이할 때, 원자가 에너지를 방출한다.

15 $V = BLv = 0.4 \times 0.6 \times 5 = 1.2\text{V}$

16 $\lambda = \dfrac{h}{mv}$, $v = \sqrt{\dfrac{3RT}{M}}$ 의 관계에서, 드브로이 파장 λ는 $\sqrt{T}$에 반비례한다.

17 아래 그림은 고정되어 있는 두 점전하 A, B 주위의 전기력선을 나타낸 것이다.

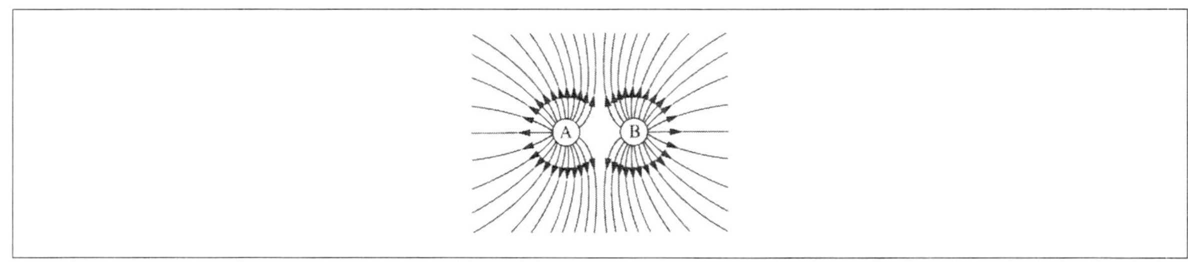

다음 〈보기〉 중 옳은 것을 모두 고른 것은?

　㉠ A는 양(+)전하이다.
　㉡ A와 B의 전하량은 다르다.
　㉢ A와 B 사이에 전기적 인력이 작용한다.

① ㉠　　　　　　　　　　　　　② ㉡
③ ㉢　　　　　　　　　　　　　④ ㉠, ㉡

18 아래 그림은 일정량의 이상 기체의 상태가 A→B→C→D→A를 따라 변할 때 압력과 부피를 나타 낸 것이다.

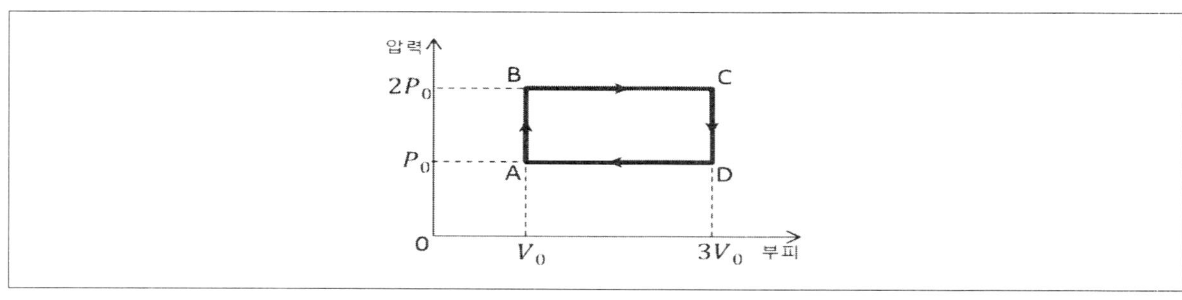

다음 〈보기〉 중 옳은 것을 모두 고른 것은?

　㉠ B→C 과정에서 기체가 외부에 한 일은 D→A 과정에서 기체가 외부로부터 받은 일의 2배이다.
　㉡ A→B→C 과정에서 기체 분자의 평균 속력은 증가한다.
　㉢ C→D→A 과정에서 기체의 내부 에너지는 증가한다.

① ㉠

② ㉢

③ ㉠, ㉡

④ ㉠, ㉡, ㉢

17 ㉠ 양전하가 놓여 있을 경우에 전기력선이 뻗어나가고 반대로 음전하가 놓이면 전하 안쪽으로 전기력선이 들어온다. 그림에서 점전하 A로부터 전기력선이 뻗어나가는 양상을 보이므로 A는 양(+)전하이다.

　　㉡ A와 B에서 전기력선의 밀도는 동일하므로 A와 B의 전하량은 같다.

　　㉢ A와 B 모두 양(+)전하이므로 A와 B 사이에 전기적 척력이 작용한다.

18 ㉠ B→C 과정에서 기체가 외부에 한 일 $= 2P_0 \times 2V_0 = 4P_0V_0$

　　D→A 과정에서 기체가 외부로부터 받은 일 $= P_0 \times 2V_0 = 2P_0V_0$

　　따라서 B→C 과정에서 기체가 외부에 한 일은 D→A 과정에서 기체가 외부로부터 받은 일의 2배이다.

　　㉡ 이상기체 상태방정식 $PV = nRT$로부터 A→B 과정에서는 압력이 2배로 증가하고, B→C 과정에서는 부피가 3배로 증가하므로 절대온도는 A→B→C 과정에서 각각 2배와 3배로 증가한다. 기체 분자의 평균 속력(근평균제곱속력) $v_{rms} = \sqrt{\dfrac{3RT}{M}}$ 이므로 A→B→C 과정에서 기체 분자의 평균 속력은 각각 증가한다.

　　㉢ ㉡과 동일한 방식으로 추론하면 C→D 과정에서는 압력이 $\dfrac{1}{2}$로 감소하고, D→A 과정에서는 부피가 $\dfrac{1}{3}$로 감소하므로 절대온도는 C→D→A 과정에서 각각 $\dfrac{1}{2}$과 $\dfrac{1}{3}$로 감소한다. 따라서 C→D→A 과정에서는 절대온도가 감소한다. 기체 분자의 평균 운동 에너지 $E_l = \dfrac{3}{2}k_B T(k_B = \dfrac{R}{N_0})$이므로 C→D→A 과정에서 기체의 내부 에너지는 각각 감소한다.

정답 및 해설 17.① 18.③

19 줄의 길이가 L, 추의 질량이 m인 단진자의 주기는 T이다. 질량만 5m으로 했을 때의 주기를 T_1, 길이만 4L로 했을 때의 주기를 T_2라고 할 경우 서로의 관계를 나타낸 것으로 가장 옳은 것은?

① $T = T_1 < T_2$ ② $T = T_1 > T_2$

③ $T < T_1 = T_2$ ④ $T < T_1 < T_2$

20 아래 그래프는 어떤 물체의 직선상에서의 운동 상태를 속도-시간 그래프로 나타낸 것이다. 이에 대한 해석으로 가장 옳은 것은?

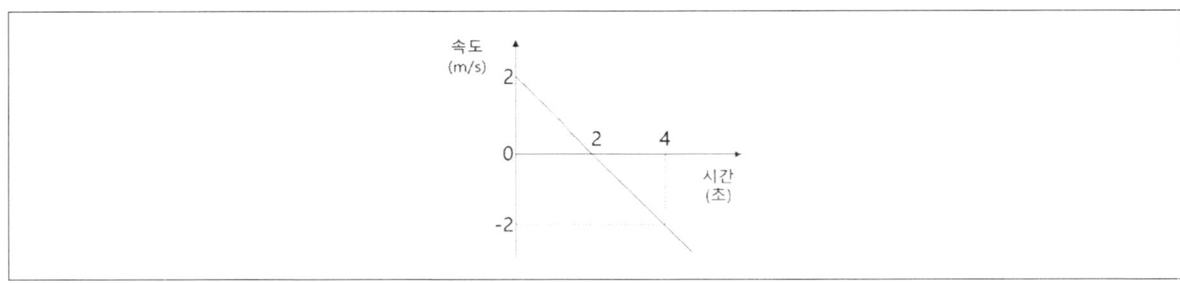

① 물체의 운동 방향이 한 번 바뀌었다.

② 0초 때의 물체의 위치와 2초 때의 물체의 위치가 같다.

③ 시간이 흐를수록 속력이 계속 감소하고 있다.

④ 4초 때의 가속도는 $1m/s^2$이다.

19 단진자의 주기 공식 $T = 2\pi \sqrt{\dfrac{l}{g}}$ 에서 단진자의 주기는 질량과는 무관하며, 길이의 제곱근에 비례한다.

$T_1 = T$, $T_2 = 2\pi \sqrt{\dfrac{4l}{g}} = 2T$ 에서 $T = T_1 < T_2$ 이다.

20 ① 속도가 양수에서 음수로 한 번 바뀌므로, 물체의 운동 방향이 한 번 바뀌었다.

② 양의 방향으로 이동한 거리와 음의 방향으로 이동한 거리가 같아지는 시점은 4초이므로 0초 때의 물체의 위치와 4초 때의 물체의 위치가 같다.

③ 시간이 흐를수록 속도가 계속 감소하고 있다. 속력의 경우 방향이 없는 스칼라량이므로 0~2초 구간에서는 감소하다가, 2~4초 구간에서 다시 증가하는 양상을 보인다.

④ 이 물체의 운동 상태는 속도가 일정하게 감소하는 등가속도 운동이며, 따라서 0~4초 구간의 평균 가속도 = 4초 때의 가속도 $= \dfrac{-2-2}{4} = -1\,\text{m/s}^2$ 이다.

1 그림은 직선 운동을 하는 어떤 물체의 위치를 시간에 따라 나타낸 것이다. 이에 대한 설명으로 옳지 않은 것은?

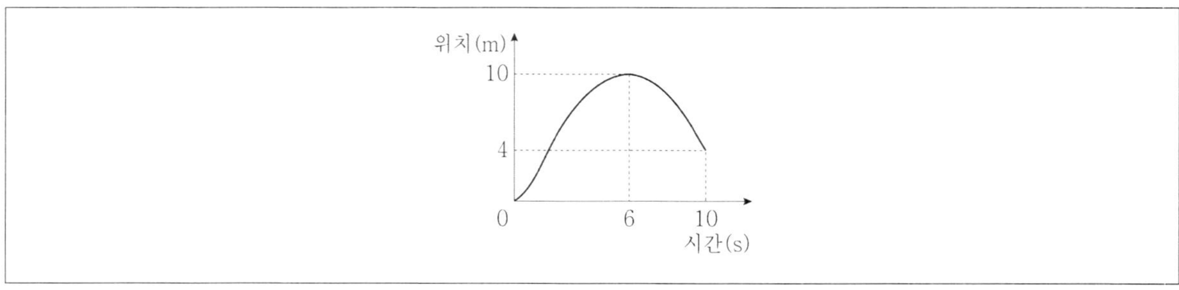

① 6초 때 물체의 순간 속력은 0이다.

② 0 ~ 10초 동안 이동한 거리는 16m이다.

③ 0 ~ 10초 동안 평균 속력과 평균 속도는 같다.

④ 0 ~ 10초 동안 평균 속도의 크기는 0.4m/s이다.

2 그림은 고열원으로부터 Q의 열을 공급받아 외부에 W 만큼 일을 하고 저열원으로 q의 열을 방출하는 어떤 열기관을 나타낸 것으로 $q = \dfrac{Q}{2}$ 이다. 이에 대한 설명으로 옳은 것은?

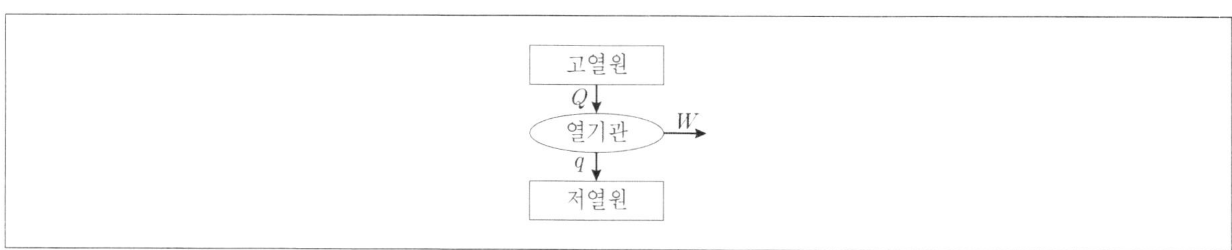

① $q = 2W$이다.

② 열기관의 효율은 50%이다.

③ q를 줄이면 열효율이 떨어진다.

④ $Q = W$인 열기관을 만들 수 있다.

3 밀폐된 빈 압력밥솥을 가열할 때, 압력밥솥 안에 있는 공기의 압력과 부피의 열역학적 관계를 개략적으로 나타낸 그래프는?

① 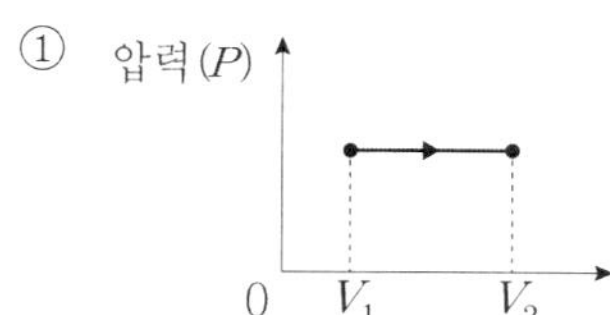

② 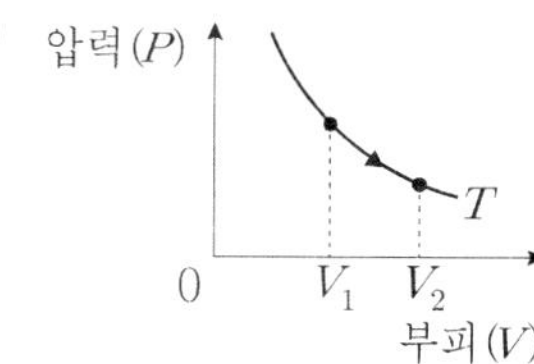

③ 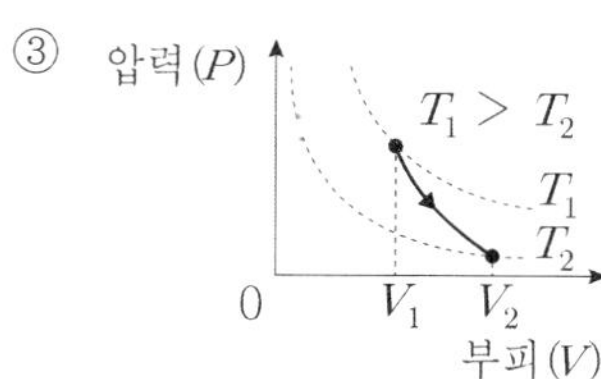

④ 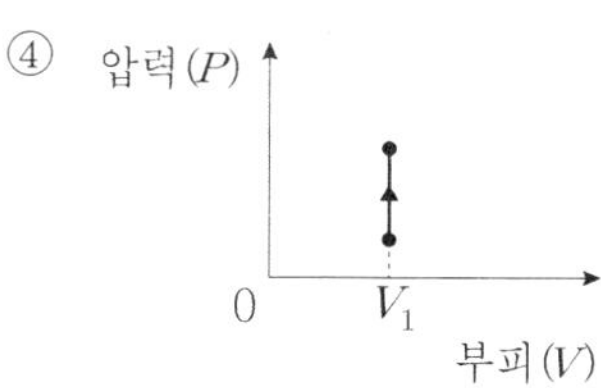

---

1 ① 물체의 순간 속력은 그 시점의 변위 그래프에서의 접선의 기울기이므로, 6초 때 그래프 접선의 기울기 = 0에서 6초 때 물체의 순간 속력은 0이다.

② 0~6초 동안 진행 방향으로 10m 이동하였으며, 6~10초 동안 반대 방향으로 6m 이동하였으므로 0~6초 동안 이동한 거리는 10 + 6 = 16m이다.

③ 0~10초 동안 이동한 거리는 16m이고, 변위는 4m이므로 평균 속력과 평균 속도는 다르다.

④ 0~10초 동안 평균 속도의 크기는 $\dfrac{변위}{시간} = \dfrac{4}{10} = 0.4\text{m/s}$ 이다.

2 ① $W = Q - q = Q - \dfrac{Q}{2} = \dfrac{Q}{2}$ 에서, $q = \dfrac{Q}{2} = W$ 이다.

② 열기관의 효율 $e = \dfrac{W}{Q} = \dfrac{\dfrac{Q}{2}}{Q} = \dfrac{1}{2} = 50\%$이다.

③ $Q = W + q$에서 q를 줄이던 W가 증가하므로 열효율은 증가한다.

④ 열역학 제2법칙에 따라 $Q = W$인 열기관은 존재하지 않는다.

3 밀폐된 빈 압력밥솥은 부피는 일정하며, 이를 가열하면 온도가 증가하여 압력이 증가한다. 따라서 등적과정의 그래프인 ④번이 가장 적절히 도시한 그래프라고 할 수 있다.

정답 및 해설   1.③ 2.② 3.④

4 그림은 저마늄(Ge)에 비소(As)가 도핑된 물질의 구조를 나타낸 모형이다. 이에 대한 설명으로 옳지 않은 것은?

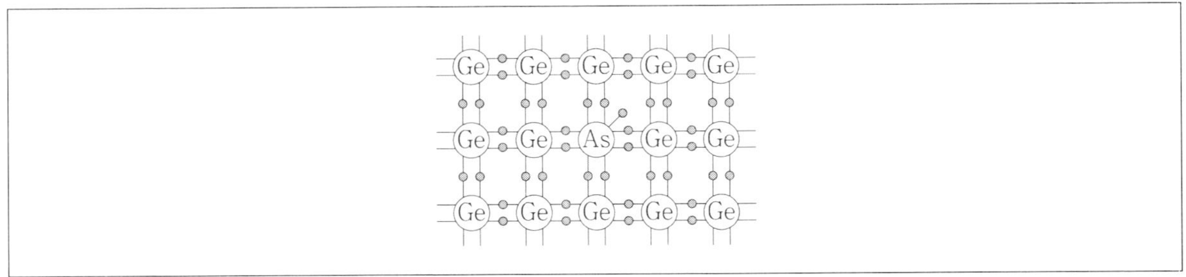

① n형 반도체이다.

② 원자가 전자가 비소는 5개, 저마늄은 4개이다.

③ 전압을 걸어 줄 경우 주된 전하 나르개는 양공이다.

④ 도핑으로 전도띠 바로 아래에 새로운 에너지 준위가 생긴다.

5 그림은 용수철에 작용한 힘과 용수철이 늘어난 길이의 관계를 나타낸 것이다. 용수철을 원래 길이보다 3cm 늘어난 A에서 6cm 늘어난 B까지 늘리려면 해야 하는 일[J]은?

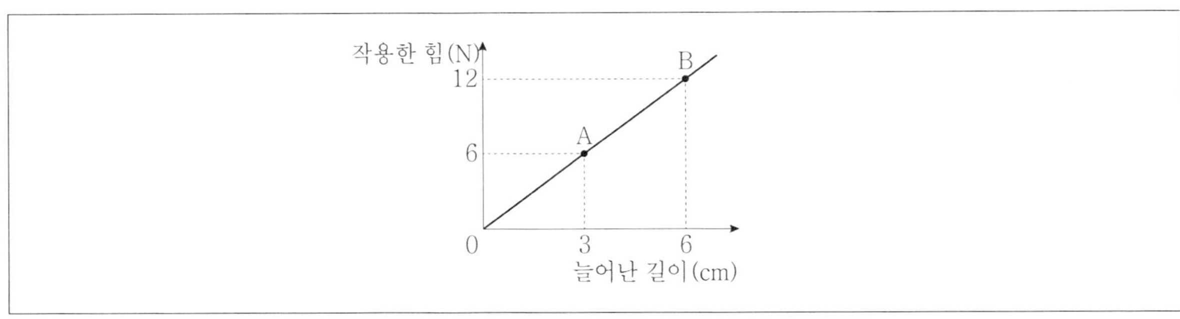

① 0.09

② 0.18

③ 0.27

④ 0.36

6 그림은 마찰이 없는 수평면에서 절연된 용수철의 양 끝에 대전된 두 개의 구가 연결된 것을 나타낸 것이다. ㈎는 대전된 구 A, B에 의해 용수철이 늘어난 상태로 평형을 유지한 것이고, ㈏는 대전된 구 A, C에 의해 용수철이 압축된 상태로 평형을 유지하고 있는 모습을 나타낸 것이다. 용수철의 원래 길이를 기준으로 ㈎에서 용수철이 늘어난 길이는 ㈏에서 용수철이 압축된 길이보다 길다. 이에 대한 설명으로 옳은 것은? (단, 전기력은 A와 B, A와 C 사이에만 작용한다)

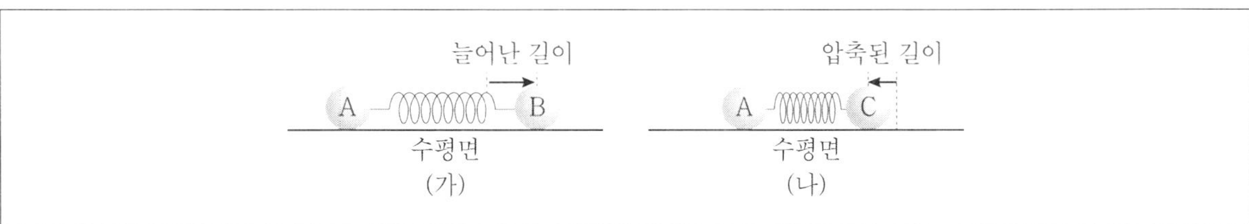

① 전하의 종류는 A와 C가 같다.

② 전하량의 크기는 B가 C보다 크다.

③ ㈎에서 A에 작용한 전기력의 크기는 B에 작용한 전기력의 크기보다 크다.

④ ㈏에서 용수철이 C에 작용한 힘의 크기는 용수철이 A에 작용한 힘의 크기보다 크다.

---

4 ① 그림을 보면 결합을 하고 남은 과잉 전자가 존재하므로 n형 반도체이다.

② 원자가 전자가 비소(As)는 15족 원소이므로 5개, 저마늄(Ge)은 14족 원소이므로 4개이다.

③ 전압을 걸어 줄 경우 주된 전하 나르개는 결합을 하고 남은 과잉 전자이다. 양공은 13족 원소인 B, Al, Ga, In 등을 도핑한 반도체의 전하 나르개이다.

④ P, As, Sb 등의 15족 원소를 도핑할 경우 전도띠(Conduction band) 바로 아래에 새로운 에너지 준위가 생긴다. B, Al, Ga, In 등의 13족 원소를 도핑할 경우 원자가띠(Valence band) 바로 아래에 새로운 에너지 준위가 생긴다.

5 A에서 B까지 늘리려면 해야 하는 일의 크기는 문제의 그래프에서 A와 B를 이은 직선과 x축으로 이루어진 도형(사다리꼴)의 넓이와 같으므로 다음과 같이 구할 수 있다.

$$W = \frac{6+12}{2} \times 0.03 = 0.27J$$

6 ① ㈏의 압축된 상태로 평형을 유지하고 있는 경우 작용하는 전기력은 인력이므로 전하의 종류는 A와 C가 다르다.

② 탄성력은 용수철의 변형량에 비례하고, 용수철이 늘어난 길이가 압축된 길이보다 길다. 따라서 B에 더 큰 탄성력이 작용하며, 평형을 이루는 전기력 또한 B가 더 크므로 전하량의 크기는 B가 C보다 크다.

③ ㈎에서 A에 작용한 전기력의 크기는 B에 작용한 전기력의 크기와 같다.

④ ㈏에서 용수철이 C에 작용한 힘의 크기는 용수철이 A에 작용한 힘의 크기와 같다.

정답 및 해설 4.③ 5.③ 6.②

7 그림은 지면으로부터 20m 높이에서 가만히 떨어뜨린 물체가 자유낙하 도중 물체의 운동 에너지와 지면을 기준으로 하는 중력 퍼텐셜 에너지가 같아지는 순간을 표현한 것이다. 이때 물체의 속력 v[m/s]는? (단, 중력 가속도는 10m/s^{2}이고, 공기 저항과 물체의 크기는 무시한다)

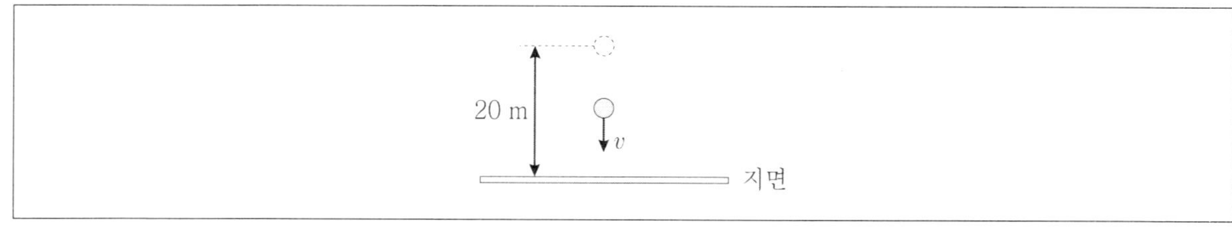

① $5\sqrt{2}$

② 10

③ $10\sqrt{2}$

④ 20

8 표는 등속 운동을 하는 입자 A, B의 운동량, 속력, 물질파 파장을 나타낸 것이다. 이에 대한 설명으로 옳은 것은?

입자	운동량	속력	물질파 파장
A	p	v	㉠
B	$2p$	$3v$	λ

① ㉠은 3λ이다.

② 플랑크 상수는 $3\lambda p$이다.

③ 입자의 질량은 B가 A의 2배이다.

④ A와 B의 운동 에너지 비는 $1 : 6$이다.

9 그림은 p−n 접합 다이오드, 저항, 전지, 스위치로 구성한 회로이다. 이에 대한 설명으로 옳은 것은?

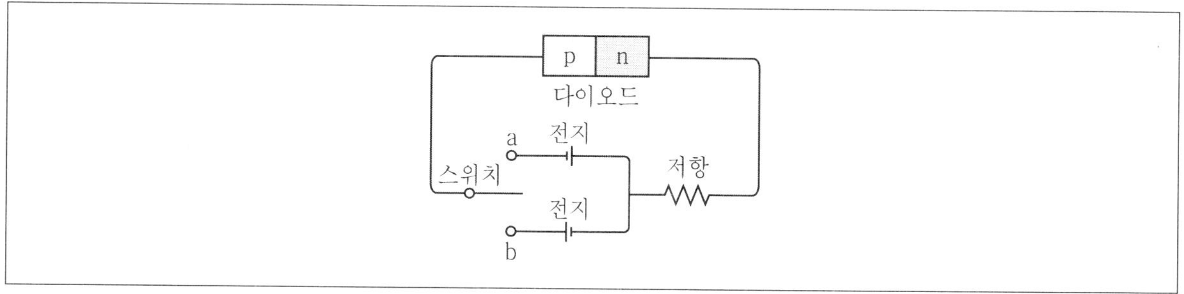

① 스위치를 ε에 연결하면 다이오드에 순방향 바이어스가 걸린다.

② 스위치를 a에 연결하면 p형 반도체에서 n형 반도체로 전류가 흐른다.

③ 스위치를 b에 연결하면 양공과 전자가 계속 결합하면서 전류가 흐른다.

④ 스위치를 b에 연결하면 r형 반도체에 있는 전자가 p−n 접합면에서 멀어진다.

---

7 물체가 자유낙하 운동을 할 때 물체의 운동 에너지와 지면으로 기준으로 한 중력 퍼텐셜 에너지의 합을 역학적 에너지라고 하며, 이 역학적 에너지는 보존된다. 즉, 자유낙하 운동을 하며 감소된 중력 퍼텐셜 에너지는 운동 에너지로 전환된다. 문제에서 물체의 운동 에너지와 지면을 기준으로 하는 중력 퍼텐셜 에너지가 같아지는 순간은 전체 높이의 절반으로 떨어졌을 때이며, 지면으로부터 10m 높이일 경우이다. 따라서 다음과 같이 구할 수 있다.

$$m \times 10 \times 10 = \frac{1}{2} \times m \times v^2, \quad v = 10\sqrt{2}\,\text{m/s}$$

8 ① 입자 B의 물질파 파장 $\lambda = \dfrac{h}{2p}$에서 입자 A의 물질파 파장 $\lambda = \dfrac{h}{p} = 2\lambda$이다.

② 입자 B의 물질파 파장 $\lambda = \dfrac{h}{2p}$에서 플랑크 상수는 $h = 2\lambda p$이다.

③ 운동량 공식 $p = mv$에서 B 입자의 질량 $m_B = \dfrac{2p}{3v}$, A입자의 질량 $m_A = \dfrac{p}{v}$를 구할 수 있고, 따라서 B가 A의 $\dfrac{2}{3}$ 배이다.

④ A와 B의 입자 질량의 비는 3:2, 속력의 비는 1:3이므로 운동 에너지의 비는 $3 \times 1^2 : 2 \times 3^2 = 1 : 6$이다.

9 ① 스위치를 a에 연결하면 다이오드에 역방향 바이어스가 걸린다.
② 스위치를 a에 연결하면 다이오드에 역방향 바이어스가 걸리므로 p형 반도체에서 n형 반도체로 전류가 흐르지 않는다.
③ 스위치를 b에 연결하면 다이오드에 순방향 바이어스가 걸리므로 양공과 전자가 계속 결합하면서 전류가 흐른다.
④ 스위치를 b에 연결하면 n형 반도체에 있는 전자가 p−n 접합면에서 가까워진다.

정답 및 해설 7.③ 8.④ 9.③

10 그림 (가)는 동일한 크기의 전하량을 가진 두 점 전하 A, B를 각각 $x=0$, $x=d$인 지점에 고정한 모습을 나타낸 것이다. 이때 B에 작용하는 전기력의 방향은 $+x$방향이다. 그림 (나)는 그림 (가)에 점전하 C를 $x=3d$인 지점에 추가하여 고정한 모습을 나타낸 것으로 이때 B에 작용하는 알짜 힘은 0이다. 이에 대한 설명으로 옳은 것은?

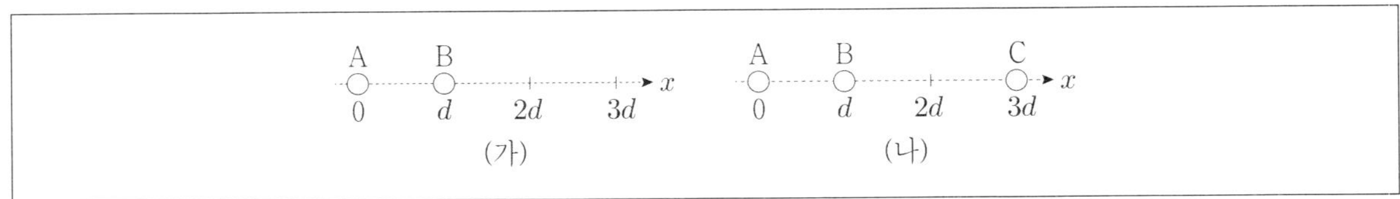

① 전하량은 C가 A의 2배이다.

② A와 B는 서로 다른 종류의 전하이다.

③ A와 C 사이에는 서로 당기는 힘이 작용한다.

④ B가 A에 작용하는 힘의 크기는 C가 A에 작용하는 힘의 크기보다 크다.

11 다음은 단색광 A, B, C의 활용 예이다. A, B, C의 진동수를 각각 f_A, f_B, f_C라 할 때, 크기를 비교한 것으로 옳은 것은?

- A를 측정하여 접촉하지 않고 물체의 온도를 측정한다.
- B의 투과력을 이용하여 공항 검색대에서 가방 내부를 촬영한다.
- C의 형광 작용을 통해 위조지폐를 감별한다.

① $f_A > f_B > f_C$

② $f_B > f_C > f_A$

③ $f_C > f_A > f_B$

④ $f_C > f_B > f_A$

12 그림 (가), (나)는 각각 수평인 실험대 위에 파동 실험용 용수철을 올려놓은 후 용수철의 한쪽 끝을 잡고 각각 앞뒤와 좌우로 흔들면서 파동을 발생시켰을 때 파동의 진행 방향을 나타낸 것이다. 이에 대한 설명으로 옳은 것은?

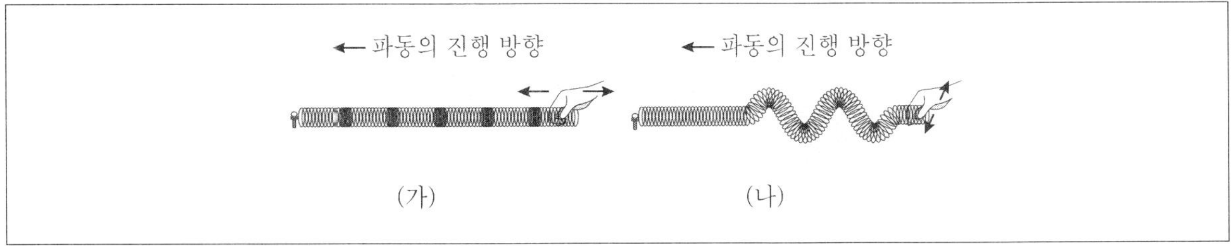

① (가)에서와 같이 진행하는 파동에는 소리(음파)가 있다.
② (가)에서 용수철의 진동수가 감소하면 파장은 짧아진다.
③ (나)에서 용수철의 진동 방향과 파동의 진행 방향은 같다.
④ (나)에서 진동수의 변화 없이 용수철을 좌우로 조금 더 크게 흔들면 파동의 진행 속력은 빨라진다.

---

10 ① (나)에서 B에 작용하는 알짜 힘은 0이므로 A에 의한 전기력($+x$ 방향)과 C에 의한 전기력($-x$ 방향)이 평형을 이루고 있다. 거리의 비 $AB : BC = 1 : 2$에서 전하량의 비 $Q_A : Q_C = 1^2 : 2^2 = 1 : 4$이다. 따라서 전하량은 C가 A의 4배이다.
② (가)에서 B에 작용하는 전기력의 방향이 $+x$ 방향이므로 서로 밀어내는 척력이 작용함을 알 수 있다. 따라서 A와 B는 서로 같은 종류의 전하이다.
③ (나)에서 C에 의해 B에 작용하는 전기력 방향은 $+x$ 방향이므로 서로 밀어내는 척력 방향으로 작용함을 알 수 있다. 따라서 B와 C는 서로 같은 종류의 전하이고, A와 B 또한 같은 종류의 전하이므로 A와 C는 같은 종류의 전하이다. 따라서 A와 C 사이에는 서로 밀어내는 힘이 작용한다.
④ B가 A에 작용하는 힘의 크기는 A가 B에 작용하는 힘의 크기와 같고, C가 B에 작용하는 힘의 크기와 같으므로, B보다 멀리 떨어진 A에 C가 작용하는 힘의 크기는 B가 A에 작용하는 힘의 크기보다 작다. 따라서 B가 A에 작용하는 힘의 크기는 C가 A에 작용하는 힘의 크기보다 크다.

11 A는 적외선, B는 X선, C는 자외선에 대한 설명이다. 따라서 이들을 진동수 순으로 크기 비교하면 $f_B > f_C > f_A$이다.

12 (가)는 파동의 진행 방향과 매질의 진동 방향이 나란한 종파, (나)는 파동의 진행 방향과 매질의 진동 방향이 수직인 횡파이다.
① (가)에서와 같이 진행하는 파동에는 소리(음파)가 있다.
② (가)에서 용수철의 진동수가 감소하면 파장은 길어진다.
③ (나)에서 용수철의 진동 방향과 파동의 진행 방향은 수직이다.
④ (나)에서 진동수의 변화 없이 용수철을 좌우로 조금 더 크게 흔들더라도 파동의 진행 속력은 변하지 않는다. 매질이 변하지 않았기 때문에 속력은 일정하다.

정답 및 해설 10.④ 11.② 12.①

13 그림은 파원 A, 파원 B에서 줄을 따라 서로 마주 보고 진행하는 두 파동의 순간 모습을 나타낸 것이다. 두 파동의 속력은 모두 1cm/s이고, 점 P는 줄 위의 한 점이다. 이에 대한 설명으로 옳지 않은 것은? (단, 점 선으로 표시된 눈금의 가로세로 길이는 각각 1cm이다)

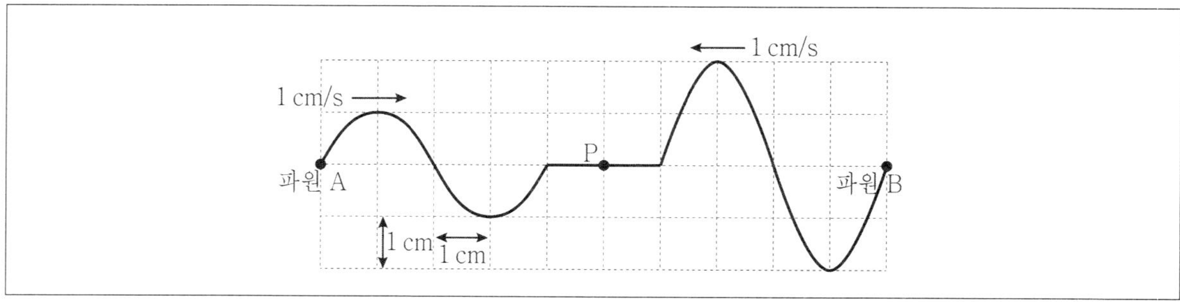

① 파원 A에서 출발한 파동의 파장은 4cm이다.

② 파원 B에서 출발한 파동의 진동수는 0.25Hz이다.

③ 그림의 상황에서 2초가 지난 후 P의 변위는 1cm이다.

④ 두 파동이 중첩될 때 합성파의 변위 최댓값은 진동중심에서 1cm이다.

14 그림은 전동기의 구조를 모식적으로 나타낸 것이다. 이에 대한 설명으로 옳은 것만을 모두 고르면?

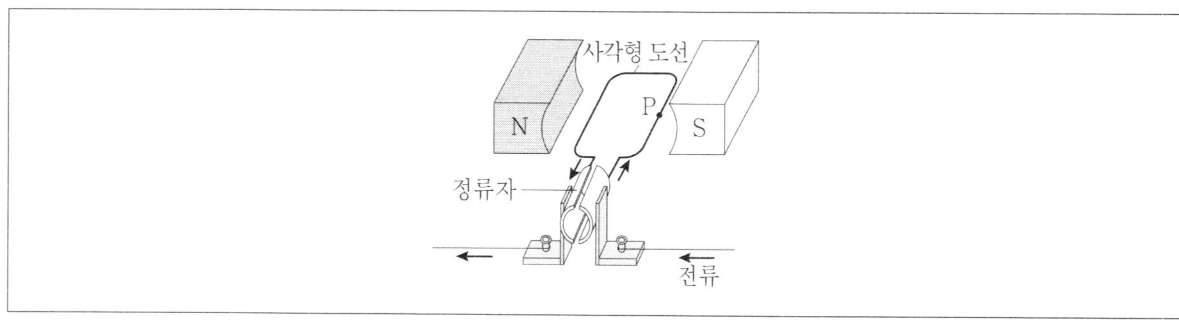

> ㉠ 전기 에너지를 운동 에너지로 변환한다.
> ㉡ 전류가 많이 흐를수록 회전 속력이 빨라진다.
> ㉢ 사각형 도선의 점 P는 위쪽으로 힘을 받는다.

① ㉠, ㉡   ② ㉠, ㉢

③ ㉡, ㉢   ④ ㉠, ㉡, ㉢

15 그림 (가)와 (나)는 검류계 G가 연결된 코일에 막대자석의 N극이 가까워지거나 막대자석의 S극이 멀어지는 모습을 나타낸 것이다. 이에 대한 설명으로 옳은 것은?

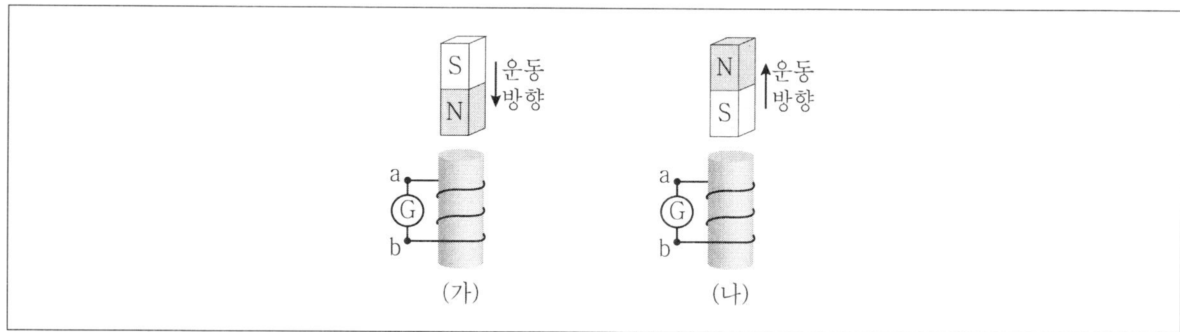

① 막대자석은 반자성체이다.
② 검류계 G에 흐르는 전류의 방향은 (가)와 (나)에서 같다.
③ (가)에서 막대자석에 의해 코일을 통과하는 자기 선속은 감소한다.
④ 막대자석이 코일에 작용하는 자기력의 방향은 (가)와 (나)에서 같다.

---

13 ① 파원A와 파원B에서 출발한 파동의 파장은 모두 4cm이다.
  ② 파원B에서 출발한 파동의 속력은 1cm/s라고 하였으므로, 파장만큼 진행하는 데에 걸리는 시간은 4초이다. 따라서 이 파동의 진동수는 $\dfrac{1cycle}{4s} = 0.25\,\mathrm{Hz}$ 이다.
  ③ 그림의 상황에서 2초가 지난 후 P점에서 두 파동은 중첩되고, 변위의 크기는 2 − 1 = 1cm이다.
  ④ 두 파동이 중첩될 때 합성파의 변위 최댓값은 진동중심에서 2 + 1 = 3cm이다.

14 ㉠ 전동기는 전기 에너지를 운동 에너지로 변환하는 장치이다.
  ㉡ 전류가 많이 흐를수록 도선에 더 큰 자기력이 발생하므로 회전 속력이 빨라진다.
  ㉢ 플레밍의 왼손법칙에 의해 점 P는 아래쪽으로 힘을 받는다.

15 ① 막대자석은 강자성체이다.
  ② 검류계 G에 흐르는 전류의 방향은 (가)와 (나)에서 같게 나타난다.
  ③ (가)에서 막대자석에 의해 코일을 통과하는 자기 선속은 증가한다.
  ④ 막대자석이 코일에 작용하는 자기력은 (가)에서 척력, (나)에서 인력이므로 자기력의 방량은 서로 반대 방향(자석의 운동 방향과 반대)이다.

정답 및 해설   13.④   14.①   15.②

16 그림과 같이 $+y$ 방향으로 전류가 흐르는 무한히 긴 직선 도선과 원형 도선이 xy 평면에 놓여 있다. 원형 도선에 전류가 유도되는 경우로 옳지 않은 것은?

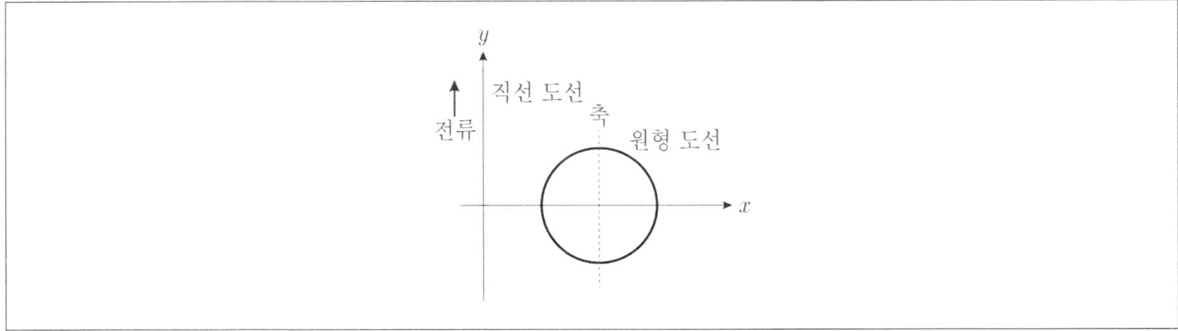

① 그림의 점선을 축으로 원형 도선을 회전시킨다.

② 원형 도선을 직선 도선 쪽으로 가까이 이동시킨다.

③ 원형 도선을 y축과 나란한 방향으로 회전 없이 이동시킨다.

④ 직선 도선에 흐르는 전류의 세기를 일정한 비율로 증가시킨다.

17 그림은 종이 면에서 수직으로 나오는 방향으로 전류 I가 흐르는 무한히 긴 직선 도선 A와 전류가 흐르는 무한히 긴 직선 도선 B를 나타낸 것이다. 점 P, Q, R은 두 직선 도선을 잇는 직선상의 점들이고, A와 B 사이의 정중앙 점 Q에서 자기장의 세기가 0이다. 이에 대한 설명으로 옳은 것은?

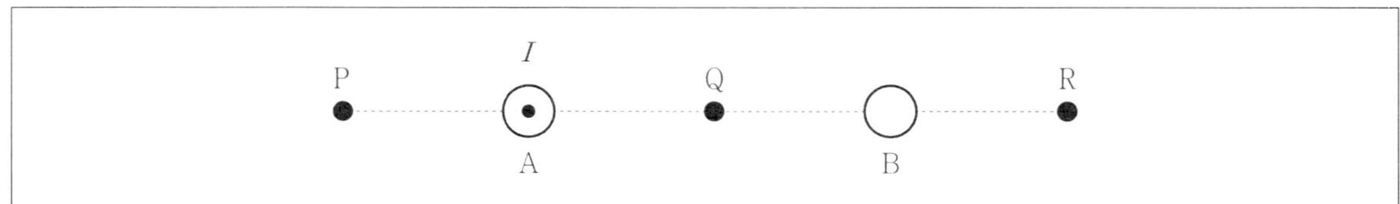

① 직선 도선 B의 전류의 세기는 $2I$이다.

② 점 P에서 자기장의 방향은 아래 방향이다.

③ 점 R에서 자기장의 방향은 아래 방향이다.

④ 직선 도선 B의 전류의 방향은 종이 면에 수직으로 들어가는 방향이다.

16 원형 도선에 전류가 유도되기 위해서는 원형 도선을 지나는 자기다발의 변화가 있어야 한다. ③을 제외한 다른 보기는 모두 자기다발의 변화를 수반하나, ③은 자기다발의 변화가 없다.

17 ① 정중앙 점 Q에서 자기장의 세기가 0이므로 직선 도선 B의 전류의 세기는 A와 같은 I 이다.
② 정중앙 점 Q에서 자기장의 세기가 0이므로 직선 도선 B의 방향은 A와 같이 종이 면으로부터 수직으로 나오는 방향이다. 따라서 점 P에서 도선 A와 B에 의한 자기장의 방향은 모두 아래 방향이므로 점 P에서 자기장의 방향 또한 아래 방향이다.
③ 점 R에서 도선 A와 B에 의한 자기장의 방향은 모두 위 방향이므로 점 R에서 자기장의 방향 또한 위 방향이다.
④ 정중앙 점 Q에서 자기장의 세기가 0이므로 직선 도선 B의 방향은 A와 같은 종이 면으로부터 수직으로 나오는 방향이다.

정답 및 해설 16.③ 17.②

18 그림은 공기에서 매질 A로 단색광이 동일한 입사각으로 입사한 후 굴절하는 경로를 나타낸 것이고, 표는 상온에서 매질 A에 해당하는 세 가지 물질의 굴절률을 나타내고 있다. 이에 대한 설명으로 옳은 것만을 모두 고르면?

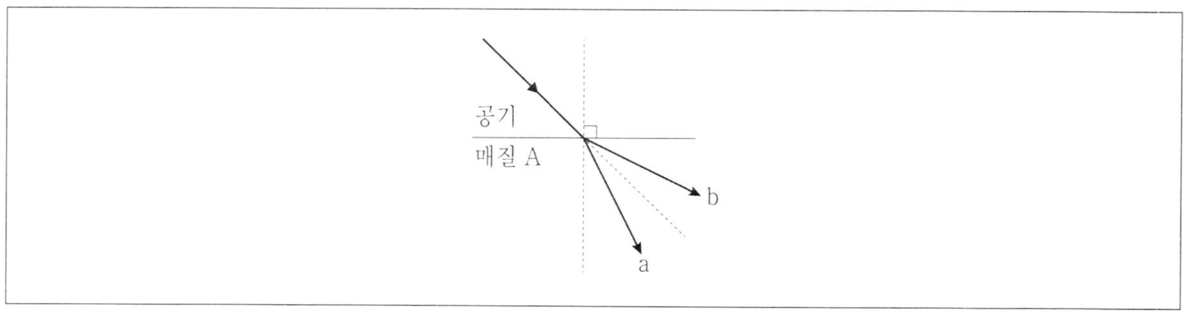

물	1.33
유리	1.50
다이아몬드	2.42

㉠ 매질 A가 물이면 단색광의 굴절은 b와 같이 일어난다.
㉡ 단색광의 속력은 공기 중에서보다 매질 A에서 더 크다.
㉢ 매질 A의 물질 중 공기에 대한 임계각이 가장 큰 물질은 물이다.
㉣ 단색광이 공기에서 매질 A로 진행하는 동안 단색광의 진동수는 변하지 않는다.

① ㉠, ㉡
② ㉠, ㉣
③ ㉡, ㉢
④ ㉢, ㉣

19 그림과 같이 정지해 있는 A에 대해 B가 탑승한 우주선이 $0.9c$의 속력으로 움직이고 있다. B가 탑승한 우주선 바닥에서 출발한 빛이 거울에 반사되어 되돌아올 때까지, A와 B가 측정한 빛의 이동 거리는 각각 L_A, L_B이고, 이동 시간은 각각 t_A, t_B이다. 이에 대한 설명으로 옳은 것만을 모두 고르면? (단, c는 빛의 속력이다)

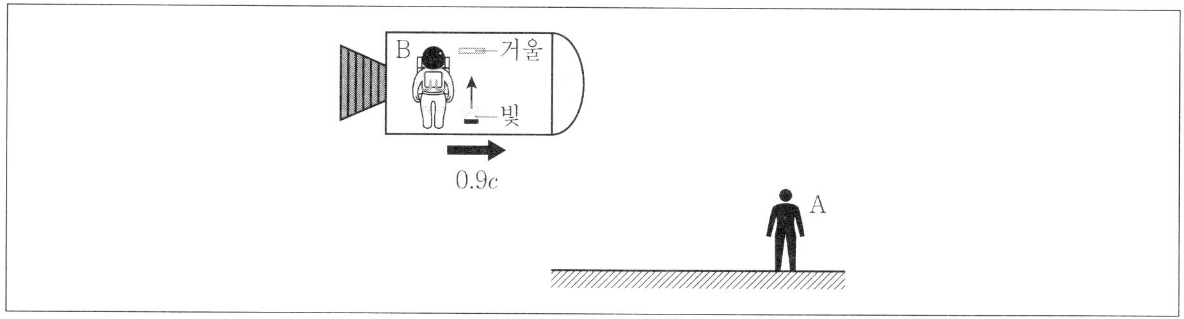

㉠ $L_A > L_B$	㉡ $t_A > t_B$	㉢ $\dfrac{L_A}{t_A} > \dfrac{L_B}{t_B}$

① ㉠, ㉡
③ ㉡, ㉢
② ㉠, ㉢
④ ㉠, ㉡, ㉢

---

18 ㉠ 매질 A가 물이면 공기의 굴절률보다 크므로 단색광의 굴절은 a와 같이 일어난다.

㉡ 매질 A에 해당하는 세 가지 물질의 굴절률은 모두 공기보다 크므로 단색광의 속력은 공기 중에서보다 매질 A에서 더 작다.

㉢ 매질 A의 물질 중 공기에 대한 임계각이 가장 큰 물질은 굴절률이 가장 작은 물이다.

㉣ 전자기파(파동)의 진동수는 매질에 관계 없이 일정하므로, 단색광이 공기에서 매질 A로 진행하는 동안 단색광의 진동수는 변하지 않는다.

19 ㉠ A가 측정할 때의 빛은 B가 측정할 때의 빛보다 더 긴 거리를 이동하므로 $L_A > L_B$이다.

㉡ $L_A > L_B$이고, 시간, 속력, 거리 간의 관계에서 $t_A = \dfrac{L_A}{c}$, $t_B = \dfrac{L_B}{c}$이므로 $t_A > t_B$이다.

㉢ $t_A = \dfrac{L_A}{c}$, $t_B = \dfrac{L_B}{c}$이므로 $\dfrac{L_A}{t_A} = \dfrac{L_B}{t_B} = c$이다.

정답 및 해설 18.④ 19.①

20 그림은 같은 금속판에 진동수가 다른 단색광 A와 B를 각각 비추었을 때 광전자가 방출되는 것을 나타낸 것이고, 표는 단색광 A와 B를 금속판에 각각 비추었을 때 1초 동안 방출되는 광전자의 수와 광전자의 물질파 파장을 나타낸 것이다. 이에 대한 설명으로 옳은 것만을 모두 고르면? (단, 단색광 A와 B의 빛의 세기를 각각 I_A, I_B 라 하고, 진동수를 f_A, f_B 라 한다)

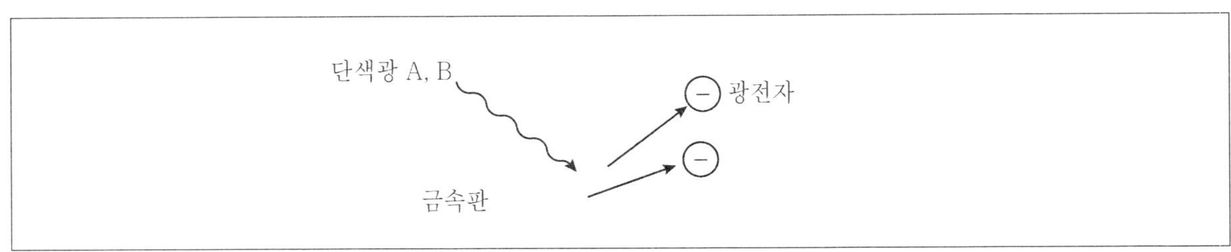

단색광	1초 동안 방출되는 광전자의 수	광전자의 물질파 파장
A	N	4λ
B	2N	λ

㉠ $f_A > f_B$

㉡ $I_A < I_B$

㉢ 금속판의 문턱 진동수를 f_0 라 하면 $f_0 < f_B$ 이다.

① ㉠, ㉡   ② ㉠, ㉢

③ ㉡, ㉢   ④ ㉠, ㉡, ㉢

1 정지해 있던 자동차가 등가속도 운동을 시작한 후 3초와 5초 사이에 32m 이동하였다. 이 자동차의 가속도(m/s^2)는?

① 2

② 4

③ 6

④ 8

2 200V용 500W의 전열기가 있다. 니크롬선의 길이를 반으로 잘라서 200V의 전원에 연결했을 때, 소비 전력(W)은?

① 50

② 500

③ 700

④ 1,000

3 단면적이 S인 도선에서 전자들이 평균 u의 속력으로 운동할 때 전류의 세기는? (단, 전자의 전하량은 e, 단위 체적당 전자의 수는 n이다.)

① $\dfrac{enS}{u}$

② $\dfrac{enu}{S}$

③ $enuS$

④ $\dfrac{1}{enuS}$

1 등가속도 운동을 하는 물체의 3초와 5초 사이의 이동거리 공식에서 다음을 얻을 수 있다.

$$s = \frac{1}{2}a \times (5^2 - 3^2) = 8a = 32$$

$$\therefore \text{가속도 } a = 4\text{m/s}^2$$

2 200V 용 500W 전열기의 저항 $R = \dfrac{V^2}{P} = \dfrac{200^2}{500} = 80ohm$이다. 니크롬선의 길이를 반으로 자르면 저항의 크기는 절반이 되므로, 반으로 자른 니크롬선의 저항 $R' = 40ohm$이 된다.

따라서 이때의 소비전력 $P = \dfrac{V^2}{R'} = \dfrac{200^2}{40} = 1,000\,W$이다.

〈참고〉 도선의 저항(R)은 길이(L)에 비례하고, 도선의 단면적(S)에 반비례한다. 도선의 길이가 길면 전자가 지나가야 할 길이가 길기 때문에 저항이 커지고, 단면적이 넓으면 전자가 이동하기 쉬우므로 저항이 작아진다. 즉, 도선의 길이, 단면적과 저항의 관계를 식으로 나타내면 $R = \rho \dfrac{L}{S}$와 같다.

3 전류 단위의 차원을 맞추는 문제이다. 일반적으로 많이 사용되는 전류의 단위는 A(암페어)이며, 1A는 1초당 1C의 전하가 흐르는 것을 뜻한다(= 1C/s). 따라서 주어진 조건에서 전류의 세기를 나타내는 공식은 $I = envS$이다.

$$e\left(\frac{C}{\text{개}}\right) \times n\left(\frac{1}{m^3}\right) \times v\left(\frac{m}{s}\right) \times S(m^2) = I(C/s)$$

4 그림 ㈎는 수평면에 정지해 있던 질량이 4kg인 물체에 수평방향으로 힘을 작용하여 3m를 이동시키는 것을 나타낸 것이다. 그림 ㈏는 이 물체에 작용 하는 힘의 크기와 이동한 거리에 대한 그래프를 나타낸 것이다. 물체가 3m를 지나는 순간에서의 속력(m/s)은?

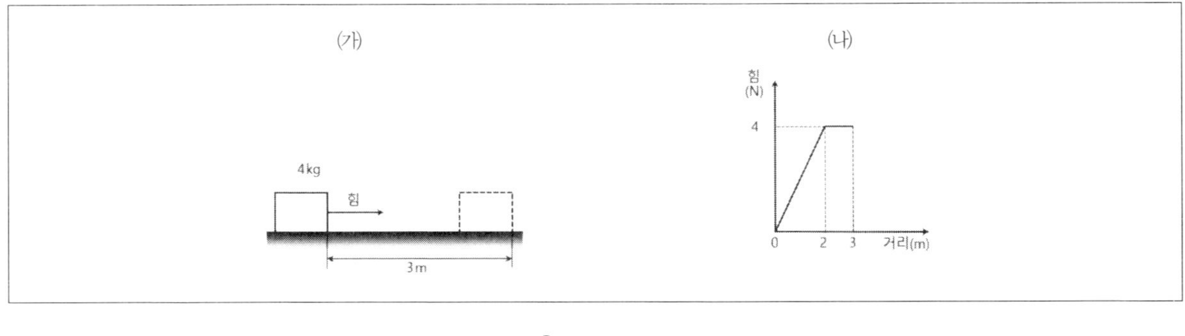

① 2   ② 4

③ 6   ④ 8

5 5m/s로 운동하는 질량 4kg의 물체에 힘이 작용하여 속력이 10m/s로 되었다면 힘이 한 일의 양(J)은?

① 150   ② 200

③ 250   ④ 300

6 기전력이 24V이고, 내부저항이 1Ω인 전지를 3Ω의 외부저항에 연결하였을 때, 이 전지의 단자전압(V)은?

① 12   ② 14

③ 16   ④ 18

4 그림 (나)의 그래프에서 물체에 힘을 작용하여 한 일은 그래프 아래의 면적과 같다. 따라서 물체가 얻은 일의 양

$W = \dfrac{1}{2} \times 2 \times 4 + 1 \times 4 = 8J$이고 이 일은 모두 물체의 운동 에너지로 변환되었으므로,

$E_k = \dfrac{1}{2}mv^2 = \dfrac{1}{2} \times 4 \times v^2 = 8$에서 $v = 2\text{m/s}$임을 구한다.

5 일-에너지 정리에 따라 물체의 운동 에너지 변화량은 물체에 가해준 일의 양과 같으므로, $W = \dfrac{1}{2} \times 4 \times (10^2 - 5^2) = 150J$이다.

6 저항에 흐르는 전류 $I = \dfrac{V}{R} = \dfrac{24}{1+3} = 6\text{A}$

단자전압 $V = 6 \times 3 = 18\text{V}$

정답 및 해설　4.① 　5.① 　6.④

7 그림과 같이 단면적이 변하는 수평한 관에 밀도가 p인 물이 점 P에서 속력 v로 흐를 때, 관 아래에 연결된 유리관 속의 밀도가 각각 $5p$, $9p$인 액체의 최고점 높이가 같은 상태로 유지된다. 점 P와 점 Q에서 단면적은 각각 3S, S이다.

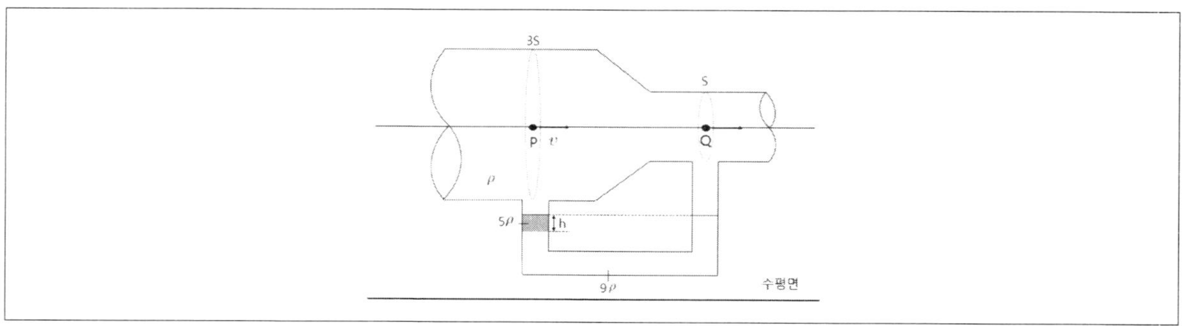

밀도가 $5p$인 액체 기둥의 높이는 h이고, P와 Q에서의 높이가 같을 때 속력 v는? (단, 중력 가속도는 g이고, 물과 액체는 베르누이 법칙을 만족한다.)

① $\sqrt{\dfrac{2gh}{3}}$

② $\sqrt{\dfrac{gh}{3}}$

③ $\sqrt{gh}$

④ $\sqrt{3gh}$

8 다음 그림과 같이 무게 30N인 물체가 두 실 A와 B에 의해 매달려 있다. 이 때 두 실 A와 B에 작용하는 장력의 크기를 각각 T_A, T_B라고 할 때, 장력의 비 T_A, T_B를 바르게 나타낸 것으로 가장 옳은 것은?

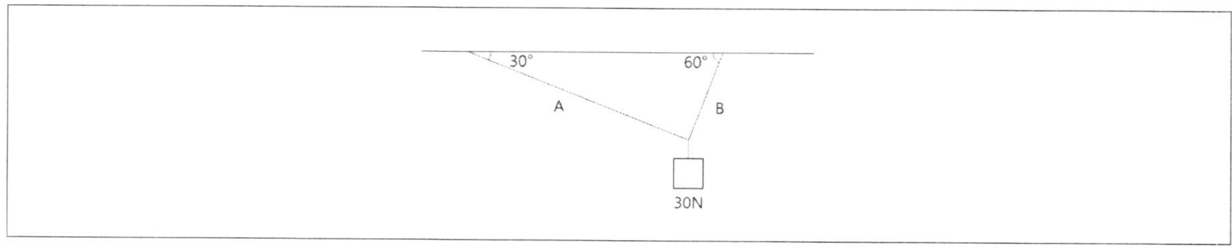

① $\sqrt{3}$: 1

② 2 : 1

③ 1 : 2

④ 1 : $\sqrt{3}$

9 어떤 방사성 물질 80g이 붕괴를 시작해서 10g이 되는데 24초가 걸렸다면 40g이 되는데 걸리는 시간(초)은?

① 6 ② 8 ③ 10 ④ 12

10 수면파가 8m/s의 속력으로 진행하고 있다. 어떤 점에서 수면의 높이가 2초에 한 번씩 최대로 된다면 이 수면파의 파장(m)은?

① 20 ② 16 ③ 14 ④ 12

---

7 P와 Q에서의 물과 액체의 압력의 합이 같으므로 $P_P + 5\rho gh = P_Q + 9\rho gh$ 이고, 따라서 점 P와 점 Q에서의 압력 차 $P_P - P_Q = 4\rho gh$ 이다. 그런데 점 P와 점 Q에서의 단면적의 비가 3:1이므로 흐르는 물의 속도(유속)의 비는 1:3이다. 문제에서 물과 액체는 베르누이 법칙을 만족한다고 하였으므로 다음 식이 성립하며, 이를 정리하면 답을 구할 수 있다.

$$P_P + \frac{1}{2}\rho v^2 = P_Q + \frac{1}{2}\rho(3v)^2$$

$$P_P - P_Q = 4\rho gh = 4\rho v^2$$

$$\therefore\ v = \sqrt{gh}$$

8 수평 방향 힘의 평형 관계에서 $T_A \cos 30° = T_B \cos 60°$ 이고 따라서 $\sqrt{3}\,T_A = T_B$ 이므로 $T_A : T_B = 1 : \sqrt{3}$ 이다.

9 어떤 방사성 물질 80g이 붕괴를 시작해서 10g이 될 때 반감기를 3번 지난 것이므로 반감기는 $\frac{24}{3} = 8$ 초이다. 따라서 40g이 되는 데에는 반감기를 1번 지난 상태이므로 40g이 되는 데 걸리는 시간은 반감기와 같은 8초이다.

10 어떤 점에서 수면의 높이가 2초에 한 번씩 최대로 된다는 의미는 주기 $T = 2$ 초라는 것이다. 따라서 파장 $\lambda = vT = 8m/s \times 2s = 16m$ 이다.

정답 및 해설 7.③ 8.④ 9.② 10.②

11 다음 그림과 같이 높이 8m인 곳에서 물체를 자유 낙하 시킬 때 높이 3m 지점에서 물체의 자유낙하 속도 (m/s)는? (단, 중력가속도 $g = 10m/s^2$이고, 공기의 저항은 무시한다.)

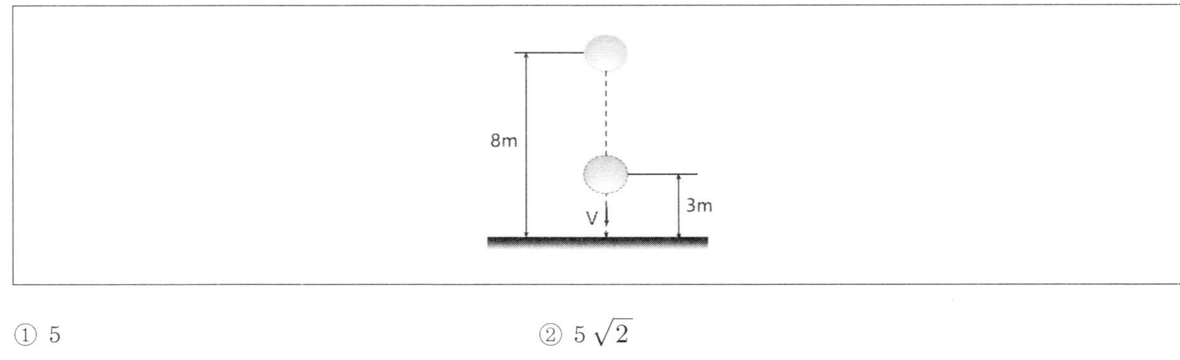

① 5

② $5\sqrt{2}$

③ 10

④ $10\sqrt{2}$

12 우주비행사가 0.6c의 일정한 속력으로 지구로부터 9광년 떨어진 어떤 별까지 여행을 떠났다. 지구를 출발하여 이 별에 도착할 때까지 우주비행사가 측정한 여행 시간(년)으로 가장 옳은 것은? (단, c는 진공 중에서의 빛의 속력이다.)

① 6

② 8

③ 10

④ 12

13 다음 그림은 광전 효과 실험에서 어떤 금속에 빛을 비추었을 때 방출되는 광전자의 최대 운동 에너지와 빛의 진동수의 관계를 나타낸 그래프이다. 이 그래프로 알 수 없는 것으로 가장 옳은 것은?

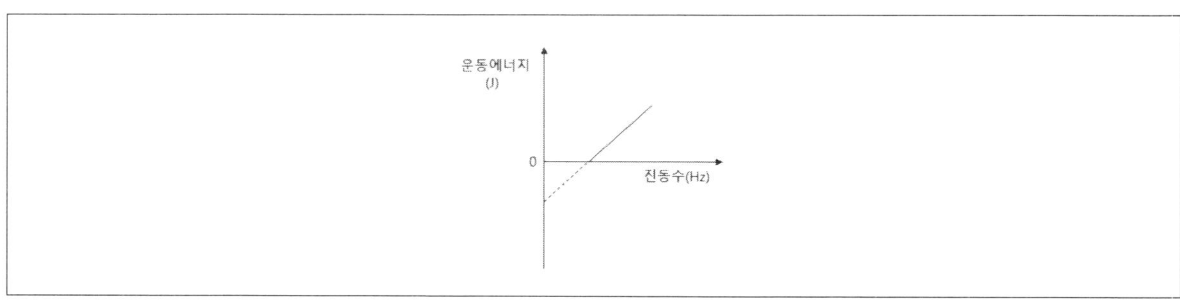

① 금속의 일함수

② 한계 진동수

③ 빛의 세기

④ 플랑크 상수

14 자체유도계수(인덕턴스) $20 \times 10^{-5} H$의 코일과 전기 용량 $5 \times 10^{-7} F$의 축전기가 직렬로 연결된 회로에서 코일에 의한 유도리액턴스의 값과 축전기에 의한 용량리액턴스의 값이 같아지려면 주파수가 몇 Hz인 교류 전류를 흘려야 하는가?

① $\dfrac{5}{2\pi}$

② $\dfrac{25}{2\pi}$

③ $\dfrac{10}{2\pi}$

④ $\dfrac{10^5}{2\pi}$

---

11 자유낙하 운동은 가속도 $a = g$인 등가속도 운동이므로 $2as = v^2 - v_0^2$를 사용하여 다음과 같이 구한다.

$2 \times 10 \times (8-3) = v^2 - 0$

∴ 높이 3m 지점에서 물체의 자유낙하 속도(m/s) = 10m/s

12 특수 상대성 이론에 따르면 한 관성 좌표계의 관찰자가 상대적으로 빠르게 운동하는 다른 관성 좌표계의 시간을 보면 시간이 천천히 가는 것으로 관찰되는데, 이것을 시간 지연(시간 팽창)이라고 한다. 고유 시간(t_0)과 다른 관성계의 측정 시간(t) 사이에 성립하는 관계에 문제의 조건을 대입하면 풀면 다음과 같다.

$$t = \frac{t_0}{\sqrt{1 - \left(\frac{v}{c}\right)^2}} = \frac{9}{\sqrt{1 - \left(\frac{0.6c}{c}\right)^2}} = \frac{9}{\frac{4}{5}} = 11.25 [광년]$$

따라서 보기 중 정답에 가장 가까운 것을 고르면 ④ 12광년이다.

13 ① 금속의 일함수 : 그래프와 y축(운동에너지)이 만나는 부분(y절편)의 절댓값

② 한계 진동수 : 그래프와 x축(진동수)이 만나는 부분(x절편)

④ 플랑크 상수 : 금속의 일함수를 한계 진동수로 나눈 값

14 문제에서 요구한대로 코일에 의한 유도리액턴스의 값과 축전기에 의한 용량리액턴스의 값이 같아지려면

$2\pi f L = \dfrac{1}{2\pi f C}$의 관계식이 성립하여야 한다. 따라서 이때의 주파수는 다음과 같이 구할 수 있다.

$$f = \frac{1}{2\pi \sqrt{LC}} = \frac{1}{2\pi \sqrt{20 \times 10^{-5} \times 5 \times 10^{-7}}} = \frac{10^5}{2\pi} \text{Hz}$$

15 다음 〈보기〉 중 마이크에 대한 설명으로 옳은 것을 모두 고른 것은?

> ㉠ 마이크는 전기 신호를 소리 신호로 바꾸어 주는 장치이다.
> ㉡ 마이크에서 만들어지는 전기 신호는 유도 전류에 의해 만들어지는 교류 전류이다.
> ㉢ 마이크는 동작 과정에서는 전류가 흐르는 원형 코일 주위에 자기장이 생가는 앙페르 법칙이 적용된다.

① ㉢

② ㉡, ㉢

③ ㉡

④ ㉠, ㉡

16 전하량이 Q인 두 전하 q_1, q_2가 r만큼 떨어져 있을 때 작용하는 전기력이 F였다. 만일 두 전하의 거리를 3r만큼 떼어 놓았을 때 전기력으로 가장 옳은 것은?

① $\dfrac{1}{3}$F

② 3F

③ $\dfrac{1}{9}$F

④ 9F

17 콘덴서에 걸어준 교류전압의 주파수가 감소하면 이 콘덴서의 리액턴스(X_c)는?

① 증가한다.

② 감소한다.

③ 변함없다.

④ 전압 감소할 때 증가한다.

18 같은 종류의 두 물체 A, B가 있다. A의 온도가 27℃이고, B의 온도가 127℃일 때, A, B에서 방출되는 복사에너지의 비로 가장 옳은 것은?

① $3 : 4$

② $3^4 : 4^4$

③ $27 : 127$

④ $27^2 : 127^2$

19 지구의 반지름을 R, 질량을 M, 만유인력 상수를 G라고 할 때, 지표면에서 높이가 3R이 되는 지점에서의 중력 가속도로 가장 옳은 것은?

① $\dfrac{1}{3}g$

② $\dfrac{1}{9}g$

③ $\dfrac{1}{15}g$

④ $\dfrac{1}{16}g$

---

15 ㉠ 마이크는 소리 신호를 전기 신호로 바꾸어 주는 장치이다.
㉡ 마이크에서 만들어지는 전기 신호는 유도 전류에 의해 만들어지는 교류 전류이다.
㉢ 마이크의 동작 과정에서는 코일을 지나는 자기선속의 변화에 의해 유도 전류가 생기는 패러데이 법칙이 적용된다.

16 쿨롱 힘 공식에 따라 $F = k\dfrac{q_1 q_2}{r^2} = k\dfrac{Q^2}{r^2}$ 이다.

두 전하의 거리를 3r만큼 떼어놓았을 때의 전기력은 $k\dfrac{Q^2}{(3r)^2} = k\dfrac{Q^2}{9r^2} = \dfrac{1}{9}F$ 이다.

17 리액턴스는 교류 회로에서 코일과 축전기에 의해 발생하는 전기 저항과 유사한 역할을 하는 물리량이며, 온저항의 허수 성분이다. 리액턴스 $X_C = \dfrac{1}{2\pi f C}$ 이므로 주파수가 감소하면 리액턴스는 증가한다.

18 슈테판-볼츠만의 법칙에 따르면 흑체의 단위 면적당 방출하는 복사 에너지는 절대온도의 4제곱에 비례한다($E = \sigma T^4$). 따라서 A, B에서 방출하는 복사 에너지의 비는 $(27+273)^4 : (127+273)^4 = 300^4 : 400^4 = 3^4 : 4^4$ 이다.

19 물체에 작용하는 만유인력(중력) 공식 $mg = G\dfrac{mM}{R^2}$ 에서, 중력 가속도 $g = \dfrac{GM}{R^2}$ 이다. 따라서 지표면에서 높이가 3R이 되는 지점에서의 중력 가속도는 $\dfrac{GM}{(R+3R)^2} = \dfrac{GM}{16R^2} = \dfrac{1}{16}g$ 이다.

정답 및 해설 15.③ 16.③ 17.① 18.② 19.④

20 온도가 각각 527℃와 327℃인 두 열원 사이에서 작동하는 열기관(카르노 기관)의 최대효율(%)로 가장 옳은 것은?

① 25　　　　　　　　② 50

③ 75　　　　　　　　④ 100

20 카르노 기관의 열효율 $e = \dfrac{T_H - T_L}{T_H} = 1 - \dfrac{T_L}{T_H} = 1 - \dfrac{327 + 273}{527 + 273} = \dfrac{1}{4} = 25\%$

〈참고〉 카르노 기관은 이상기체를 사용하는 가상의 이상적인 기관이다. 그러므로 외부로 손실되는 열이 없기 때문에 실제로 존재하는 열기관들에 비해서 열효율이 높다. 카르노 기관의 열효율이 100%가 되기 위해서는 고온부의 온도 T_H가 무한대로 상승하거나 저온부의 온도 T_L가 0에 가까워져야 한다. 그러나 그렇게 될 수 없으므로 카르노 기관의 열효율은 1이 될 수 없다. 이를 바탕으로 실존하는 열기관은 모두 카르노 기관보다 열효율이 좋지 않고, 카르노 기관은 열효율이 1보다 낮다는 것을 알 수 있으며, 이는 "열효율이 1인 기관은 존재하지 않는다"는 것을 증명하는 방법이 될 수 있다.

정답 및 해설 20.①

1 〈보기〉는 일직선 상에서, 0초일 때 1m/s의 속력으로 운동하는 물체의 가속도를 시간에 따라 나타낸 것이다. 이 물체의 운동에 대한 설명으로 가장 옳은 것은? (단, 0초일 때 물체의 운동방향을 (+)로 한다.)

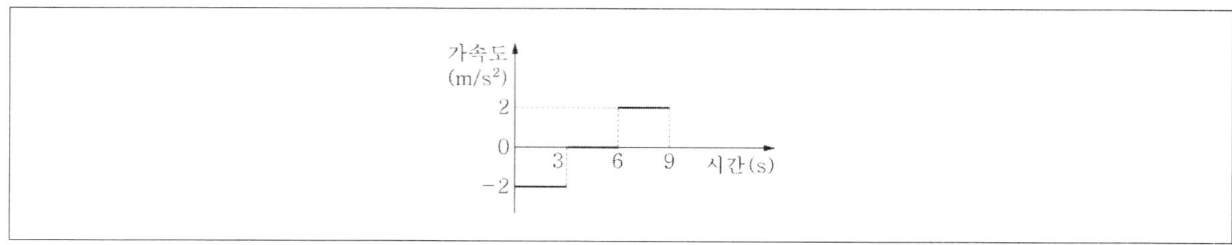

① 0 ~ 9초 동안 운동 방향은 바뀌지 않았다.

② 4초일 때의 속력은 5m/s이다.

③ 0 ~ 9초 사이에 0초일 때의 위치로부터 변위의 크기는 9초일 때가 가장 크다.

④ 0초부터 3초까지 처음과 같은 방향으로 6m 이동한다.

2 두 위성 A, B가 행성을 중심으로 등속원운동을 하고 있다. 행성 중심으로부터 A, B 중심까지의 거리는 각각 $2r$, $3r$이다. A와 B의 가속도 크기를 각각 a_A, a_B라 하고, 공전주기를 각각 T_A, T_B라고 할 때, $a_A : a_B$와 $T_A : T_B$를 옳게 짝지은 것은? (단, A와 B에는 행성에 의한 만유 인력만 작용한다.)

	$a_A : a_B$	$T_A : T_B$
①	$2 : 3$	$\sqrt{2} : \sqrt{3}$
②	$4 : 9$	$\sqrt{2} : \sqrt{3}$
③	$4 : 9$	$2\sqrt{2} : 3\sqrt{3}$
④	$9 : 4$	$2\sqrt{2} : 3\sqrt{3}$

---

1 ① $0 \sim 3$초 동안 0초일 때의 운동 방향과 반대 방향으로 등가속도 운동을 하였다. 따라서 3초일 때의 속도는 $v = v_0 + at = 1 + (-2)3 = -5\text{m/s}$이며, 이는 0초일 때의 운동 방향과 반대 방향이다. 같은 방식으로 계산하면 $6 \sim 9$초 사이에 운동 방향이 다시 한번 바뀐다.

② $0 \sim 3$초 동안 가속도 $-2m/s^2$의 등가속도 운동을 하였고, $4 \sim 6$초 동안은 가속도가 0이므로 등속 운동을 한다. 따라서 3초일 때의 속도는 $v = v_0 + at = 1 + (-2)3 = -5\text{m/s}$이며, 이 속도는 6초까지 변하지 않는다. 그러므로 4초일 때의 속력은 5m/s이다.

③ $0 \sim 9$초 사이에 0초일 때 위치로부터 변위의 크기는 속력이 가장 크면서 가속도의 방향이 바뀌기 직전인 6초일 때가 가장 크다.

④ 0초부터 3초까지 처음과 같은 방향으로 이동한 시간은 $1 - 2t = 0$에서 0초부터 $\frac{1}{2}$초까지이다. 그동안 이동한 거리는 $s = 1 \times \frac{1}{2} - \frac{1}{2}(-2)(\frac{1}{2})^2 = \frac{3}{4}m$ 이다.

2 위성에 작용하는 구심력 = 만유인력이므로, $ma = G\frac{Mm}{r^2}$에서 $a = \frac{GM}{r^2}$이다. 위 관계에서 가속도는 행성으로부터 위성까지 거리의 제곱에 반비례하고, 주어진 자료에서 $r_A : r_B = 2 : 3$이므로 $a_A : a_B = \frac{1}{2^2} : \frac{1}{3^2} = 9 : 4$이다.

또한 구심력 = 만유인력이므로 $m\frac{v^2}{r} = G\frac{Mm}{r^2}$에서 $v^2 = \frac{GM}{r}$이고,

공전주기 $T = \frac{2\pi r}{v}$에서 $T^2 = \frac{4\pi^2 r^2}{v^2} = \frac{4\pi^2 r^2}{\frac{GM}{r}} = \frac{4\pi^2 r^3}{GM}$이므로 공전주기의 제곱은 행성으로부터 위성까지 거리의 세제곱에 비례하므로 $T_A^2 : T_B^2 = 2^3 : 3^3 = 8 : 27$이다. 따라서 $T_A : T_B = \sqrt{8} : \sqrt{27} = 2\sqrt{2} : 3\sqrt{3}$ 임을 얻을 수 있다.

정답 및 해설 1.② 2.④

3 주파수가 5GHz인 파동이 2μ초 동안 발생하였다. 이 파동의 총 진동 횟수는?

① 10회

② 100회

③ 1,000회

④ 10,000회

4 〈보기〉는 수은 기둥 기압계와 지점 A, B, C, D를 나타낸 것이다. 이에 대한 설명으로 가장 옳은 것은? (단, B의 높이는 수은면 표면이고, C의 높이는 B의 높이와 같다. 또한 수은 기둥의 위쪽 공간은 진공으로 가정한다.)

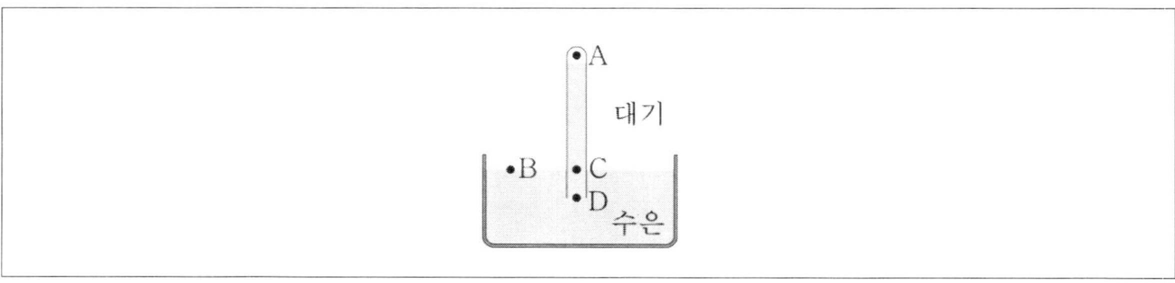

① A의 절대압력은 대기압의 크기에 따라 바뀐다.

② B의 절대압력은 A보다 크고 C보다 작다.

③ C의 절대압력은 대기압과 같다.

④ D의 절대압력은 C와 같다.

5 반지름이 R인 내부가 꽉찬 도체 구가 양의 전하량 Q로 대전되어 있다. 이에 대한 설명으로 가장 옳은 것은?

① 도체 구 표면의 전위의 크기는 구의 반지름에 반비례 한다.

② 도체 구 중심의 전위는 0이다.

③ 전하는 도체 구 전체에 균일하게 분포한다.

④ 도체 구 겉표면의 전기장은 0이다.

6 〈보기〉와 같이 직육면체 금속의 세 변의 길이의 비가 a : b : c = 1 : 2 : 3이다. 10V의 전원을 A와 B 단자(양 옆면)에 걸었을 때, 소비전력을 P_{AB}라 하고, 같은 전원을 C와 D 단자(위, 아래면)에 걸었을 때 소비전력을 P_{CD}라 할 때, $P_{AB} : P_{CD}$값은? (단, 두 단자는 금속 내에 균일한 전류를 형성하게 한다.)

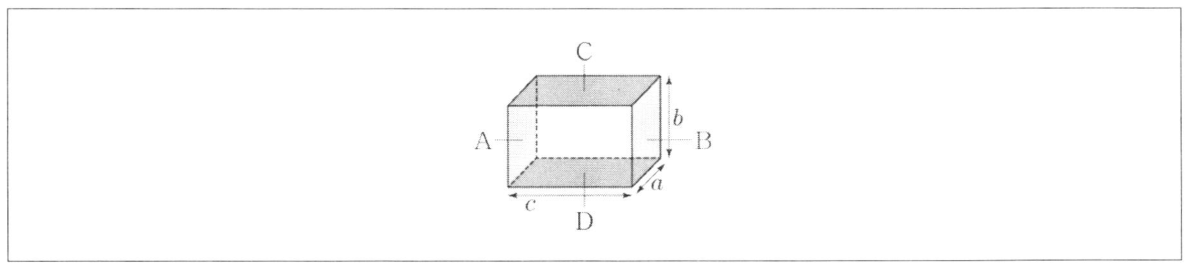

① 2 : 3

② 4 : 9

③ 4 : 9

④ 9 : 4

---

3 $5GHz \times 2\mu s = 5 \times 10^9 (Hz) \times 2 \times 10^{-6}(s) = 10^4 = 10,000$회

4 ① 수은 기둥의 위쪽 공간인 A는 진공이므로 그 절대압력은 대기압의 크기에 따라 바뀌지 않는다.
　② B의 절대압력은 A보다 크나, B와 C는 같은 높이이므로 C와 동일하다.
　③ B와 C는 같은 높이이므로 C의 절대압력은 대기압과 같다.
　④ D의 절대압력은 C보다 크다.

5 ① 도체 구 표면의 전위의 크기는 구의 반지름에 반비례한다.
　② 도체 구 중심의 전기장은 0이 나, 전위는 0이 아니다.
　③ 과잉 전하는 도체 구 표면에만 존재하므로 전하는 도체 구 전체에 균일하게 분포한다고 할 수 없다.
　④ 도체 구 중심의 전기장은 0이 나, 겉표면의 전기장은 0이 아니다.

6 전원을 A와 B 단자(양 옆면)에 걸었을 때의 저항을 R_{AB}라 하고, 같은 전원을 C와 D 단자(위, 아래면)에 걸었을 때의 저항을 R_{CD}라 하면 $R_{AB} : R_{CD} = \dfrac{c}{ab} : \dfrac{b}{ac} = \dfrac{3}{2} : \dfrac{2}{3} = 9 : 4$이다. 같은 전압을 걸었을 때 소비전력의 비는 저항의 비에 반비례하므로 $P_{AB} : P_{CB} = 4 : 9$이다.

정답 및 해설　3.④　4.③　5.①　6.③

7 〈보기〉의 빈칸에 들어갈 숫자는?

> 일직선대로변의 멀리 떨어진 두 지점에 두 사람이 각각 서있다. 이때 구급차가 사이렌을 울리며 대로를 지나갔다. 두 사람이 들은 사이렌 음 중 주파수가 높은 것이 낮은 것 보 다 10% 더 높았다면, 구급차는 음속의 약 ____%의 속력으로 질주한 것이다.

① 1
② 2
③ 5
④ 10

8 〈보기 1〉과 같이 경사각이 θ인 빗면에 수직 방향으로 균일한 자기장이 형성되어 있다. 이 빗면에 저항 R이 연결된 도선을 놓고 그 위에 도체 막대를 가만히 올려놓아 미끄러져 내려가게 한 후, 시간에 따른 도체 막대의 속력 그래프를 얻었다. 도체 막대의 길이는 l이고 질량은 m이며, 자기장의 세기는 B이다. t_1초 이후에 도체 막대가 등속운동을 한다고 할 때, 〈보기 2〉에서 옳은 설명을 모두 고른 것은? (단, 모든 마찰은 무시하고, 도선과 도체 막대의 전기 저항도 저항 R에 비해 매우 작다고 가정하여 무시한다. 또한 중력가속도는 g라 한다.)

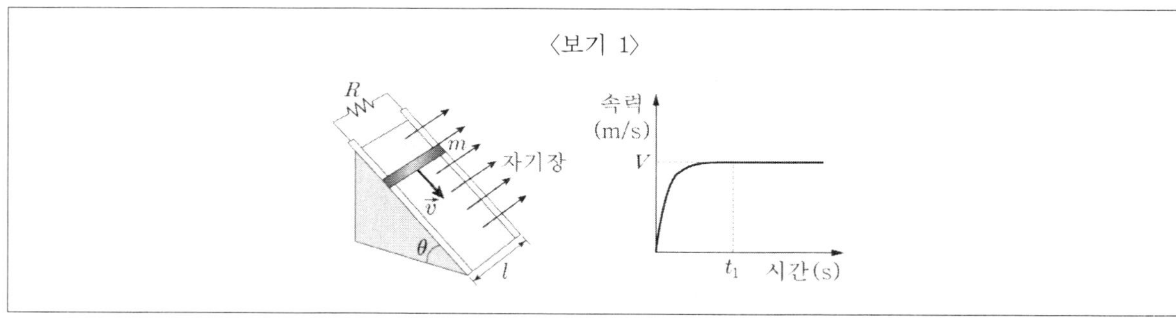

> 〈보기 2〉
> ㉠ 0초부터 t_1초까지 도체 막대에 흐르는 전류는 감소한다.
> ㉡ t_1초 이후에 도체 막대에 작용하는 중력과 자기력은 평형을 이룬다.
> ㉢ t_1초 이후에 속력은 $V = \dfrac{mgRsin0}{B^2l^2}$ 이다.

① ㉠
② ㉡
③ ㉢
④ ㉠, ㉡, ㉢

9 〈보기〉는 밀도가 균일한 줄에 질량이 4kg인 추를 매달아 벽과 도르래 사이에 걸쳐둔 모습을 나타낸 것이다. 줄의 총 질량은 1kg이고 총 길이는 10m이다. 벽과 도르래를 연결하는 줄에서 파동의 속력[m/s]이은? (단, 중력가속도는 10m/s^{2}이며, 도르래의 마찰과 질량은 무시한다.)

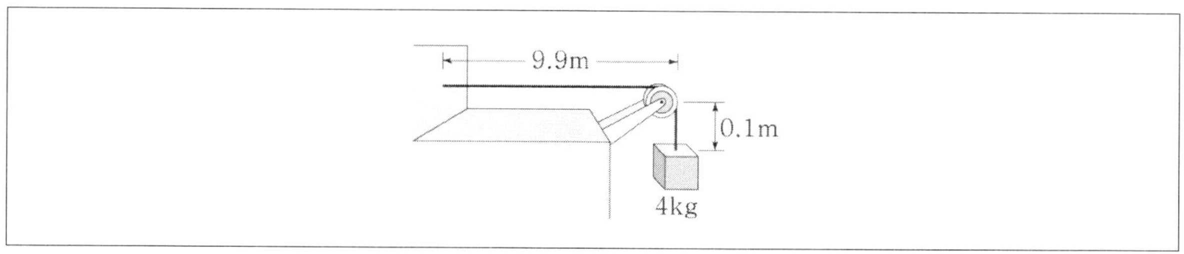

① 5

② 10

③ 15

④ 20

---

7 구급차의 속도 v, 음속 u 사이의 관계식 $f\left(\dfrac{u}{u-v}\right)=1.1\times f\left(\dfrac{u}{u+v}\right)$ 이므로 $u=21v$ 이다.

따라서 $v=\dfrac{1}{21}u=0.0476u\simeq0.05u$ 이고, 이를 통해 구급차는 음속의 약 5% 속력으로 질주한 것이다.

8 ㉠ 유도기전력 $V=-Blv$ 이고 전류 $I=\dfrac{Blv}{R}$ 이므로 속력이 증가하는 0초부터 t_1초까지 도체 막대에 흐르는 전류는 증가한다.

㉡ t_1초 이후 속력이 일정하므로 중력의 빗면방향 분력과 자기력은 평형을 이룬다.

㉢ t_1초 이후 중력의 빗면방향 분력과 자기력은 평형을 이루므로 $mg\sin\theta=B\times\dfrac{BlV}{R}\times l$ 이고 이를 정리하면 속력 $V=\dfrac{mgR\sin\theta}{B^2l^2}$ 를 구할 수 있다.

9 $v=\sqrt{\dfrac{T(\text{줄에 걸리는 장력})}{\mu(\text{줄의 선밀도})}}=\sqrt{\dfrac{4\times10}{\dfrac{1}{10}}}=20m/s$

정답 및 해설 7.③ 8.③ 9.④

10 공기 중에서 운동하는 물체에 작용하는 끌림힘(drag force)은 물체의 운동 방향의 단면적에 비례하고 또한 속력의 제곱에 비례한다. 질량이 M인 물체를 낙하산에 매달아 공중에서 수직으로 떨어뜨렸더니 종단속력 v로 지면에 떨어졌다. 같은 낙하산에 질량이 2M인 물체를 매달아 떨어뜨렸을 때 이 물체의 종단속력은? (단, 두 물체는 충분히 높은 지점에서 떨어졌다고 가정하고 질량을 가진 물체의 크기는 무시한다.)

① $4v$　　　　　　　　　　　② $2v$

③ $\sqrt{2v}$　　　　　　　　　④ v

11 〈보기〉는 어떤 용수철에 매달린 물체의 단진동운동의 운동에너지 $K(t)$와 위치에너지 $U(t)$를 시간에 따라 나타낸 것이다. 이에 대한 설명으로 가장 옳지 않은 것은?

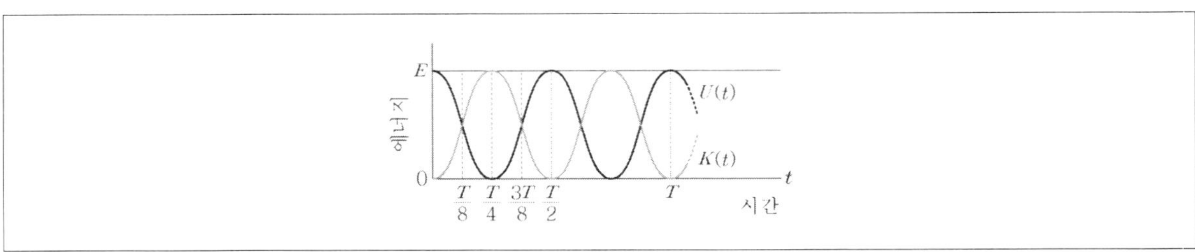

① 시간 $\frac{T}{8}$일 때와 $\frac{3T}{8}$일 때 물체의 운동 방향은 반대이다.

② 매시간 운동에너지와 위치에너지의 합은 같다.

③ 시간 $\frac{T}{4}$일 때 물체는 평형 위치에 있다.

④ 시간 T동안 물체는 평형 위치를 2번 지났다.

12 밀도가 $\rho = 2\text{g}/\text{cm}^3$인 비압축성 유체가 수평관을 통해 정상류를 이루며 흐르고 있다. 이 관에서 높이가 같은 두 지점 A와 B를 생각하자. A 지점에서 유체의 속력은 $v = 10\text{cm/s}$이고 두 지점의 압력 차이는 $\triangle p = 150\text{Pa}$이다. 이때 두 지점에서 수평관의 지름의 비 (d_A/d_B)는? (단, 수평관의 단면은 원형이고, B 지점의 지름이 더 작다고 가정하며 수평관 내 유체는 베르누이 법칙을 만족한다.)

① 1
② 2
③ 4
④ 16

---

10 종단속력에서 중력과 끌림힘이 평형을 이루므로 $Mg = kv^2$에서 종단속력 $v = \sqrt{\dfrac{Mg}{k}}$ 이다. 문제에서 낙하산에 매단 물체의 질량이 2배가 되었으므로($M \to 2M$), 이때 물체의 종단속력은 $\sqrt{2}$ 배가 된다.

11 ① 시간 $\dfrac{T}{8}$일 때와 $\dfrac{3T}{8}$일 때 물체의 운동 방향은 같다.

② 에너지 보존 법칙에 따라 매시간 운동에너지와 위치에너지의 합은 같다.

③ 시간 $\dfrac{T}{4}$일 때 물체의 위치에너지는 최소, 운동에너지는 최대이므로 물체는 평형 위치에 있다.

④ 시간 T 동안 물체의 위치에너지는 최소, 운동에너지는 최대인 평형 위치를 2번(시간 $\dfrac{T}{4}$와 $\dfrac{3T}{4}$일 때) 지난다.

12 베르누이 법칙 $p_A + \dfrac{1}{2}\rho v_A^2 = p_B + \dfrac{1}{2}\rho v_B^2$ 에서,

$\Delta p = p_A - p_B = 150Pa$, $\rho = 2g/cm^3 = 2 \times 10^3 kg/m^3$, $v_A = 0.1\text{m/s}$이므로

$150 + \dfrac{1}{2} \times (2 \times 10^3) \times 0.1^2 = \dfrac{1}{2} \times (2 \times 10^3) \times v_B^2$에서 $v_B = 0.4\text{m/s}$임을 얻는다.

$v_A : v_B = 1 : 4$이므로 $d_A : d_B = \dfrac{1}{1} : \dfrac{1}{\sqrt{4}} = 2 : 1$이고, $\dfrac{d_A}{d_B} = 2$이다.

정답 및 해설 10.③ 11.① 12.②

13 용수철 상수 K = 20N/m이고 고유 길이가 1m인 용수철을 질량 2kg인 물체와 연결한 후 마찰이 없는 평면에 놓았다. 〈보기〉와 같이 평면에서 물체가 용수철에 매달려 등속 원운동하고 있을 때 용수철의 길이는 1.5m였다. 이때, 용수철에 저장된 탄성에너지와 물체의 운동에너지의 비는? (단, 용수철의 무게는 무시한다.)

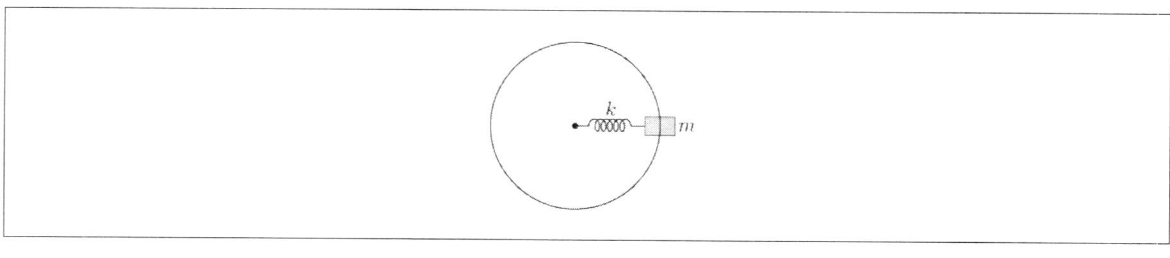

① 1 : 1

② 1 : 1.5

③ 1 : 2

④ 1 : 3

14 〈보기 1〉은 어떤 균일한 금속판에 빛을 비추었을 때 측정되는 정지 전압을 빛의 진동수에 따라 나타낸 것이다. 〈보기 2〉에서 옳은 설명을 모두 고른 것은? (단, 전자의 전하량은 $-|e|$이고, 플랑크 상수는 h이다.

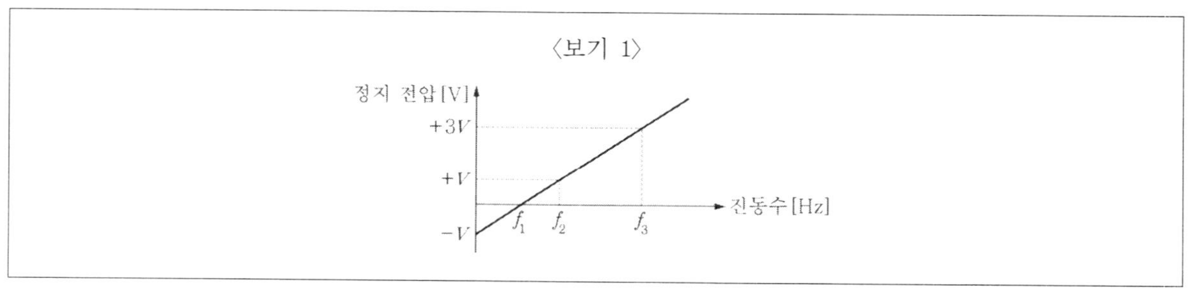

〈보기 2〉

㉠ 금속의 일함수는 $-|e|V$이다.

㉡ $f_2 : f_3 = 1 : 3$이다.

㉢ $h = \dfrac{|e|V}{f_1}$이다.

① ㉢

② ㉠, ㉡

③ ㉠, ㉢

④ ㉡, ㉢

15 〈보기〉와 같이 마찰이 없는 수평면 위에 질량이 990g인 물체가 용수철 상수 k = 100N/m인 용수철에 연결된 후 정지해 있다. 질량이 10g이고 속력이 5m/s인 총알이 날아와 정지해있던 물체에 박혀 단조화 운동을 한다. 이때 단조화운동의 진폭[mm]은? (단, 총알이 박혔을 때 물체의 모양변화나 기울어짐, 용수철의 무게는 무시한다.)

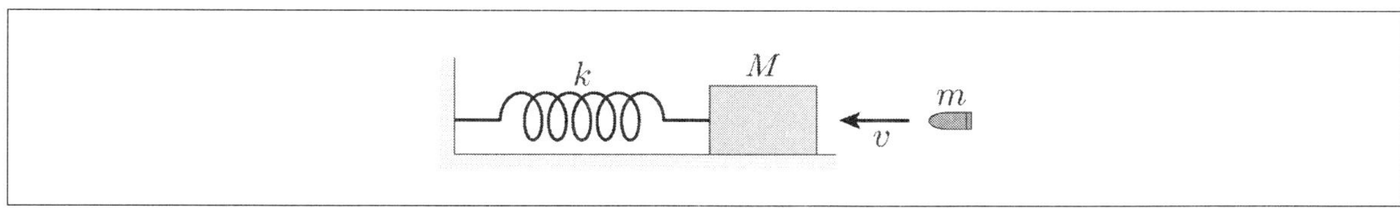

① 1 ② 2

③ 5 ④ 10

---

13 용수철에 저장된 탄성에너지 $E_p = \frac{1}{2}kx^2$, 물체의 운동에너지 $E_k = \frac{1}{2}mv^2$이다. 물체가 등속 원운동을 하고 있으므로 물체에 작용하는 구심력은 탄성력과 같다. 즉, $\frac{mv^2}{r} = kx$이므로 이를 변형하면 운동에너지 $E_k = \frac{1}{2}mv^2 = \frac{1}{2}krx$임을 얻는다.

$E_p : E_k = \frac{1}{2}kx^2 : \frac{1}{2}krx = x : r$이고, $x = 1.5 - 1 = 0.5m$, $r = 1.5m$이므로 $E_p : E_k = 1 : 3$이다.

14 ㉠ 금속의 일함수는 $hf_1 = |e|V$이다.

㉡ $|e|V = hf_2 - |e|V$, $hf_2 = 2|e|V$

$3|e|V = hf_3 - |e|V$, $hf_3 = 4|e|V$ 이므로, $f_2 : f_3 = 2 : 4 = 1 : 2$이다.

㉢ $hf_1 = |e|V$이므로 $h = \frac{|e|V}{f_1}$이다.

15 운동량 보존 법칙에 따라 (총알의 운동량) = (물체의 운동량)이며, $0.01 \times 5 = (0.99 + 0.01) \times v_{물체}$의 관계에서 $v_{물체} = 0.05 m/s$이다. 또한 (물체의 운동 에너지) = (물체의 탄성 퍼텐셜 에너지)의 관계에서 $\frac{1}{2}mv_{물체}^2 = \frac{1}{2}kx^2$이고, 따라서 단조화 운동의 진폭 $x = v\sqrt{\frac{m}{k}} = 0.05\sqrt{\frac{1}{100}} = 0.005m = 5\,mm$이다.

정답 및 해설 13.④ 14.① 15.③

16 일차원 무한 퍼텐셜우물에 갇힌 전자의 바닥상태 에너지를 E라 하자. 이 퍼텐셜우물에 갇힌 전자가 방출하는 광자가 가질 수 있는 에너지 값은?

① E

② $2E$

③ $4E$

④ $8E$

17 〈보기〉는 마찰이 있는 수평면 위에서 정지한, 질량이 1kg인 물체에 각도 45°로 가해진 힘을 나타낸 것이다. 힘의 크기가 5N일 때 물체는 등가속도 운동을 하였다. 이때 물체의 가속도 크기[m/s²]는? 단, 물체와 수평면 사이의 운동마찰계수는 0.2이고, 중력가속도는 10m/s²이다. 또한 질량 1kg 물체의 크기는 무시한다.)

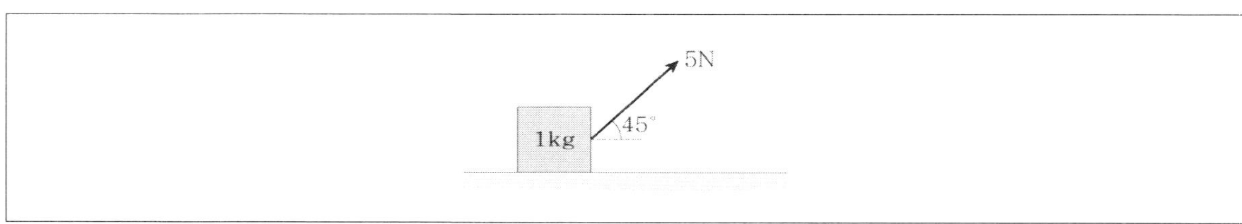

① $3\sqrt{2}-1$

② $3\sqrt{2}-2$

③ $4\sqrt{2}-2$

④ $4\sqrt{2}-1$

18 〈보기〉와 같이 반지름이 각각 r_a, r_b인 원형 도선 a, b에 각각 세기가 일정한 전류가 흐르고 있다. 점 O_a, O_b다는 a와 b의 중심이며 a와 b에 흐르는 전류에 의한 자기 모멘트의 크기가 같다. B_a, B_b다에서 전류에 의한 자기장의 세기를 각각 B_a, B_b라고 할 때, $\dfrac{B_b}{B_a}$는?

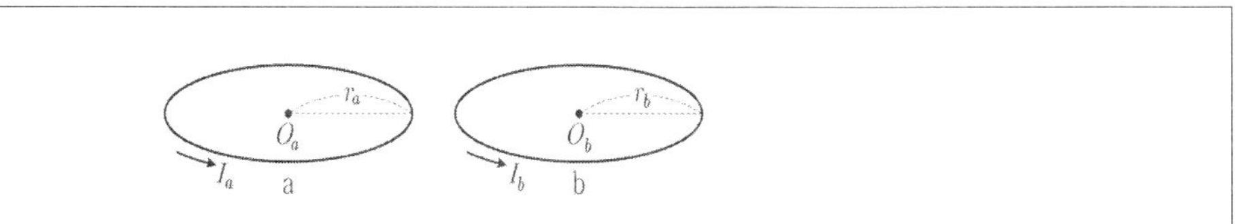

① $\dfrac{r_b^{\,2}}{r_a^{\,2}}$　　　　　② $\dfrac{r_b^{\,3}}{r_a^{\,3}}$

③ $\dfrac{r_a^{\,2}}{r_b^{\,2}}$　　　　　④ $\dfrac{r_a^{\,3}}{r_b^{\,3}}$

---

16 정상파의 파장 $\lambda = \dfrac{2L}{n}$ 이므로, 일차원 무한 퍼텐셜우물의 에너지는

$$E_n = \frac{p^2}{2m} = \frac{\left(\dfrac{h}{\lambda}\right)^2}{2m} = \frac{h^2}{2m\lambda^2} = \frac{h^2}{2m\left(\dfrac{2L}{n}\right)^2} = \frac{n^2 h^2}{8mL^2}$$ 이다. $E_n \propto n^2$ 이고 문제에서 $E_1 = E$라고 하였으므로, 일차원 무한 퍼텐셜

우물에 갇힌 전자의 에너지는 E, 4E, 9E, 16E, … 와 같이 나타난다. 따라서 주어진 보기 중 퍼텐셜우물에 갇힌 전자가 방출하는 광자가 가질 수 있는 에너지 값은 ④번 8E = 9E − E이다.

17 물체에 작용하는 알짜 힘 $F = ma = N\cos\theta - \mu(mg - N\sin\theta)$에서,

$$1 \times a = 5\cos 45° - 0.2(1 \times 10 - 5\sin 45°) \quad a = \frac{5}{\sqrt{2}} - 0.2\left(10 - \frac{5}{\sqrt{2}}\right) = 3\sqrt{2} - 2 \ m/s^2$$

18 a와 b에 흐르는 전류에 의한 자기 모멘트의 크기가 같으므로 $\mu = I_a \times \pi r_a^2 = I_b \times \pi r_b^2$

$$B_a = \frac{\mu_0}{2}\frac{I_a}{r_a}, \quad B_b = \frac{\mu_0}{2}\frac{I_b}{r_b} \ \text{이므로,} \quad \frac{B_b}{B_a} = \frac{\dfrac{I_b}{r_b}}{\dfrac{I_a}{r_a}} = \frac{r_a}{r_b} \times \frac{I_b}{I_a} = \frac{r_a}{r_b} \times \frac{r_a^2}{r_b^2} = \frac{r_a^3}{r_b^3} \ \text{이다.}$$

정답 및 해설 16.④　17.④　18.④

19 〈보기〉는 굴절률이 4.0인 기판에 무반사 박막을 코팅한 모습을 나타낸 것이다. 박막의 굴절률이 1.5일 때, 파장 600nm인 빛의 반사를 최소화하기 위한 박막의 최소두께[nm]는?

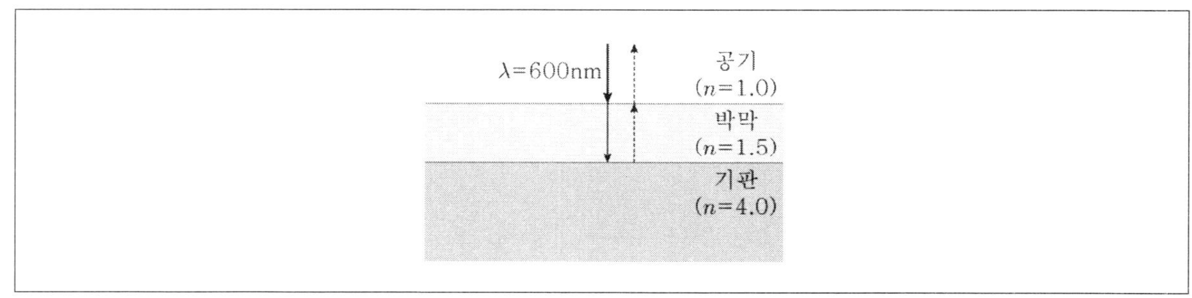

① 100

② 150

③ 200

④ 250

20 〈보기〉는 어떤 일정량의 이상기체의 상태변화를 나타낸 것이다. 이에 대한 설명으로 가장 옳은 것은?

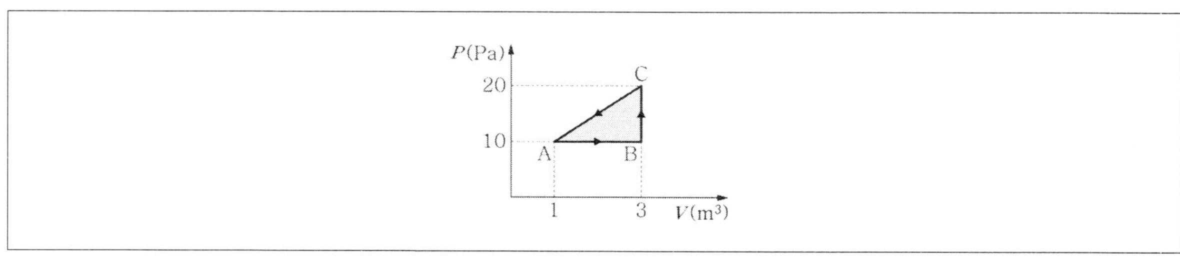

① 과정 A→B 동안 기체의 내부에너지는 감소한다.

② 과정 B→C 동안 기체의 엔트로피는 증가한다.

③ 과정 C→A 동안 기체의 온도는 증가한다.

④ 순환과정 A→B→C→A에서 기체가 한 일의 합은 10J이다.

19 매질 배치가 공기 – 박막 – 기판으로 갈수록 밀한 배치이다. 따라서 빛의 반사를 최소화하기 위해서는 박막의 윗면에서 반사하는 빛과 아랫면에서 반사하는 빛이 상쇄간섭을 하도록 하면 된다. 이때의 최소 두께는 $2nd = \dfrac{\lambda}{2}$ 를 만족하는 d 값이고 다음과 같이 구할 수 있다. $d = \dfrac{\lambda}{4n} = \dfrac{600}{4 \times 1.5} = 100(\mathrm{nm})$

20 ① 과정 A → B 동안 압력이 일정한 상태에서 부피가 증가하므로 기체의 온도는 증가하며, 따라서 기체의 내부에너지는 증가한다.

② 엔트로피 변화 공식 $dS = \dfrac{\delta Q}{T}$ 이고 과정 B → C 동안 부피가 일정한 상태에서 압력이 증가하므로 기체의 온도는 증가하고, 한 일 $\delta W = 0$ 이다. 따라서 $dU = \delta Q > 0$ 이므로 엔트로피 변화 $dS = \dfrac{\delta Q}{T} > 0$ 이며, 기체의 엔트로피는 증가한다.

③ 과정 C → A 동안 기체의 압력과 부피가 모두 감소하므로 기체의 온도는 감소한다.

④ 순환 과정 A → B → C → A에서 기체가 한 일의 합은 A → B 과정에서 그래프와 x축 사이의 넓이와 같으므로 $10 \times (3-1) = 20J$ 이다.

정답 및 해설 19.① 20.②

1 보어의 수소 원자 모형에서 원자에 구속된 전자에 대한 설명으로 옳은 것은?

① 연속적인 에너지 준위를 갖는다.

② 전이할 때 방출하는 빛은 선 스펙트럼으로 나타난다.

③ 들뜬상태에서 바닥상태로 전이할 때 에너지를 흡수한다.

④ 원운동을 할 때 항상 에너지를 방출하므로 안정된 궤도에 존재할 수 없다.

2 강자성체에 대한 설명으로 옳은 것만을 모두 고르면?

> ㉠ 철은 강자성체이다.
> ㉡ 외부 자기장과 같은 방향으로 자기화가 된다.
> ㉢ 외부 자기장을 제거하면 바로 자기적 특성이 사라진다.

① ㉠   ② ㉠, ㉡

③ ㉡, ㉢   ④ ㉠, ㉡, ㉢

3 진공에서 진행 중인 전자기파에 대한 설명으로 옳은 것만을 모두 고르면?

> ㉠ X선은 적외선보다 파장이 크다.
> ㉡ 전기장과 자기장의 진동 방향은 서로 수직이다.
> ㉢ 전기장의 진동 방향과 전자기파의 진행 방향은 서로 수직이다.

① ㉠   ② ㉡

③ ㉡, ㉢   ④ ㉠, ㉡, ㉢

1 ① 불연속적인 에너지 준위를 갖는다.

② 낮은 에너지 상태에서 높은 에너지 상태로, 또는 높은 에너지 상태에서 낮은 에너지 상태로 전자가 움직이는 것을 "전이"라고 하며, 전자가 전이할 때 방출하는 빛은 선 스펙트럼으로 나타난다.

③ 전자가 들뜬상태에서 바닥상태로 전이할 때 에너지를 방출하며, 바닥상태에서 들뜬상태로 전이할 때 에너지를 흡수한다.

④ 전자가 같은 궤도에서 원운동을 할 때는 에너지의 변화 없이 안정된 궤도에 존재한다.

2 강자성체(Ferromagnetic)는 스핀 운동이 한쪽 방향으로 모두 정렬되어 원자가 강한 자기 모멘트를 띠는 물질이다.

㉠ 단원자 강자성체로는 철, 니켈, 코발트 등이 있으며, 산화철, 산화크롬, 페라이트 등의 금속 산화물도 강자성을 지닐 수 있다. 주로 합금 상태의 강자성체는 영구자석으로 사용된다.

㉡ 강자성체는 외부 자기장에 의해 원자 자석들이 외부 자기장과 같은 방향으로 배열되며, 이를 자기화(또는 자화)라고 한다.

㉢ 강자성체는 외부 자기장을 제거해도 자기적 성질이 오래 유지되는 성질이 있다. 이 현상은 신용카드, 녹음테이프, 컴퓨터 저장장치 등에 이용되며, 자기화된 강자성체는 강한 자기장, 높은 온도 또는 큰 충격을 주면 자기적 특성을 없앨 수 있다.

3

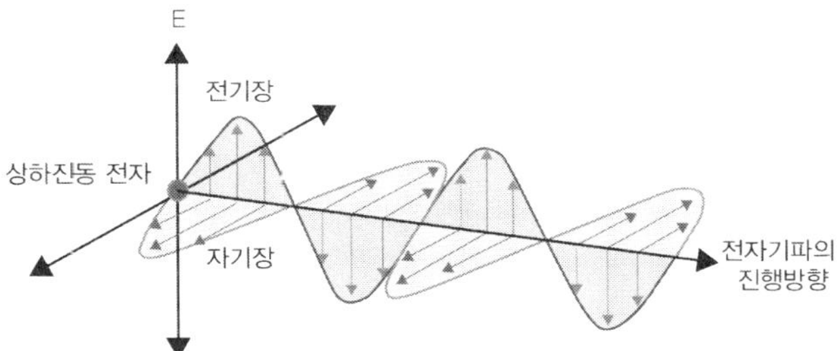

전기가 흐를 때 그 주위에 전기장과 자기장이 동시에 발생하는데, 이들이 주기적으로 바뀌면서 생기는 파동을 전자기파라고 한다. 위 그림은 전자기파의 진행을 나타낸 것이다.

㉠ X선은 적외선보다 파장이 짧고 진동수는 크다.

㉡ 위 그림에서 전기장의 진동 방향과 자기장의 진동 방향은 서로 수직이다.

㉢ 위 그림에서 전기장의 진동 방향과 전자기파의 진행 방향은 서로 수직이다. 참고로 자기장의 진동 방향과 전자기파의 진행 방향 또한 서로 수직이다.

정답 및 해설 1.② 2.② 3.③

4 그림은 어떤 열기관의 한 순환과정 동안 내부의 이상기체의 압력과 부피의 관계를 나타낸 것이다. 이 열기관에서 한 순환과정 동안 공급한 열이 $20P_0V_0$일 때 열효율은?

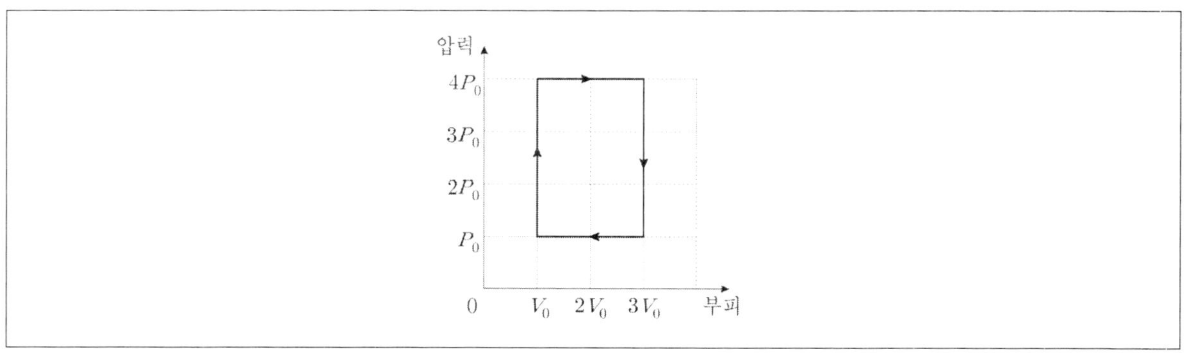

① 0.3

② 0.4

③ 0.5

④ 0.6

5 그림은 등가속도 직선 운동을 하는 자동차의 속력을 시간에 따라 나타낸 것이다. 자동차의 운동에 대한 설명으로 옳지 않은 것은?

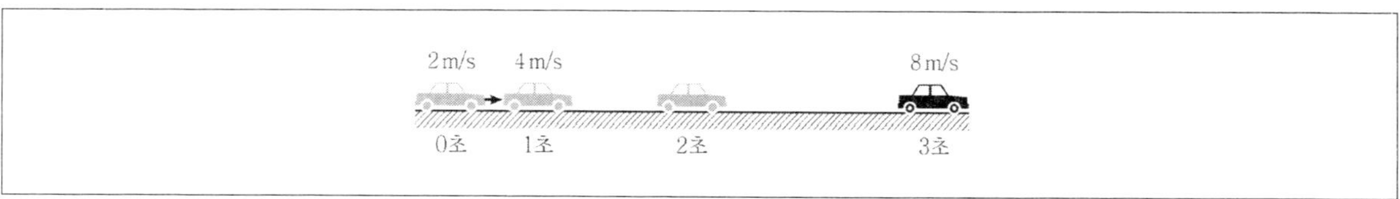

① 가속도의 크기는 2m/s^2이다.

② 2초인 순간의 속력은 6m/s이다.

③ 1초부터 2초까지 평균속력은 5m/s이다.

④ 0초부터 3초까지 이동 거리는 9m이다.

6 그림은 질량이 m, M인 두 물체가 실로 연결되어 중력에 의하여 등가속도 운동하는 모습을 나타낸 것이다. 물체들의 가속도의 크기가 $\dfrac{3}{5}g$일 때, M의 값은 m의 몇 배인가? (단, 중력 가속도의 크기는 g이며, 실과 도르래의 질량과 모든 마찰은 무시한다)

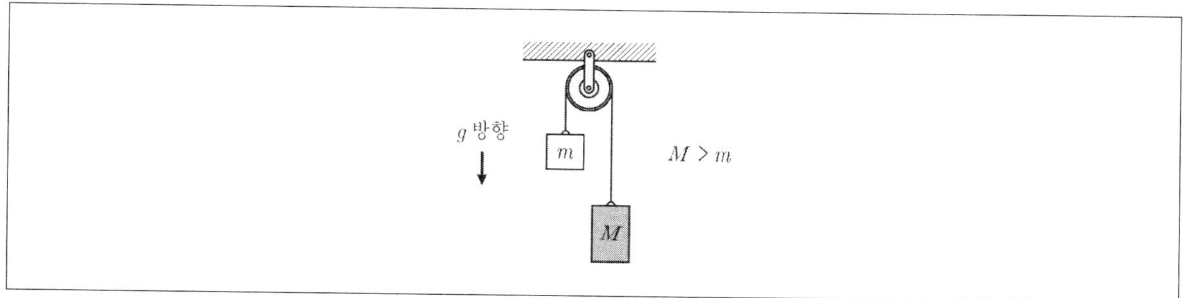

① 2

② 3

③ 4

④ 5

---

4 열기관의 순환과정 동안 내부 이상기체가 한 일은 $(4P_0 - P_0) \times (3V_0 - V_0) = 6P_0V_0$이다. 문제에서 한 순환과정 동안 공급한 열이 $20P_0V_0$라고 하였으므로 열효율은 $\dfrac{6P_0V_0}{20P_0V_0} = 0.3$이다.

5 ① 등가속도 직선 운동을 하므로 가속도의 크기는 $\dfrac{4-2[\text{m/s}]}{1-0[\text{s}]} = 2\text{m/s}^2$이다.

② 등가속도 직선 운동 공식이 따라 2초일 때의 속력은 $v = v_0 + at = 2 + 2 \times 2 = 6\text{m/s}$이다.

③ 1초부터 2초까지 평균 속력은 $\dfrac{6+4}{2} = 5\text{m/s}$이다.

④ 등가속도 직선 운동 공식에 따라 0초부터 3초까지 이동 거리는 $s = v_0 t + \dfrac{1}{2}at^2 = 2 \times 3 + \dfrac{1}{2} \times 2 \times 3^2 = 15\text{m}$이다.

6 그림에 따르면 질량이 M인 물체가 받는 중력에서 질량이 m인 물체가 받는 중력을 뺀 힘이 질량 M과 m인 물체 모두에 아래 방향으로 작용하게 되며, 이때 가속도의 크기가 $\dfrac{3}{5}g$라고 하였다.

이를 수식으로 정리하면 $Mg - mg = (M+m) \times \dfrac{3}{5}g$로 나타낼 수 있고, 정리하면 $M = 4m$임을 확인할 수 있다.

7 그림 ㈎는 마찰이 없는 수평면에서 질량이 m인 물체 A가 정지해 있는 물체 B를 향해 속력 $2v$로 등속 직선 운동하는 것을 나타낸 것이고, 그림 ㈏는 A와 B의 충돌 전후 A의 운동량을 시간에 따라 나타낸 것이다. 충돌 후 A와 B의 속력은 같다. 이에 대한 설명으로 옳은 것만을 모두 고르면? (단, 공기저항은 무시한다)

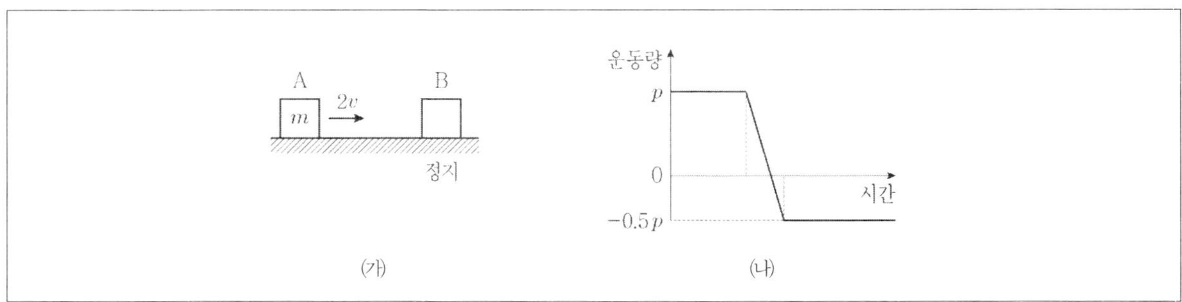

㉠ B의 질량은 $3m$이다.
㉡ 충돌 후 A의 속력은 $0.5v$이다.
㉢ 충돌 후 B의 운동량의 크기는 $3mv$이다.

① ㉠, ㉡
② ㉠, ㉢
③ ㉡, ㉢
④ ㉠, ㉡, ㉢

8 그림은 높이가 h인 A 지점에서 속력 $2v$로 운동하던 수레가 동일 연직면상에서 마찰이 없는 곡면을 따라 B 지점을 지나 최고점 C 지점에 도달하여 정지한 순간의 모습을 나타낸 것이다. B에서 수레의 속력은 v이고 높이는 $2h$이다. C의 높이가 $\dfrac{7}{3}h$일 때, B에서 수레의 운동 에너지는? (단, 수레의 질량은 m, 중력 가속도의 크기는 g이며, 모든 마찰 및 수레의 크기는 무시한다)

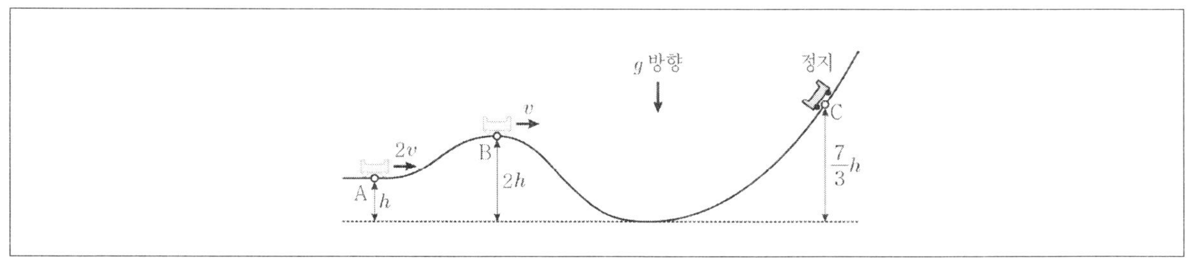

① $\dfrac{1}{3}mgh$

② $\dfrac{2}{3}mgh$

③ $2mgh$

④ $\dfrac{7}{3}mgh$

---

7 ㉠㉡ (나) 그래프에 따르면 충돌 후 A의 운동량이 p에서 $-0.5p$로 바뀌었다. 이는 A의 속도가 원래의 방향과 반대 방향으로 절반으로 줄었음을 의미한다. 즉, 충돌 후 A의 속도는 $-v$이며, 따라서 속력은 v가 된다. 또한, A와 B의 충돌 전후 운동량의 총합은 보존되므로 $2mv = M_B v - mv$에서 B의 질량 $M_B = 3m$임을 확인할 수 있다.

㉢ 충돌 후 B의 운동량의 크기는 $M_B v = 3mv$이다.

8 물체의 운동 에너지와 지면을 기준으로 한 중력 퍼텐셜 에너지의 합을 역학적 에너지라고 하며, 이 역학적 에너지는 보존된다. 문제의 수레 운동에서 A, E, C 모든 지점에서 역학적 에너지는 같다는 점에 착안하여 식을 세우면

$$mgh + E_{k_A} = mg(2h) + E_{k_B} = mg\left(\frac{7}{3}h\right)$$

$$\therefore\ E_{k_B} = \frac{1}{3}mgh$$

정답 및 해설 7.② 8.①

9 그림은 관측자 A가 보았을 때, B가 타고 있는 우주선이 $0.7c$의 속력으로 등속 직선 운동을 하고 있는 것을 나타낸 것이다. 광원 S와 빛 검출기 P, Q는 A에 대해 정지해 있으며, 우주선의 운동방향과 평행한 직선상에 놓여 있다. A가 측정했을 때, P, Q 사이의 거리는 L이고 S에서 방출된 빛은 P, Q에 동시에 도달한다. B가 측정했을 때, 이에 대한 설명으로 옳은 것은? (단, c는 빛의 속력이다)

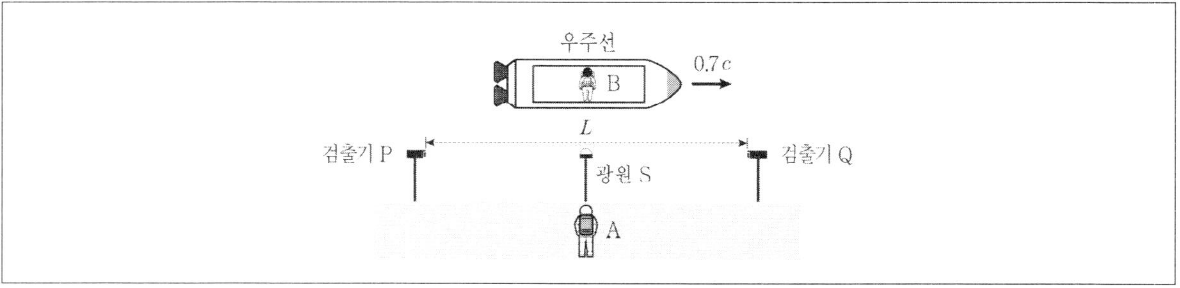

① P와 Q 사이의 거리는 L보다 길다.
② P와 Q 사이의 거리는 고유 길이이다.
③ A의 빛 시계가 B의 빛 시계보다 느리게 간다.
④ S에서 방출된 빛은 P와 Q에 동시에 도달한다.

10 그림과 같이 반경이 R인 동일한 두 금속구가 전하량, $+3Q, -Q$로 대전되어 중심 간 거리가 r만큼 떨어져 있을 때, 두 금속구 사이에 작용하는 전기력의 크기가 F였다. 두 금속구를 충분히 오랫동안 접촉시켰다가 다시 중심 간 거리를 $\dfrac{r}{2}$만큼 떨어뜨려 놓았을 때, 두 금속구 사이에 작용하는 전기력의 크기는? (단, $r \gg R$이다)

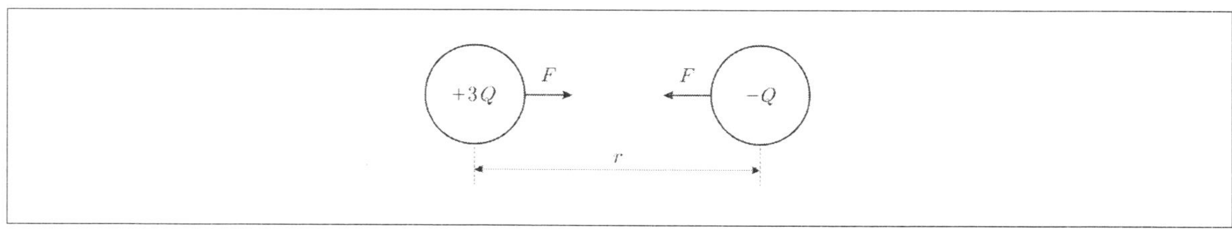

① $\dfrac{1}{2}F$

② $\dfrac{2}{3}F$

③ $\dfrac{3}{2}F$

④ $\dfrac{4}{3}F$

9 ① P와 Q 사이를 상대적으로 운동하는 B가 측정한 거리는 상대적으로 정지해 있는 A가 측정한 거리 L보다 짧다.
　② 관찰자가 측정했을 때 정지 상태에 있는 물체의 길이 또는 한 관성 좌표계에 대해 고정된 두 지점 사이의 길이를 고유 길이라고 한다. P와 Q 사이의 거리는 A가 측정했을 때 고유 길이이나 B가 측정했을 때는 그렇지 않다.
　③ 우주선 내부의 관측자 B의 시간이 고유 시간만큼 흘렀을 때 우주선 밖에서 정지해 있는 A가 측정한 시간은 고유 시간보다 길게 관측된다. 따라서 A가 본 B의 시간과 B가 본 A의 시간은 모두 느리게 가는 것으로 관측된다. 따라서 A의 빛 시계가 B의 빛 시계보다 느리게 간다.
　④ 빛의 속력은 같은데 빛이 이동하는 동안 우주선도 검출기 Q 쪽으로 이동한다. 따라서 우주선 내부의 관측자 B가 볼 때 S에서 방출된 빛은 검출기 P 쪽으로는 $1.7c$의 속력으로, 검출기 Q 쪽으로는 $0.3c$의 속력으로 이동하는 것으로 관찰된다. 따라서 S에서 방출된 빛은 Q보다 P에 먼저 도달한다.

10 쿨롱의 법칙에 따라 두 전하 입자 사이에 작용하는 정전기적 인력은 두 전하의 곱에 비례하고, 두 입자 사이의 거리 제곱에 반비례한다 $\left(F = k\dfrac{q_1 q_2}{r^2}\right)$. 이를 활용하여 주어진 조건에서 식을 풀면 다음과 같다.

$$F = k\frac{3Q \times Q}{r^2} = k\frac{3Q^2}{r^2}$$

아울러 두 금속구를 접촉시켰을 때 전하의 합은 $3Q + (-Q) = 2Q$이다. 이 전하가 두 금속구에 균일하게 분포하게 한 후 다시 떨어뜨렸을 때 각 금속구의 전하량은 $\dfrac{+2Q}{2} = +Q$로 대전된다. 따라서 이때 두 금속구에 작용하는 전기력의 크기는 다음과 같이 계산된다.

$$F' = k\frac{Q \times Q}{\left(\frac{1}{2}r\right)^2} = k\frac{4Q^2}{r^2} = \frac{4}{3}F$$

11 다음은 우라늄 $^{235}_{92}\text{U}$가 핵반응할 때 반응식을 나타낸 것이다. 이에 대한 설명으로 옳은 것은?

$$^{235}_{92}\text{U} + \boxed{\text{(가)}} \rightarrow {}^{141}_{56}\text{Ba} + {}^{92}_{36}\text{Kr} + 3\,\boxed{\text{(가)}} + 3.2 \times 10^{-11}\,\text{J}$$

① (가)의 양성자 수는 1이다.

② 중성자 수는 Ba이 Kr보다 크다.

③ 이러한 핵반응을 핵융합이라고 한다.

④ 핵반응 전과 핵반응 후의 총질량은 같다.

12 그림 (가)는 실리콘(Si)만으로 구성된 순수한 반도체를, (나)는 실리콘만으로 구성된 순수한 반도체에 원자가 전자가 3개인 원자 X를 일부 첨가하여 만든 불순물 반도체를 나타낸 것이다. (가)와 (나)에 대한 설명으로 옳은 것은?

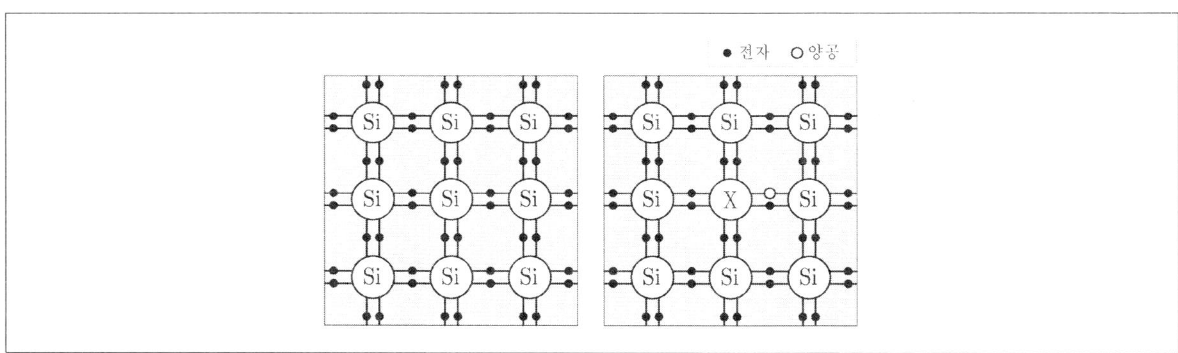

① (나)는 p형 반도체이다.

② 비소(As)를 원자 X로 사용할 수 있다.

③ 전기 전도성은 상온에서 (가)가 (나)보다 높다.

④ (나)에 존재하는 양공은 전류의 흐름과 무관하다.

11 우라늄−235 핵은 다음과 같이 두 가지 방법으로 분열된다. 문제에서는 (a)를 준 것이며, (가)는 중성자이다.

(a) ${}^{1}_{0}n + {}^{235}_{92}U \rightarrow {}^{141}_{56}Ba + {}^{92}_{36}Kr + 3{}^{1}_{0}n$

(b) ${}^{1}_{0}n + {}^{235}_{92}U \rightarrow {}^{137}_{52}Te + {}^{97}_{40}Zr + 2{}^{1}_{0}n$

① (가)는 중성자이므로 양성자 수는 0이다.

② Ba의 중성자 수는 141 − 56 = 85개, Kr의 중성자 수는 92 − 36 = 56개이므로 Ba이 Kr보다 크다.

③ 이러한 핵반응을 핵분열이라고 한다.

④ 핵분열 후어 질량결손 에너지(3.2×10^{-11}J)가 발생하였으므로 핵분열 후 총질량이 분열 전보다 조금 감소한다.

12 ① (나)는 원자가 전자가 4개인 실리콘(Si)으로 구성된 순수한 반도체에 원자가 전자가 3개인 원자 X를 일부 첨가함으로써 결합을 하지 못한 자리인 양공이 생성되었으므로 p형 반도체이다.

② 원자가 전자가 비소(As)는 15족 원소이므로 5개, 저마늄(Ge)은 14족 원소이므로 4개이다. 따라서 비소를 불순물로 사용할 경우 양공이 아닌 과잉 전자가 생성되어 전하 나르개로 작용한다. 전하 나르개로 양공을 만들기 위해서는 13족 원소인 B, Al, Ga, In 등을 도핑하여야 한다.

③ 불순물을 도핑한 (나)와 같은 반도체의 전기 전도성은 (가)와 같은 순수 반도체보다 더 높다.

④ (나)에 존재하는 양공은 전하 나르개로 작용하여 전류가 잘 통하게 하는 역할을 한다.

정답 및 해설 11.② 12.①

13 그림과 같은 단면구조를 가지는 투과 전자 현미경에 대한 설명으로 옳지 않은 것은?

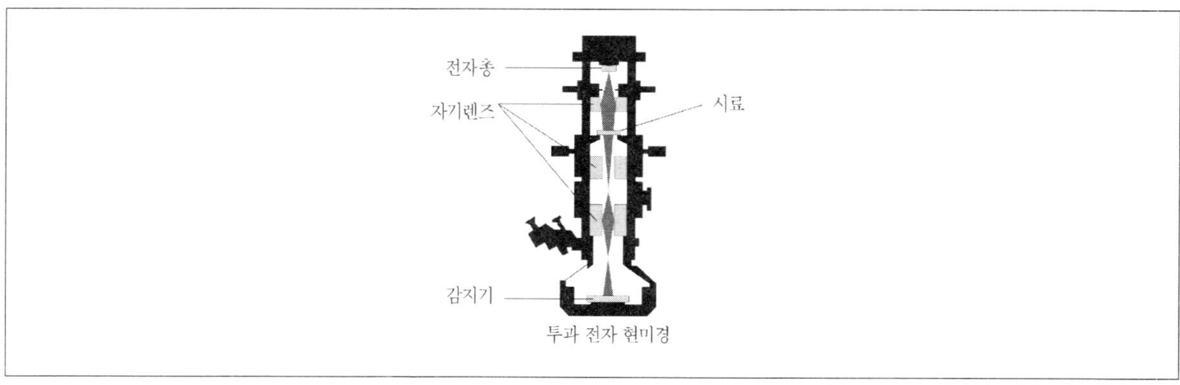

① 전자의 파동성을 이용한다.

② 전자의 파장이 클수록 높은 분해능을 가진다.

③ 최대 배율은 광학 현미경의 최대 배율보다 크다.

④ 자기렌즈는 자기장을 이용하여 전자선을 모을 수 있다.

14 그림과 같이 무한히 긴 직선 도선 A, B가 xy평면에 있다. A에는 일정한 전류 I가 흐르고, B에는 a 또는 b 방향으로 전류가 흐른다. 표는 B에 흐르는 전류의 크기와 방향에 따른 원점에서의 자기장의 크기를 나타낸 것이다. ㈎, ㈏에 들어갈 값을 바르게 나열한 것은? (단, 지구자기장은 무시한다)

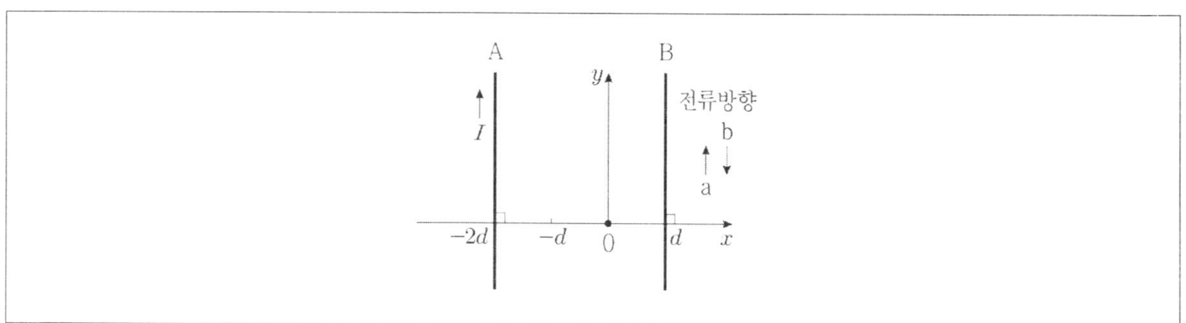

B의 전류의 크기	B의 전류의 방향	원점에서 자기장의 크기
I	a	B_0
㈎	a	0
I	b	㈏

	(가)	(나)
①	$\dfrac{1}{3}I$	$\dfrac{1}{3}B_0$
②	$\dfrac{2}{3}I$	$\dfrac{1}{2}B_0$
③	$\dfrac{1}{2}I$	$2B_0$
④	$\dfrac{1}{2}I$	$3B_0$

13 전자 현미경은 원리적으로나 구조적으로나 광학 현미경과 근본적으로 다르다. 가장 큰 차이점은 전자 현미경은 광선 대신 전자선을 사용한다는 것이다. 광학 현미경은 유리렌즈를 사용하여 상을 만드는데, 전자선은 유리를 통과하지 못하기 때문에 전자석으로 자계를 만들어 이것으로 전자선을 수렴 또는 발산시키는 장치인 자기렌즈(또는 전자렌즈)를 사용한다.

고성능 전자 현미경은 대물·중간·촬영렌즈 등 세 개의 렌즈가 삽입되어 있어 각 렌즈로 상을 확대하여 최종 배율은 50만 배 정도까지 가능하다. 전자는 매우 가벼워 분자에 충돌하면 튕겨나가기 때문에 공기가 있으면 전자가 활발하게 움직일 수가 없다. 따라서 광학 현미경과는 달리 진공을 유지할 필요가 있다.

또한 전자 현미경에는 복잡하고 큰 전자계가 있다는 점도 광학 현미경과 다르다. 전자계의 중요한 점은 전자를 가속시키기 위해 고전압을 발생시키는 장치와 각 자기렌즈의 강도를 바꾸기 위한 전원 부분 등이다. 보통 전자 현미경은 5~10만 볼트로 전자를 가속하며, 전자선의 파장은 가속 전압의 제곱근에 반비례하여 짧아지는 성질이 있다. 또한 현미경의 분해능은 파장에 반비례하여 좋아진다. 따라서 전자 현미경의 분해능이 광학 현미경에 비해 매우 뛰어나다.

14 앙페르의 법칙에 따라 직선 도선에 전류가 흐르면 직선 주위에 전류의 세기(I)에 비례하고 도선으로부터의 거리(r)에 반비례하는 자기장이 생긴다$\left(B=k\dfrac{I}{r}\right)$. 전류의 방향은 앙페르의 오른손 법칙에 따르는 방향이다. 지면에 수직한 방향으로 들어가는 방향을 (+)라고 놓고 주어진 조건에서 식을 풀면 다음과 같은 결과를 얻는다.

(첫 번째 조건) $B_0 = k\dfrac{I}{2d} - k\dfrac{I}{d} = -k\dfrac{I}{2d}$

(두 번째 조건) $0 = k\dfrac{I}{2d} - k\dfrac{(가)}{d}$, $\therefore$ (가) $= \dfrac{1}{2}I$

(세 번째 조건) (나) $= k\dfrac{I}{2d} + k\dfrac{I}{d} = k\dfrac{3I}{2d} = -3B_0$

문제에서는 원점에서 자기장의 크기만 물어보았으므로 $3B_0$로 표기 가능

정답 및 해설 13.② 14.④

15 그림과 같이 지면에 수직한 방향으로 들어가는 균일한 자기장 영역을, 자기장에 수직한 방향으로 등속 직선 운동하는 사각형 도선이 통과한다. 이에 대한 설명으로 옳은 것만을 모두 고르면?

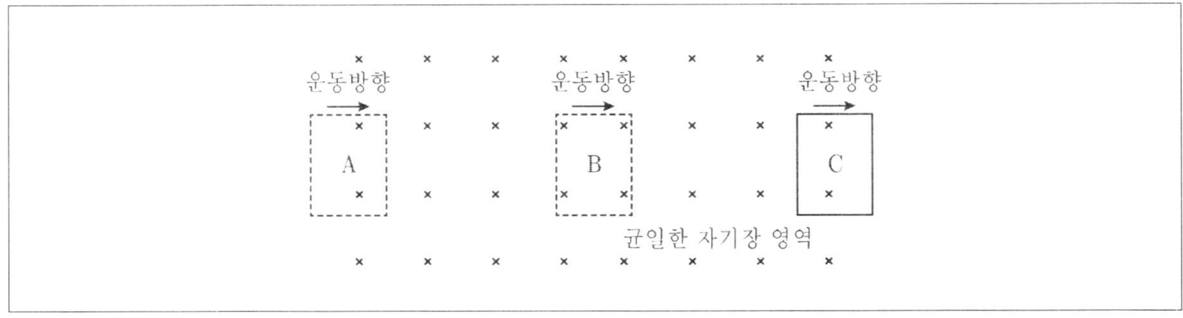

㉠ A 지점에서 발생하는 유도전류의 방향은 반시계 방향이다.
㉡ A, B 지점에서 발생하는 유도전류의 크기는 서로 같다.
㉢ A, C 지점에서 발생하는 유도전류의 방향은 서로 같다.

① ㉠

② ㉠, ㉢

③ ㉡, ㉢

④ ㉠, ㉡, ㉢

16 표는 서로 다른 금속 A, B에 진동수와 세기가 다른 단색광 P, Q를 비추었을 때 튀어나오는 광전자의 단위 시간당 개수를 나타낸 결과이다. 이에 대한 설명으로 옳은 것은?

금속판	단색광	튀어나오는 광전자의 단위 시간당 개수
A	P	2N
	Q	N
B	P	2N
	Q	0

① 진동수는 Q가 P보다 크다.

② A의 문턱(한계) 진동수는 P의 진동수보다 크다.

③ B의 문턱(한계) 진동수는 Q의 진동수보다 크다.

④ B에 비추는 Q의 세기를 증가시키면 광전자가 나올 것이다.

15 지면에 수직한 방향으로 들어가는 균일한 자기장 안으로 사각형 도선이 들어가는 A의 경우 자속은 지면에 수직한 방향으로 들어가는 쪽으로 증가한다. 따라서 유도자기장은 지면에서 나오는 방향으로 발생하며, 유도전류의 방향은 반시계 방향이다.

지면에 수직한 방향으로 들어가는 균일한 자기장 안에서 코일이 이동하는 B의 경우 자속은 아무 변화가 없다. 따라서 유도자기장의 변화 또한 없으며 이때에는 유도전류도 흐르지 않는다.

지면에 수직한 방향으로 들어가는 균일한 자기장에서 사각형 도선이 나오는 C의 경우 자속은 지면으로 들어가는 방향으로 감소된다. 따라서 유도자기장은 지면으로 들어가는 방향으로 발생하며, 유도전류의 방향을 구해보면 시계방향이 됨을 알 수가 있다.

㉠ 앞서 해설한 바와 같이 A 지점에서 발생하는 유도전류의 방향은 반시계 방향이다.

㉡ A 지점에서는 반시계 방향으로 유도전류가 발생하나 B 지점에서는 유도전류가 발생하지 않는다.

㉢ A 지점에서는 반시계 방향으로 유도전류가 발생하고 C 지점에서는 시계 방향의 유도전류가 발생하므로 A, C 지점에서 발생하는 유도전류의 방향은 서로 반대이다.

16 ① 금속에 진동수와 세기가 다른 단색광 P, Q를 비추었을 때 튀어나오는 광전자의 단위 시간당 개수를 살펴보면 P가 Q보다 튀어나오는 광전자의 개수가 많은 것을 알 수 있다. 따라서 P가 Q보다 에너지가 큰 빛이며, 따라서 P의 진동수가 Q의 진동수보다 크다.

② 금속판 A에 단색광 P를 비추었을 때 광전자가 방출되었으므로 A의 문턱(한계) 진동수는 P의 진동수보다 작다.

③ 금속판 B이 단색광 Q를 비추었을 때 광전자가 방출되지 않았으므로 B의 문턱(한계) 진동수는 Q의 진동수보다 크다.

④ 금속판에서 광전자가 나오기 하기 위해서는 해당 금속의 문턱(한계) 진동수보다 큰 빛을 비추어야 한다. 문턱(한계) 진동수보다 작은 빛을 아무리 시게 비추더라도 광전자는 방출되지 않는다. 따라서 금속 B의 문턱(한계) 진동수보다 작은 빛인 Q의 세기를 증가시킨다고 해서 광전자가 방출되지는 않는다.

17 그림은 재질이 같고 굵기가 다른 줄을 연결한 후, 굵은 줄의 한쪽 끝을 수직 방향으로 일정한 주기와 진폭으로 흔들었을 때 진행하는 파동의 어느 순간의 모습을 나타낸 것이다. 이에 대한설명으로 옳은 것은? (단, 가는 줄의 길이는 무한하다)

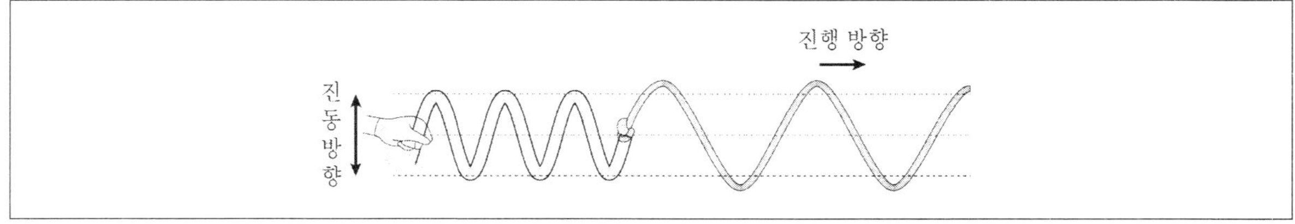

① 굵은 줄의 파장은 가는 줄의 파장보다 크다.
② 굵은 줄의 진동수는 가는 줄의 진동수보다 작다.
③ 굵은 줄의 진동 주기는 가는 줄의 진동 주기보다 크다.
④ 굵은 줄의 파동의 진행 속력은 가는 줄의 파동의 진행 속력보다 작다.

18 그림은 단색광 P가 매질 1 → 매질 2 → 매질 1로 진행할 때 P의 경로를 나타낸 것이다. 표는 각 매질의 굴절률, P의 속력, 진동수, 파장을 나타낸 것이다. 표의 물리량의 대소 관계로 옳은 것은? (단, 모눈 간격은 동일하며, 각 매질 1, 2는 균일하다)

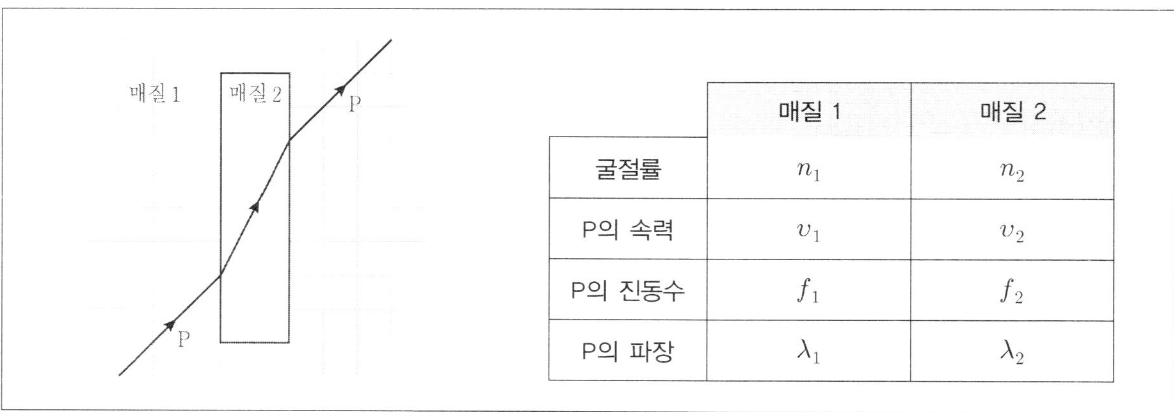

	매질 1	매질 2
굴절률	n_1	n_2
P의 속력	v_1	v_2
P의 진동수	f_1	f_2
P의 파장	λ_1	λ_2

① $n_1 < n_2$
② $u_1 > u_2$
③ $f_1 > f_2$
④ $\lambda_1 < \lambda_2$

17 ① 굵은 줄의 파장은 가는 줄의 파장보다 짧다.
  ② 파장과 진동수의 곱은 빛의 속도와 같다. 즉, 파장과 진동수는 반비례 관계에 있다. 따라서 굵은 줄의 진동수는 가는 줄의 진동수보다 크다.
  ③ 진동 주기는 진동수의 역수이다. 따라서 굵은 줄의 진동 주기는 가는 줄의 진동 주기보다 짧다.
  ④ 굵은 줄의 파동의 진행 속력은 가는 줄의 파동의 진행 속력보다 작다.

18

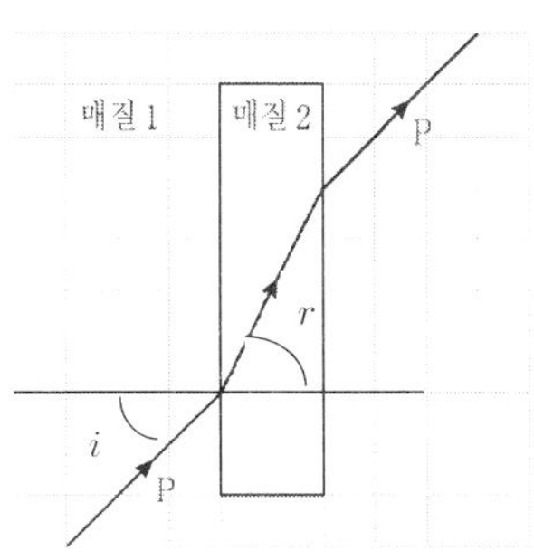

문제에서는 단색광 P가 매질1(밀)에서 매질2(소)로 진행하고 있다. 밀한 매질에서 소한 매질로 진행할 때에는 빛의 파장이 길어지고, 경계면 가까이로 꺾이며 수직선에서 멀어진다. 또한 빛의 속도가 빨라진다. 다만, 서로 다른 굴절률의 매질을 지나도 빛의 주파수와 주기는 동일하게 유지된다. 아울러 스넬의 법칙에 따라 다음과 같은 관계가 성립한다.

$$\frac{\sin i}{\sin r} = \frac{\lambda_1}{\lambda_2} = \frac{v_1}{v_2} = \frac{n_2}{n_1}$$

① $n_1 > n_2$
② $v_1 < v_2$
③ $f_1 = f_2$
④ $\lambda_1 < \lambda_2$

19 표는 질량이 서로 다른 입자 A, B의 운동 에너지와 속력을 나타낸 것이다. A와 B의 물질파 파장을 각각 λ_A, λ_B라고 할 때, $\lambda_A : \lambda_B$B? (단, 상대론적 효과는 무시한다)

입자	운동 에너지	속력
A	E	$\dfrac{1}{2}v$
B	$2E$	$2v$

$\underline{\lambda_A} : \underline{\lambda_B}$

① 2 : 1

② 4 : 1

③ 1 : 2

④ 1 : 4

20 그림은 실린더 안의 1몰의 이상기체의 상태가 A→B→C→A로 변화할 때 부피와 온도의 관계를 나타낸 것이다. A→B는 등온 과정, B→C는 단열 과정, C→A는 등적 과정이다. 실린더 안의 이상기체에 대한 설명으로 옳은 것은?

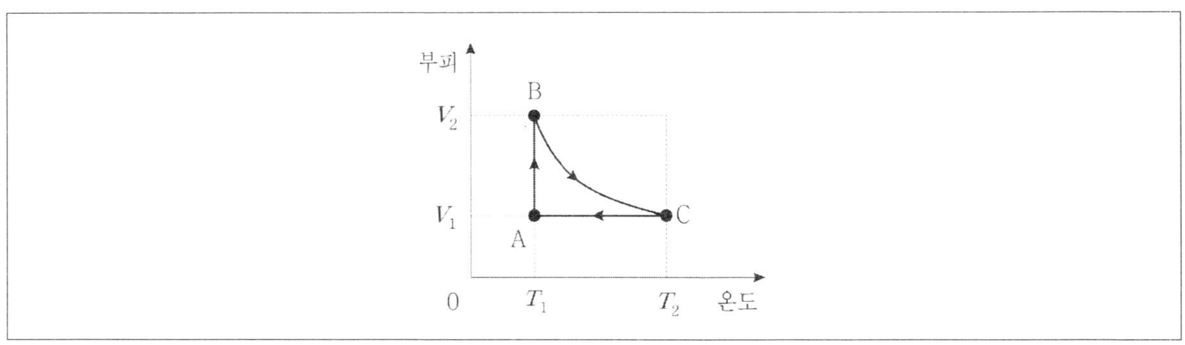

① A→B 과정에서 기체분자의 평균 운동 에너지는 증가한다.

② B→C 과정에서 기체는 외부에 일을 한다.

③ C→A 과정에서 기체는 외부로부터 열을 흡수한다.

④ 기체의 압력은 C에서 가장 크다.

19 드브로이 물질파 공식을 변형하면 $\lambda = \dfrac{h}{p} = \dfrac{h}{mv} = \dfrac{2vh}{\dfrac{1}{2}mv^2} = \dfrac{2vh}{E_k}$ 이다. 따라서,

$$\lambda_A : \lambda_B = \dfrac{2 \times \dfrac{1}{2}vh}{E} : \dfrac{2 \times 2vh}{2E} = \dfrac{vh}{E} : \dfrac{2vh}{E} = 1 : 2 \text{이다.}$$

20 ① A→B 과정은 온도 변화가 없는 등온 과정이므로 절대온도에 비례하는 기체분자의 평균 운동 에너지는 변화가 없다.

② B→C 과정은 외부로부터 계에 열 출입이 없는 단열과정이고 부피가 감소하였으므로 기체에 대해서 주위가 일을 한다. 즉, 실린더 안의 이상기체는 외부로부터 일을 받는다.

③ C→A 과정에서 기체의 온도가 감소하였으므로 기체는 외부로 열을 방출한다.

④ 기체의 압력은 온도가 가장 높고 부피가 가장 작은 C에서 가장 크다.

정답 및 해설 19.③ 20.④

1 상승하는 공기의 온도가 내려가 이슬점 이하로 낮아지면 수증기가 응결하여 구름이 생성된다. 다음 중 이와 가장 관련 있는 열역학 과정은?

① 등온 팽창   ② 등온 압축

③ 단열 압축   ④ 단열 팽창

2 도체에 대전체를 접근시키면 대전체에 가까운 부분은 대전체가 띠고 있는 전하와 반대 종류의 전하가, 먼 부분에는 같은 종류의 전하가 나타나는 현상은?

① 정전기 유도   ② 전하량 보존

③ 유전 분극   ④ 마찰 전기

3 그림은 서로 다른 세 이상기체의 온도 변화에 따른 부피 변화를 나타낸다. 어떤 온도 T에서 이상기체 사이의 압력의 크기는? (단, 기체 1, 2, 3의 압력은 각각 P_1, P_2, P_3이며, $T>0$이다.)

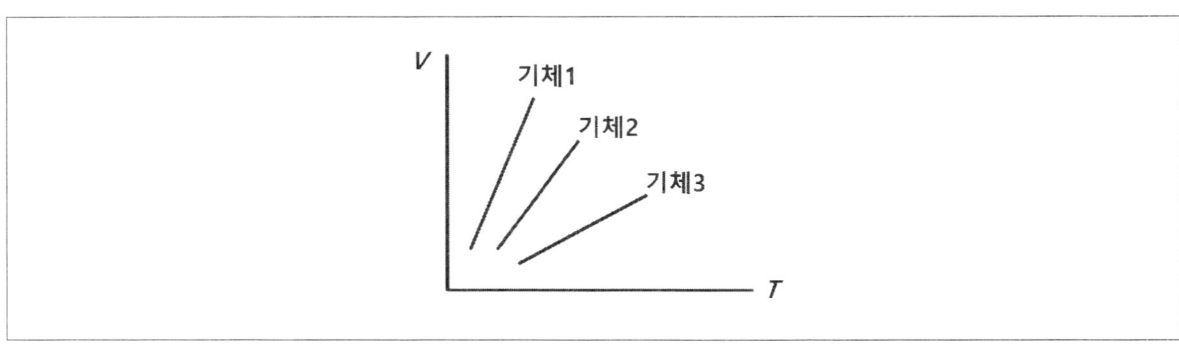

① $P_1 = P_2 = P_3$ ② $P_1 < P_2 < P_3$

③ $P_1 > P_2 > P_3$ ④ $P_1 < P_2 = P_3$

1 지표면에서 수증기를 포함한 공기 덩어리가 상승하면, 외부 기압이 낮아지므로 상승한 공기 덩어리는 단열 팽창하면서 기온이 낮아진다. 공기 덩어리의 포화 수증기압이 감소하고 상대 습도가 높아지며, 계속 상승하던 공기 덩어리의 기온이 이슬점에 도달하면 수증기가 응결하여 물방울이 되면서 구름이 만들어진다.
① **등온 팽창** : 온도 변화 없이 기체의 압력은 감소하고 기체의 부피가 팽창하는 경우로, 흡수한 열에너지만큼 외부에 일을 한다.
② **등온 압축** : 온도 변화 없이 기체의 압력은 증가하고 기체의 부피가 압축되는 경우로, 외부에서 받은 일만큼 외부에 열을 방출한다.
③ **단열 압축** : 주위 공기와의 열 교환 없이 공기의 부피가 줄어드는 현상이며, 결과 공기의 온도는 내려간다.
④ **단열 팽창** : 주위 공기와의 열 교환 없이 공기의 부피가 늘어나는 현상이며, 결과 공기의 온도는 올라간다.

2 ① **정전기 유도** : 도체에 대전체를 접근시키면 대전체에 가까운 부분은 대전체가 띠고 있는 전하와 반대 종류의 전하가, 먼 부분에는 같은 종류의 전하가 나타나는 현상
② **전하량 보존** : 고립계에서 전하의 총량은 보존된다. 즉, 전하는 새로 만들어지거나 소멸되지 않고 처음의 양을 유지한다.
③ **유전 분극** : 유전체에 전기장을 가하였을 때, 전기적으로 극성을 띤 분자들이 정렬하여 물체가 전기를 띠는 현상
④ **마찰전기** : 서로 다른 두 물체의 마찰에 의하여 그 표면에 나타나는 전하

3 이상기체 상태 방정식 $PV = nRT$에서, $V = \dfrac{nR}{P}T$이다. 즉, 주어진 그래프의 기울기는 $\dfrac{nR}{P}$으로 기체의 압력 P에 반비례한다. 따라서 온도가 일정할 때 이상기체 사이의 압력의 크기는 $P_1 < P_2 < P_3$이다.

정답 및 해설 1.④ 2.① 3.②

4 그림 ㈎에서는 원형 도선 a에 전류 I_a가 반시계방향으로 흐르며 원의 중심 P에서 자기장 B를 만든다. 이때 ㈏에서와 같이 전류 I_b가 흐르는 원형 도선 b를 a와 같은 중심으로 하는 동일한 평면에 추가로 놓았는데, 중심 P에서의 자기장 세기는 여전히 B로 같았다. 다음 중 가장 옳지 않은 것은?

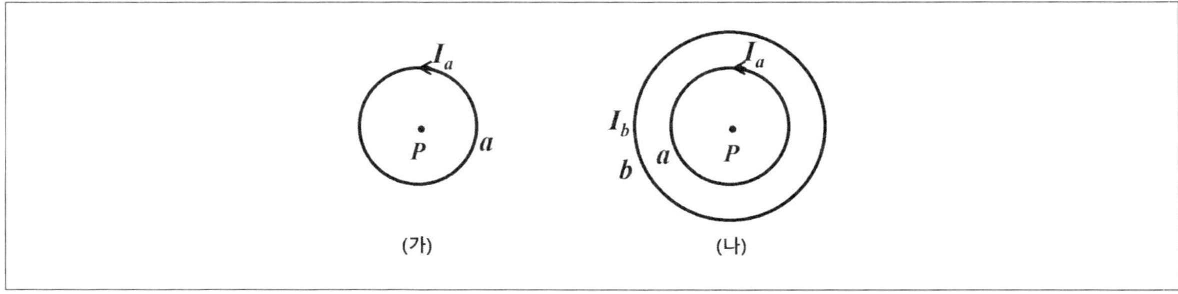

① ㈎에서 자기장의 방향은 지면을 수직으로 뚫고 들어가는 방향이다.

② ㈏에서 도선 a와 b가 만드는 자기장의 방향은 서로 반대이다.

③ ㈏에서 도선 a와 b에 흐르는 전류의 방향은 서로 반대이다.

④ ㈏에서 도선 a와 b에 흐르는 전류의 크기는 $I_a < I_b$이다.

5 그림과 같이 질량 m_A인 물체 A는 반지름 r, m_B인 물체 B는 반지름 $2r$인 피스톤 위에 놓여있다. 물체 A와 B의 높이가 같을 때 질량비 $m_A : m_B$는? (단, 피스톤의 질량과 마찰은 무시한다.)

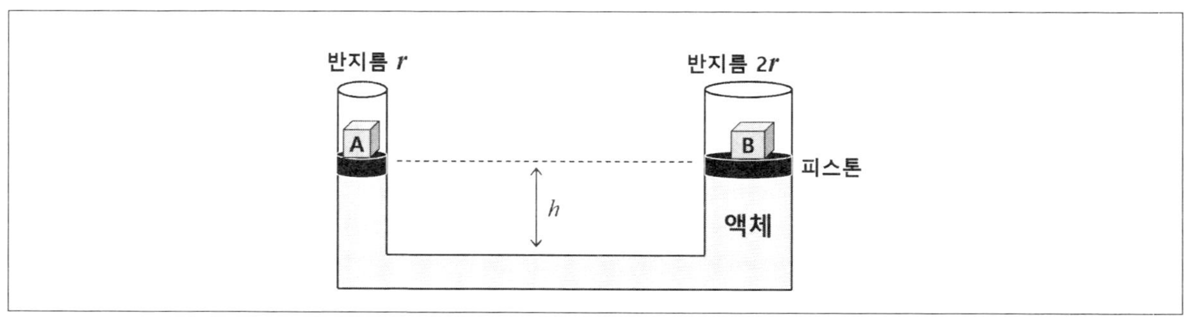

① 4 : 1

② 2 : 1

③ 1 : 2

④ 1 : 4

6 다음 중 반도체 $p-n$ 접합 다이오드 회로에 관한 설명으로 가장 옳은 것은?

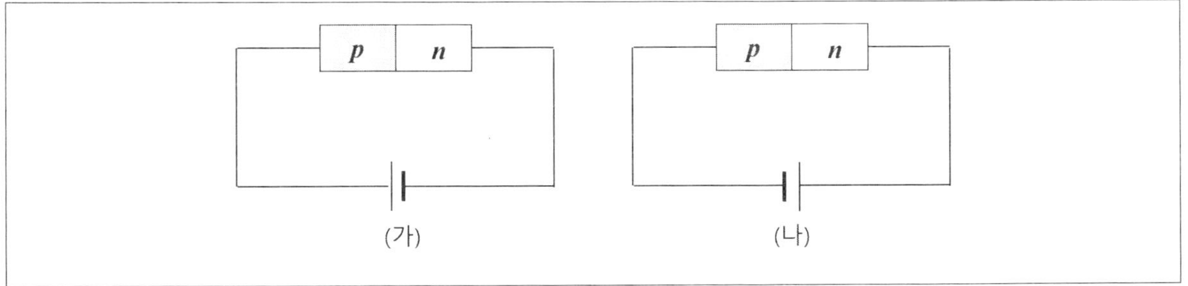

① (가)는 역방향 접합으로 전압이 증가해도 전류 흐름에 제한이 있다.

② (가)는 순방향 접합으로 p형 반도체 내 양공은 $p-n$ 접합면에 가까이 간다.

③ (나)는 역방향 접합으로 전압이 증가하면 전류도 증가한다.

④ (나)는 순방향 접합으로 n형 반도체 내 전자는 $p-n$ 접합면에서 멀어진다.

---

4 원형 도선에 전류가 흐를 때 원형 도선 중심에서의 전류의 세기는 전류의 세기에 비례하고 도선 반지름에 반비례한다. 따라서 (가)와 (나)의 중심 P에서의 자기장의 세기가 같아지기 위해서는 도선 b의 전류의 세기가 도선 a보다 커야 하고, 도선 a와 전류의 방향이 반대여야 한다. 또한 도선 a와 도선 b의 전류의 방향은 반대이므로 자기장의 방향 또한 서로 반대이다.
① 플레밍의 오른손 법칙에 따르면 (가)에서 자기장의 방향은 <u>지면을 수직으로 뚫고 나오는 방향</u>이다.

5 파스칼의 원리에 따라 물체 A에 작용하는 압력과 물체 B에 작용하는 압력은 같으므로 $\left(\dfrac{F_A}{A_A} = \dfrac{F_B}{A_B} \right)$, $\dfrac{m_A\,g}{\pi r^2} = \dfrac{m_B\,g}{\pi(2r)^2}$ 이며, 이를 풀면 $m_A : m_B = 1 : 4$를 얻는다.

6 (가)는 순방향 접합으로 전압이 증가하면 전류도 증가한다. 또한 p형 반도체 내 양공은 p-n 접합면에 가까이 간다.
(나)는 역방향 접합으로 전압이 증가해도 전류흐름에 제한이 있다. 또한 n형 반도체 내 전자는 p-n 접합면에서 멀어진다.

정답 및 해설 4.① 5.④ 6.②

7 다음 중 여러 가지 물질에 관한 설명으로 가장 옳은 것은?

① 초전도체는 저항이 없으며 마이스너 효과라 하는 강자성 특성을 가진다.

② 순수한 반도체는 상온에서 금속과 비슷할 정도의 매우 작은 비저항을 갖는다.

③ 실리콘(Si) 결정에 소량의 인(P)을 첨가하는 경우 자유전자 수가 늘어난다.

④ 상자성 특성을 가지는 물질은 하드디스크와 같은 자기기억장치로 이용할 수 있다.

8 다음 중 프리즘을 지나는 백색광의 특성에 관한 설명으로 가장 옳은 것은?

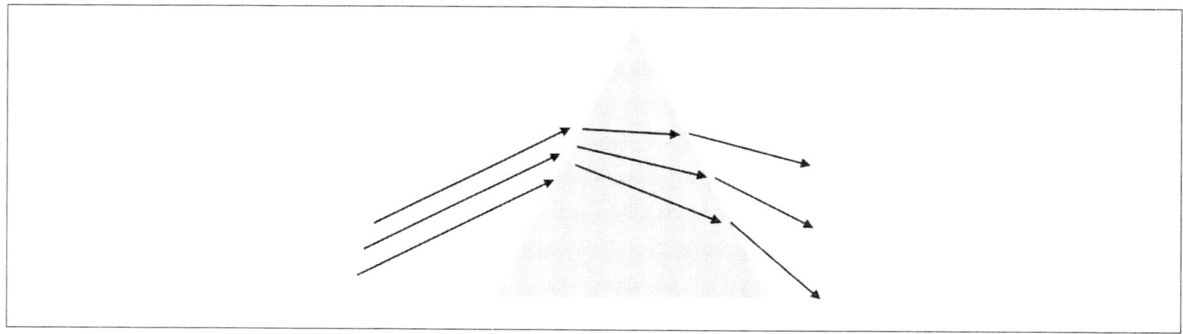

① 프리즘을 빠져나온 빛이 무지개색으로 나뉘는 현상은 빛의 편광 특성 때문이다.

② 프리즘을 빠져나온 빛이 무지개색으로 나뉘는 현상은 굴절률이 빛의 파장 길이에 관계없이 일정하기 때문이다.

③ 비 온 뒤 하늘에 나타나는 무지개는 프리즘과 완전히 다른 이유인 간섭현상으로 색이 나뉘는 것이다.

④ 파장 길이에 따라 렌즈의 초점거리가 달라지는 것은 프리즘이 서로 다른 색으로 갈라지는 것과 같은 원리이다.

9 그림처럼 $x-y$ 평면에 전하 A, B, C, D를 거리 d만큼 유지하며 고정시켰다. 이때 중심점 O에서 전기장이 0이라면, 다음 중 가장 옳은 것은?

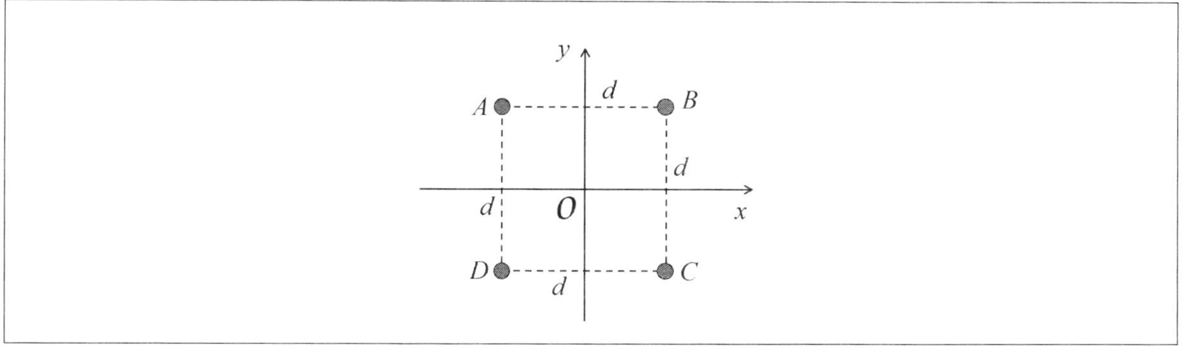

① A와 C는 서로 다른 부호의 전하이다.

② A와 B는 반드시 서로 다른 부호의 전하여야 한다.

③ B와 D의 전하량의 크기와 부호는 같다.

④ D와 A는 반드시 크기와 부호가 같은 전하여야 한다.

---

7 실리콘(Si) 결정에 소량의 인(P)을 첨가하는 경우 14족 원소에 15족 원소를 불순물로 첨가한 것이므로 n형 반도체가 만들어진다. 따라서 자유전자 수가 늘어난다. 반대로 13족 원소(B, Al, Ga, In)를 불순물로 첨가하는 경우에 p형 반도체가 만들어지고, 이때 전하 운반자로는 양공이 사용된다.

① 초전도체는 저항이 없으며 마이스너 효과라 하는 반자성 특성을 가진다.

② 순수한 반도체는 상온에서 금속보다 큰 비저항을 갖는다.

④ 강자성 특성을 가지는 물질은 하드디스크와 같은 자기기억 장치로 이용할 수 있다.

8 ① 프리즘을 빠져나온 빛이 무지개색으로 나뉘는 현상은 빛의 굴절 특성 때문이다.

② 프리즘을 빠져나온 빛이 무지개색으로 나뉘는 현상은 굴절률이 빛의 파장 길이에 따라 달라지기 때문이다. 빨간색에서 보라색으로 갈수록 굴절률은 높아진다.

③ 비 온 뒤 하늘에 나타나는 무지개는 프리즘과 같은 이유인 굴절현상으로 색이 나뉘는 것이다.

9 전하 A와 C에 의한 전기장은 점 A와 점 C를 이은 AC 상에 있고, 전하 B와 D에 의한 전기장은 점 B와 점 D를 이은 BD 상에 있으므로 두 전기장이 서로 수직이고 서로에게 영향을 주지 않는다. 또한 전하 A와 C에 의한 전기장이 0이 되려면 전하 A와 C의 전하량의 크기와 부호가 같아야 하고, 전하 B와 D에 의한 전기장이 0이 되려면 전하 B와 D의 전하량의 크기와 부호가 같아야 한다. 따라서 "③ B와 D의 전하량의 크기와 부호가 같다."가 정답이다.

정답 및 해설 7.③ 8.④ 9.③

10 다음 중 전자기 현상을 이용한 장치를 설명한 것으로 가장 옳은 것은?

① 전기기타는 전자기 유도 현상을 이용하여 선의 진동을 전기 신호로 변환한다.

② 강력한 자기장 위에서 물체가 뜨는 자기부상현상은 물질의 강자성 때문이다.

③ 마이크는 전기기타와 달리 전자기 유도 현상과 무관하다.

④ 발전기는 앙페르의 법칙에 따른 전류 생성 효과를 이용한 것이다.

11 정지해 있던 질량 4m인 나무토막에 질량 m인 총알이 날라와 박혀서 같이 움직인다. 충돌 직전 총알의 속도가 v였다면 충돌 직후 총알+나무토막의 속력은? (단, 토막과 바닥 사이의 마찰은 무시한다.)

① $\dfrac{1}{4}v$ ② $\dfrac{1}{5}v$

③ $4v$ ④ $5v$

12 주파수 93.1MHz KBS 제 1 FM 방송을 청취하기 위해 세탁소에서 준 철사 옷걸이를 이용하여 한 변의 길이가 파장 길이의 1/4에 해당하는 정사각형 안테나를 만들려고 한다. 한 변의 길이를 몇 cm로 만들어야 하는지 가장 근접한 값을 찾으면? (단, 빛의 속력은 3×10^8m/s로 한다.)

① 20cm ② 40cm

③ 80cm ④ 100cm

13 질량 500kg인 자동차가 수평면 위에서 20m/s의 속력으로 직선운동을 하고 있다. 속력이 40m/s로 빨라질 경우, 운동에너지는 처음보다 몇 배로 증가하는가? (단, 공기의 저항, 도로와 마찰은 무시한다.)

① 2배 ② 4배

③ 8배 ④ 16배

14 다음 중 순수한 실리콘을 p형 반도체로 만들기 위해 첨가할 수 있는 불순물 중 가장 옳지 않은 것은?

① 붕소(B)   ② 알루미늄(Al)

③ 갈륨(Ga)   ④ 비소(As)

---

10 ② 강력한 자기장 위에서 물체가 뜨는 자기부상현상은 물체에 작용하는 전자기력 때문이다.

   ③ 마이크는 전기기타와 같이 전자기 유도 현상을 이용한 것이다.

   ④ 발전기는 페러데이 법칙에 따른 전류 생성 효과를 이용한 것이다.

11 운동량 보존 법칙에 따라 충돌 직전 총알의 운동량과 충돌 직후 총알+나무토막의 운동량은 같으므로, $mv = (m+4m)v'$에서

   충돌 직후 총알-나무토막의 속력 $v' = \dfrac{1}{5}v$이다.

12 빛의 파장 $\lambda = \dfrac{c}{\nu} = \dfrac{3 \times 10^8\, m\, s^{-1}}{93.1 \times 10^6 s^{-1}} = 3.2\,m$

   정사각형 안테나 한 변의 길이 $\dfrac{\lambda}{4} = \dfrac{3.2m}{4} = 0.8m = 80cm$

13 물체의 운동 에너지 $E_k = \dfrac{1}{2}mv^2$에서 속력의 제곱에 비례한다. 문제에서 속력이 20m/s에서 40m/s로 2배 증가하였으므로 자

   동차의 운동 에너지는 2^2배 즉, 4배로 증가한다.

14 p형 반도체는 14족 원소(Si)에 불순물로 13족 원소인 붕소(B), 알루미늄(Al), 갈륨(Ga), 인듐(In) 등을 첨가한 반도체이다. 불

   순물로 15족 원소인 질소(N), 인(P), 비소(As), 안티모니(Sb) 등을 첨가하면 n형 반도체가 만들어진다.

정답 및 해설 10.① 11.② 12.③ 13.② 14.④

15 그림은 빛이 광섬유를 통해 진행하는 모습을 나타낸 것이다. 다음 중 이에 대한 설명으로 가장 옳지 않은 것은?

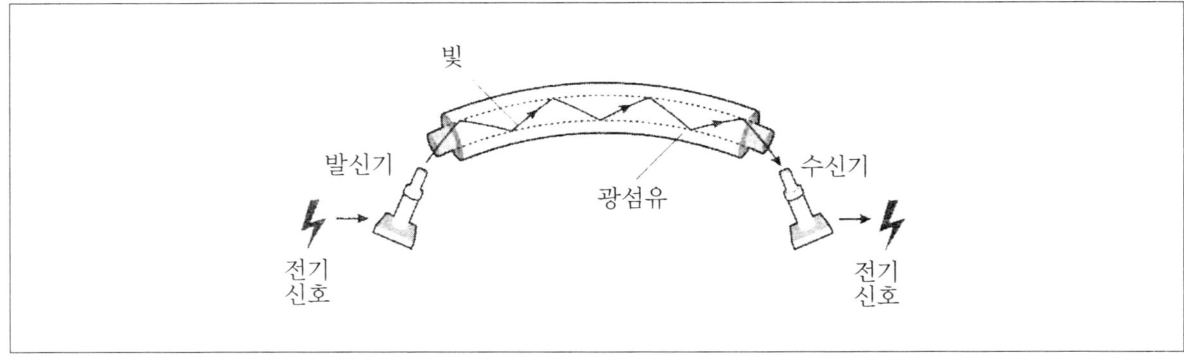

① 광통신은 빛 신호로 정보를 전달하기 때문에 외부 전파에 의한 간섭이나 혼선이 도선을 이용한 유선 통신에 비해 적다.

② 광통신은 전기 통신보다 많은 양의 정보를 동시에 전달할 수 있다.

③ 광통신은 도선을 이용한 유선 통신에 비해 전송 거리가 매우 짧다.

④ 발신기에서는 전기 신호가 빛 신호로 변환되고, 수신기에서는 빛 신호가 전기 신호로 변환된다.

16 다음 중 방사선에 대한 일반적인 설명으로 가장 옳지 않은 것은?

① 방사선에는 α선, β선, γ선 등이 있다

② 방사선 원소의 붕괴 과정에서 방출된다.

③ 방사선을 쪼이면 체내에 축적된다.

④ 자연에서도 일정량의 방사선이 방출된다.

17 다음 중 표와 같이 여러 가지 파동을 A와 B로 분류한 기준으로 가장 옳은 것은?

A	지진파의 S파, 적외선, 마이크로파
B	음파, 지진파의 P파

① 파동의 진동수

② 매질의 필요 유무

③ 매질의 진동 방향과 파동의 진행 방향의 관계

④ 파동의 전파 속력

15 ③ 광통신은 도선을 이용한 유선 통신에 비해 전송 거리가 <u>매우 길다.</u>

16 에너지가 높은 상태에서 물체가 안정을 찾기 위해 내보내는 에너지 뭉치를 포괄적으로 방사선이라 부른다. 에너지가 커서 물체에 도달하면 물질을 구성하는 원자들을 이온화(전리)시키는 능력을 가진 방사선을 전리방사선이라고 하며, 엑스선, 알파입자, 베타입자, 감마선, 중성자, 양성자 등을 말한다. 전리방사선과 반대로 전리 능력이 없는 방사선은 비전리방사선이라 한하며, 적외선, 가시광선, 전자파, 마이크로파, 초음파 등이 여기에 속한다.

일반적으로 방사선이라고 하면 전리 방사선을 말하며, 보통 방사능을 띠는 물질의 붕괴 과정에서 방출된다. 자연에서도 일정량의 방사선이 방출되며 이를 자연방사선이라고 한다. 자연방사선은 다양한 원인에서 기인되며, 자연 발생 방사선 물질(예: 실내에 축적된 라돈, 라듐)을 흡입하는 경우, 우주로부터 온 우주 방사선, 토양, 건축 자재에서 기인하는 지구 방사선 등이 포함되며 평균적으로 사람이 1년간 받는 자연방사선의 양은 약 3mSv 정도로 알려져 있다.

③ 인체에 유입된 방사능은 자연적으로 붕괴하거나 체외로 배설되므로 일반적으로 체내에 축적되지 않는다. 체내에 축적되는 물질은 중금속과 같은 물질이다.

쿨롱 힘 공식에 따라 $F = k\dfrac{c_1 q_2}{r^2} = k\dfrac{Q^2}{r^2}$ 이다. 두 전하의 거리를 3r만큼 떼어놓았을 때의 전기력은 $k\dfrac{Q^2}{(3r)^2} = k\dfrac{Q^2}{9r^2} = \dfrac{1}{9}F$ 이다.

17 A는 매질의 진동 방향과 파동의 진행 방향이 서로 수직인 횡파, B는 매질의 진동 방향과 파동의 진행 방향이 서로 나란한 종파이다. 따라서 파동을 A와 B로 분류한 기준은 "매질의 진동 방향과 파동의 진행 방향의 관계"이다.

정답 및 해설 15.③ 16.③ 17.③

18 용수철 상수가 500N/m인 용수철에 질량 1kg인 물체가 수평으로 달려있다. 물체를 20cm 당긴 후 놓았을 때 평형위치에서 물체의 최대 속력은? (단, 물체와 바닥 사이의 마찰과 물체와 공기의 저항은 무시한다.)

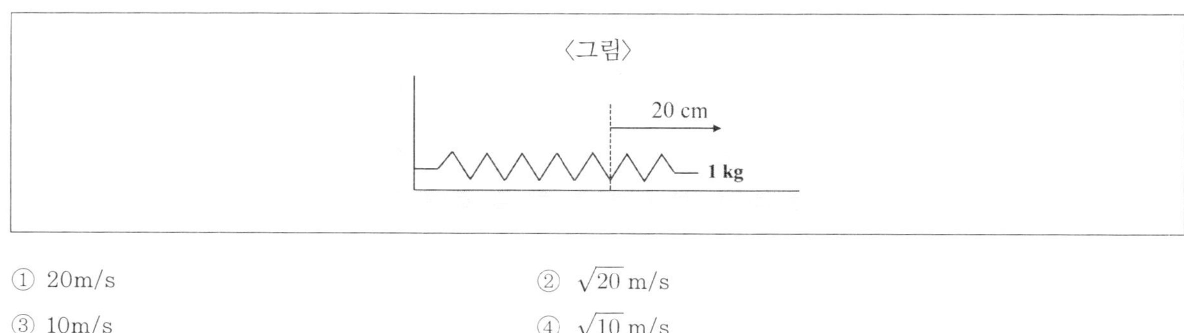

① 20m/s

② $\sqrt{20}$ m/s

③ 10m/s

④ $\sqrt{10}$ m/s

19 서울과 도쿄는 같은 시간대에 있지만 경도 차이에 따라 해 뜨는 시각이 다르다. 두 도시 사이의 경도가 약 7.5도 차이가 난다고 할 때, 도쿄는 서울보다 몇 분 먼저 해가 뜨는가?

① 30분

② 22분 30초

③ 15분

④ 7분 30초

20 그림은 평행판 축전기를 나타낸 것이다. 충분히 충전된 축전기의 금속 평행판 사이의 거리 d를 감소시켰을 때 나타나는 현상으로 가장 옳지 않은 것은?

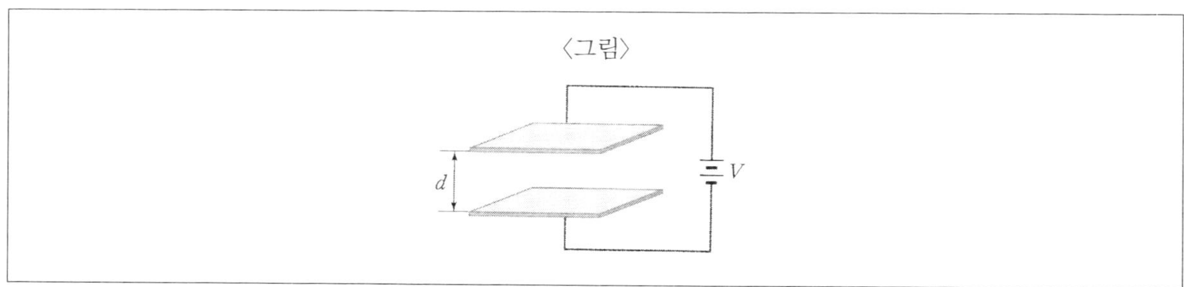

① 두 금속판 사이의 전기장의 세기는 강해진다.

② 두 금속판 사이에 걸리는 전압이 증가한다.

③ 금속판에 충전된 전하량은 증가한다.

④ 두 금속판의 전기 용량은 증가한다.

18 역학적 에너지 보존 법칙에 따라 용수철을 당긴 후 놓으면 용수철의 퍼텐셜 에너지(위치 에너지)가 물체의 운동 에너지로 모두 변환된다. 따라서 다음과 같이 식을 세워 풀면 $v = \sqrt{20}\,m/s$임을 얻는다.

$$\frac{1}{2}kx^2 = \frac{1}{2}mv^2$$

$$\frac{1}{2} \times 500\,N/m \times (0.20m)^2 = \frac{1}{2} \times 1\,kg \times v^2$$

19 경도는 지구상에서 본초 자오선을 기준으로 동쪽 또는 서쪽으로 얼마나 떨어져 있는지 나타내는 위치를 말한다. 경도의 단위는 도이며, $180°$ E(동경)부터 $18C°$ W(서경)까지의 범위 안에 있다. 도쿄는 서울보다 동쪽에 위치하고 약 7.5도 경도 차이가 난다고 하였으므로 $24(\text{시간}) \times 60(\text{분}/\text{시간}) \times \dfrac{7.5°}{360°} = 30(\text{분})$ 먼저 해가 뜬다.

20 ① 두 금속판 사이의 전기장 $E = \dfrac{V}{d}$ 에서 평행판 사이의 거리 d가 감소하므로 전기장의 세기는 강해진다.

③ 축전기의 전기용량 $C = \epsilon \dfrac{A}{d}$ 에서 평행판 사이의 거리 d가 감소하므로 전기용량 C는 증가하는데, 전압 V는 일정하므로 금속판에 충전된 전하량 $Q = CV$에서 전하량은 증가한다.

④ 축전기의 전기용량 $C = \epsilon \dfrac{A}{d}$ 에서 평행판 사이의 거리 d가 감소하므로 두 금속판의 전기 용량 C는 증가한다.

② 두 금속판 사이에 걸리는 전압은 전원의 전압 V로 일정하게 작용한다.

정답 및 해설 18.② 19.① 20.②

제2회 지방직(고졸경채) 시행

1 그림의 A, B, C는 도체, 반도체, 절연체의 에너지띠 구조를 모식적으로 순서 없이 나타낸 것이다. 색칠한 부분까지 에너지띠에 전자가 채워져 있다. A, B, C를 도체, 반도체, 절연체와 옳게 연결한 것은?

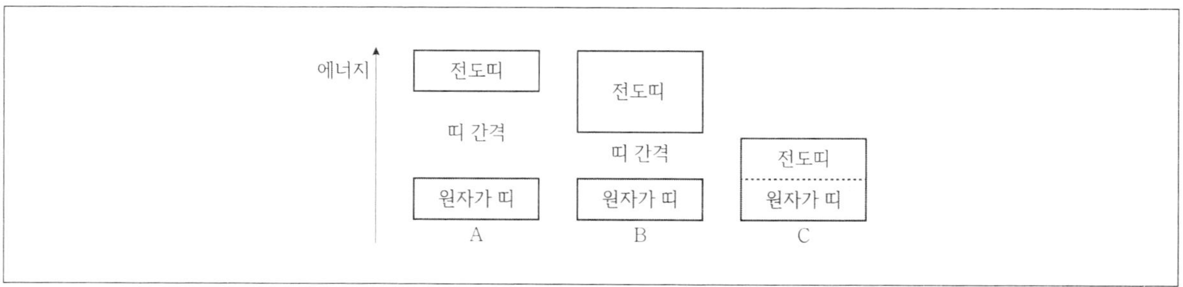

	도체	반도체	절연체
①	A	B	C
②	B	A	C
③	C	A	B
④	C	B	A

2 다음은 어떤 핵반응의 반응식이다. 이에 대한 설명으로 옳은 것은?

$$^{235}_{92}\text{U} + \boxed{\text{(가)}} \rightarrow {}^{141}_{56}\text{Ba} + {}^{92}_{36}\text{Kr} + 3\,{}^{1}_{0}\text{n} + 200\,\text{MeV}$$

① 핵융합 반응이다.

② (가)는 양성자이다.

③ 질량 결손에 의해 에너지가 방출된다.

④ 반응 결과로 세 종류의 원자핵이 생성된다.

1 원자가띠와 전도띠 사이의 간격(띠 간격)의 크기는 세 가지로 분류할 수 있다. 절연체(부도체)는 띠 간격이 매우 넓어서 전도 띠로 전자가 이동하는 것이 거의 불가능하므로 전류가 거의 흐르지 않는다. 도체는 전도띠와 원자가띠가 일부 겹친 것으로 볼 수 있는데, 약간의 에너지만 흡수해도 전자가 원자가띠에서 전도띠로 이동하여 고체 내부를 자유롭게 이동하는 자유전자 가 된다. 반도체는 띠 간격이 좁아서 적당한 에너지를 흡수하면 전도띠로 전자가 많이 이동하여 전류가 흐르게 할 수 있다. 반도체의 원자가 전자의 일부는 상온에서 전도띠에 분포하여 전류를 흐르게 하지만 절대영도(0K)에서는 전자들이 전도띠에 전혀 없으므로 절연체로 간주된다.

2

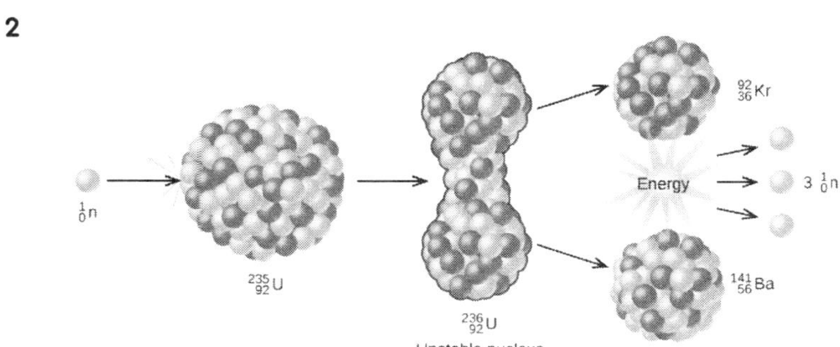

문제에 주어진 반응식은 우라늄−235 원자와 중성자가 핵융합 반응을 통해 불안정한 상태인 우라늄−236 원자가 일시적으로 형성되고, 이것이 곧바로 크립톤 원자 1개와 바륨 원자 1개 및 중성자 3개로 분열하는 핵분열 반응을 나타나고 있다.

① 이 반응은 핵융합 반응이 아닌 핵분열 반응이다.

② 반응 전후의 양성자 수와 질량 수가 같아야 한다는 점에 맞추어 따져보면 ㈎는 중성자임을 확인할 수 있다.

③ 양성자와 중성자 사이에서 작용하는 원자핵을 유지시키는 힘인 핵결합에너지가 원자핵 질량의 일부로 사용되는데, 핵이 분열하거나 결합하는 과정에서 질량이 작아지는 질량 결손이 발생한다. 이 줄어든 질량은 $\Delta E = \Delta mc^2$ 공식에 따라 에너 지로 변환되어 방출된다.

④ 이 반응 결과 크립톤과 바륨 두 종류의 원자핵이 생성된다.

 1.④ 2.③

3 그림은 외부 자기장의 변화에 따라 어떤 물질 내부에 있는 원자 자석의 배열 변화를 모식적으로 나타낸 것이다. 이에 대한 설명으로 옳은 것만을 모두 고르면?

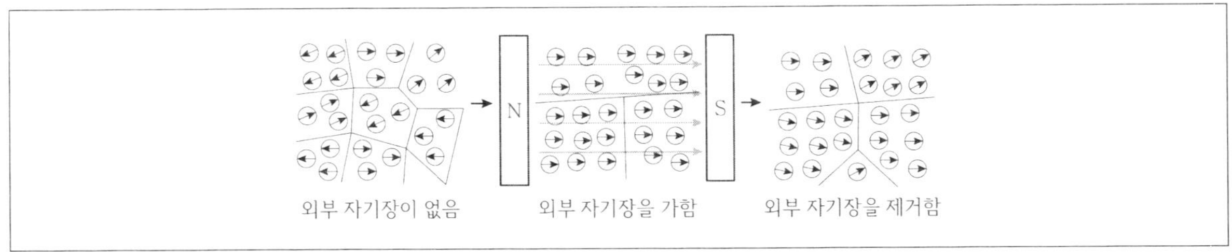

   ㄱ 알루미늄, 마그네슘, 산소가 이와 같은 특성을 나타낸다.
   ㄴ 이 물질은 자석을 가까이했을 때 약하게 밀려나는 성질을 갖는다.
   ㄷ 이 물질은 외부 자기장에 의해 자기화된 후 외부 자기장이 사라져도 자기화된 상태를 유지한다.

① ㄱ   ② ㄷ
③ ㄱ, ㄴ   ④ ㄴ, ㄷ

4 그림 (가)는 막대자석이 v의 일정한 속력으로 중심축을 따라 원형 도선에 가까워지는 모습을, (나)는 동일한 막대자석이 원형 고리를 통과한 후 $2v$의 일정한 속력으로 중심축을 따라 원형 도선에서 멀어지는 모습을 나타낸 것이다. 이에 대한 설명으로 옳은 것만을 모두 고르면?

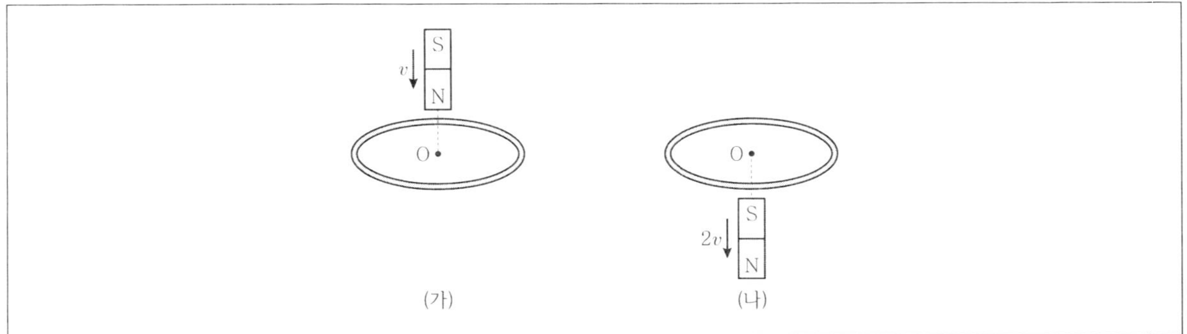

   ㄱ (가)에서 원형 도선을 통과하는 자기 선속은 증가한다.
   ㄴ 원형 도선에 흐르는 유도 전류의 방향은 (가)와 (나)의 경우가 서로 같다.
   ㄷ 막대자석의 중심이 원형 도선의 중심 O에서 같은 거리에 있는 점을 지날 때, 유도 전류의 세기는 (가)의 경우가 (나)의 경우보다 작다.

① ㉠

② ㉠, ㉢

③ ㉡, ㉢

④ ㉠, ㉡, ㉢

---

3 외부 자기장을 가했을 때 외부 자기장과 같은 방향으로 강하게 자화되고 외부 자기장을 제거해도 대부분 자화가 유지되어 자성을 띠게 되는 강자성체에 대한 설명을 찾으면 된다.

㉠ 철, 니켈, 코발트 등이 강자성체의 성질을 가진다. 알루미늄, 마그네슘, 산소는 상자성체의 대표적인 예이다.

㉡ 강자성체는 자석을 가까이했을 때 자석에 잘 달라붙는다. 자석을 가까이했을 때 약하게 밀려나는 성질을 갖는 물체는 반자성체이다.

㉢ 강자성체는 외부 자기장에 의해 자기화된 후 외부 자기장이 사라져도 자기화된 상태를 유지한다. 모식도에서 확인이 가능하다.

4 ㉠ (가)에서 자석의 N극이 원형 도선을 향해 운동하므로 자석의 N극에서 나오는 방향으로 자기장이 형성된다. 따라서 자석이 가까이 갈수록 원형 도선을 아래로 통과하는 자기 선속은 점점 증가한다.

㉡ (가)에서는 자석의 N극이 원형 도선 위쪽에서 원형 도선을 향해 운동하므로 자석에 척력이 작용하도록 코일의 위쪽에 자석과 같은 N극이 생기고 유도 전류의 방향은 시계 방향이다. 반면, (나)에서는 자석의 S극이 원형 도선 아래쪽에서 원형 도선으로부터 멀어지는 방향으로 운동하므로 자석에 인력이 작용하도록 코일의 아래쪽에 자석과 반대의 극인 N극이 생기며 유도 전류의 방향은 반시계 방향이다. 따라서 원형 도선에 흐르는 유도 전류의 방향은 (가)와 (나)의 경우가 서로 반대이다.

㉢ 원형 도선의 중심 O에서 같은 거리에 있는 점을 지날 때 자석의 속력이 (나)에서가 (가)에서보다 크므로 시간에 따른 자기선속의 변화율은 (나)에서가 (가)에서보다 크다. 따라서 유도 전류의 세기는 (가)의 경우가 (나)의 경우보다 작다.

정답 및 해설 3.② 4.②

5 그림 ⑺는 두 극이 A, B인 막대자석과 A 근처에 놓인 나침반의 바늘을 나타낸 것이고, ⑷는 전류 I가 흐르는 솔레노이드를 나타낸 것이다. 점 P는 자석 주변의 한 지점이고, Q, R는 솔레노이드 주변의 두 지점이다. 이에 대한 설명으로 옳은 것은? (단, 지구 자기장은 무시한다)

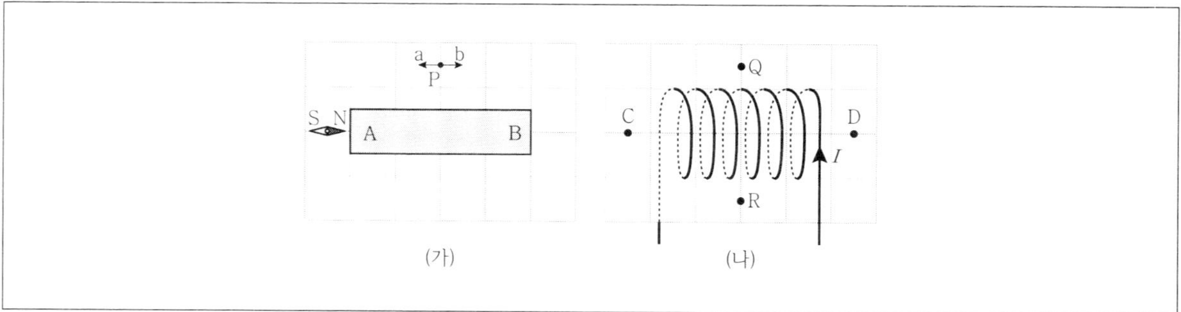

① ⑺의 P에서 자기장의 방향은 b 방향이다.

② ⑷의 Q와 R에서 자기장의 방향은 서로 반대이다.

③ ⑷에서 솔레노이드 내부 자기장의 방향은 C→D이다.

④ ⑷에서 I가 커질수록 솔레노이드 내부 자기장의 세기는 커진다.

6 표는 가상의 열기관 A와 B가 고열원에서 흡수한 열 Q_1, 저열원으로 방출한 열 Q_2, 외부에 한 일 W를 나타낸 것이다. 이에 대한 설명으로 옳은 것만을 모두 고르면?

구분	열기관 A	열기관 B
Q_1	500 J	400 J
Q_2	400 J	0
W	⑺	400 J

ㄱ. ⑺는 100 J이다.

ㄴ. A의 열효율은 0.1이다.

ㄷ. B는 열역학 제1법칙에 위배되므로 제작할 수 없다.

① ㄱ

② ㄱ, ㄴ

③ ㄴ, ㄷ

④ ㄱ, ㄴ, ㄷ

5 ① ㈎에서 나침반의 바늘이 가리키는 방향에서 A가 S극, B가 N극임을 알 수 있다. 자석 주변에서 자기장의 방향은 N극에서 나와 S극으로 들어가는 방향이므로 ㈎의 P에서 자기장의 방향은 a 방향이다.

② 솔레노이드에 전류가 흐르면 내부에는 중심축에 나란한 방향으로 균일한 자기장이 생기며, 솔레노이드 외부에는 막대자석이 만드는 자기장과 비슷하게 자기장이 생긴다. 앙페르의 오른손 법칙에 따라 ㈏에서 C쪽이 N극, D쪽이 S극이 되므로 Q와 R에서 자기장의 방향은 모두 오른쪽 방향으로 같다.

③ ㈏에서 솔레노이드 내부 자기장의 방향은 S극에서 N극 쪽으로 흐르므로 D→C이다.

④ 솔레노이드가 만드는 자기장의 크기 $B = k'nI$(n : 단위 길이당 감은 횟수, I : 전류의 세기) 관계에서 ㈏에서 I가 커질수록 솔레노이드 내부 자기장의 세기는 커진다.

6 ㉠ 열기관이 고열원에서 흡수한 열 Q_1에서 저열원으로 방출한 열 Q_2을 뺀 만큼 외부에 일을 한다. 따라서 열기관 A의 경우 $W = Q_1 - Q_2 = 500 - 400 = 100$J이다.

㉡ 열기관 A의 열효율은 $e = \dfrac{W}{Q_1} = \dfrac{100}{500} = 0.2$이다.

㉢ 이론적으로 열효율이 가장 높은 기관 열기관을 카르노 기관이라고 하며, 이때의 열효율은 $e = \dfrac{T_h - T_l}{T_h}$이다. 따라서 저열원의 절대 온도가 0K 또는 고열원의 절대 온도가 무한대가 될 수 없으므로 카르노 기관의 열효율은 100%가 될 수 없다. 이렇게 열효율이 100%가 되는 열기관을 제작할 수 없는 이유는 열역학 제2법칙에 위배되기 때문이다.

7 그림 ㈎, ㈏는 단열된 실린더와 단열된 피스톤으로 둘러싸인 같은 양의 이상 기체가 열을 흡수하여 같은 양만큼 내부 에너지가 변하는 것을 나타낸 것이다. ㈎에서는 피스톤이 고정되어 있고, ㈏에서는 피스톤이 자유롭게 움직일 수 있다. ㈎에서 기체가 흡수한 열은 $3Q_0$이고, ㈏에서 기체가 외부에 한 일은 Q_0이다. ㈏에서 기체가 흡수한 열은?

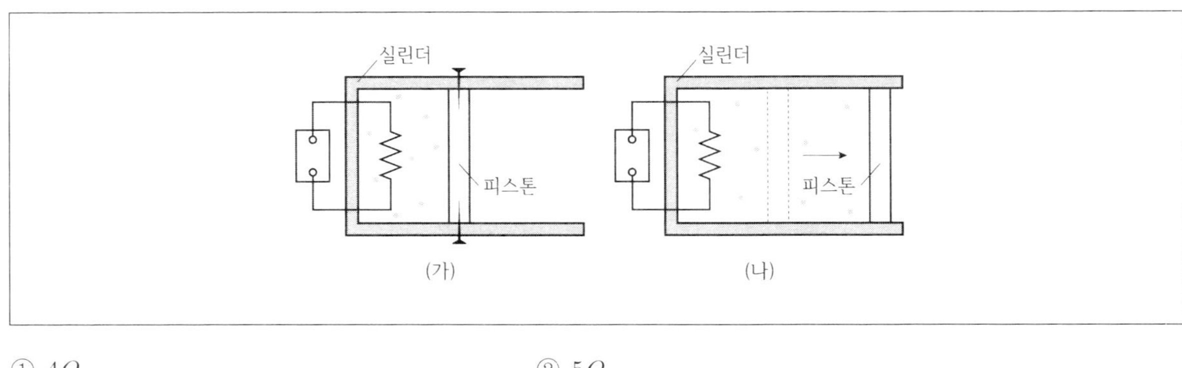

① $4Q_0$ ② $5Q_0$

③ $6Q_0$ ④ $7Q_0$

8 그림은 동일한 물체 A와 B를 높이 h에서 기울기가 다른 빗면에 동시에 가만히 놓은 것을 나타낸 것이다. A와 B는 등가속도 직선 운동을 하여 지면에 도달한다. $\theta_A < \theta_B$이다. 이에 대한 설명으로 옳은 것만을 모두 고르면? (단, 물체의 크기와 마찰, 공기 저항은 무시한다)

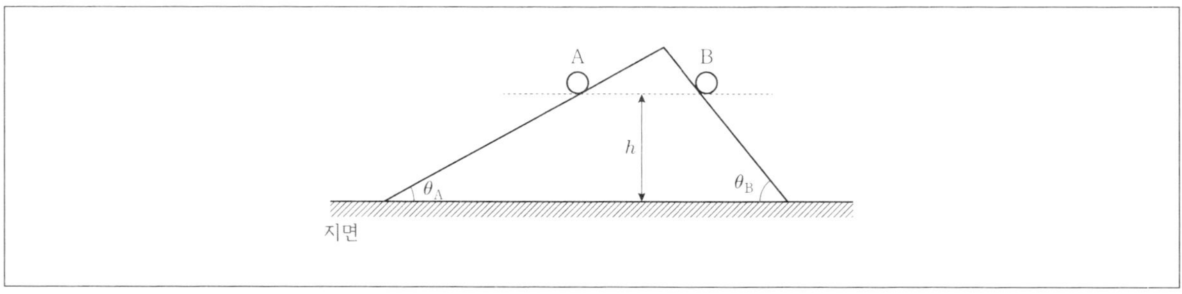

ㄱ. 높이 h에서 역학적 에너지는 A와 B가 같다.
ㄴ. 지면에 도달하는 순간의 속력은 A와 B가 같다.
ㄷ. A가 B보다 지면에 늦게 도달한다.

① ㄱ, ㄴ   ② ㄱ, ㄷ

③ ㄴ, ㄷ   ④ ㄱ, ㄴ, ㄷ

9 그림은 x축상에 고정된 점전하 A, B, C를 나타낸 것이다. A, B의 전하량은 각각 Q_A, Q_B이며, A와 B가 C에 작용하는 전기력의 합력은 0이다. 이때 $\left|\dfrac{Q_A}{Q_B}\right|$는?

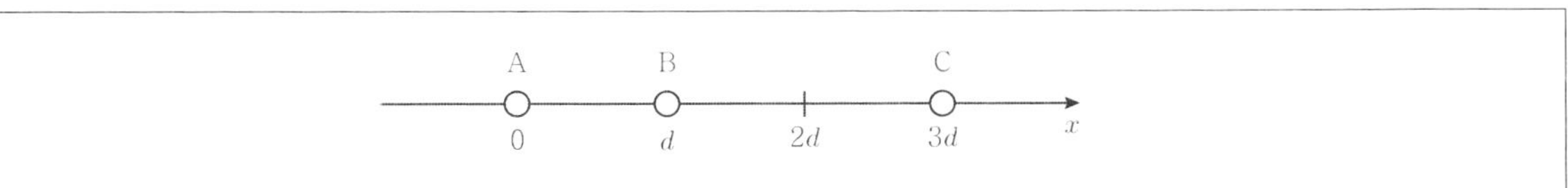

① $\dfrac{4}{9}$

② $\dfrac{2}{3}$

③ $\dfrac{3}{2}$

④ $\dfrac{9}{4}$

---

7 그림 (가)에서는 피스톤이 고정되어 있으므로 기체가 외부에 한 일은 0이다. 이때 기체가 흡수한 열 $3Q_0$는 내부 에너지 변화량과 같다. 문제에서 (가), (나)는 단열된 실린더와 단열된 피스톤으로 둘러싸인 같은 양의 이상 기체가 열을 흡수하여 같은 양만큼 내부 에너지가 변한다고 하였으므로 (나)의 내부 에너지 변화량은 $3Q_0$이고, (나)에서 기체가 외부에 한 일은 Q_0이므로 (나)에서 기체가 흡수한 열은 기체 내부 에너지 변화량과 기체가 외부에 한 일의 양을 더한 $4Q_0$가 된다.

8 ㉠ A와 B는 질량이 같은 동일한 물체이고 높이 h에서 속력은 0이므로 역학적 에너지는 중력 퍼텐셜 에너지와 같다. 여기서 A와 B의 질량을 m이라고 하면 역학적 에너지는 각각 mgh로 동일하다.

㉡ A와 B가 지면에 도달하면 역학적 에너지 보존 법칙에 따라 ㉠에서 구한 퍼텐셜 에너지가 모두 운동 에너지로 변환된다. 따라서 $mgh = \dfrac{1}{2}mv^2$의 관계에 따라 두 물체 A와 B의 속력 $v = \sqrt{2gh}$로 동일하다.

㉢ 빗면 방향으로 작용하는 분력 $F = mg\sin\theta = ma$에서 가속도 $a = g\sin\theta$이다. 또한 빗면을 따라 물체가 이동한 거리 $s = \dfrac{h}{\sin\theta}$이므로 등가속도 직선 운동 공식 $s = \dfrac{1}{2}at^2$에 대입하면 $\dfrac{h}{\sin\theta} = \dfrac{1}{2}g\sin\theta \times t^2$이 되고, 이를 t에 대하여 정리하면 $t = \sqrt{\dfrac{2h}{g\sin^2\theta}}$와 같다. 즉, θ가 커질수록 t가 감소하며 문제에서 $\theta_A < \theta_B$이므로 A가 B보다 지면에 늦게 도달한다.

9 쿨롱의 법칙에 다라 두 전하 입자 사이에 작용하는 정전기적 인력은 두 전하의 곱에 비례하고, 두 입자 사이의 거리 제곱에 반비례한다$\left(F = k\dfrac{q_1 q_2}{r^2}\right)$. 문제에서 점전하 A와 B가 C에 작용하는 전기력의 합력은 0이라고 하였으므로 A와 B는 반대의 전하를 나타내고, 다음과 같이 식을 세울 수 있다.

(A와 C 사이에 작용하는 전기력으 크기) = (B와 C 사이에 작용하는 전기력의 크기)

$$k\dfrac{Q_A \times Q_C}{(3d)^2} = k\dfrac{Q_B \times Q_C}{(2d)^2}$$

이 식을 풀면 $\left|\dfrac{Q_A}{Q_B}\right|$이 $\dfrac{9}{4}$임을 얻는다.

 7.① 8.④ 9.④

10 그림 ㈎는 실리콘(Si)만으로 구성된 순수한 반도체에 각각 인(P)과 붕소 (B)를 도핑한 불순물 반도체 Ⅰ과 Ⅱ를, ㈏는 p−n 접합 다이오드, 저항, 전지, 스위치로 구성한 회로를 나타낸 것이다. 스위치를 닫으면 저항에 전류가 흐른다. X와 Y는 각각 ㈎의 반도체 Ⅰ과 Ⅱ중 하나이다. 이에 대한 설명으로 옳은 것은?

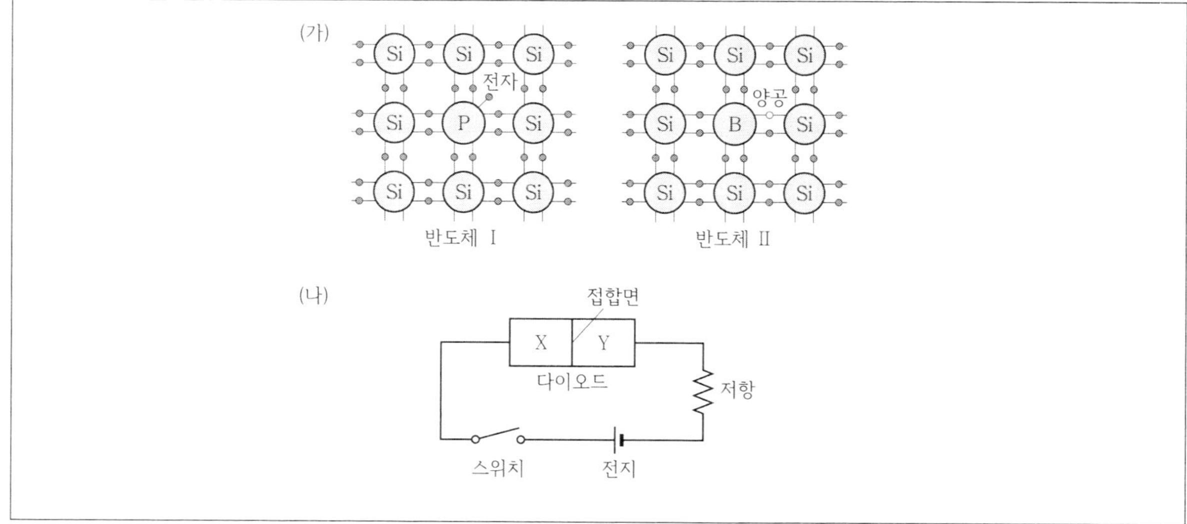

① 인의 원자가 전자는 3개이다.

② ㈎에서 반도체 Ⅱ는 p형 반도체이다.

③ ㈏에서 X는 반도체 Ⅰ이다.

④ ㈏에서 스위치를 닫으면 n형 반도체에서 전자는 접합면으로부터 멀어진다.

11 그림은 보어의 수소 원자 모형에서 양자수 n에 따른 에너지 준위와 전자의 전이 a, b를 나타낸 것이다. 이에 대한 설명으로 옳은 것만을 모두 고르면?

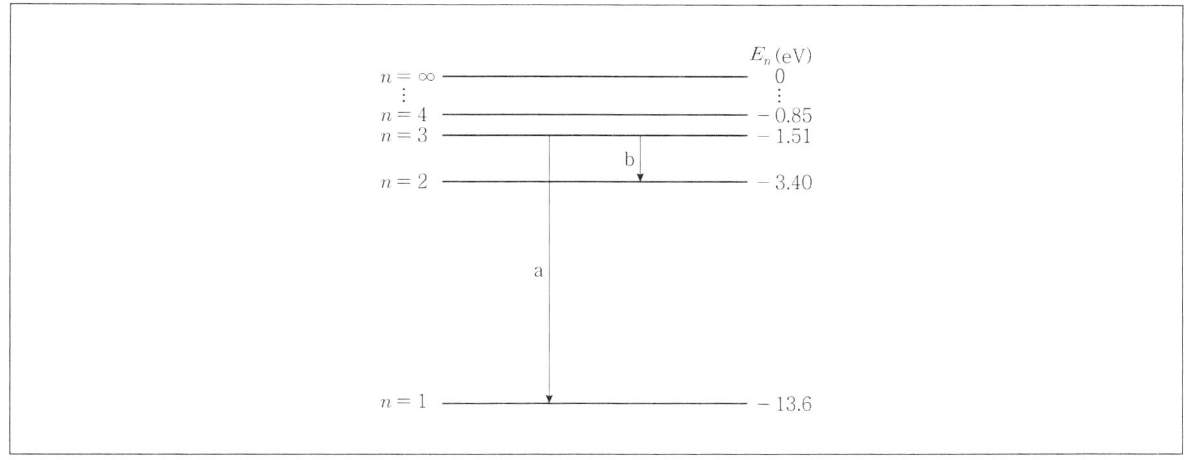

㉠ a에서 방출되는 빛은 적외선이다.
㉡ 방출되는 빛의 파장은 a에서가 b에서 보다 짧다.
㉢ b에서 방출되는 광자 1개의 에너지는 1.89eV이다.

① ㉠   ② ㉡

③ ㉠, ㉢   ④ ㉡, ㉢

---

10 ① 인(P)은 15족 원소이므로 원자가 전자는 5개이다.
② 반도체 Ⅰ은 순수한 반도체(14족 원소)에 15족 원소인 인(P)을 도핑한 n형 반도체, 반도체 Ⅱ는 순수한 반도체(14족 원소)에 13족 원소인 붕소(B)을 도핑한 p형 반도체이다.
③ (나)에서 전지의 연결 방향을 볼 때 X에 p형 반도체(반도체 Ⅱ), Y에 n형 반도체(반도체 Ⅰ)를 접합해야 회로의 스위치를 닫으면 전류가 흐르게 된다.
④ (나)에서 스위치를 닫으면 n형 반도체에서 전하 나르개인 과잉 전자는 접합면 쪽으로 가까워지면서 전류를 흐르게 한다.

11 ㉠ n=1보다 높은 양자수에서 양자수 n=1로 전자가 떨어질 때 방출되는 빛은 자외선 영역에 해당한다.
㉡ a에서 방출되는 에너지는 $-1.51 - (-13.6) = 12.09$ (eV), b에서 방출되는 에너지는 $-1.51 - (-3.40) = 1.89$ (eV)이다.
$E = h\nu = h\dfrac{c}{\lambda}$ 의 관계에서 에너지가 클수록 파장은 짧아지므로 방출되는 빛의 파장은 a에서가 b에서보다 짧다.
㉢ 앞서 설명한 것과 같이 b에서 방출되는 광자 1개의 에너지는 $-1.51 - (-3.40) = 1.89$ (eV)이다.

정답 및 해설 10.② 11.④

12 그림과 같이 A가 탄 우주선이 B에 대하여 일정한 속력 $0.9c$ 로 운동한다. 우주선의 고유 길이는 L_0 이다. 이에 대한 설명으로 옳은 것은? (단, c 는 진공 중에서 빛의 속력이다)

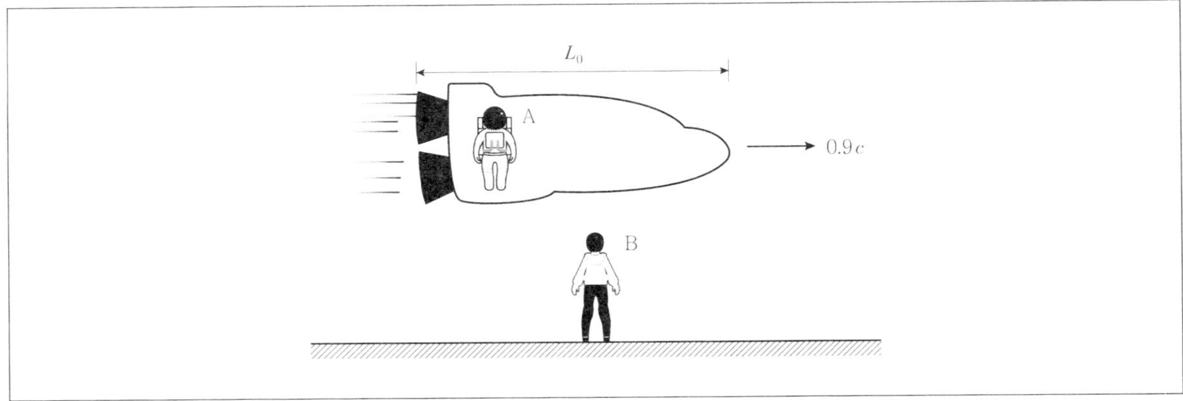

① A가 관측할 때, B는 우주선에 대하여 정지해 있다.

② A가 관측할 때, B의 시간은 A의 시간보다 느리게 간다.

③ B가 관측할 때, 우주선의 길이는 L_0 이다.

④ B가 관측할 때, A의 시간은 B의 시간보다 빠르게 간다.

13 질량이 m 이고 속력이 $2v$ 인 입자의 물질파 파장이 λ 라면, 질량이 $3m$ 이고 속력이 v 인 입자의 물질파 파장은?

① $\dfrac{1}{4}\lambda$

② $\dfrac{1}{3}\lambda$

③ $\dfrac{2}{3}\lambda$

④ $\dfrac{3}{4}\lambda$

14 그림 (가)는 광섬유의 코어와 클래딩을 나타낸 것이고, (나)는 단색광이 매질 A에서 B, C로 진행하는 모습을 나타낸 것이다. $\theta_2 > \theta_1 > \theta_3$이다. A~C 중 2개를 선택하여 광섬유를 만들 때, 광섬유의 코어와 클래딩의 재료를 옳게 연결한 것은? (단, A, B, C는 코어와 클래딩으로 사용 가능한 물질이다)

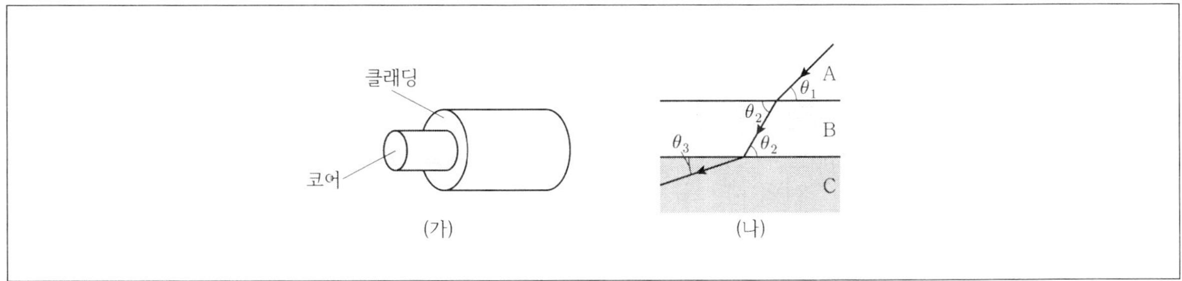

	<u>코어</u>	<u>클래딩</u>
①	A	B
②	B	C
③	C	A
④	C	B

---

12 ① A가 관측할 때 B는 우주선의 운동 방향과 반대로 운동하는 것으로 관측된다.

② A가 관측할 때 B는 운동하고 있으며, 운동하고 있는 B의 시간은 A의 시간보다 천천히 흐른다. 따라서 A는 B의 시간이 자신의 시간보다 느리게 가는 것으로 관측된다.

③ 빠르게 운동하는 물체는 길이가 짧아지므로 B가 관측할 때 우주선의 길이는 우주선의 고유길이 L_0보다 짧다.

④ B가 관측할 때 A는 운동하고 있으며, 운동하고 있는 A의 시간은 B의 시간보다 천천히 흐른다. 따라서 B는 A의 시간이 자신의 시간보다 느리게 가는 것으로 관측된다. 즉, A가 본 B의 시간과 B가 본 A의 시간은 모두 느리게 가는 것으로 관측된다.

13 드 브로이 물질파 공식 $\lambda = \dfrac{h}{p} = \dfrac{h}{mv}$에서 $\lambda_1 = \dfrac{h}{m \times 2v}$, $\lambda_2 = \dfrac{h}{3m \times v} = \dfrac{2}{3}\lambda_1$임을 쉽게 얻을 수 있다.

14 광섬유는 코어와 클래딩으로 구성되어 있으며, 둥근 코어를 클래딩으로 균일하게 감싼 형태로 만들어진다. 코어는 굴절률이 큰 물질로, 클래딩은 굴절률이 작은 물질로 구성하여야 코어와 클래딩의 경계에서 전반사 현상이 일어남을 이용하여 신호가 전달될 수 있다. 문제의 그림 (나)에서 $\theta_2 > \theta_1 > \theta_3$라고 하였으므로 다음과 같이 코어와 클래딩의 재료를 사용하여야 한다.

(코어) B - A - C (클래딩)

예를 들어, 코어로 B를 사용하면 클래딩으로 사용할 수 있는 재료는 A 또는 C가 가능하다. 따라서 정답 ②임을 구할 수 있다.

정답 및 해설 12.② 13.③ 14.②

15 그림은 매질 A, B의 경계면에 입사시킨 단색광이 굴절하는 모습을 나타낸 것이다. 입사각은 45°이고 굴절각은 60°이다. A에 대한 B의 굴절률은?

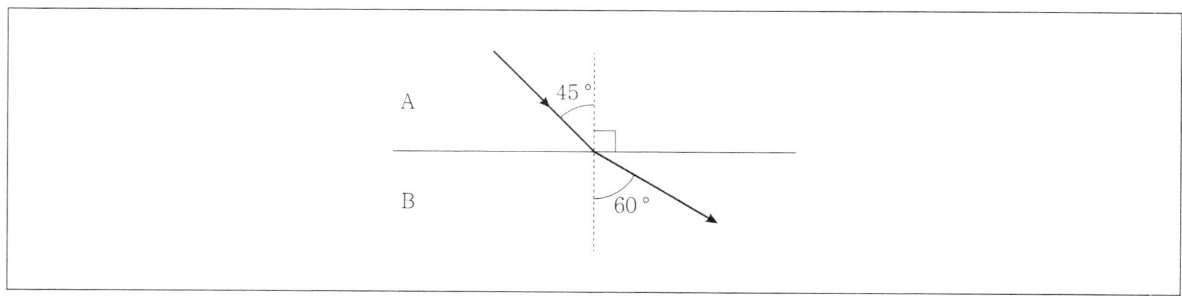

① $\dfrac{2}{3}$

② $\sqrt{\dfrac{2}{3}}$

③ $\sqrt{\dfrac{3}{2}}$

④ $\dfrac{3}{2}$

16 그림은 $t = 0$초일 때 파동의 변위 y를 위치 x에 따라 나타낸 것이다. 파동은 일정한 속력으로 $+x$ 방향으로 진행하고, 파동의 주기는 8초이다. 이에 대한 설명으로 옳은 것은?

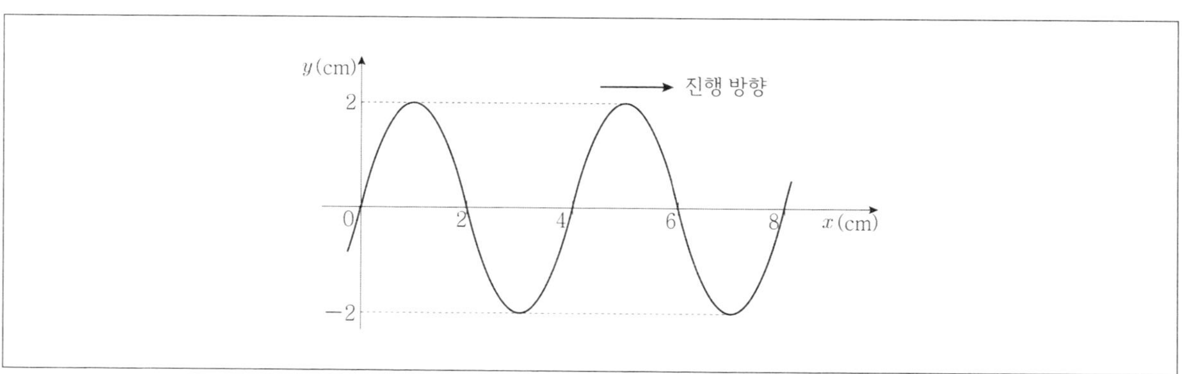

① 파동의 진폭은 4cm이다.

② 파동의 진동수는 0.25Hz이다.

③ 파동의 속력은 0.5cm/s이다.

④ $t = 2$초일 때, $x = 2$cm에서 $y = 0$이다.

15 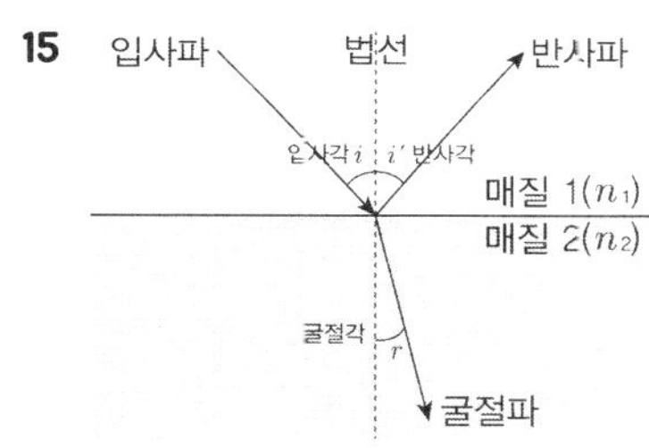

파동의 굴절은 파동이 한 매질에서 다른 매질로 진행할 때 경계면에서 파동의 진행 방향이 꺾이는 현상을 말한다. 그림과 같이 매질1에서 매질2로 파동이 진행할 때 매질1에서의 파동은 입사파라고 하고, 이 입사파와 법선이 이루는 각을 입사각이라고 한다. 여기에서 굴절이 되어 진행되는 파동을 굴절파라고 하고, 굴절파와 법선과 이루는 각을 굴절각이라고 한다. 이때 입사각 i와 굴절각 r의 sine 값의 비가 항상 일정한데, 이를 굴절의 법칙(스넬의 법칙)이라고 한다.

$$\frac{\sin i}{\sin r} = \frac{\lambda_1}{\lambda_2} = \frac{v_1}{v_2} = n_{12} = 일정$$

λ_1, λ_2 : 매질1, 매질2에서의 파장

v_1, v_2 : 매질1, 매질2에서의 속력

n_{12} : 매질1에 대한 매질2의 상대 굴절률

따라서 매질 A에 대한 B의 (상대) 굴절률은 $n_{AB} = \dfrac{\sin 45°}{\sin 60°} = \sqrt{\dfrac{2}{3}}$ 이다.

16 ① 파동의 진폭은 2cm이다.

② 파동의 주기(T)가 8초라고 하였으므로 파동의 진동수 $\nu = \dfrac{1}{T} = \dfrac{1}{8s} = 0.125\,\mathrm{Hz}$이다.

③ 파장은 4cm이므로 파동의 속력은 $\dfrac{파장(\lambda)}{주기(T)} = \dfrac{4cm}{8s} = 0.5\,cm/s$이다.

④ ③에서 파동의 속력이 $0.5\,cm/s$라고 하였으므로 t=2초일 때 $x = 0.5\,cm/s \times 2s = 1\,cm$이고, 이때의 $y = 2\,cm$이다.

정답 및 해설 15.② 16.③

17 그림은 두 점파원 S_1, S_2에서 파장이 λ로 같은 두 물결파를 같은 위상으로 발생시켰을 때, 물결파의 어느 순간의 모습을 모식적으로 나타낸 것이다. 실선과 점선은 각각 물결파의 마루와 골을 나타내고, 점 P, Q, R는 평면상에 고정된 점이다. 이에 대한 설명으로 옳은 것만을 모두 고르면?

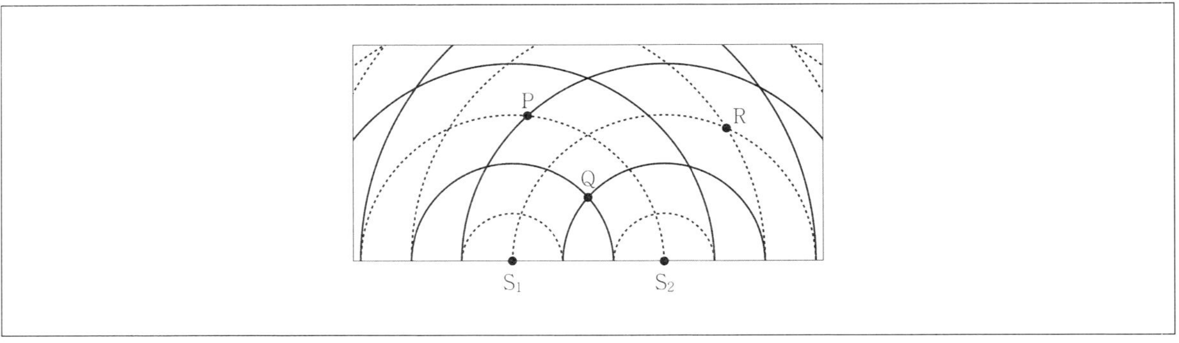

㉠ S_1에서 P까지의 거리와 S_2에서 P까지의 거리 차이는 $\dfrac{\lambda}{2}$이다.

㉡ Q에서 수면의 높이는 변하지 않는다.

㉢ R에서 상쇄 간섭이 일어난다.

① ㉠   ② ㉢

③ ㉠, ㉡   ④ ㉡, ㉢

18 그림은 진동수가 f인 단색광 P를 금속판 A에 비추었을 때 A에서 광전자가 방출되는 것을 나타낸 것이다. 방출된 광전자 1개의 최대 운동 에너지는 E_k이다. 이에 대한 설명으로 옳은 것만을 모두 고르면?

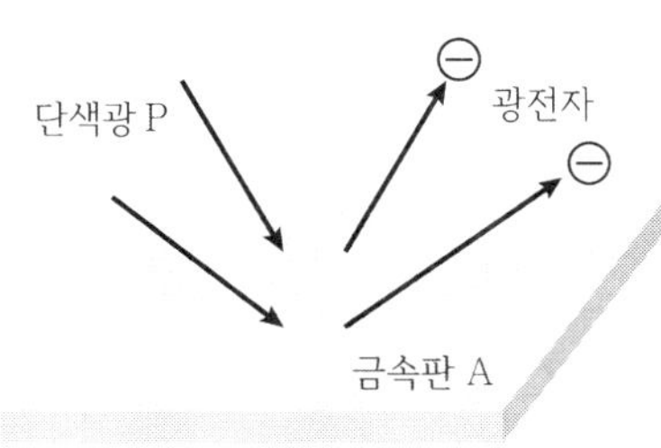

> ㉠ A의 문턱 진동수는 f보다 크다.
> ㉡ P의 세기를 증가시키면 단위 시간당 방출되는 광전자 수가 많아진다.
> ㉢ 진동수가 $2f$인 빛을 A에 비추었을 때 광전자 1개의 최대 운동 에너지는 E_k이다.

① ㉡

② ㉠, ㉡

③ ㉠, ㉢

④ ㉡, ㉢

---

17 ㉠ S₁에서 P까지의 거리는 골에서 마루까지의 거리와 같으므로 $\dfrac{\lambda}{2}$이며, S₂와 P는 같은 위상에 있으므로 S₂에서 P까지의 거리는 0이다. 따라서 S₁에서 P까지의 거리와 S₂에서 P까지의 거리 차이는 $\dfrac{\lambda}{2}$이다.

㉡ Q에서는 두 물결파의 마루와 마루가 겹치는 보강 간섭이 일어나므로 수면의 높이는 2배로 변한다.

㉢ R에서는 두 물결파의 골과 골이 겹치는 보강 간섭이 일어난다.

18 ㉠ 진동수가 f인 단색광 P를 금속판 A에 비추었을 때 A에서 광전자가 방출되었으므로 A의 문턱 진동수는 f보다 작다.

㉡ A의 문턱 진동수보다 큰 단색광 P의 세기를 증가시키면 단위 시간당 방출되는 광전자 수가 많아질 것이다.

㉢ 진동수가 f인 빛을 A에 비추었을 때 광전자 1개의 최대 운동 에너지는 $E_k = hf - W$이다(W=일함수). 진동수가 $2f$인 빛을 A에 비추었을 때 광전자 1개의 최대 운동 에너지는 $2hf - W = 2E_k + W$이다.

정답 및 해설 17.① 18.①

19 그림 (가)와 (나)는 수평면에 놓인 물체 A, B, C가 서로 접촉한 상태에서 크기가 F인 힘이 수평 방향으로 작용하여 등가속도 직선 운동을 하는 모습을 나타낸 것이다. A, B, C의 질량은 각각 $5m$, $2m$, m_C이다. (가)와 (나)에서 A가 B에 작용하는 힘의 크기가 같을 때, m_C는? (단, 모든 마찰과 공기 저항은 무시한다)

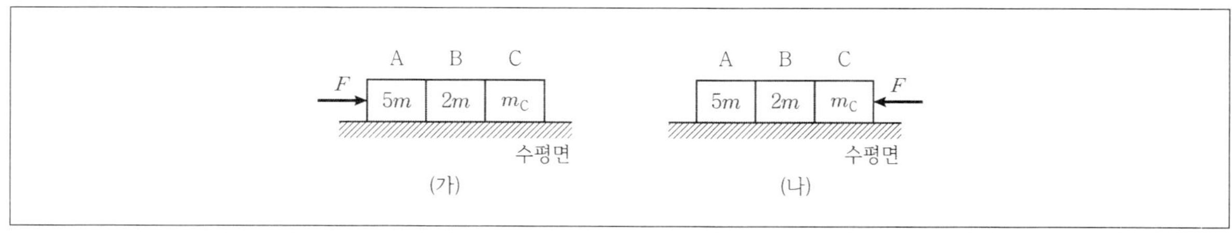

① m

② $2m$

③ $3m$

④ $4m$

20 그림은 시간 $t = 0$일 때 자동차 A는 선 P를 속력 v로 통과하고 자동차 B는 P에서 정지 상태에서 출발한 후, $t = T$일 때 A와 B가 각각 선 Q와 선 R를 통과하는 것을 나타낸 것이다. 이때 A는 등속 직선 운동을 하였고, B는 가속도 크기 a로 등가속도 직선 운동을 하였다. P, Q 사이 거리와 Q, R 사이 거리는 L로 같다. 이에 대한 설명으로 옳지 않은 것은? (단, 자동차의 크기는 무시한다)

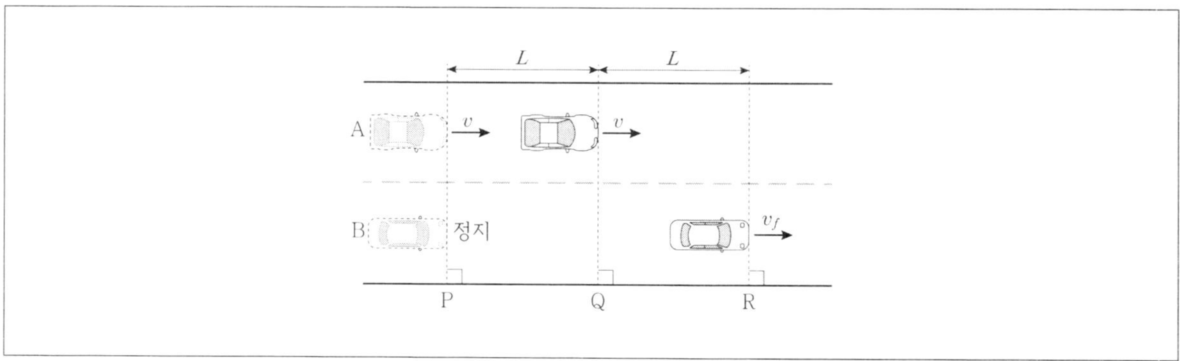

① $v = \dfrac{L}{T}$이다.

② $t = 0$에서 $t = T$까지 B의 평균 속력은 $\dfrac{2L}{T}$이다.

③ $a = \dfrac{2v^2}{L}$이다.

④ R를 통과할 때 B의 순간 속력 v_f는 $4v$이다.

19 그림 ㈎에서 A가 B에 작용하는 힘은 B와 C를 미는 힘의 크기와 같다. 또한 작용 반작용의 법칙(뉴턴 운동 제3법칙)에 따라 그림 ㈏에서 A가 B에 작용하는 힘의 크기는 B가 A를 미는 힘과 같다. 그림 ㈎와 ㈏에서 작용하는 총 힘의 크기는 F로 동일하므로 이때 발생하는 가속도의 크기를 a로 놓고 운동 방정식을 세우면 다음과 같다.

$(2m + m_c)a = 5ma$

이를 풀면 $m_c = 3m$의 결과를 얻을 수 있다.

20 ① A는 등속 직선 운동을 하였으므로 P에서 Q까지 운동할 때 같은 속력 v로 $t = 0$에서 $t = T$까지 시간 T 동안 움직였다. 따라서 $L = vT$의 관계식이 성립하며 이를 정리하면 $v = \dfrac{L}{T}$이다.

② B는 $t = 0$에서 $t = T$까지 거리 $2L$만큼 운동하였다. 따라서 B의 평균 속력은 $\dfrac{2L}{T}$이다.

③ B는 가속도 크기 a의 등가속도 직선 운동을 하였으므로 등가속도 직선 운동 공식 $s = v_o t + \dfrac{1}{2}at^2$에 $s = 2L$, $v_0 = 0$을 대입하여 정리하면 $2L = \dfrac{1}{2}aT^2$이다. 이를 $v = \dfrac{L}{T}$임을 이용하여 정리하면

$a = \dfrac{4L}{T^2} = 4\left(\dfrac{L}{T}\right)^2 \dfrac{1}{L} = \dfrac{4v^2}{L}$이다.

④ B는 가속도 크기 a의 등가속도 직선 운동을 하였으므로 등가속도 직선 운동 공식 $2as = v_f^2 - v_0^2$에 $s = 2L$, $v_0 = 0$, $a = \dfrac{4v^2}{L}$을 대입하여 정리하면 $2 \times \dfrac{4v^2}{L} \times 2L = 16v^2 = v_f^2$가 되어 R를 통과할 때 B의 순간 속력 v_f는 $4v$임을 얻을 수 있다.

정답 및 해설 19.③ 20.③

1 어떤 공을 지면에서 연직 위로 던졌다. 이 공이 높이 20m까지 올라갈 수 있다면, 지면에서 공의 초기 속력[m/s]은? (단, 공의 크기는 무시하며 중력 가속도는 10m/s^{2}이다.)

① 10

② 20

③ 30

④ 40

2 〈보기 1〉은 마찰이 없는 수평면에 물체 A, B, C를 붙여놓고 A에 수평 방향의 힘 F를 가하는 것을 나타낸 것이다. A, B, C의 질량은 각각 3kg, 2kg, 3kg이다. 〈보기 2〉는 힘 F를 가한 후 B의 속력을 시간에 따라 나타낸 것이다. 2초일 때, F의 크기 [N]?

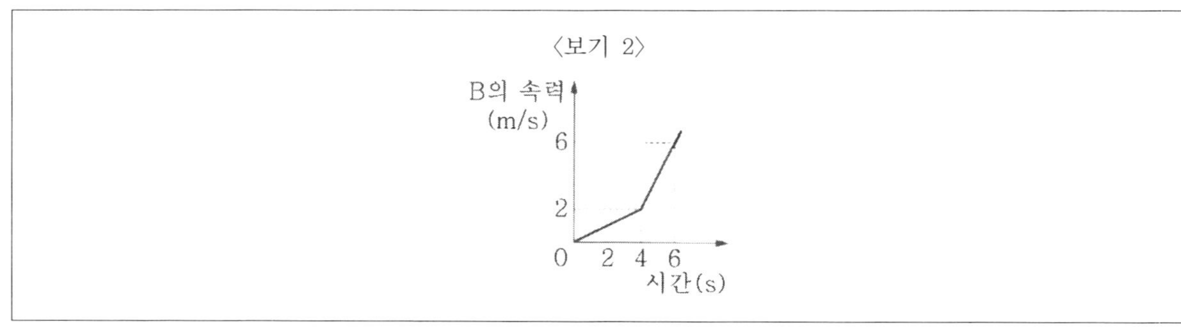

① 1

② 2

③ 4

④ 8

3 끈에 매달린 질량이 150g인 공이 반지름 0.5m인 원을 수평으로 그리며 초당 2회로 일정하게 돌고 있다. 이때 구심 가속도의 크기 [m/s^2]는?(단, 공의 크기는 무시하며 원주율 π는 3이다.)

① 42

② 52

③ 62

④ 72

---

1 문제의 상황은 연직상방운동이며, 연직상방운동은 아래 방향으로 일정한 중력을 받는 등가속도 직선 운동이다.

$v_0 = 10\,m/s$, $g = -10\,m/s^2$, $h = 20\,m$이고, 공이 최고점에 올라갈 때의 속력 $v = 0$이므로 다음과 같이 공식에 대입하여 공의 초기 속력이 $v_0 = 20\,m/s$임을 구한다.

$2gh = v^2 - v_0^2$

$2(-10\,m/s^2)(20\,m) = -v_0^2$

$v_0 = 20\,m/s$

2 〈보기 1〉에서 마찰이 없는 수평면에 물체 A, B, C를 붙여놓고 수평 방향의 힘 F를 가할 때 힘 F가 미는 물체의 질량의 합은 물체 A, B, C의 질량의 합인 3 + 2 + 3 = 8kg이다.

또한 〈보기 2〉의 v-t(속도-시간) 그래프에서 기울기는 물체의 가속도와 같으므로, 2초일 때의 가속도 a는 $\dfrac{2\,m/s}{4s} = 0.5\,m/s^2$이다.

따라서 2초일 때의 $F = ma = 8\,kg \times 0.5\,m/s^2 = 4N$ 임을 얻는다.

3 공이 반지름 0.5m인 원을 그리며 초당 2회 돌고 있다고 했으므로 공의 속도 $v = 2\pi = 6\,m/s$이다. 따라서 여기에 작용하는 구심 가속도는 다음과 같다.

$$a = \frac{v^2}{r} = \frac{(6\,m/s)^2}{0.5\,m} = 72\,m/s^2$$

정답 및 해설 1.② 2.③ 3.④

4 질량이 1.2ton인 트럭이 반지름 20m의 원형도로를 따라 진행한다. 트럭의 짐칸 가운데에는 상자가 놓여 있는데, 줄로 고정되지 않은 상태이다. 트럭의 속력이 8m/s가 되었을 때 상자가 미끄러지기 시작했다면, 상자에 작용하는 마찰력의 정지 마찰 계수는? (단, 트럭과 상자의 크기는 무시하며 중력 가속도는 10m/s^2 이다.)

① 0.16

② 0.24

③ 0.32

④ 0.40

5 〈보기 1〉과 같이 질량이 2kg인 공을 15m 높이의 건물에서 10m/s의 속력으로 지면과 45° 각도로 발사했다. 〈보기 2〉에서 이에 대한 설명으로 옳은 것을 모두 고른 것은? (단, 공기저항과 공의 회전은 무시하며 중력 가속도는 10m/s^{2}이다.)

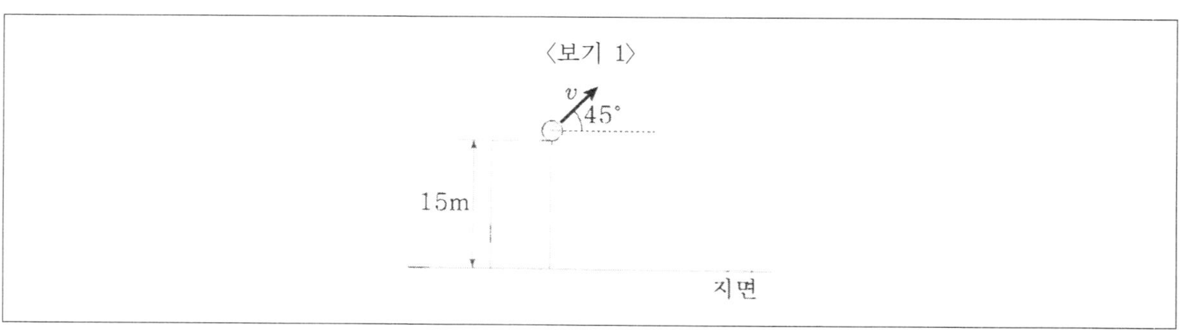

〈보기 2〉
㉠ 공이 지면에 닿는 순간, 발사 순간에 대비하여 공의 위치 에너지가 300J 감소하였다.
㉡ 공이 지면에 닿는 순간, 공의 운동 에너지는 300J이다.
㉢ 질량과 상관없이 공이 지면에 닿는 순간 공의 속력은 20m/s이다.

① ㉠

② ㉠, ㉡

③ ㉠, ㉢

④ ㉡, ㉢

4 트럭의 짐칸 가운데에 있는 상자가 미끄러지기 위해서는 트럭이 원형도로를 따라 달리면서 발생하는 구심력이 상자와 트럭의 짐칸 바닥 사이에 작용하는 최대 정지 마찰력보다 커야 한다.

즉 $\dfrac{mv^2}{r} \geqq \mu mg$ 이어야 하며, 문제에서 상자가 미끄러지기 시작한 트럭의 속력 $v = 8m/s$ 일 때 등호가 성립한다.

따라서 다음과 같이 계산하여 $\mu = 0.32$ 임을 얻을 수 있다.

$$\dfrac{(8m/s)^2}{20m} = \mu(10m/s^2)$$

$$\mu = \dfrac{(8m/s)^2}{(20m)(10m/s^2)} = 0.32$$

5 ㉠ 공이 발사된 위치는 지면보다 15m 높다. 따라서 공이 지면에 닿는 순간 발사 순간에 대비하여 공의 위치 에너지의 변화량은 다음과 같다.

$$\Delta U = mg\Delta h = (2kg)(10m/s^2)(-15m) = -300J$$

㉡ 발사 순간 공이 가지는 운동 에너지 $K = \dfrac{1}{2}mv^2 = \dfrac{1}{2}(2kg)(10m/s)^2 = 100J$ 이다.

㉠에서 공이 지면에 닿는 순간 공의 발사 순간에 대비하여 공의 위치 에너지 감소량이 300J이라고 하였고, 역학적 에너지 보존 법칙에 따라 이것은 공이 얻는 운동 에너지 증가량과 같으므로 공이 지면에 닿는 순간 공의 운동 에너지는 100 + 300 = 400J이다.

㉢ ㉠과 ㉡ 선지에서 얻은 결과를 바탕으로 공이 지면에 닿는 순간 공의 운동 에너지 $K = \dfrac{1}{2}mv^2 = \dfrac{1}{2}(2kg)v^2 = 400J$ 를 이용하여 지면에 닿는 순간의 공의 속력은 20m/s임을 얻을 수 있다. 이때 위치 에너지 변화량과 운동 에너지 변화량은 같으므로 $mg\Delta h = \dfrac{1}{2}m(\Delta v)^2$ 의 관계식으로 나타낼 수 있고, 양변에서 물체의 질량 m 은 소거할 수 있으므로 공이 지면에 닿는 순간의 공의 속력은 공의 질량과는 상관이 없다.

 4.③ 5.③

6 〈보기〉는 U관 안에서 두 종류의 액체가 정적 평형을 이루고 있는 모습을 나타낸 것이다. 밀도 P_w의 물이 오른쪽에 있고, 밀도 P_o의 기름이 왼쪽에 있다. l=100mm이고, d=20mm라고 할 때, $\dfrac{\rho_w}{\rho_o}$는?

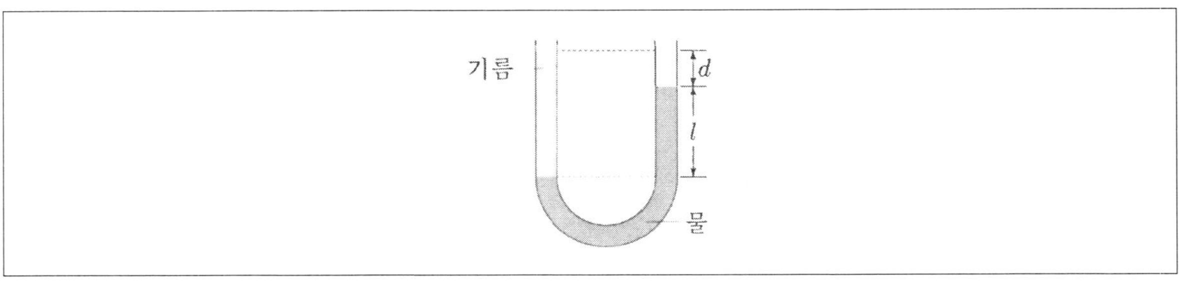

① 1.1

② 1.2

③ 1.3

④ 1.4

7 단원자 이상기체 2몰이 어떤 탱크에 가득 차 있다. 이계의 온도가 300K일 때, 이 기체의 총 운동 에너지 [J]는? (단, 이상기체 상수는 R=8.3J/mol·K이며 유효숫자는 고려하지 않는다.)

① 1245

② 2490

③ 4980

④ 7470

8 온도가 T이고 부피가 V인 이상기체가 등온팽창한다. 이 기체가 부피 V에서 $2V$까지 팽창하는 동안 한 일을 W_A라고 하고, 부피 $2V$에서 $4V$까지 팽창하는 동안 한 일을 W_B라고 할 때, W_A/W_B는?

① 1

② 1.5

③ 2

④ 2.5

---

6 〈보기〉의 U관 안에서 두 종류의 액체가 정적평형을 이루고 있다. 따라서 물과 기름의 정수압(hydrostatic pressure) $P = \rho g h$ 가 같음을 이용하여 다음과 같이 풀면 된다.

$$\rho_o g(l+d) = \rho_w g l$$

$$\frac{\rho_w}{\rho_o} = \frac{l+d}{l} = \frac{100+20}{100} = 1.2$$

7 단원자 이상기체의 운동 에너지 공식 $E_k = \frac{3}{2}nRT$에 문제에서 주어진 정보를 대입하여 풀면 다음과 같다.

$$E_k = \frac{3}{2}nRT = \frac{3}{2} \times 2(mol) \times 8.3(J/mol \cdot K) \times 300(K) = 7470J$$

※ 이원자 이상기체의 운동 에너지는 $E_k = \frac{5}{2}nRT$이다.

8 등온과정(isothermal process)이란 온도가 일정한 상태에서 일정량의 이상기체가 열에너지를 흡수하여 부피가 증가하거나, 열에너지를 방출하여 부피가 감소하는 과정을 말한다. 등온과정에서 A부터 B까지의 전체 일은 순간 시간에 대한 순간적인 일을 적분한 것과 같으며, 여기에 이상기체 방정식을 대입하면 아래 식과 같이 정의된다.

$$W_{A \to B} = \int_{V_A}^{V_B} P dV = \int_{V}^{V_B} \frac{nRT}{V} dV = nRT \ln \frac{V_B}{V_A}$$

문제에서 $W_A = nRT \ln \frac{2V}{V} = nRT \ln 2$, $W_B = nRT \ln \frac{4V}{2V} = nRT \ln 2$이고,

따라서 $\dfrac{W_A}{W_B} = \dfrac{nRT \ln 2}{nRT \ln 2} = 1$이다.

정답 및 해설 6.② 7.④ 8.①

9 〈보기 1〉과 같이 도르래를 장치하고 힘 F를 작용하여 질량이 100kg인 물체를 0.1m/s의 일정한 속력으로 1m 높이 만큼 끌어올렸다. 〈보기 2〉에서 이에 대한 설명으로 옳은 것을 모두 고른 것은? (단, 모든 마찰과 도르래의 질량은 무시하며 중력 가속도는 10m/s²이다.)

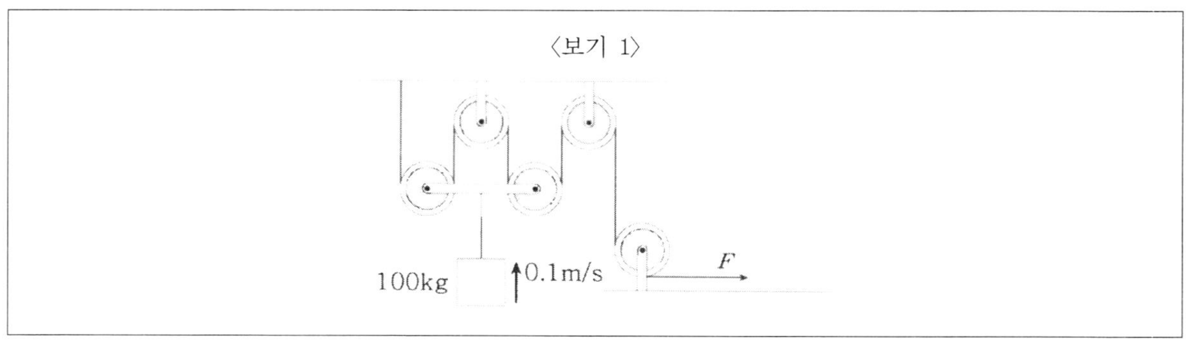

〈보기 2〉

ㄱ 힘 F의 크기는 500N이다.
ㄴ 힘 F로 당긴 줄의 길이는 4m이다.
ㄷ 힘 F의 일률은 100W이다.

① ㄱ
② ㄱ, ㄴ
③ ㄱ, ㄷ
④ ㄴ, ㄷ

10 길이가 20m인 원형 단면의 구리선이 있다. 이 구리선의 저항이 0.112Ω일 때, 구리선의 반지름[mm]은? (단, 구리의 비저항은 $1.68\times10^{-8}\,\Omega\cdot$m, 원주율 π는 3이다.)

① 0.5
② 1
③ 1.5
④ 2

9 ㉠ 마찰과 도르래의 질량이 없다고 가정할 때, 움직도르래를 1개 사용할 때마다 물체를 들어 올리는데 필요한 힘은 절반으로 줄어든다. 문제에서는 움직도르래를 2개 사용하였으므로 물체를 들어 올리는 데에 필요한 힘 F의 크기는 다음과 같이 250N이다.

$$F = mg \times \left(\frac{1}{2}\right)^2 = (100kg)(10\,m/s^2)\left(\frac{1}{2}\right)^2 = 250N$$

㉡ 움직도르래를 1개 사용할 때마다 물체를 들어 올리는데 필요한 힘은 절반으로 줄어들지만, 당겨야 하는 줄의 길이는 2배로 늘어난다. 문제에서 물체를 1m 들어올리기 위해서 힘 F로 당겨야 할 줄의 길이는 1m의 2^2배, 즉 4m가 된다.

㉢ 움직도르래를 사용한다고 하더라도 물체를 들어 올리는 데 필요한 힘은 절반으로 줄어들지만, 당겨야 하는 줄의 길이는 2배로 늘어나므로 결국 물체를 들어 올리는 일의 크기는 변하지 않는다. 따라서 질량이 100kg인 물체를 1m 들어 올리는 데에 필요한 일을 그때 걸린 시간으로 나누어주면 일률을 구할 수 있으며, 다음과 같이 100W임을 구할 수 있다.

$$t = \frac{s}{v} = \frac{1m}{0.1m/s} = 10s$$

$$P = \frac{W}{t} = \frac{mgh}{t} = \frac{(100kg)(10\,m/s^2)(1m)}{10s} = 100J/s = 100W$$

10 도선의 저항값의 크기는 도선의 길이에 비례하고 단면적에 반비례하며, 다음의 공식으로 나타낼 수 있다.

$$R = \rho\frac{l}{A} \quad (R : 저항, \ \rho : 도선의\ 비저항, \ A : 도선의\ 단면적)$$

문제에서 원형 단면의 넓이는 $A = \pi r^2$이므로

다음의 식을 풀면 구리선의 반지름이 $r = 10^{-3}m = 1mm$임을 구할 수 있다.

$$R = \rho\frac{l}{A} = (1.68 \times 10^{-8}\Omega \cdot m) \times \frac{20\,m}{3r^2} = 0.112\Omega$$

11 〈보기〉와 같이 4개의 축전기가 연결되어 있을 때, 등가 전기용량의 값[μF]은?

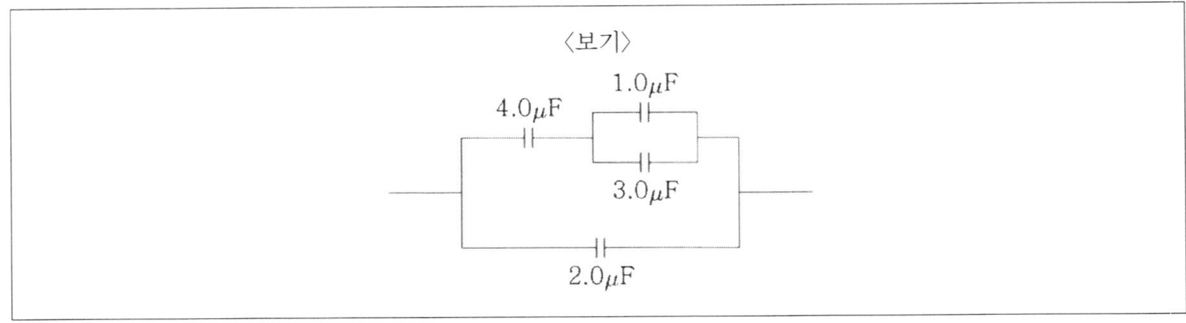

① 1.0

③ 3.0

② 2.0

④ 4.0

12 〈보기〉의 회로에서 20Ω 저항기에 흐르는 전류의 크기[A]는? (단, 전지의 내부 저항은 없다고 가정한다.)

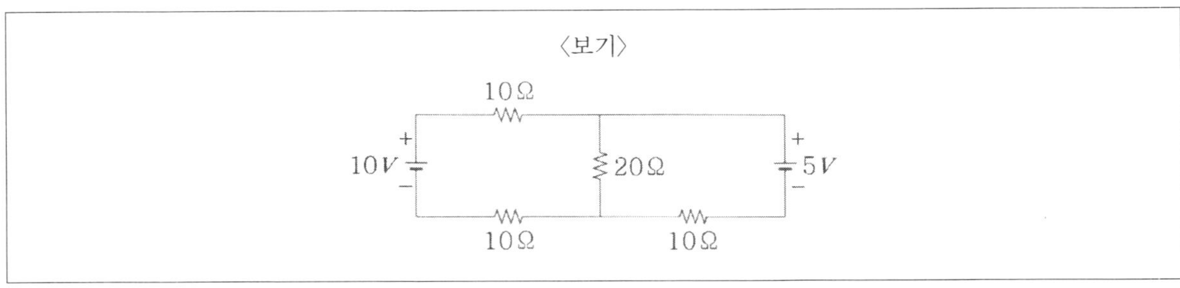

① 0.1

② 0.15

③ 0.2

④ 0.25

11 축전기가 직렬로 연결되었을 때 등가 전기용량의 역수는 각각의 축전기들의 전기용량의 역수의 합과 같고, 축전기가 병렬로 연결되었을 때 등가 전기용량은 각각의 축전기들의 전기용량의 합과 같다.

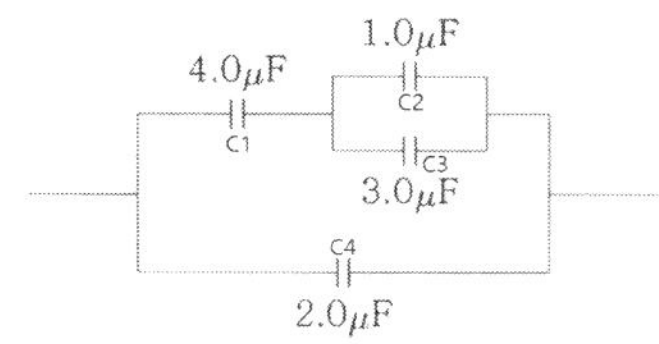

〈보기〉에서 축전기 C_2와 C_3는 병렬로 연결되어 있으므로,

C_2와 C_3 두 축전기의 합성 등가 전기용량 $C_{23} = C_2 + C_3 = 1.0 + 3.0 = 4.0\mu$F 이다.

그리고 축전기 C_1과 C_{23}(C_2, C_3의 합성 등가 전기용량)은 직렬로 연결되어 있다고 볼 수 있으므로 이들의 합성 등가 전기용량은 $\dfrac{1}{C_{123}} = \dfrac{1}{C_1} + \dfrac{1}{C_{23}} = \dfrac{1}{4} + \dfrac{1}{4} = \dfrac{1}{2}$으로 계산할 수 있으며, $C_{123} = 2\mu$F 임을 얻는다.

마지막으로 축전기 C_4와 C_{123}(C_1, C_2, C_3의 합성 등가 전기용량)은 병렬로 연결되어 있다고 볼 수 있으므로 전체 회로에서의 합성 등가 전기용량 $C_{eq} = C_{23} + C_4 = 2.0 + 2.0 = 4.0\mu$F 임을 구할 수 있다.

12

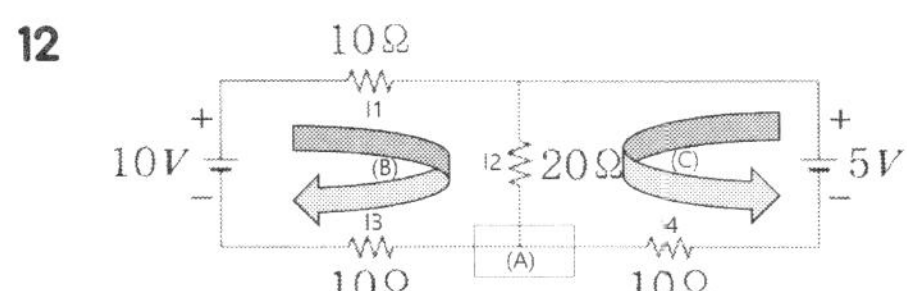

키르히호프의 전류 법칙(Kirchhoff's Current Law)에 따르면 회로상의 임의의 한 분기점에서 들어온 전류의 합은 교점에서 나간 전류의 합과 같다. 〈보기〉 회로에서 (A) 지점에서 전류가 분기되는 지점이므로 다음과 같이 식을 세울 수 있다.

(A) $I_2 = I_3 + I_4$

또한 키르히호프의 전압 법칙(Kirchhoff's Voltage Law)에 따르면 닫힌 하나의 루프 안 전압(전위차)의 합은 0이다. 이때 강하된 전압(전위차)은 옴의 법칙 $V = IR$(V: 전압, I: 전류의 세기, R: 전기저항)으로 나타낼 수 있다. 〈보기〉에는 (B)와 (C) 두 개의 루프가 존재하며, 오른쪽으로 도는 왼쪽 루프의 전압 방향을 (+)로 잡고 식을 세우면 다음과 같다.

(B) $10I_1 + 20I_2 + 10I_3 = 10$

(C) $-20I_2 - 10I_4 = -5$

이상에서 (A), (B), (C) 세 개의 방정식을 연립하여 풀면 $I_1 = I_2 = I_3 = 0.25$[A], $I_4 = 0$임을 구할 수 있다.

정답 및 해설 11.④ 12.④

13 〈보기〉와 같이 일정한 전류가 흐르는 두 개의 긴 도선이 모눈종이면에 서로 수직으로 놓여있고, 전류 I_A 는 $+x$ 방향으로 흐른다. 모눈종이면 위의 점 P에서 자기장이 0일 때, I_B의 방향과 세기는?(단, 지구 자 기장의 영향은 무시하며 모눈 간격은 모두 같다)

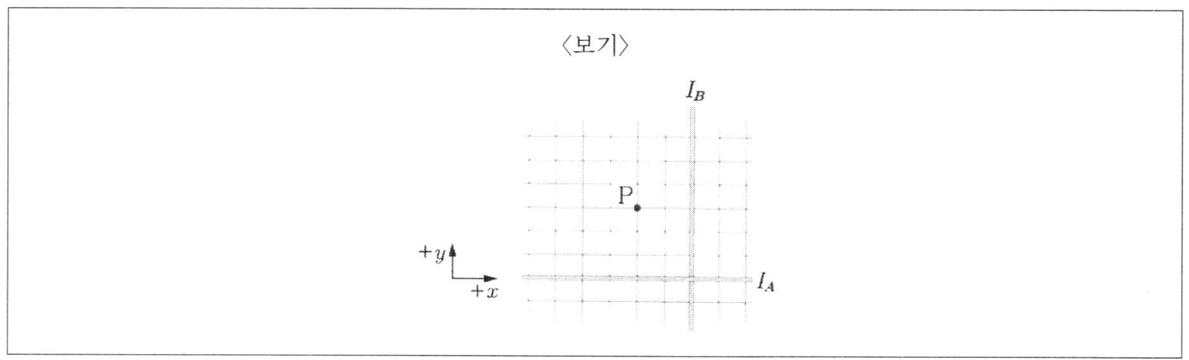

① 세기는 $\dfrac{2}{3}I_A$이고 방향은 $-y$이다.

② 세기는 $\dfrac{3}{2}I_A$이고 방향은 $+y$이다.

③ 세기는 $\dfrac{4}{9}I_A$이고 방향은 $-y$이다.

④ 세기는 $\dfrac{9}{4}I_A$이고 방향은 $+y$이다.

14 음파의 속력을 v, 양쪽 끝이 열린 관의 길이를 L이라 할 때, 다음 중 음파가 이 관에서 자연 진동수로 가 질 수 없는 것은?

① $\dfrac{v}{4L}$

② $\dfrac{v}{2L}$

③ $\dfrac{v}{L}$

④ $\dfrac{2v}{L}$

13 직선 전류가 도선에 흐르면 도선 주변으로 동심원 모양의 자기장이 발생하는데, 방향은 오른손 법칙에 따른다. 즉, 전류의 방향에 엄지손가락 방향을 맞추면 나머지 손가락이 가리키는 방향이 자기장 방향이다. 이때 자기장의 세기는 다음의 공식에 따라 전류의 세기에 비례하고 거리에 반비례한다.

$$B = k \frac{I}{r}$$

(B : 자기장은 세기, k : 자기장 상수, r : 직선으로부터의 거리, I : 전류의 세기)

이에 따르면 전류 I_A에 의해 점 P에 유도되는 자기장은 모눈종이면을 뚫고 나오는 방향으로 $k \frac{I_A}{3r}$이다. 문제에서 점 P에서 자기장이 0이라고 하였으므로 전류 I_B에 의해 이 자기장이 상쇄되어야 한다. 오른손 법칙에 따라 전류의 방향이 −y로 흘러야 전류 I_B에 의해 점 P에 모눈증이면을 뚫고 들어오는 방향으로 자기장이 유도되며, 전류 I_A에 의해 유도되는 자기장의 크기는 같아야 하므로 $k \frac{I_A}{3r} = k \frac{I_B}{2r}$에서 $I_B = \frac{2}{3} I_A$임을 구할 수 있다.

14 ① 문제의 상황은 개관 정상파일 경우이며, 상태 수 n에 따라 정상파를 형성하는 파동의 자연 진동수는 $\frac{nv}{2L}$이다. 상태 수 n은 자연수여야 하므로 $\frac{v}{4L}$은 정상파의 자연 진동수가 될 수 없다.

※ 음파의 속력을 v, 관(또는 현)의 길이를 L이라 할 때 정상파 공식은 다음과 같다.

  ㉠ **개관 정상파**(open pipe standing wave)
    • 양쪽이 열려 있는 개관에서는 관의 끝부분에서 배가 형성되며,
    • 상태 수 n에 따라 정상파를 형성하는 파동의 자연 진동수는 $\frac{nv}{2L}$이다.

  ㉡ **폐관 정상파**(closed pipe standing wave)
    • 한쪽만 열려 있는 폐관에서는 막힌 쪽은 마디가 열린 쪽은 배가 형성되며,
    • 상태 수 n에 따라 정상파를 형성하는 자연 진동수는 $\frac{(2n-1)v}{4L}$이다.

  ㉢ **현에서의 정상파**
    • 양쪽이 묶여 있는 지점에서는 마디가 형성되며,
    • 상태 수 n에 따라 정상파를 형성하는 파동의 자연 진동수는 $\frac{nv}{2L}$이다.

정답 및 해설 13.① 14.①

15 〈보기 1〉은 줄을 따라 x축과 나란하게 진행하는 횡파의 시간 $t=0$인 순간 변위 y를 위치 x에 따라 나타낸 것으로, 줄 위의 한 점 P는 y축과 나란하게 진동한다. 〈보기 2〉는 P의 속도를 t에 따라 나타낸 것이다. 이 파동의 진행 속력[m/s]은?

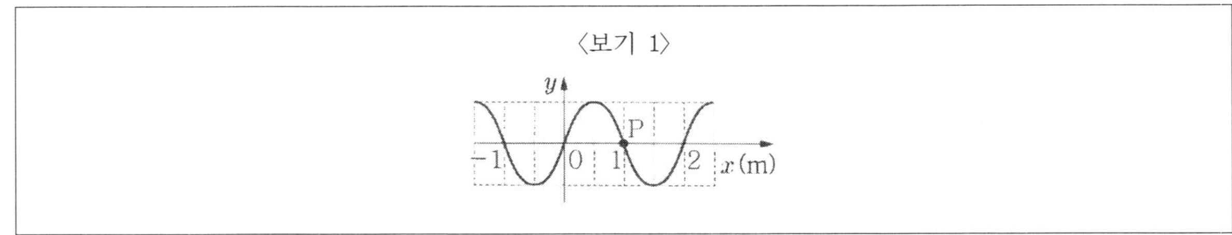

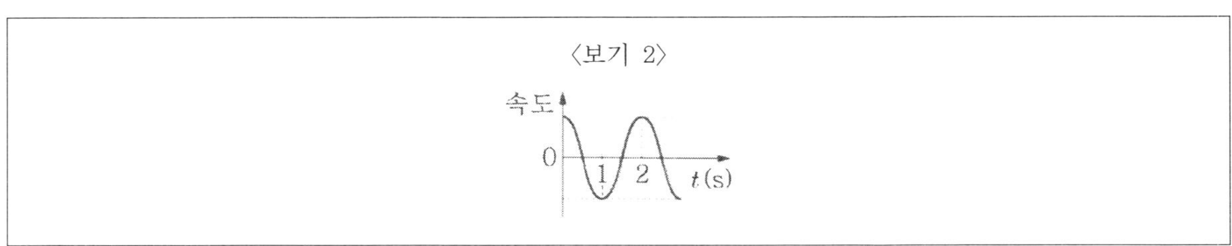

① 0.5

② 1.0

③ 1.5

④ 2.0

16 경찰차가 25m/s의 속력으로 진동수 1600Hz의 사이렌을 울리며 정지해 있는 관찰자에게 다가올 때, 관찰자가 듣는 사이렌 진동수의 근삿값[Hz]은?(단, 음속은 343m/s이다.)

① 1630

② 1730

③ 1830

④ 1930

17 10^7m/s의 속력으로 움직이는 양성자의 드브로이 파장[m]은? (단, 플랑크 상수는 $h=10^{-33}$ J·s이고 양성자의 질량은 $m_v=10^{-27}$ kg이다.)

① 10^{-13}

② 10^{-14}

③ 10^{-15}

④ 10^{-16}

---

15 〈보기 1〉에서 횡파의 파장 $\lambda=2m$임을, 〈보기 2〉에서 횡파의 진동수 $\nu=\dfrac{1}{f}=\dfrac{1}{2s}=0.5[\text{Hz}]$임을 구할 수 있다. 따라서 파장과 진동수와의 관계에 따라 다음과 같이 횡파의 속력을 구할 수 있다.

$$v=\lambda\times\nu=2m\times0.5s^{-1}=1.0[m/s]$$

16 음원에서 나온 파동의 진동수가 실제 진동수와 다르게 관측되는 현상인 도플러 효과에 대한 문제이다. 매질에 대한 음원의 속도를 v_S, 매질에 대한 관찰자의 속도를 v_O, 정지한 매질에서의 파동의 속도를 v라고 할 때 관찰자가 느끼는 음원의 진동수 f'와 본 진동수 f와의 관계는 다음과 같다.

$$f'=\left|\frac{v-v_O}{v-v_S}\right|f$$

즉, 음원에 대한 파동의 상대 속도와 관찰자에 대한 파동의 상대 속도의 비임을 알 수 있다. 이를 바탕으로 관찰자가 음원에 다가갈 때의 진동수는 본 진동수보다 크고, 관찰자가 음원에서 멀어질 때는 진동수는 본 진동수보다 작다는 사실을 알 수 있다. 마찬가지로 음원이 관찰자에게 다가올 때의 진동수는 본 진동수보다 크고, 음원이 관찰자로부터 멀어질 때의 진동수는 본 진동수보다 작다.

문제에서 음원(경찰차)의 속도 $v_S=25m/s$, 관찰자는 움직이지 않으므로 관찰의 속도 $v_O=0$, 정지한 매질 공기에서의 파동의 속도(음속) $v=343m/s$, 사이렌의 본 진동수 $f=1600\text{Hz}$이므로, 할 때 관찰자가 느끼는 음원의 진동수 f'는 다음과 같이 계산된다.

$$f'=\left|\frac{v-v_O}{v-v_S}\right|f=\left|\frac{343-0}{343-25}\right|\times1600=1.0786\times1600=1726[\text{Hz}]$$

17 드브로이 물질파 공식을 이용하여 구하면 간단하게 다음과 같은 결과를 얻는다.

$$\lambda=\frac{h}{p}=\frac{h}{mv}=\frac{10^{-33}J\cdot s}{10^{-27}kg\times10^7m/s}=10^{-13}m/s$$

정답 및 해설   15.②   16.②   17.①

18 〈보기 1〉은 파장이 400nm인 레이저 빛을 이중 슬릿에 비추었을 때 스크린에 나타나는 간섭무늬를 보여준다. P점은 중앙점 O로부터 두 번째 밝은 무늬가 나타나는 지점이고, Δx는 밝은 무늬 사이의 간격을 나타낸 것이다. 〈보기 2〉에서 이에 대한 설명으로 옳은 것을 모두 고른 것은?

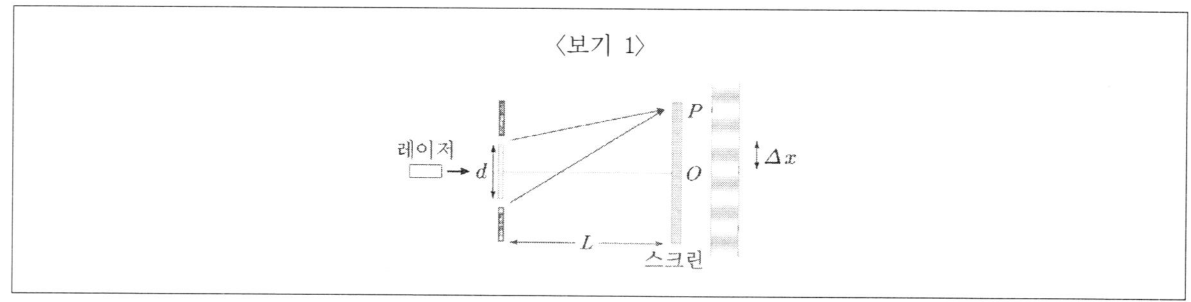

〈보기 2〉

ㄱ. O점에 도달하는 레이저 빛의 위상은 같다.
ㄴ. 두 슬릿으로부터 P점에 도달한 레이저 빛의 경로차는 600nm이다.
ㄷ. 레이저 빛의 파장을 600nm로 바꾸고, 동일한 실험을 하면 밝은 무늬의 간격은 증가한다.

① ㄱ

② ㄱ, ㄴ

③ ㄱ, ㄷ

④ ㄴ, ㄷ

19 공기 중(또는 진공)에서 파장이 λ=450nm인 파란색 빛의 광자 에너지의 근삿값[eV]은? (단, 상수 hc = 1240eVnm이다.)

① 1.8

② 2.8

③ 3.8

④ 4.8

20 수소 원자의 라이먼 계열에서 방출되는 빛 중 가장 작은 에너지의 크기[eV]는? (단, 수소원자의 바닥상태 에너지 $E_1 = -13.6\text{eV}$이다.)

① 10.2

② 10.4

③ 10.6

④ 10.8

---

18 ㉠ 중앙점 O는 밝은 간섭무늬를 보이고 있으므로 해당 점에 도달하는 레이저 빛은 보강간섭을 하고 있다. 따라서 O점에 도달하는 레이저 빛의 위상은 같다.

㉡ 두 슬릿으로부터 P점에 도달한 빛의 경로차, 즉 광로차 $\Delta = d\sin\theta = d\dfrac{x}{L}$로 정의되며, 보강간섭이 일어날 경우(밝은 간섭무늬인 경우) 광로차는 반파장의 짝수 배($\dfrac{\lambda}{2}(2m) = 0,\ \lambda,\ 2\lambda,\dots$)가 된다. 〈보기 1〉에서 P점은 중앙점으로부터 두 번째 밝은 무늬가 나타나는 지점이므로 레이저 빛의 경로차는 $2\lambda = 800[\text{nm}]$이다. 참고로 상쇄간섭이 일어날 경우(어두운 간섭무늬인 경우) 광로차는 반파장의 홀수 배($\dfrac{\lambda}{2}(2m+1) = \dfrac{\lambda}{2},\ \dfrac{3\lambda}{2},\ \dfrac{5\lambda}{2},\dots$)가 된다.

㉢ 간섭무늬의 간격 $\Delta x = \dfrac{\lambda L}{d}$의 관계에서 레이저 빛의 파장 λ가 400nm에서 600nm로 증가하면 간섭무늬의 간격은 1.5배 증가한다. 따라서 문제에서 밝은 무늬의 간격이 증가한다는 선지는 맞는 설명이다.

19 $E = h\nu = \dfrac{hc}{\lambda} = \dfrac{1240\,\text{eVnm}}{450\text{nm}} = 2.8[\text{eV}]$

20 수소 원자의 라이먼 계열은 수소 원자의 전자가 높은 에너지 준위(n=2 이상의 정수)에서 n=1로 전이될 때 방출되는 빛을 말하며, 이 중 에너지가 가장 작은 에너지를 가지는 것은 n=2에서 n=1로 전이될 때이다. 이때의 에너지를 구하면 다음과 같다.

$$\Delta E = R_H\left(\dfrac{1}{n_i^2} - \dfrac{1}{n_f^2}\right) = -13.6 \times \left(\dfrac{1}{1^2} - \dfrac{1}{2^2}\right) = -13.6 \times \left(-\dfrac{3}{4}\right) = 10.2[\text{eV}]$$

정답 및 해설 18.③ 19.② 20.①

1 다음 〈그림〉과 같이 직선 도로에서 10m/s의 일정한 속도로 운동하는 자동차 A가 정지해 있는 자동차 B를 지나쳐가는 순간, 자동차 B가 출발하여 2m/s^{2}의 일정한 가속도로 주행하여 자동차 A를 추월하는데 필요한 시간과 가장 근접한 값은?

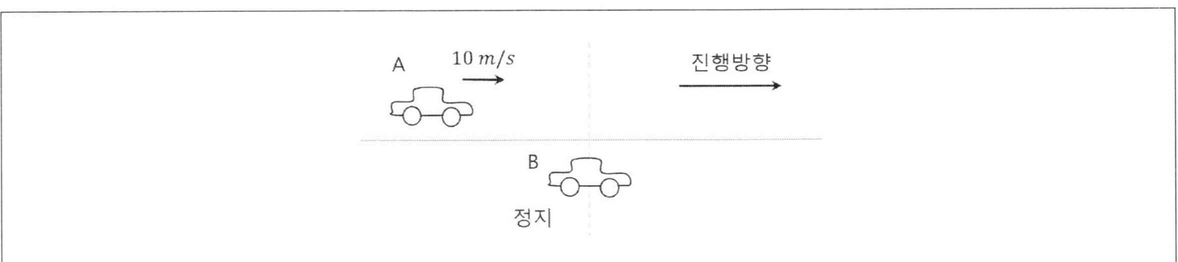

① 1s

② 5s

③ 10s

④ 20s

2 다음 〈그림〉과 같이 질량이 각각 4kg, 6kg인 두 물체가 고정 도르래로 연결된 후 그림과 같이 중력의 영향을 받아서 가속되고 있다. 이때 물체에 의한 줄에 작용하는 장력 T와 움직이는 물체의 가속도 a는 얼마인가? (단, 중력가속도 $g=10 \text{m/s}^2$이며, 공기저항과 고정 도르래의 질량은 무시한다.)

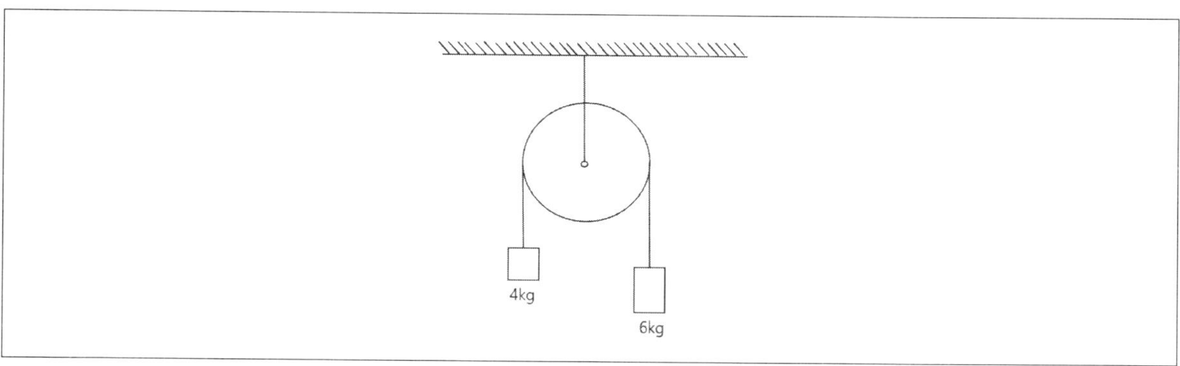

① $T = 12\text{N}, \ a = 10\text{m/s}^2$

② $T = 20\text{N}, \ a = 8\text{m/s}^2$

③ $T = 24\text{N}, \ a = 4\text{m/s}^2$

④ $T = 48\text{N}, \ a = 2\text{m/s}^2$

---

1 문제에 따르면 자동차 A는 10m/s의 속도로 등속 직선 운동을 하며, 자동차 B는 정지하고 있다가 2m/s^2의 등가속도 직선 운동을 한다. 따라서 등속 직선 운동 및 등가속도 직선 운동의 변위 공식과, 자동차 B가 정지하고 있는 곳으로부터 두 자동차의 이동 거리가 같다는 사실을 이용하여 계산하면 다음과 같다.

$s_A = vt = 10t$

$s_B = v_0 t + \dfrac{1}{2}at^2 = 0 + \dfrac{1}{2} \times 2t^2 = t^2$

$s_B - s_A = t^2 - 10t = t(t - 10) = 0 \ (\because s_A = s_B)$

$t = 10[s]$

($t = 0[s]$일 경우는 자동차 A가 정지해 있는 자동차 B를 지나쳐가는 순간이므로 자명한 해이다.)

2 먼저 $m_1 g - m_2 g = (m_1 + m_2)a \ (m_1 > m_2)$을 이용하여 다음과 같이 두 물체의 가속도를 구하면 오른쪽 6kg인 물체가 내려가는 방향으로 $a = 2\text{m/s}^2$이다.

$6 \times 10 - 4 \times 10 = (6 + 4)a$

그리고 각각의 물체를 기준으로 운동 방정식을 세우면 다음과 같으며, 이 식들을 풀면 장력 $T = 48N$임을 구할 수 있다.

(6kg 물체 기준) $6 \times 10 - T = 6 \times 2$

(4kg 물체 기준) $T - 4 \times 10 = 4 \times 2$

3 마찰이 없는 수평면 위에 정지해 있던 질량 5kg의 물체에 10N의 힘이 4초 동안 작용했다. 20초 후의 속력은 몇 m/s 인가?

① 4m/s

② 5m/s

③ 8m/s

④ 12m/s

4 다음 〈그림〉과 같이 유체가 반지름 r인 관을 통해 v의 속도로 흐르고 있다. 어느 부분에서 관의 반지름이 r/4로 줄어든다면, r/4로 좁아진 관에서 유체의 속도와 압력은 어떻게 되는가?(단, 유체는 비압축성이고 점도는 무시할 정도로 충분히 작다.)

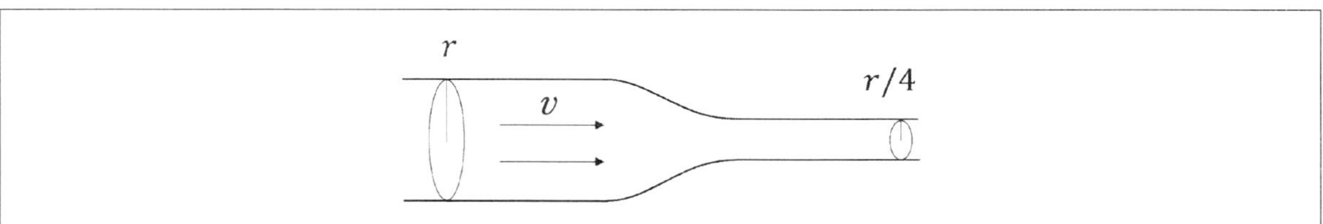

① 속도는 4배 늘어나고, 압력은 줄어든다.

② 속도는 4배 늘어나고, 압력은 늘어난다.

③ 속도는 16배 늘어나고, 압력은 줄어든다.

④ 속도는 16배 늘어나고, 압력은 늘어난다.

3 마찰이 없는 수평면 위의 질량 5kg의 물체에 10N의 힘이 작용하면 $F=ma$의 관계에 따라 $a=\dfrac{F}{m}=\dfrac{10N}{5kg}=2m/s^2$의 가속도가 생긴다. 그런데 이 힘이 4초 동안 작용하였으므로 일정한 힘이 작용하는 동안에는 등가속도 직선 운동을 하며 4초 후의 속도는 $v=v_0+at=0+2\times4=8m/s$이다. 그런데 4초 이후부터 20초까지는 아무런 힘이 작용하지 않으므로 같은 속도로 등속 직선 운동을 하며, 따라서 20초 후의 속력은 4초 이후의 속력과 동일한 $v=8m/s$이다.

4 〈그림〉에서 관의 단면적이 πr^2에서 $\pi\left(\dfrac{r}{4}\right)^2$으로 $\dfrac{1}{16}$로 줄었으므로 유체의 속도는 16배 늘어난다.

또한 문제에서 비압축성이고 점도가 없는 유체이므로 베르누이 원리를 사용할 수 있다.

$$P_A+\rho gh_A+\frac{1}{2}\rho v_A^2=P_B+\rho gh_B+\frac{1}{2}\rho v_B^2$$

〈그림〉에서 반지름 r인 관 쪽은 A, 반지름 r/4인 관 쪽을 B라고 두면, $v_B=16v_A$이고 $h_A<h_B$이므로 $P_A>P_B$임을 도출할 수 있다.

※ 유체의 연속 방정식

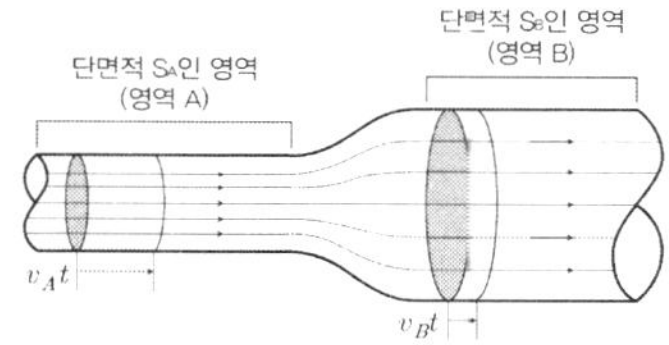

같은 시간 t 동안 한 면적을 통과한 유체의 질량은 보존된다. 따라서 유체의 밀도를 ρ라 하면 다음과 같은 식이 성립한다.

$$\rho\cdot S_A\cdot vAt=P\cdot S_B\cdot vBt\rightarrow\frac{S_A}{S_B}=\frac{vB}{vA}$$

관의 단면적의 크기와 유체의 속력은 서로 반비례함을 알 수 있다.

※ 베르누이 정리

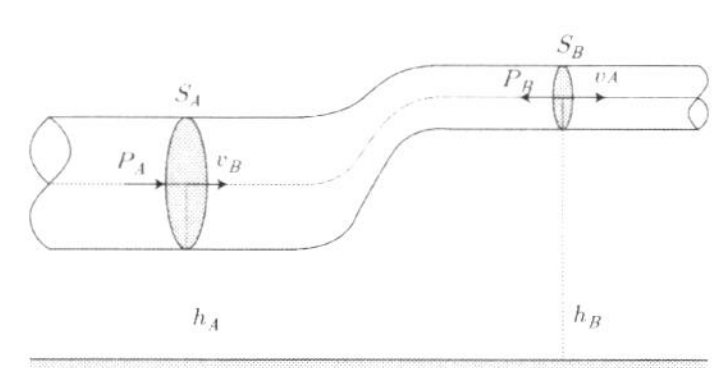

그림과 같이 단면적과 높이가 변하는 관에 밀도 ρ인 유체가 흐르고 있다고 할 때 흐르는 유체에 대하여 유선(streamline) 상에서 모든 형태의 에너지(퍼텐셜 에너지와 운동 에너지)의 합은 언제나 일정하다.

$$(P_A-P_B)\Delta V=\rho\Delta Vg(h_B-h_A)+\frac{1}{2}\rho\Delta V(v_B^2-v_A^2)$$

$$P_A-P_B=\rho g(h_B-h_A)+\frac{1}{2}\rho(v_B^2-v_A^2)$$

$$P_A+\rho gh_A+\frac{1}{2}\rho v_A^2=P_B+\rho gh_B+\frac{1}{2}\rho v_B^2$$

유체의 연속 방정식에 따라 관의 단면적의 크기와 유체의 속력은 서로 반비례한다.

정답 및 해설 3.③ 4.③

5 회절에 대한 다음의 설명 중 가장 옳지 않은 것은?

① 회절은 빛의 입자성을 나타내는 대표적 현상이다.

② 파장이 길수록 회절이 잘 일어난다.

③ 슬릿의 폭이 좁을수록 회절이 잘 일어난다.

④ 파동이 장애물 뒤편까지 전달되는 것은 회절 현상 때문이다.

6 다음 〈그림〉과 같이 진폭이 일정하고 진동수가 4Hz인 파동이 진행하고 있다. 이 파동의 전파 속도는?

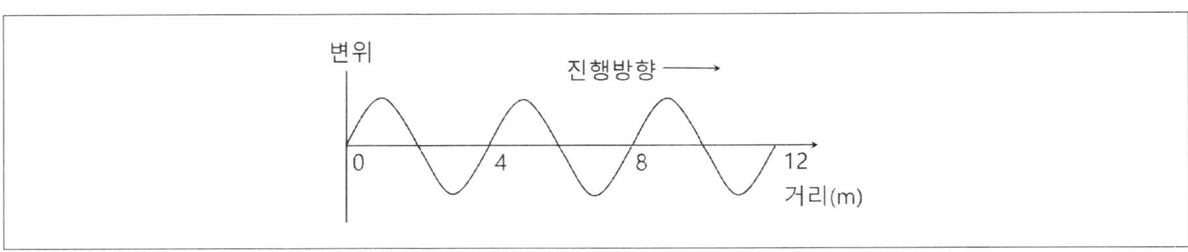

① 1m/s   ② 3m/s
③ 16m/s   ④ 48m/s

7 마찰이 없는 수평면에서 10m/s의 속도로 움직이는 4kg의 물체가 정지상태인 1kg의 물체와 충돌하여 한 덩어리가 되어 같이 움직인다. 충돌 후의 역학적 에너지 손실은 얼마인가?

① 10J   ② 20J
③ 40J   ④ 80J

5 ① 입자의 진행경로에 틈이 있는 장애물이 있으면 입자는 그 틈을 지나 직선으로 진행한다. 이와 달리 파동의 경우, 틈을 지나는 직선 경로뿐 아니라 그 주변의 일정 범위까지 돌아 들어간다. 이처럼 입자로서는 도저히 갈 수 없는 영역에 휘어져 도달하는 현상이 회절이며, 이로써 빛의 파동성을 나타내는 대표적인 현상 중 하나이다.

※ **회절**(回折, diffraction)…음파나 전파 또는 광파 등이 장애물이나 좁은 틈(슬릿)을 통과할 때 그 뒤편(그림자 부분)까지 전파되는 현상이다. 회절의 정도는 틈의 크기와 파장에 영향을 받는다. 틈의 크기에 비해 파장이 길수록 회절이 더 많이 일어난다. 즉, 파장이 일정할 때 틈의 크기가 작을수록 회절이 잘 일어나서, 직선의 파면을 가졌던 물결이 좁은 틈을 지나면 반원에 가까운 모양으로 퍼진다. 빛의 예로는 브래그의 법칙에 따라 $n\lambda = 2d\sin\theta$으로 나타난다.

또한 틈의 크기가 일정할 때 파장이 길수록 회절이 잘 일어난다. 라디오의 AM 방송은 FM 방송에 비해서 멀리까지 수신이 잘 된다. 이는 AM 방송에 사용되는 전파의 파장이 FM 방송에 사용되는 파장의 길이보다 길어서 건물이나 장애물을 만났을 때 회절되어 구석구석 잘 전달되기 때문이다.

6 〈그림〉에서 파동이 1cycle을 진행하는데 필요한 거리는 4m로 파장 $\lambda = 4m$

문제에서 진동수 $\nu = 4\text{Hz}$임이 주어졌다. 파동의 파장과 진동수의 관계 $\nu = \dfrac{c}{\lambda}$에서 파동의 전파 속도 c를 쉽게 구할 수 있다.

$c = \lambda \times \nu = 4m \times 4\text{Hz} = 16m/s$

7 운동량 보존 법칙에 따라 충돌 전 물체의 운동량과 충돌 후 한 덩어리가 된 물체의 운동량은 같으므로,

$4 \times 10 = (4+1)v'$에서 충돌 후 한 덩어리가 된 물체의 속력 $v' = \dfrac{4 \times 10}{5} = 8m/s$이다.

문제에서 퍼텐셜 에너지는 0이므로 충돌 전후의 운동 에너지 차이가 바로 역학적 에너지 손실량이며 다음과 같이 구할 수 있다.

$\Delta K = \dfrac{1}{2}m_f v_f{}^2 - \dfrac{1}{2}m_i v_i{}^2 = \dfrac{1}{2} \times 5 \times 8^2 - \dfrac{1}{2} \times 4 \times 10^2 = 160 - 200 = -40J$

8 어느 선박이 400Hz의 뱃고동소리를 내면서 20m/s의 속력으로 항구에서 멀어져 가고 있다. 항구에 서 있는 관측자에게 들리는 소리와 가장 가까운 진동수는? (단, 소리의 속도는 340m/s이다.)

① 357Hz

② 377Hz

③ 425Hz

④ 455Hz

9 다음 〈그림〉과 같이 어떤 파동이 매질1에서 매질2로 진행하면서 굴절된다. 이때 매질1에 대한 매질2의 굴절율은?

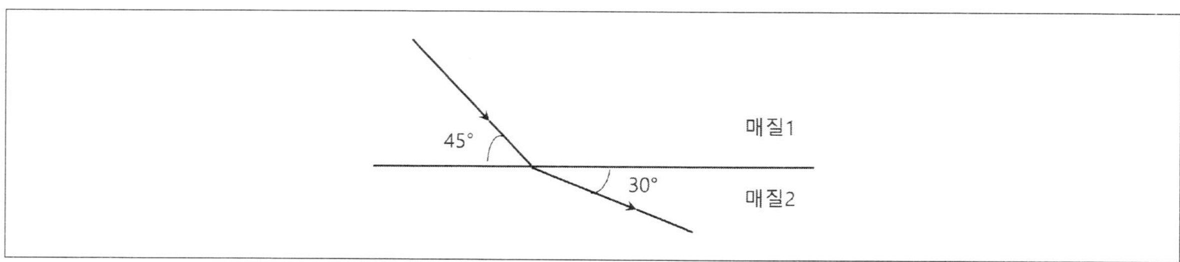

① $\dfrac{1}{\sqrt{2}}$

② $\dfrac{1}{\sqrt{3}}$

③ $\dfrac{\sqrt{3}}{\sqrt{2}}$

④ $\dfrac{\sqrt{2}}{\sqrt{3}}$

8 음원에서 나온 파동의 진동수가 실제 진동수와 다르게 관측되는 현상인 도플러 효과에 대한 문제이다. 매질에 대한 음원의 속도를 v_S, 매질에 대한 관측자의 속도를 v_O, 정지한 매질에서의 파동의 속도를 v라고 할 때 관측자가 느끼는 음원의 진동수 f'와 본 진동수 f와의 관계는 다음과 같다.

$$f' = \left| \frac{v - v_O}{v - v_S} \right| f$$

즉, 음원에 대한 파동의 상대 속도와 관측자에 대한 파동의 상대 속도의 비임을 알 수 있다. 이를 바탕으로 관측자가 음원에 다가갈 때의 진동수는 본 진동수보다 크고, 관측자가 음원에서 멀어질 때는 진동수는 본 진동수보다 작다는 사실을 알 수 있다. 마찬가지로 음원이 관측자에게 다가올 때의 진동수는 본 진동수보다 크고, 음원이 관측자로부터 멀어질 때의 진동수는 본 진동수보다 작다.

문제에서 음원(뱃고동 소리를 느는 배)이 관측자에게 다가오고 있으므로 관측자의 속도 $v_S = -20m/s$, 관측자는 항구에 서 있어서 움직이지 않으므로 관측자의 속도 $v_O = 0$, 정지한 매질 공기에서의 파동의 속도(음속) $v = 340m/s$, 뱃고동 소리의 본 진동수 $f = 400\,Hz$이므로, 할 때 관측자가 느끼는 음원의 진동수 f'는 다음과 같이 계산된다.

$$f' = \left| \frac{v - v_O}{v - v_S} \right| f = \left| \frac{340 - 0}{340 - (-20)} \right| \times 400 = 0.944 \times 400 = 378[\text{Hz}]$$

9 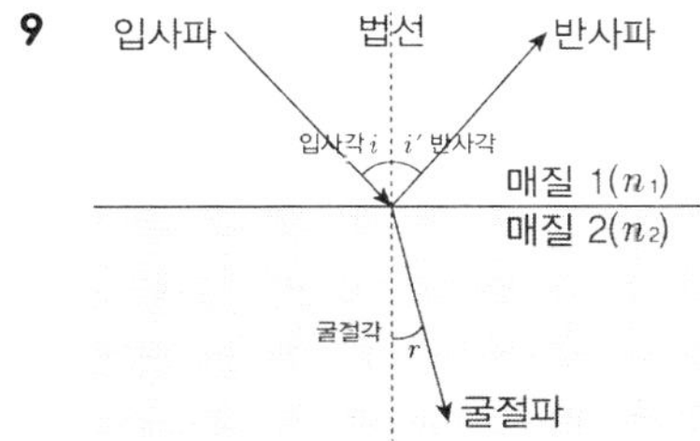

파동의 굴절은 파동이 한 매질에서 다른 매질로 진행할 때 경계면에서 파동의 진행 방향이 꺾이는 현상을 말한다. 그림과 같이 매질1에서 머질2로 파동이 진행할 때 매질1에서의 파동은 입사파라고 하고, 이 입사파와 법선이 이루는 각을 입사각이라고 한다. 여기에서 굴절이 되어 진행되는 파동을 굴절파라고 하고, 굴절파와 법선과 이루는 각을 굴절각이라고 한다. 이때 입사각 i와 굴절각 r의 sin 값의 비가 항상 일정한데, 이를 굴절의 법칙(스넬의 법칙)이라고 한다.

$$\frac{\sin i}{\sin r} = \frac{\lambda_1}{\lambda_2} = \frac{v_1}{v_2} = n_{12} = \text{일정}$$

(λ_1, λ_2 : 매질1, 매질2에서의 파장)

(v_1, v_2 : 매질1, 매질2에서의 속력)

(n_{12} : 매질1에 대한 매질2의 상대 굴절률)

따라서 매질 1에 대한 2의 (상대) 굴절률은 $n_{AB} = \dfrac{\sin(90-45)^\circ}{\sin(90-60)^\circ} = \dfrac{\sqrt{2}}{\sqrt{3}}$ 이다.

〈주의〉 굴절의 법칙(스넬의 법칙)을 풀이에 이용할 때 사용하는 입사각 및 반사각은 입사파 및 반사파와 법선이 이루는 각을 사용하여야 한다. 따라서 문제에서 주어진 각도를 90도에서 빼서 문제 풀이에 이용하여야 한다.

정답 및 해설 8.② 9.④

10 다음 〈그림〉과 같이 반지름 r이며, 길이가 L인 원통형 저항체를 양끝을 잡고 길이가 2L이 되도록 늘렸다. 이때 늘어난 저항체의 굵기는 균일하다. 처음과 나중 두 저항체의 저항 크기비는?

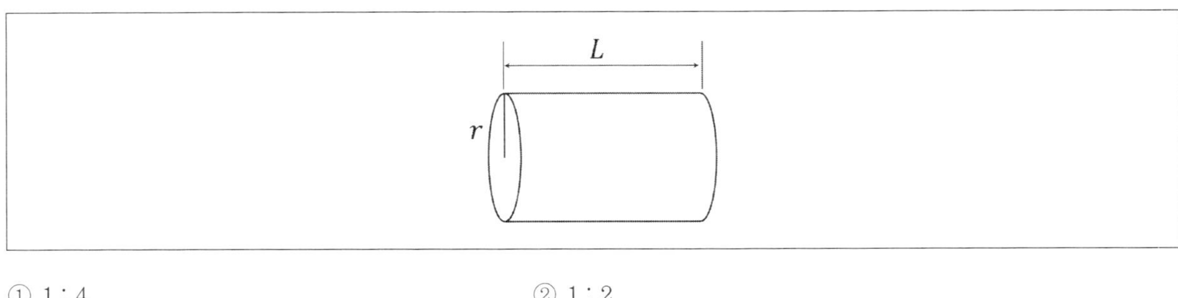

① 1 : 4

② 1 : 2

③ 2 : 1

④ 4 : 1

11 풍력 발전소에서 40kW의 전력을 생산하여 1kV의 전압으로 소비자에게 송전하였더니, 송전선에서의 전력손실이 2kW가 되었다. 같은 전력을 전압 2kV로 송전한다면, 송전선에서의 전력손실과 가장 비슷한 값은?

① 0.25kW

② 0.5kW

③ 2kW

④ 4kW

12 다음 〈그림〉과 같이 p-n 접합 다이오드 A와 B, 전구 A와 B를 이용하여 회로를 구성하였다. 이에 대한 설명으로 다음 중 가장 옳은 것은? (단, 인가전압의 크기는 항복전압보다 작다.)

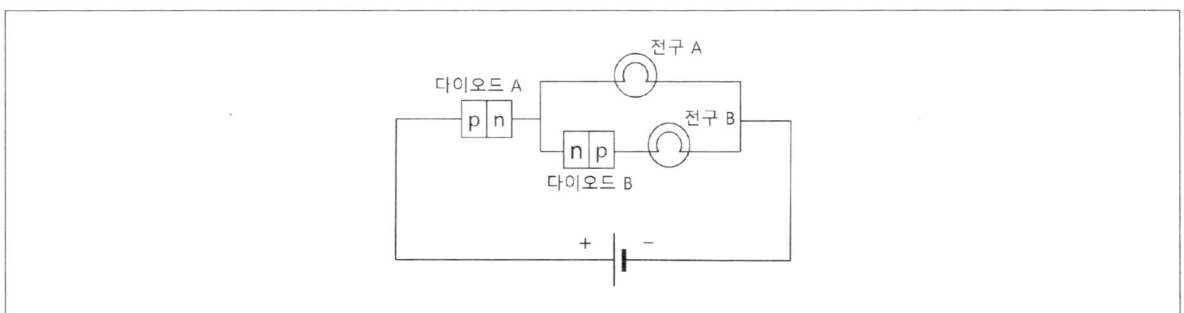

① 다이오드 B에는 순방향 전압이 걸린다.

② 전구 B는 불이 들어오고 전구 A에는 불이 들어오지 않는다.

③ 다이오드 A에는 양공이 왼쪽으로 전기력을 받아 p-n 접합면에서 멀어진다.

④ 전원의 극을 바꾸면 전구 A, B 모두 불이 들어오지 않는다.

10 도선의 저항(R)은 길이(L)에 비례하고, 도선의 단면적(S)에 반비례한다. 도선의 길이가 길면 전자가 지나가야 할 길이가 길기 때문에 저항이 커지고, 단면적이 넓으면 전자가 이동하기 쉬우므로 저항이 작아진다. 즉, 도선의 길이, 단면적과 저항의 관계를 식으로 나타내면 $R = \rho \dfrac{L}{S}$ 와 같다.

문제에서 원통형 저항체의 길이를 2배로 늘린다고 하더라도 저항체의 부피는 변화가 없으므로 늘어난 저항체의 굵기는 처음의 절반이 된다.

이를 식으로 나타내면 $R' = \rho \dfrac{2L}{\frac{1}{2}S} = 4 \times \rho \dfrac{L}{S} = 4R$ 이며, 따라서 처음과 나중 두 저항체의 저항 크기비는 1:4임을 구할 수 있다.

11 송전선에서의 전력 손실은 다음과 같이 식으로 나타낼 수 있다.

$$P_{손실} = I_o{}^2 r = \left(\dfrac{P_0}{V_0}\right)^2 r$$

(I_0 : 송전선에 흐르는 전류, r : 송전선의 저항, P_0 : 송전 전력, V_0 : 송전 전압)

따라서 송전선에서의 전력 손실을 줄이는 방법은 크게 다음 2가지로 정리할 수 있다. 첫 번째로는 송전 전압 V_0을 올리면 된다. 식에 따라 송전 전압을 n배로 올리면 송전 전류가 $\dfrac{1}{n}$ 배가 되므로 전력 손실은 $\dfrac{1}{n^2}$ 배로 줄어든다.

두 번째 방법은 송전선의 저항 r을 줄이는 것이다. 송전선의 비저항이나 길이를 줄이거나 도선의 단면적을 늘리는 방법으로 저항을 줄이면 줄어든 저항만큼 전력 손실도 줄어들게 된다.

1kV의 전압으로 송전하였을 때 송전선에서의 전력 손실이 2kW라고 하였는데, 같은 전력을 2배의 송전 전압인 2kV로 송전한다면, 전력 손실은 $\dfrac{1}{2^2} = \dfrac{1}{4}$ 배로 줄어든다. 따라서 송전선에서의 전력 손실은 $2\text{kW} \times \dfrac{1}{4} = 0.5\text{kW}$임을 구할 수 있다.

12 주어진 회로에서 전원의 극을 바꾸면 다이오드 B에는 순방향 전압이 걸리나 다이오드 A에 역방향 전압이 걸리므로 전구 A, B 모두 불이 들어오지 않는다.

① 다이오드 B에 흐르는 전류의 방향을 살펴보면 전지의 (−)극과 다이오드의 p형 반도체가, 전지의 (+)극과 n형 반도체가 만나는 역방향 전압이 걸린다. 같은 방향으로 따져보면 다이오드 A에는 전지의 (−)극과 다이오드의 n형 반도체가, 전지의 (+)극과 p형 반도체가 만나는 순방향 전압이 걸린다.

② 전구 B는 다이오드 B를 통해서 도선에 전류에 흘러야 하나, 다이오드 B에 역방향 전압이 걸리므로 불이 들어오지 않는다. 그러나 다이오드 A에는 순방향 전압이 걸리고, 전구 B쪽 도선이 아닌 별도의 도선으로 전류가 원활하게 흐를 수 있으므로 전구 A에는 불이 들어온다.

③ 양공은 전류가 흐르지 않을 대는 다이오드의 p형 반도체에 위치한다. 다이오드 A의 경우 전류가 흐르면 p형 반도체의 양공이 오른쪽으로 전기력을 받아 p-n 접합면 쪽으로 이동하므로 p-n 접합면에 가까워진다.

13 다음 〈그림〉과 같이 저항 R과 2R인 꼬마전구를 각각 2개씩 연결하여 전기회로를 만들고, 이 회로에 V의
전압을 인가하였다. 다음 〈보기〉의 설명 중 옳은 것을 모두 고르시오.

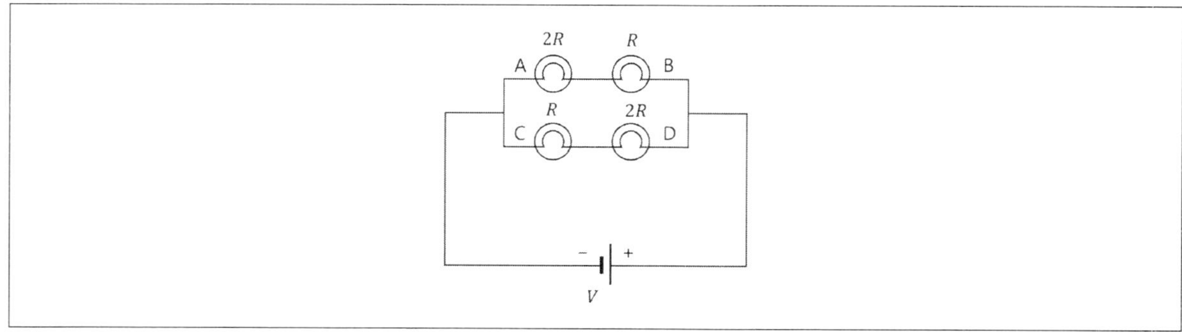

〈보기〉

㉠ 전구 A, B, C, D에 흐르는 전류의 세기는 모두 같다.

㉡ 전구 A와 C의 밝기는 같다.

㉢ 전구 A에 걸리는 전압이 전구 B에 걸리는 전압보다 크다.

① ㉠, ㉡　　　　　　　　　　② ㉠, ㉢

③ ㉡, ㉢　　　　　　　　　　④ ㉠, ㉡, ㉢

14 질량 1kg인 물체를 지표면으로부터 속력 10m/s로 연직 위로 던져 올렸다. 공기의 저항을 무시할 때 다음
〈보기〉의 설명 중 옳은 것을 모두 고르시오.

㉠ 던지는 순간 물체가 가지고 있는 역학적 에너지는 50J이다.

㉡ 최고점에서 역학적 에너지는 50J이다.

㉢ 임의의 높이 h에서의 역학적 에너지는 50J이다.

① ㉠　　　　　　　　　　② ㉠, ㉡

③ ㉡, ㉢　　　　　　　　　　④ ㉠, ㉡, ㉢

15 크기가 일정하게 유지되는 용기 속에 들어있는 기체의 온도를 0°C에서 273°C 로 높였다. 이때 기체의 압력은 몇 배가 되는가?

① 2배

② 3배

③ 4배

④ 5배

---

13 ㉠ 〈그림〉에서 전구 A와 B, 전구 C와 D는 각각 직렬 연결이며, 각각의 합성저항 $R_{AB} = R_{CD} = 2R + R = 3R$이다. 또한 전구 A와 B의 합성저항과 전구 C와 D의 합성저항은 병렬로 연결되어 있다고 볼 수 있다. 따라서 회로에 흐르는 전류는 전구 B 쪽과 전구 ㉠ 쪽으로 동일한 크기로 분배되며, 직렬로 연결된 전구 A와 B, 전구 C와 D에 흐르는 전류는 일정하다. 따라서 전구 A, B, C, D에 흐르는 전류의 세기는 모두 같다.

㉡ 저항이 높고 전력 소모가 많은 전구가 다른 전구보다 더 밝다. ㉠에 따라 각 전구에 흐르는 전류의 세기는 I로 모두 같다고 하면 각 전구에서 소모하는 전력 $P = I^2 R_X$이다. 따라서 전구 A가 C보다 소모 전력이 2배이며 더 밝다.

㉢ ㉠에 따라 각 전구에 흐르는 전류의 세기는 I로 모두 같다고 하면 각 전구에 걸리는 전압의 크기는 옴의 법칙에 따라 $V_X = IR_X$이다. 즉, A에 걸리는 전압 $V_A = I \times 2R = 2IR$이고 B에 걸리는 전압 $V_B = I \times R = IR$이므로 전구 A에 걸리는 전압이 전구 B에 걸리는 전압의 2배로 더 크다.

※ 저항의 직렬연결
- 저항을 직렬로 연결하면 전류는 일정하고 전압은 저항의 크기에 비례하여 각각 분배된다.
- 합성저항 $R_{tot} = R_1 + R_2 + R_3 + ...$

※ 저항의 병렬연결
- 저항을 병렬로 연결하면 전압은 일정하고 전류는 저항의 크기에 비례하여 각각 분배된다.
- 합성저항 $\dfrac{1}{R_{tot}} = \dfrac{1}{R_1} + \dfrac{1}{R_2} + \dfrac{1}{R_3} + ...$

14 ㉠ 던지는 순간 물체가 가지고 있는 중력 퍼텐셜 에너지는 지표면 기준으로 0이며, 운동 에너지 $K = \dfrac{1}{2}mv^2 = \dfrac{1}{2} \times 1 \times 10^2 = 50J$ 이다. 따라서 역학적 에너지는 이들의 합인 50J이다.

㉡㉢ 공기의 저항과 같은 비보존력이 작용하지 않는 조건으로 역학적 에너지 보존 법칙이 성립하며, 따라서 최고점을 포함한 임의의 높이 h 어느 점에서든지 계 전체의 역학적 에너지는 50J로 일정하다.

15 문제에서 용기의 크기가 일정하게 유지되므로 기체의 부피는 변하지 않으며, 용기 속에 있는 기체를 첨가하거나 덜어내지 않으므로 기체의 몰수도 변하지 않는다. 이때 기체의 온도를 273K에서 546K로 높이면 절대온도 기준으로 온도는 2배가 된다. 이상기체 상태 방정식 $PV = nRT$의 관계를 이용하면 $P_{new} = 2P$ 즉, 압력이 2배가 됨을 구할 수 있다.

정답 및 해설 13.② 14.④ 15.①

16 반지름이 20m인 커브길을 10m/s의 속력으로 달리는 버스 안에 있는 질량 60kg인 탑승자가 받는 원심력과 가장 가까운 크기는?

① 30N

② 100N

③ 300N

④ 1200N

17 다음 〈그림〉은 열효율이 0.25인 카르노 열기관이 절대 온도 T_1의 고열원에서 Q_1의 열을 흡수하여 W의 일을 하고 절대 온도 T_2의 저열원으로 Q_2의 열을 방출하는 것을 나타낸 것이다. $Q_2 = 3Q$, $T_1 = 4T$일 때 Q_1과 T_2의 값은?

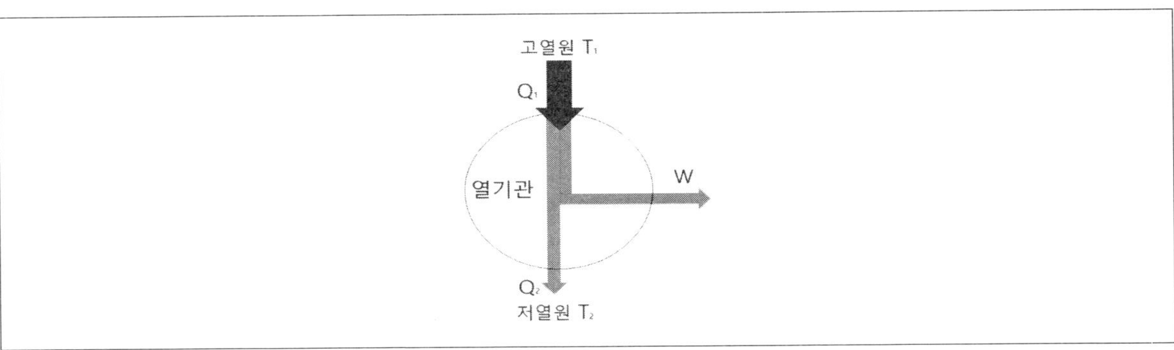

Q_1	T_2
① 4Q	3T
② 5Q	3T
③ 4Q	4T
④ 10Q	4T

18 20m/s의 속도로 날아오는 질량 2kg인 물체를 0.02초 동안에 정지시키고자 할 때 필요한 최소 힘의 크기는? (단, 공기저항은 무시한다.)

① 1000N

② 2000N

③ 4000N

④ 8000N

---

16 등속 원운동을 하는 물체의 원심력은 속력의 제곱에 비례하고, 궤도의 반지름에 반비례한다. 원심력 공식을 이용해서 문제를 해결하면 된다.

$$F_c = m\frac{v^2}{r} = 60kg \times \frac{(10m/s)^2}{20m} = 300N$$

17 열기관은 열에너지를 역학적 에너지로 전환하는 에너지 변환장치를 말하는데, 카르노 기관은 같은 조건에서 열효율이 가장 높은 기관이다. 카르노의 정리에 따라 고온부와 저온부의 온도가 정해졌을 때, 카르노 순환 과정(두 개의 가역 등온 과정과 두 개의 가역 단열 과정)으로 이루어진 카르노 열기관의 열효율보다 높은 열효율을 가지는 열기관은 존재하지 않는다는 것이 증명되었다. 카르노 기관의 열효율은 다음과 같이 정의되며, 이를 이용하여 문제를 해결할 수 있다.

$$e = \frac{W}{Q_H} = \frac{Q_H - Q_L}{Q_H} = \frac{T_H - T_L}{T_H}$$

(Q_H : 고열원의 열량, Q_L : 저열원의 열량, T_H : 고열원의 절대온도, T_L : 저열원의 절대온도)

$$e = \frac{Q_1 - Q_2}{Q_1} = \frac{Q_1 - 3Q}{Q_1} = \frac{1}{4}, \quad \therefore \ Q_1 = 4Q$$

$$e = \frac{T_1 - T_2}{T_1} = \frac{4T - T_2}{4T} = \frac{1}{4}, \quad \therefore \ T_2 = 3T$$

18 물체의 운동량 변화량과 충격량이 같다는 $F\Delta t = mv$ 관계를 이용하여 다음과 같이 문제를 풀면 된다.

$$F \times (0.02s) = (2kg)(20m/s)$$

$$F = \frac{(2kg) \times (20m/s)}{0.02s} = \frac{40}{0.02} kg \cdot m/s^2 = 2000N$$

  16.③ **17.**① **18.**②

19 다음 〈그림〉과 같은 전기회로에서 저항 B에 흐르는 전류는?

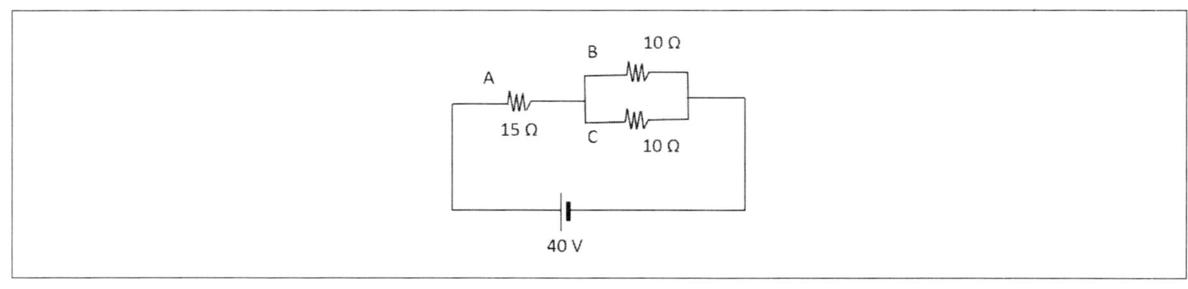

① 1A

② 2A

③ 3A

④ 4A

20 광전 효과에서 튀어나오는 광전자의 최대 운동에너지를 증가시키는 방법으로 다음 중 가장 옳지 않은 것은?

① 입사광의 진동수를 증가시킨다.

② 광전관에 높은 전압을 가한다.

③ 입사광의 세기를 증가시킨다.

④ 입사광의 파장을 짧게 한다.

19 저항 B와 C는 병렬로 연결되어 있으므로 저항 B와 C의 합성저항 R_{BC}는 식 $\dfrac{1}{R_{BC}} = \dfrac{1}{10} + \dfrac{1}{10} = \dfrac{1}{5}$에 따라 5Ω 이다. 또한 저항

A와 저항 3와 C의 합성저항(R_{BC})은 직렬로 연결되어 있다고 볼 수 있으므로 회로의 전체 저항은

$R_{tot} = R_A + R_{BC} = 15 + 5 = 20 ohm$ 이다. 따라서 저항 A에 흐르는 전류는 옴의 법칙에 따라 $I = \dfrac{V}{R_{tot}} = \dfrac{40 V}{20 ohm} = 2A$ 이다. 〈그

림〉에서 저항 B와 C는 병렬로 연결되어 있고, 저항의 크기는 같으므로 2A의 전류는 1:1로 나누어서 분배되며, 따라서 저항 B와
C에 흐르는 전류는 각각 1A이다

※ 저항의 직렬 연결
  • 저항을 직렬로 연결하면 전류는 일정하고 전압은 저항의 크기에 비례하여 각각 분배된다.
  • 합성저항 $R_{tot} = R_1 + R_2 + R_3 + \ldots$

※ 저항의 병렬 연결
  • 저항을 병렬로 연결하면 전압은 일정하고 전류는 저항의 크기에 비례하여 각각 분배된다.
  • 합성저항 $\dfrac{1}{R_{tot}} = \dfrac{1}{R_1} + \dfrac{1}{R_2} + \dfrac{1}{R_3} + \ldots$

20 ③ 광전 효과에서 입사광의 세기를 증가시킨다면 튀어나오는 광전자의 양은 증가하지만, 입사광의 진동수나 파장이 변하는
것이 아니므로 튀어나오는 광전자의 최대 운동 에너지에는 변함이 없다.

※ 광전 효과(光電效果, photoelectric effect) ⋯ 빛이 갖는 입자의 성질을 이용한 현상으로, 금속판에 일정한 진동수(한계 진
  동수)보다 큰 진동수를 가진 빛(전자기파)을 비추면 표면에서 전자가 튀어나오는 현상이다. 이때 방출되는 전자를 광전자
  라고 한다. 진동수가 f인 빛을 금속판에 비추었을 때 튀어나오는 광전자 1개의 최대 운동 에너지는 $E_k = hf - W$이다. 여
  기에서 일함수(W)는 금속이 가지고 있는 고유의 내부 속박 에너지이므로 금속에 따라 일정한 값을 가진다. 따라서 광전
  효과에서 튀어나오는 광전자의 최대 운동 에너지를 증가시키기 위해서는 금속판에 입사하는 에너지 $E = hf = h\dfrac{c}{\lambda}$를 증가
  시켜야 한다. 이를 위해서는 입사광의 진동수(f)를 증가시키거나 파장(λ)을 짧게 하면 된다. 한편, 근본적으로 광전관에
  더 높은 전압을 가하는 등의 방법으로 입사광의 에너지 크기를 증가시켜도 동일한 효과를 얻을 수 있다.

1 그림은 두 점파원 S_1, S_2에서 동시에 발생한 두 수면파의 어느 순간의 모습을 평면상에 나타낸 것이다. A, B, C 위치에서의 간섭현상을 바르게 나열한 것은? (단, 실선은 마루, 점선은 골을 나타낸다)

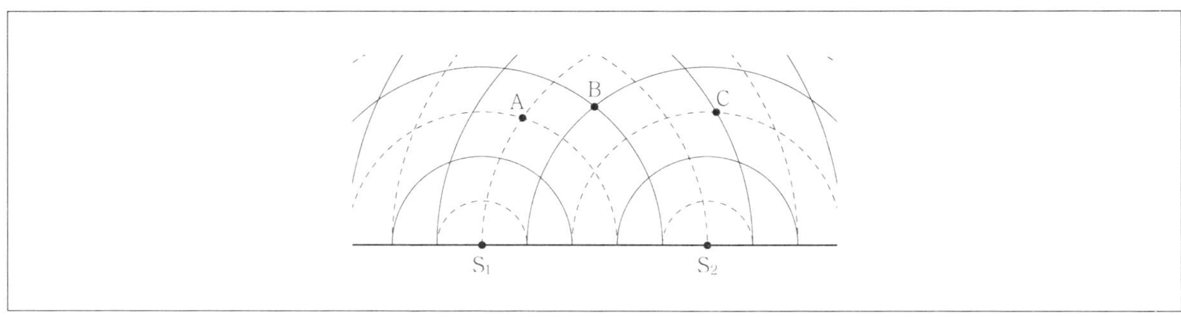

(가) 보강 간섭
(나) 상쇄 간섭

	A	B	C
①	(가)	(가)	(나)
②	(가)	(나)	(가)
③	(나)	(가)	(나)
④	(나)	(나)	(가)

2 이상적인 변압기에서 1차 코일과 2차 코일의 감은 수의 비가 $2 : 1$이고, 1차 코일의 교류 전압이 220V일 때, 2차 코일에 유도되는 전압의 크기[V]는?

① 55

② 110

③ 220

④ 440

3 일정한 속력으로 진행하는 파동에 대해 ㈎는 위치에 따른 변위 그래프이고, ㈏는 시간에 따른 변위 그래프이다. 이에 대한 설명으로 옳은 것은?

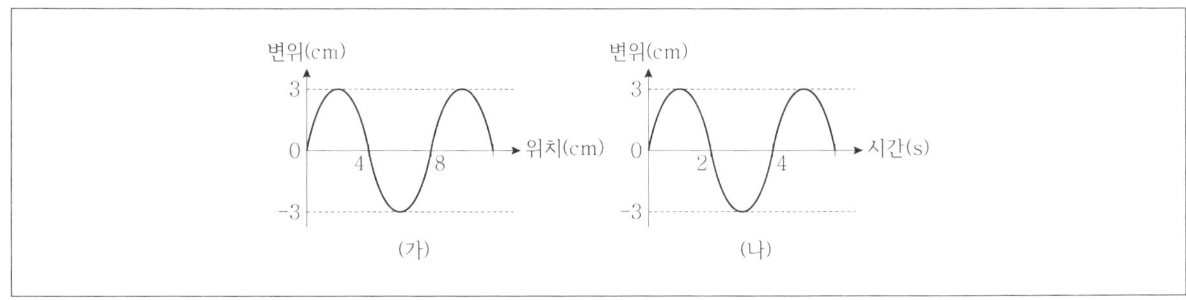

① 진폭은 6cm이다.

② 파장은 8cm이다.

③ 속력은 4cm/s이다.

④ 진동수는 0.5Hz이다.

---

1 A : S_1과 S_2에서 동일한 거리 차이를 가지므로, 위상이 완전히 일치하여 보강 간섭이 발생한다.
B : S_1과 S_2부터의 거리 차이가 반파장이므로 상쇄 간섭이 발생한다.
C : S_1과 S_2부터의 거리 차이가 정수배 파장이므로 위상이 일치하여 보강 간섭이 발생한다.

2 $\dfrac{V_1}{V_2} = \dfrac{N_1}{N_2}$ 이다. $N_1 : N_2 = 2 : 1$이고 $V_1 = 220\,V$에 해당한다.

$\dfrac{220}{V_2} = \dfrac{2}{1}$ 이므로 $V_2 = \dfrac{220}{2} = 110\,V$이다.

3 ② 파장은 8cm로 한 주기가 완성된다.
① 진폭은 3cm이다.
③ 속력을 구하는 공식은 $v = f\lambda = 0.25 \times 8 = 2$에 해당한다.
④ 진동수를 구하는 것은 $f = \dfrac{1}{T} = \dfrac{1}{4} = 0.25$에 해당한다.

정답 및 해설 1.① 2.② 3.②

4 그림은 매질 A에서 매질 B로 평면파가 진행하는 것을 나타낸 것이다. 이에 대한 설명으로 옳은 것은?

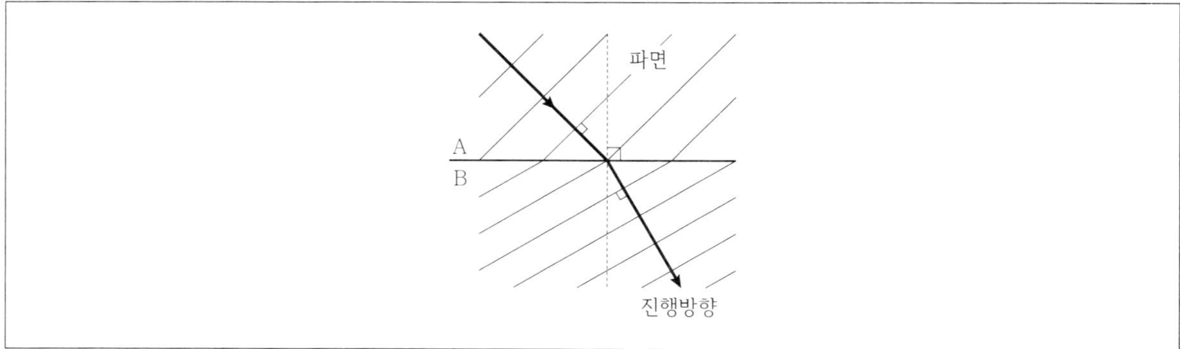

① A의 굴절률이 B의 굴절률보다 크다.

② A에서의 속력이 B에서의 속력보다 작다.

③ A에서의 진동수는 B에서의 진동수와 같다.

④ A에서의 입사각이 B에서의 굴절각보다 작다.

5 그림과 같이 이상기체 A가 들어있는 밀폐된 용기를 뜨거운 물 속에 넣었더니, A의 온도가 증가하였다. 이에 대한 설명으로 옳은 것은? (단, 용기의 부피는 변함없다)

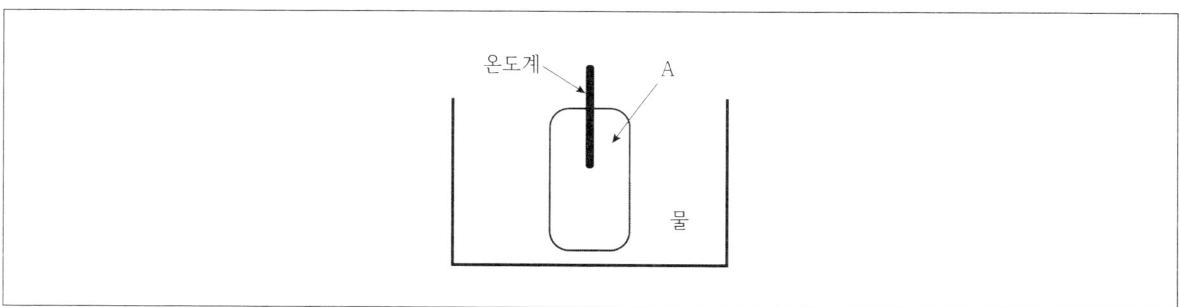

① A는 용기에 일을 한다.

② A의 내부에너지는 증가한다.

③ A의 분자의 운동에너지는 일정하다.

④ A가 용기에 가하는 압력은 변하지 않는다.

6 그림은 직선 운동하는 물체의 속도를 시간에 따라 나타낸 것이다. 물체에 대한 설명으로 옳은 것은?

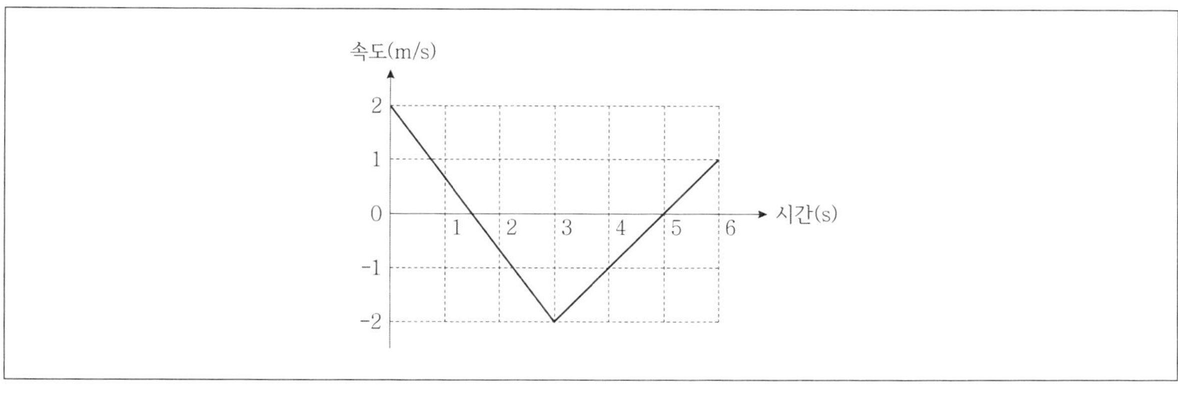

① 0초와 3초인 순간 물체의 위치는 같다.

② 1초와 5초인 순간 가속도의 크기는 같다.

③ 2초와 4초인 순간 물체의 운동 방향은 다르다.

④ 3초인 순간 물체는 멈춘다.

---

4   ③ 진동수는 매질에 따라 변하지 않고 일정하다.
　　① 입사각이 굴절각보다 크다.
　　② 굴절률은 속도와 반비례한다. A의 속력이 더 빠르다.
　　④ 입사각이 굴절각보다 크다.

5   ② 이상기체의 내부에너지는 온도에 비례하기 때문에 온도가 증가하면 내부에너지도 증가한다.
　　① 부피가 변하지 않으므로 기체는 일을 하지 않는다.
　　③ 운동에너지는 온도에 비례하여 증가하기 때문에 일정하지 않다.
　　④ 온도가 증가하면 압력도 증가한다.

6   ② 1초에서 기울기는 -2m/s^2이고 5초에서 기울기는 2m/s^2이다.
　　③ 2초와 4초인 순간은 속도가 음수인 상태이기 때문에 운동의 방향이 동일하다.
　　④ 멈추지 않고 움직이고 있는 상태이다.

정답 및 해설   4.③   5.②   6.①

7 그림은 어떤 열기관에서 일정량의 이상기체가 상태 A→B→C→A를 따라 순환하는 동안 기체의 압력과 부피를 나타낸 것이다. 표는 각 과정에서 기체가 흡수 또는 방출하는 열량을 나타낸 것이다. 이에 대한 설명으로 옳은 것은?

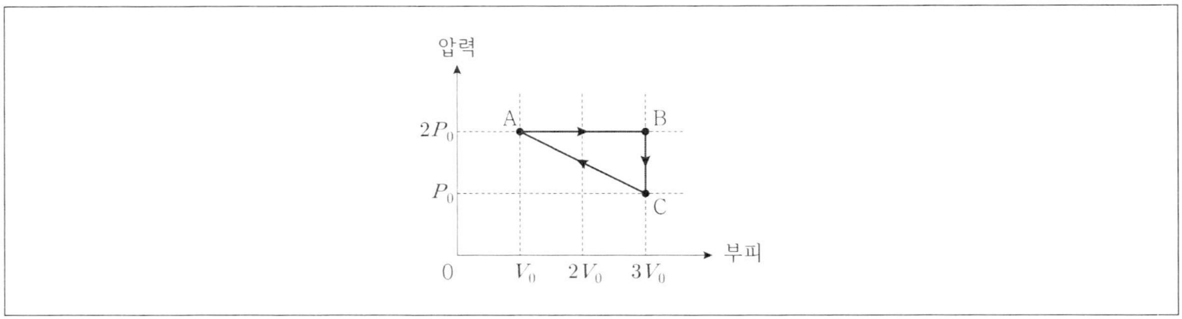

과정	흡수 또는 방출하는 열량[J]
A→B	80
B→C	30
C→A	40

① A→B 과정에서 기체가 외부에 한 일의 양은 80J이다.

② B→C 과정에서 기체는 열을 흡수한다.

③ C→A 과정에서 기체는 외부로부터 일을 받는다.

④ 이 열기관의 열효율은 0.5이다.

8 그림과 같이 A가 탄 우주선이 B에 대해 일정한 속력 $0.8c$로 운동한다. A가 볼 때, 빛이 우주선 바닥에 있는 광원에서 수직으로 발사되어 천장에 있는 거울에 반사된 뒤 되돌아온다. A가 측정한 거울과 광원 사이의 거리는 L, 우주선의 길이는 D, 빛의 왕복시간은 T이다. B가 관측한 내용에 대한 설명으로 옳은 것은? (단, c는 빛의 속력이다)

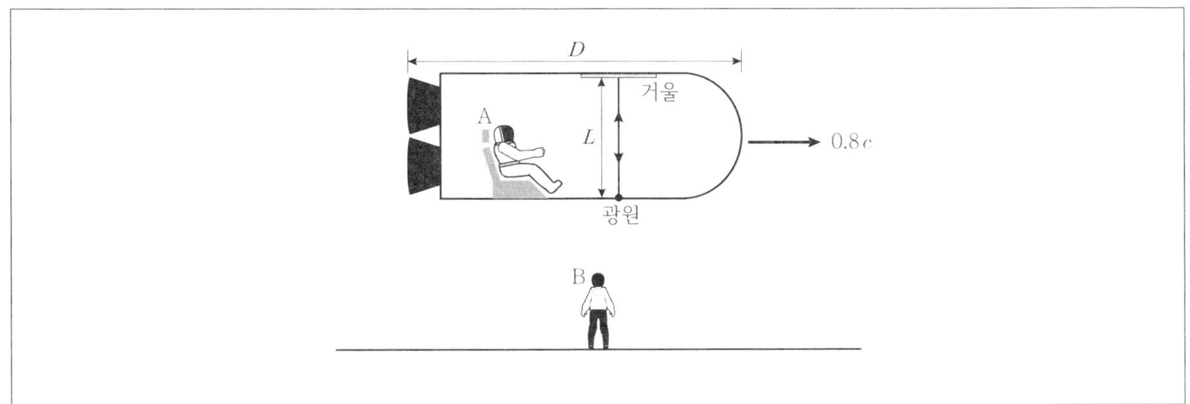

① 우주선의 길이는 D보다 길다.
② 빛의 왕복 시간은 T보다 길다.
③ 빛의 속력은 A가 측정한 것보다 빠르다.
④ 광원과 거울 사이의 거리는 L보다 짧다.

---

7 ③ C→A 과정은 부피와 압력이 모두 증가하는 비등온 과정이다.
　① A→B 과정은 압력이 일정하게 유지되고 부피가 증가하는 등압 과정이다. 기체가 외부로 일을 하지 않고 열을 흡수하는 과정이다.
　② B→C 과정은 부피가 일정하고 압력이 감소하는 등온 과정이다. 압력과 부피가 감소하는 과정에서 기체가 외부로 일을 방출한다.
　④ 흡수하는 열량 80J, 방출하는 열량 B→C와 C→A의 합산 70J이다. $\eta = \dfrac{80J - 70J}{80J} = \dfrac{10}{80} = 0.125$ 에 해당한다.

8 ② 우주선의 속도가 빠르기 때문에 B가 측정한 시간은 A가 측정한 시간보다 길다.
　① B가 측정한 길이는 A가 측정한 길이보다 짧다.
　③ 빛의 속도는 모든 관측자에게 동일하다.
　④ B가 측정한 광원과 거울 사이의 거리는 A가 측정한 것보다 길다.

정답 및 해설　7.③　8.②

9 다음 핵반응에 대한 설명으로 옳은 것은? (단, ㈎는 원자핵이다)

$$_1^2\text{H} + \boxed{\text{㈎}} \rightarrow {}_2^4\text{He} + {}_0^1\text{n} + 17.6\,\text{MeV}$$

① 핵분열 반응이다.

② ㈎의 질량수는 2이다.

③ ㈎의 중성자수는 3이다.

④ 에너지는 질량 결손에 의한 것이다.

10 ㈎와 ㈏는 각각 양의 전하량 Q, Q, $2Q$를 가진 점전하 A, B, C의 두 배열을 나타낸 것이다. ㈎에서 B에 작용하는 전기력의 크기가 F일 때, ㈏에서 B에 작용하는 전기력의 크기는?

㈎

A B C → x
0 d $2d$ $3d$

㈏

A B   C → x
0 d $2d$ $3d$

① $\dfrac{1}{4}F$

② $\dfrac{1}{2}F$

③ F

④ $2F$

11 그림과 같이 일정한 전류가 흐르는 가늘고 절연된 두 직선 도선 X, Y가 각각 x축과 y축에 고정되어 있다. X에 전류가 $-x$축 방향으로 흐를 때, 점 A에서 자기장의 세기는 0이다. 이에 대한 설명으로 옳은 것은? (단, 자기장은 두 도선에 흐르는 전류에 의해서만 발생한다고 가정한다)

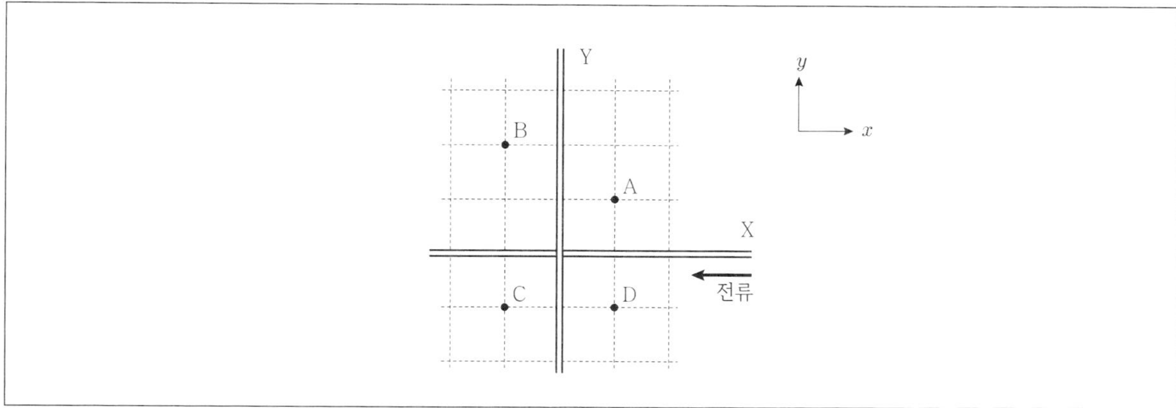

① 점 C에서 자기장의 세기는 0이다.
② 점 D에서 자기장의 세기는 점 B에서 보다 작다.
③ Y에 흐르는 전류의 방향은 $+y$축 방향이다.
④ Y에 흐르는 전류의 세기를 2배로 만들면 점 B에서 자기장의 세기는 0이 된다.

---

9 ① 핵융합 반응이다.
② ㈎ 위치의 원자핵은 수소 원자핵으로 질량수는 1이다.
③ 수소 원자핵의 중성자 수는 0이다.

10 쿨롱의 법칙($F = k_e \cdot \dfrac{|q_1 q_2|}{r^2}$)에 따라서 전기력을 계산할 수 있다.

㈎와 ㈏에서 점 B에 작용하는 전기력은 각각 A와 C로부터의 전기력의 합으로 계산할 수 있다. ㈏에서는 C와 B 사이의 거리가 증가하여 C가 미치는 전기력이 ㈎보다 작아지며, 결과적으로 B에 작용하는 전기력 크기가 감소하기 때문에 ㈏에서의 전기력은 ㈎에서의 전기력 F의 절반인 $\dfrac{1}{2}F$가 된다.

11 ① X와 Y 도선에서 발생하는 자기장이 상쇄되는 지점에서는 자기장의 세기가 0이 된다.

정답 및 해설 9.④ 10.② 11.①

12 그림의 A, B, C는 도체, 반도체, 절연체의 에너지띠 구조를 순서없이 나타낸 것이다. 색칠한 부분은 에너지띠에 전자가 차있는 것을 나타낸다. 이에 대한 설명으로 옳은 것은?

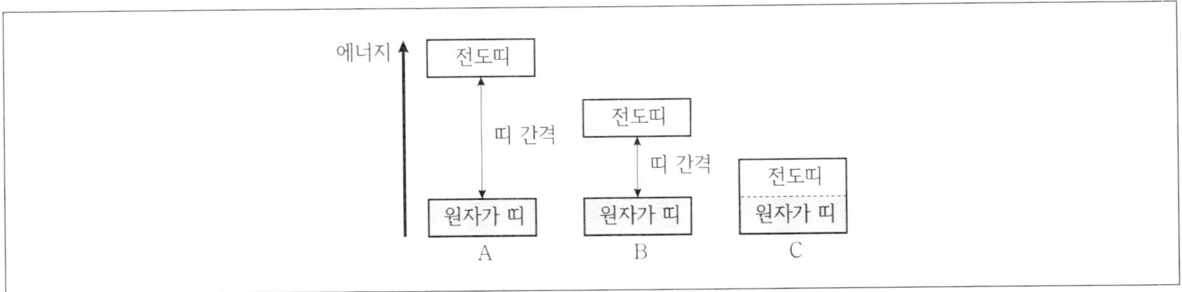

① 전기 전도성은 A가 C보다 크다.

② C의 대표적인 예는 규소이다.

③ A는 B에 비해 원자가 띠의 전자가 전도띠로 이동하기 쉽다.

④ A, B에서 전자는 전도띠와 원자가 띠 사이에 해당하는 에너지를 가질 수 없다.

13 그림은 자기장 내의 고리 도선이 (가), (나), (다) 순으로 회전하여 유도 전류가 발생하는 모습을 나타낸 것으로, X는 N극과 S극 중 하나이다. 이에 대한 설명으로 옳은 것은?

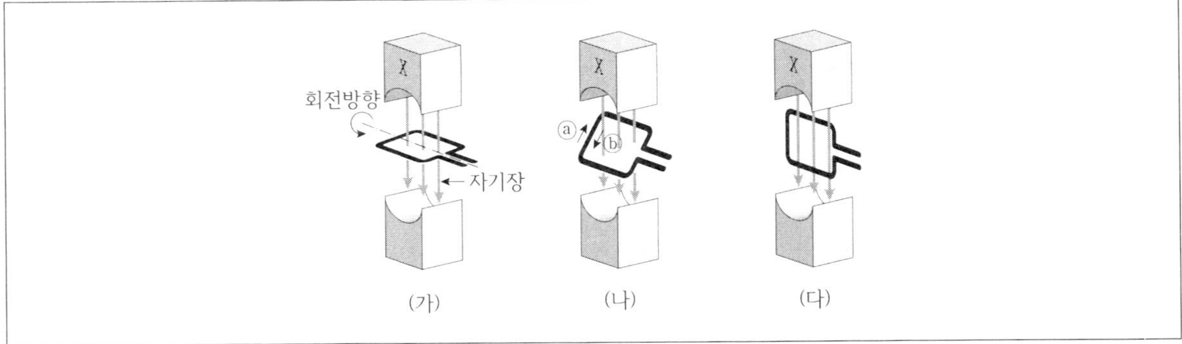

① X는 S극이다.

② (나)에서 유도 전류의 방향은 ⓐ이다.

③ 자기장의 세기가 커지면 유도 전류의 최댓값은 감소한다.

④ 고리 도선의 회전속도가 감소하면 유도 전류의 최댓값은 증가한다.

14 표는 진공 속에서 운동하는 입자 A, B의 질량과 운동에너지를 나타낸 것이다. A, B의 물질파 파장이 각각 λ_A, λ_B일 때, $\lambda_\mathrm{A} : \lambda_\mathrm{B}$는?

입자	질량	운동에너지
A	$2m$	E
B	m	E

① $1 : \sqrt{2}$

② $1 : 2$

③ $\sqrt{2} : 1$

④ $2 : 1$

---

12 ① C(도체), B(반도체), A(절연체) 순서로 전기 전도성이 크다.

② C(도체)의 대표적인 예는 구리, 은, 금 등이 있다. 규소는 B(반도체)에 해당한다.

③ A(절연체)는 전자가 이동하기 어렵다. 원자가띠와 전도띠 사이의 띠 간격이 매우 커서, 전자가 전도띠로 이동하기 위해서는 매우 큰 에너지가 필요하다.

13 ② 주어진 회전 방향과 자기장의 변화에 의해 렌츠의 법칙에 따라 유도 전류의 방향은 ⓐ로 결정된다.

① N극이다.

③ 자기장의 세기가 커지면 유도 전류의 크기(최댓값)는 증가한다.

④ 회전 속도가 감소하면 자기선속의 변화율이 줄어들어 유도 전류의 크기도 감소한다.

14 드브로이 관계 $\lambda = \dfrac{h}{p}$와 $p = \sqrt{2mE}$로 구할 수 있다.

$p_A = 2\sqrt{mE}$, $p_B = \sqrt{2mE}$에 해당한다. $p_A : p_B = 2 : \sqrt{2}$ 이다.

$\lambda \propto \dfrac{1}{p}$에 의해서 파장은 운동량의 역수에 비례한다.

$\lambda_A : \lambda_B = 1 : \sqrt{2}$ 가 된다.

정답 및 해설 12.④ 13.② 14.①

15 그림은 N극을 아래로 한 막대자석을 점 O에서 가만히 놓아 코일의 중심축을 따라 연직 낙하하게 하는 모습을 나타낸 것으로, 점 P와 Q는 코일에 가깝다. 코일은 검류계 G와 연결되어 있으며, a와 b는 회로의 각 지점이다. 이에 대한 설명으로 옳은 것만을 모두 고르면? (단, 자석의 크기와 공기저항은 무시한다)

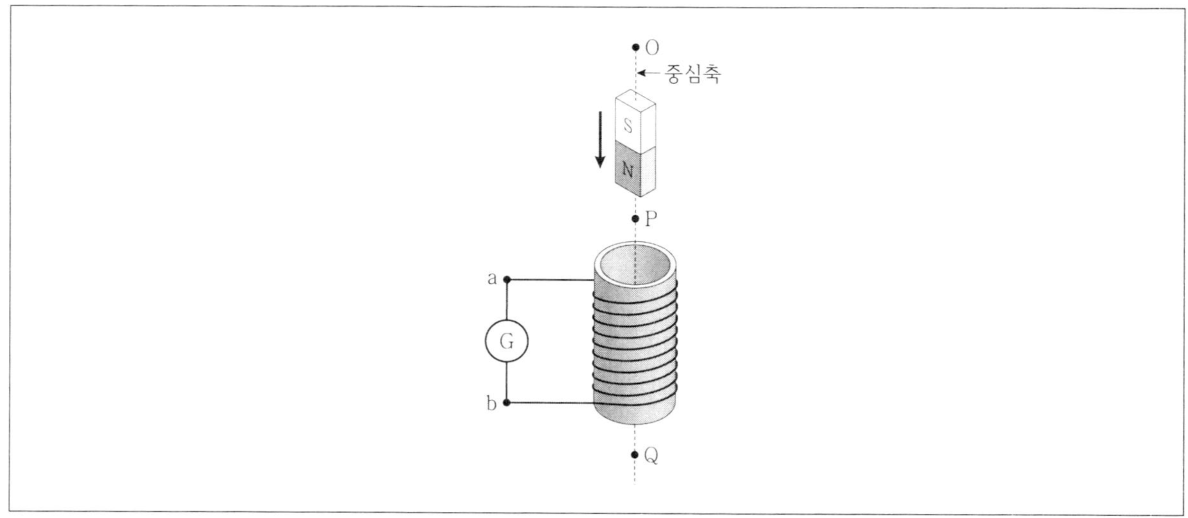

ㄱ 자석이 P를 지나는 순간, 유도 전류의 방향은 a → G → b이다.
ㄴ 자석이 O에서 코일을 통과하여 Q로 이동하는 동안 자석의 역학적 에너지는 보존된다.
ㄷ 자석을 O보다 더 높은 곳에서 가만히 떨어뜨리면, P를 지날 때 유도 전류의 세기는 더 커진다.

① ㄱ

② ㄴ

③ ㄱ, ㄷ

④ ㄴ, ㄷ

16 그림은 전류가 흐르는 솔레노이드 ㈎, ㈏를 나타낸 것으로, 감은 수는 각각 N, $2N$이고, 전류의 세기는 각각 I, $2I$이며, 점 a와 b는 균일한 자기장이 생긴 솔레노이드 내부의 점들이다. 이에 대한 설명으로 옳은 것만을 모두 고르면? (단, ㈎, ㈏의 재질, 단면적, 길이는 같다)

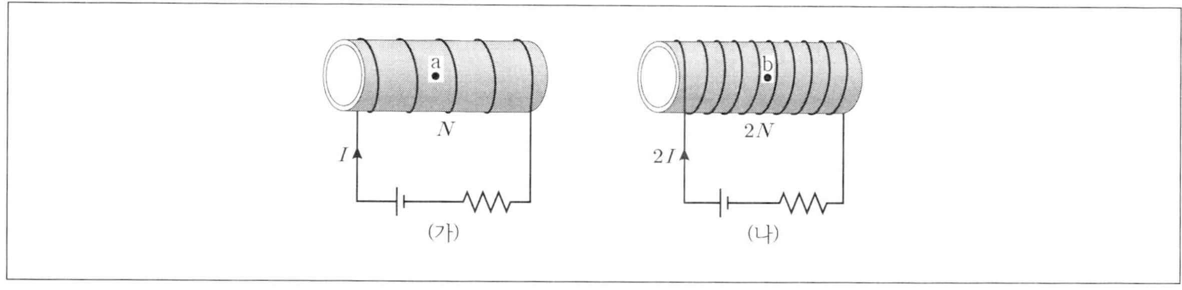

> ㉠ 솔레노이드에 의한 자기장의 방향은 점 a와 점 b에서 같다.
> ㉡ 솔레노이드에 의한 자기장의 세기는 점 b에서 점 a의 4배이다.
> ㉢ 솔레노이드 외부에는 막대자석이 만드는 자기장과 비슷한 모양의 자기장이 형성된다.

① ㉠

② ㉡

③ ㉠, ㉢

④ ㉡, ㉢

---

15 ㉡ 자석이 코일을 통과하면서 자기선속의 변화에 따라 유도 전류가 발생하면서 에너지 손실이 발생한다. 자석의 역학적 에너지는 유도 전류를 생성하는 데 일부 소모되므로 역학적 에너지는 보존되지 않는다.

16 ㉠ 코일의 권선의 방향이 다르기 때문에 자기장 방향이 다르다.

㉡ $B = \mu_0 \cdot n \cdot I$에 해당한다. ㈎의 자기장은 $n_{(가)} = \dfrac{N}{L}$, $B_{(가)} = \mu_0 \cdot \dfrac{N}{L} \cdot I$이다. ㈏의 자기장은 $n_{(나)} = \dfrac{2N}{L}$,

$B_{(나)} = \mu_0 \cdot \dfrac{2N}{L} \cdot 2I$에 해당한다. ㈎와 ㈏의 자기장의 크기를 비교하면 $\dfrac{B_{(나)}}{B_{(가)}} = \dfrac{4∋/L}{∋/L} = 4$에 해당하여 ㈏의 자기장은 ㈎보다 4배 크다.

㉢ 솔레노이드 외부에서는 막대자석과 유사한 폐쇄적인 자기력선이 형성된다.

정답 및 해설 15.③ 16.④

17 그림은 질량이 각각 m, $2m$인 물체 A와 B를 붙여 수평면에 놓고 일정한 힘 F가 A에 작용하는 것을 나타낸 것이다. A와 B에 작용하는 알짜힘을 각각 F_A, F_B라 할 때, $F_A : F_B$는? (단, 모든 마찰과 공기 저항은 무시한다)

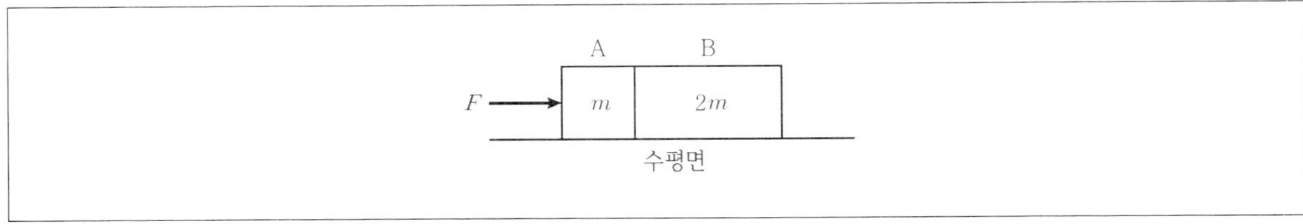

① $1 : 2$

② $1 : 3$

③ $2 : 1$

④ $3 : 1$

18 그림은 스피커 A, B를 잇는 직선과 나란한 y축상에서 소리의 세기를 측정하는 것을 나타낸 것이다. 점 P는 A, B로부터 떨어진 거리가 같고, 점 Q에서는 상쇄 간섭이 일어난다. 이에 대한 설명으로 옳지 않은 것은? (단, 두 스피커에서 발생하는 소리의 진동수와 위상은 같다)

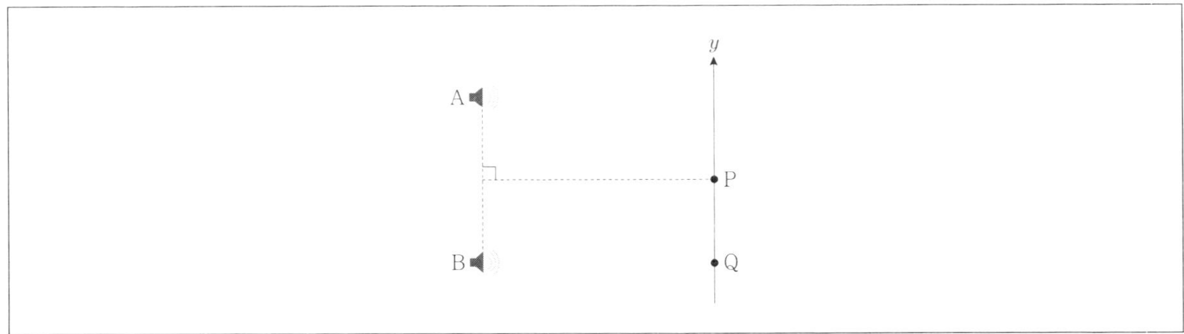

① P에서는 보강 간섭이 일어난다.

② P에서는 Q에서보다 소리가 크다.

③ Q에서 중첩되는 소리의 위상은 서로 반대이다.

④ 소리의 진동수를 2배로 하면 P에서 상쇄 간섭이 일어난다.

19 문턱(한계) 진동수가 $2f$인 금속판에 그래프와 같이 진동수와 세기가 다른 빛 A~D를 비추었다. 이에 대한 설명으로 옳은 것은?

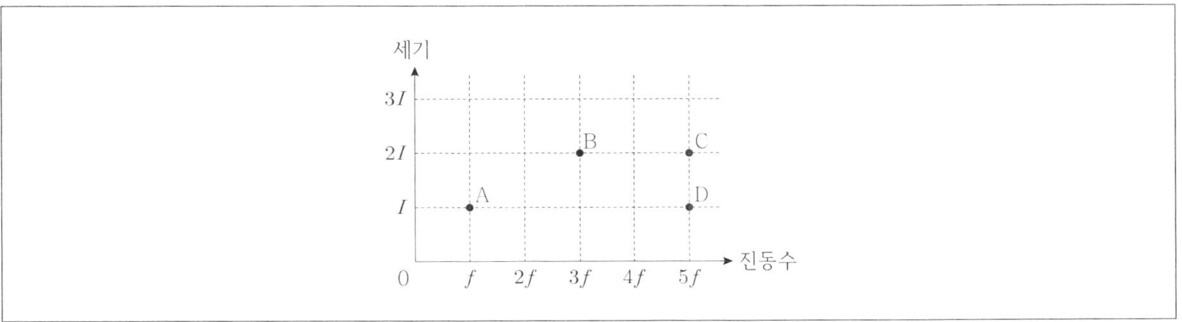

① A의 파장은 B보다 짧다.

② D를 비출 때 광전자가 방출되지 않는다.

③ B보다 C를 비출 때 방출되는 광전자 수가 많다.

④ B보다 C를 비출 때 방출되는 광전자의 최대 운동에너지가 크다.

17 A와 B 사이의 작용-반작용 힘의 비율을 계산해야 한다. 전체 가속도는 $a = \dfrac{F}{3m}$로 계산한다. $F_A = \dfrac{F}{3}$, $F_B = \dfrac{2F}{3}$에 해당한다. 따라서 $F_A : F_B = 1 : 2$에 해당한다.

18 ④ 진동수를 2배로 하면 파장이 절반이 된다. P에서의 간섭 조건은 변하지 않아 여전히 보강 간섭이 발생한다.

19 ① 진동수가 클수록 파장은 짧으므로, A의 파장은 B보다 길다.
② D의 진동수는 $f = 2f$로 임계 진동수에서는 광전자가 방출되기 시작한다.
③ B와 C는 모두 진동수가 임계 진동수보다 크므로 광전자가 방출된다. C의 세기가 B와 동일하므로 방출되는 광전자 수는 같다.

정답 및 해설 17.① 18.④ 19.④

20 ㈎는 질량이 같은 두 물체 A와 B가 두 빗면을 따라 p, q 지점을 동시에 통과하는 순간($t = 0$)을 나타낸 것이다. 시간 T 후 A와 B는 동일한 거리 D를 이동하여 수평면에 동시에 도달한다. ㈏는 이 운동을 그래프로 나타낸 것이다. 이에 대한 설명으로 옳은 것은? (단, $\theta_A < \theta_B$이고, 물체의 크기, 마찰, 공기 저항은 무시한다)

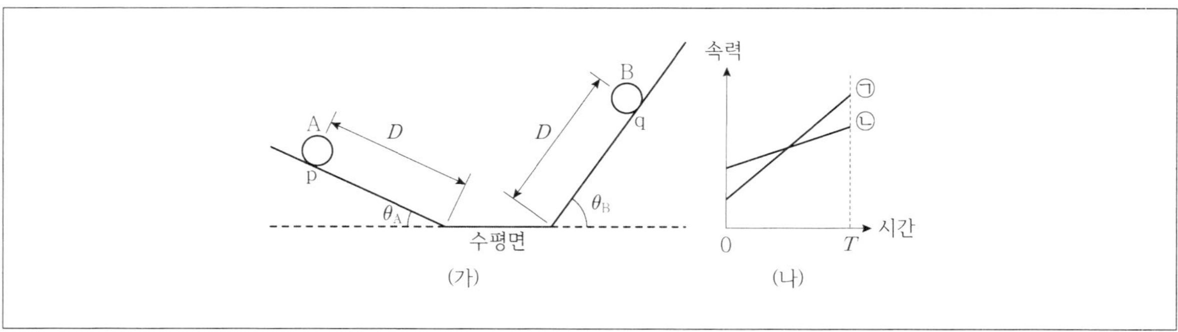

① ㉠은 A의 운동이다.

② A보다 B의 평균 속력이 작다.

③ $t = T$인 순간, A보다 B의 속력이 크다.

④ $t = 0$인 순간, A와 B의 역학적 에너지는 같다.

20 ① 물체가 움직이고 있는 순간이다.
　② B의 가속도가 더 크며 동일한 시간 동안 더 먼 거리를 이동한다.
　④ 두 물체는 동일한 질량을 가지더라도 경사각이 다르기 때문에 동일한 순간에 각 물체가 가진 속도가 다르다. 속도의 차이로 운동에너지가 다르고 역학적 에너지도 다르다.

정답 및 해설　20.③

1 질량 m인 물체가 길이 r인 줄에 매달려서 일정한 속력 v로 원운동을 하고 있다. 물체가 받는 알짜힘의 방향과 크기는?

① 원의 중심을 향하는 방향, $\dfrac{mv^2}{r}$

② 원의 접선 방향, $\dfrac{mv^2}{r}$

③ 원의 중심에서 멀어지는 방향, $\dfrac{mv}{r^2}$

④ 물체의 속도 방향, $\dfrac{mv}{r^2}$

2 그림은 일직선 상에서 등속운동을 하고 있는 사람 A, B, C를 나타낸 것이다. A는 B가 동쪽으로 10m/s로 움직이는 것으로 보이고, C는 A가 서쪽으로 5m/s로 움직이는 것으로 보인다. B가 C를 보았을 때, C가 움직이는 방향과 속도의 크기는? (단, A, B, C는 서로의 움직임에 방해되지 않을 만큼 떨어져 있다.)

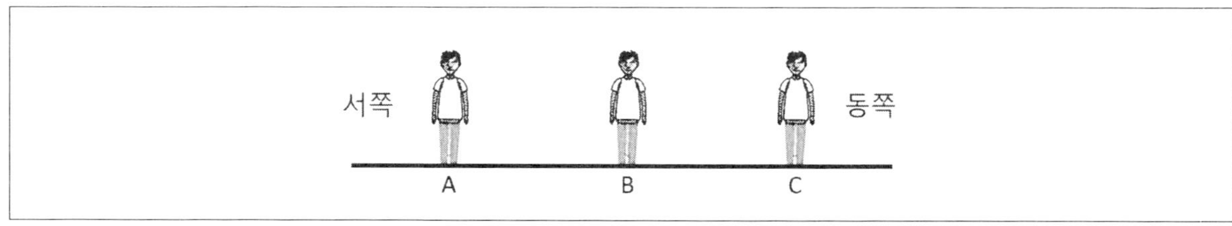

① 서쪽, 5m/s

② 서쪽, 15m/s

③ 동쪽, 5m/s

④ 동쪽, 15m/s

3 그림과 같이 전류(I)가 흐르는 도선에 나침반 2개를 도선의 앞과 뒤에 각각 놓아두었을 때, 나침반의 S극 방향으로 가장 옳은 것은?

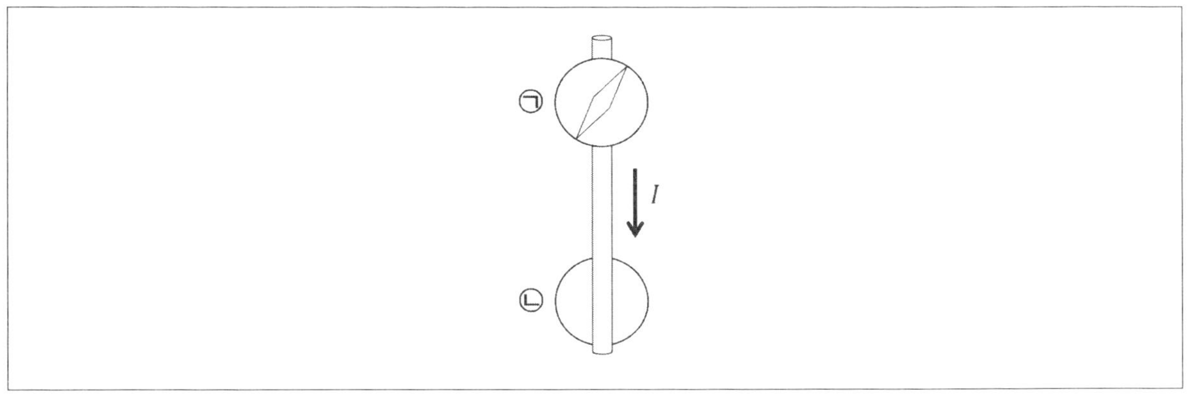

㉠	㉡
① 왼쪽	왼쪽
② 오른쪽	왼쪽
③ 왼쪽	오른쪽
④ 오른쪽	오른쪽

---

1 등속 원운동을 하는 물체에는 구심력(Centripetal Force)이 작용하며, 이 구심력이 물체가 받는 알짜힘이다. 이 구심력은 항상 원의 중심을 향하며, 크기는 $\dfrac{mv^2}{r}$ 이다.

2 동쪽을 (+) 방향, 서쪽을 (−) 방향으로 설정하고 식을 상대속도 관계를 이용하여 식을 세우면 다음과 같다.
- A는 B가 동쪽으로 10m/s 로 움직이는 것으로 보인다. $v_B - v_A = 10$
- C는 A가 서쪽으로 5 m/s 로 움직이는 것으로 보인다. $v_A - v_C = -5$

따라서 B가 C를 보았을 때의 상대속도를 구하기 위해서 상기 식들의 관계를 이용하여
$v_c - v_B = -[(v_B - v_A) + (v_A - v_C)] = -(10 - 5) = -5 m/s$임을 구할 수 있다. 즉, C가 움직이는 방향과 크기는 서쪽, 5m/s이다.

3 앙페르의 오른손 법칙에 따라 엄지손가락을 전류의 방향으로 향하게 하고 나머지 네 손가락을 감아쥐었을 때, 네 손가락이 감기는 방향이 자기장의 방향이다. 아울러 나침반의 N극은 자기장의 방향을 가리키고, S극은 자기장의 반대 방향을 가리킨다. 문제에서 전류가 위에서 아래로 흐르고 있으므로 오른손 엄지손가락을 아래로 향하게 하고 도선을 감아쥐면 도선 앞(㉠ 나침반 위치)에서는 네 손가락이 지면 왼쪽을 향하므로 자기장의 방향은 왼쪽이다. 따라서 이때 S극 방향은 오른쪽이다. 반대로 도선 뒤(㉡ 나침반 위치)에서는 네 손가락이 지면 오른쪽을 향하게 되어 자기장의 방향은 오른쪽이다. 따라서 이때 S극 방향은 왼쪽이다.

정답 및 해설 1.① 2.① 3.②

4 그림은 폭이 L인 1차원 무한 퍼텐셜 우물 안에 갇힌 질량 m인 입자의 양자화된 에너지 준위 E_n $(n=1,$ 2, 3, …)을 나타낸 것이다. $\dfrac{E_8}{E_2}$은?

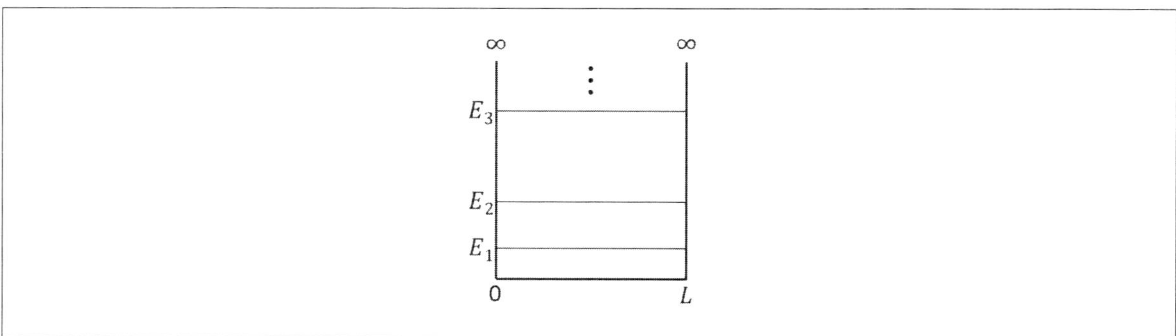

① 4

② 8

③ 16

④ 32

5 반지름이 r인 구껍질에 전하 q가 균일하게 분포되어 있다. 구의 원점으로부터 $2r$과 $4r$ 만큼 떨어진 두 지점에서의 전기장 세기의 비는?

① 2:1

② 3:1

③ 4:1

④ 1:3

6 반감기가 20일인 어느 방사성 원소 640kg이 있다. 100일 후 남은 질량은?

① 128kg

② 80kg

③ 40kg

④ 20kg

---

4 1차원 무한 퍼텐셜 우물 내 입자의 에너지 준위는

$$E_n = \frac{n^2 h^2}{8mL^2} \quad (n : \text{주양자수}, \ h : \text{플랑크 상수}, \ m : \text{입자의 질량}, \ L : \text{우물의 폭})$$

위에 제시된 공식에 따라 E_n은 주양자수 n의 제곱에 비례한다. E_2와 E_8은 나머지 변수들(h, m, L)은 모두 같고 n만 다르기

때문에 $\dfrac{E_8}{E_2} = \dfrac{8^2}{2^2} = 16$임을 얻을 수 있다.

5 가우스 법칙에 따라 반지름이 r이고 전하 q가 균일하게 분포(대전)된 구껍질(spherical shell)이 만드는 전기장 E는 다음과 같다.
- 구껍질 내부 $(R < r)$: $E = 0$

- 구껍질 외부 $(R \geq r)$: 모든 전하 q가 구의 중심에 모여 있는 점전하가 만드는 전기장과 같다. 즉, $E = k\dfrac{q}{R^2}$ (k : 쿨롱 상

  수, R : 구의 중심으로부터의 거리)

문제에서 나타난 두 지점 모두 구껍질의 외부이므로 점전하 공식이 적용된다.

원점으로부터 2r 지점에서의 전기장 세기 $E_{2r} = k\dfrac{q}{(2r)^2} = k\dfrac{q}{4r^2}$

원점으로부터 4r 지점에서의 전기장 세기 $E_{4r} = k\dfrac{q}{(4r)^2} = k\dfrac{q}{16r^2}$

두 지점에서의 전기장 세기의 비 $E_{2r} : E_{4r} = k\dfrac{q}{4r^2} : k\dfrac{q}{16r^2} = 4 : 1$

6 반감기가 20일이므로 100일 후면 반감기가 5번 지난 것이다. 따라서 100일 후 남은 질량은 $640 \times \left(\dfrac{1}{2}\right)^5 = 20\text{kg}$이다.

정답 및 해설　4.③　5.③　6.④

7 그림은 단열되지 않은 칸막이를 설치한 단열되는 상자에 질량이 같은 액체 A와 B를 각각 다른 칸에 넣은 뒤 시간에 따른 온도 변화를 나타낸 것이다. 5분일 때부터 온도 변화는 없다.

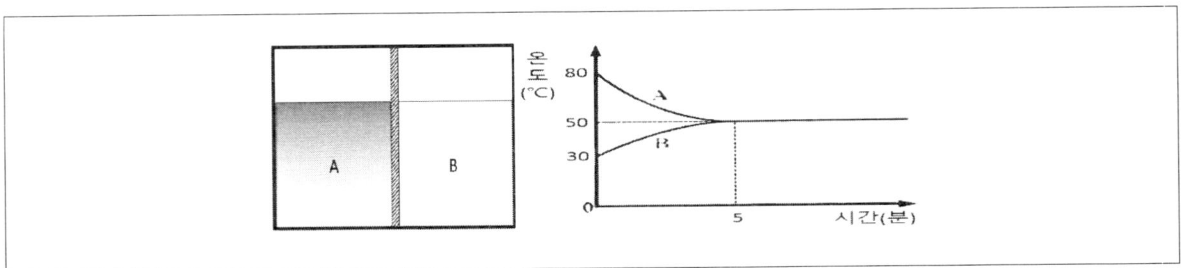

다음 보기 중 이에 대한 설명으로 옳은 것을 모두 고른 것은?

ㄱ A의 열용량과 B의 열용량은 같다.
ㄴ A와 B 사이에는 열에 의한 에너지 전달이 있다.
ㄷ 5분일 때 열평형 상태에 도달한다.

① ㄱ
② ㄴ
③ ㄴ, ㄷ
④ ㄱ, ㄷ

8 그림과 같이 균일한 자기장 B에 수직한 방향으로 질량 m인 전하 $+q$가 속력 v로 입사하여 반지름 r인 원운동을 하고 있다. 전하의 운동을 설명한 것으로 옳지 않은 것은?

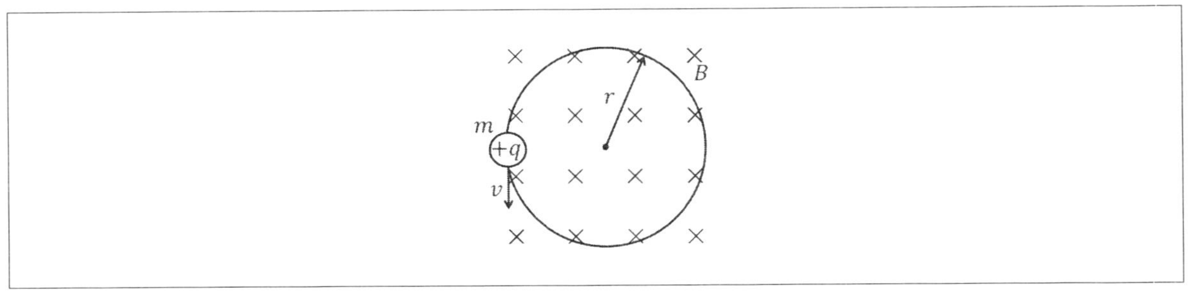

① 전하의 가속도 크기는 $\dfrac{qvB}{r}$ 이다.

② 원운동의 주기는 $\dfrac{2\pi m}{qB}$ 이다.

③ 원운동의 반지름은 $\dfrac{mv}{qB}$ 이다.

④ 전하의 운동에너지는 $\dfrac{1}{2}mv^2$ 이다.

7 ⓛ 온도 차이가 있는 두 물체가 접촉하면 온도가 높은 물체로부터 낮은 물체로 열이 이동한다. 이 문제에서도 온도가 높았던 액체 A의 온도는 낮아지고, 온도가 낮았던 액체 B의 온도는 높아졌으므로 A와 B 사이에는 열에너지 전달이 있다.

ⓒ 그래프에서 5분 이후부터 액체 A와 B의 온도가 같아졌으므로 열평형 상태에 도달한 것이다.

ⓐ 열용량은 물체의 온도를 1℃ 변화시키는 데에 필요한 열에너지를 말한다. 5분 이후부터 액체 A와 액체 B 모두 50℃로 온도가 같아지고 온도가 변하지 않으므로 열평형에 도달한 것으로 볼 수 있다. 이때 열평형에 도달할 때까지 A가 잃은 열량과 B가 얻은 열량은 같다.

열량 계산공식 $Q = mc\Delta T = C\Delta T$ (m : 질량, c : 비열, C : 열용량)을 사용해서 구하면 $C_A \times (80-50) = C_B \times (50-30)$에서 A와 B의 열용량의 비 $C_A : C_B = 2 : 3$이다. 따라서 A의 열용량은 B의 열용량보다 작다.

8

전하가 자기장 내에서 속력 v로 운동할 때 받는 로렌츠 힘 $F = qvB\sin\theta$이 구심력 $F_c = m\dfrac{v^2}{r}$ 역할을 하여 원운동을 하게 된다. 문제에서 전하가 자기장 B에 수직으로 입사하므로 $\theta = 90°$가 되어 $qvB = m\dfrac{v^2}{r}$ 관계가 성립하게 된다.

① $F = ma = qvB = m\dfrac{v^2}{r}$ 에서 전하의 가속도 크기 $a = \dfrac{F}{m} = \dfrac{qvB}{m} = \dfrac{v^2}{r}$ 임을 구할 수 있다.

②③ 로렌츠의 힘과 구심력 $qvB = m\dfrac{v^2}{r}$ 관계에서 원운동의 반지름 r에 대해 정리하면 $r = \dfrac{mv}{qB}$ 이다. 또한 원운동의 주기 $T = \dfrac{2\pi r}{v}$ 임을 이용하여 r 자리에 대입하여 정리하면 $T = \dfrac{2\pi}{v}\left(\dfrac{mv}{qB}\right) = \dfrac{2\pi m}{qB}$ 임을 얻는다.

④ 질량 m인 전하가 속력 v로 움직일 때의 운동에너지 $E_k = \dfrac{1}{2}mv^2$ 이다.

정답 및 해설 7.③ 8.①

9 그림과 같은 회로에서 전류 I_2와 I_3는 각각 몇 A의 전류가 흐르는가?

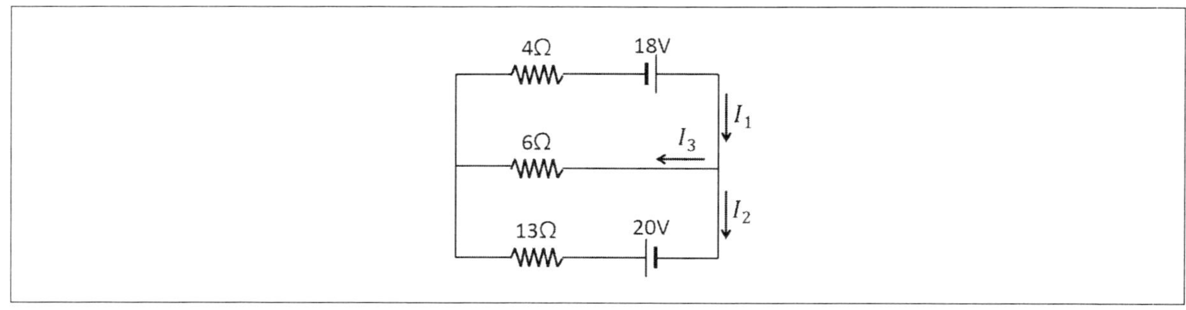

① 2A, 0.5A

② 2A, 1A

③ 2A, 2A

④ 1A, 1A

10 진폭이 각각 A, $\frac{2}{3}$A, $\frac{1}{2}$A인 세 개의 사인형 파동이 같은 방향으로 진행한다. 진동수와 파장이 모두 같고, 위상 수는 차례로 0, $\frac{\pi}{2}$, π이다, 세 파동의 합성파의 진폭은 얼마인가?

① $\frac{2}{3}A$　　　　　　　　　　② $\frac{5}{6}A$

③ $\frac{3}{4}A$　　　　　　　　　　④ A

9 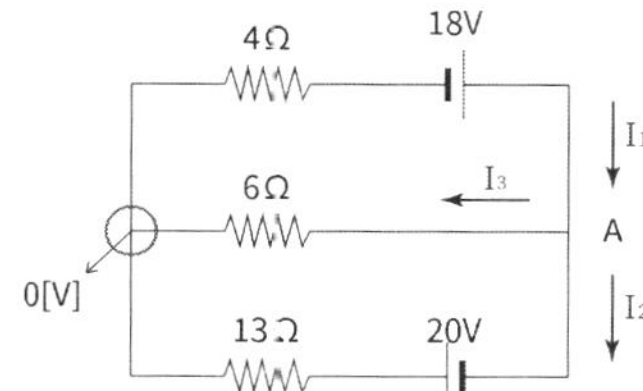

전기 회로에서 전하량 보존이 일어나므로 임의의 노드로 들어오거나 나가는 모든 전류의 합은 0이라는 키르히호프 법칙이 적용된다. 위 그림과 같이 왼쪽 마디의 전위를 0V로 잡고 마디 A에 걸리는 전압을 v_A로 놓고 키르히호프 전류 법칙을 적용하면 다음과 같다.

- 4Ω 저항을 지나는 전류 : $I_1 = \dfrac{v_A - 18}{4}$

- 6Ω 저항을 지나는 전류 : $I_3 = \dfrac{v_A - 0}{6} = \dfrac{v_A}{6}$

- 13Ω 저항을 지나는 전류 : $I_2 = \dfrac{v_A - (-20)}{13} = \dfrac{v_A + 20}{13}$

$$I_1 + I_3 + I_2 = \dfrac{v_A - 18}{4} + \dfrac{v_A}{6} + \dfrac{v_A + 20}{13} = 0$$

양변에 4, 6, 13의 최소 공배수인 156을 마지막 식의 양변에 곱해서 정리하여 풀면 $v_A = 6\,V$이고, 이를 상기 식들에 대입해서 구하면 $I_2 = \dfrac{6 + 20}{13} = 2A$, $I_3 = \dfrac{6}{6} = 1A$임을 얻는다.

10 세 파동을 벡터(위상) 합성 방법을 이용하여 풀어내면 된다. 즉,

- 합성파의 수평성분 : $A\cos 0 + \dfrac{2}{3}A\cos\dfrac{\pi}{2} + \dfrac{1}{2}A\cos\pi = A + 0 - \dfrac{1}{2}A = \dfrac{1}{2}A$

- 합성파의 수직성분 : $A\sin 0 + \dfrac{2}{3}A\sin\dfrac{\pi}{2} + \dfrac{1}{2}A\sin\pi = 0 + \dfrac{2}{3}A + 0 = \dfrac{2}{3}A$

따라서 합성파의 진폭 $\sqrt{\left(\dfrac{1}{2}A\right)^2 + \left(\dfrac{2}{3}A\right)^2} = \sqrt{\dfrac{25}{36}}\,A = \dfrac{5}{6}A$ 이다.

정답 및 해설 9.② 10.②

11 전자기파는 파장에 따라 분류할 수 있다. 다음 중 전자기파를 파장이 긴 것부터 순서대로 가장 옳게 나열한 것은?

① 마이크로파 – 적외선 – 가시광선 – 자외선 – X선
② 적외선 – 마이크로파 – 가시광선 – X선 – 자외선
③ X선 – 마이크로파 – 적외선 – 가시광선 – 자외선
④ 가시광선 – 마이크로파 – 적외선 – 자외선 – X선

12 다음 중 벡터양이 아닌 것은?

① 전기장
② 가속도
③ 온도
④ 힘

13 다음 중 "한 원자 내에 있는 두 개의 전자는 똑같은 양자 상태를 가질 수 없다"와 관련된 원리는?

① 파울리 배타 원리
② 하위헌스 원리
③ 해밀튼 원리
④ 페르마 원리

11

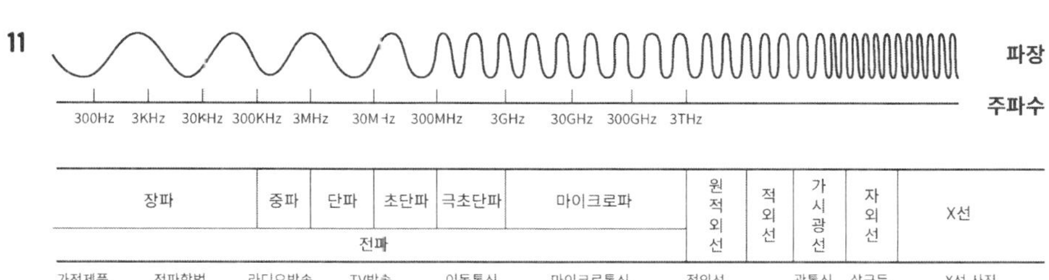

위 그림은 전자기파를 파장의 길이에 따라 분류한 것이다. 이에 따라 문제에서 제시된 보기의 전자기파를 파장이 긴 순서대로 나열하면 다음과 같다.

마이크로파 – 적외선 – 가시광선 – 자외선 - X선

12 ③ 온도 : 뜨겁고 찬 정도를 나타내는 지표로, 크기만 가지는 스칼라량이다.

① 전기장 : 공간의 한 점에서 단의 양전하가 받는 힘으로 정의되며, 방향과 크기를 가지는 벡터량이다.

② 가속도 : 속도의 변화율로, 크기와 방향을 가지는 벡터량이다.

④ 힘 : 물체의 운동 상태를 변화시키는 원인으로, 작용하는 방향과 크기를 가지는 벡터량이다.

※ 스칼라량과 벡터량

    ㉠ 스칼라량 : 크기만 가지고 방향이 없는 물리량으로, 일반적인 숫자처럼 표현된다.

     • 예시 : 온도, 질량, 시간, 부피, 속력, 이동거리, 에너지 등

     • 연산 : 단순 덧셈, 뺄셈 등 일반적인 산술 연산으로 계산된다.

    ㉡ 벡터량 : 크기와 방향을 모두 가진 물리량으로, 방향 정보가 필수적이다.

     • 예시 : 속도(동쪽으로 10m/s), 힘, 변위, 위치, 가속도, 전기장, 자기장 등

     • 연산 : 방향을 고려한 벡터 합성과 분해가 필요하다.

13 ① 파울리 배타 원리(Pauli Exclusion Principle) : 한 원자 내의 두 개 이상의 전자는 동일한 네 가지 양자 상태(주양자수, 각운동량양자수, 자기양자수, 스핀자기양자수)를 가질 수 없다. 이 원리는 전자가 원자 궤도에 배치되는 규칙을 정하며, 물질의 안정성과 주기율표의 구조를 설명한다.

② 하위헌스 원리(Huygens' Principle) : 파면(Wavefront)의 모든 점은 새로운 구형의 2차 파동의 근원이 되며, 다음 순간의 새로운 파면은 이 2차 파동들에 접하는 면이 된다. 파동의 전파 방식, 특히 회절과 반사 같은 현상을 기하학적으로 설명하는 데 사용된다.

③ 해밀턴 원리(Hamilton's Principle) : 어떤 물리계가 초기 상태에서 나중 상태로 변할 때, 그 경로를 따라 움직인 작용의 적분 값이 최소가 되는 경로를 택한다. 고전 역학의 기초가 되는 변분 원리로, 라그랑주 역학이나 해밀턴 역학과 같은 고급 역학을 전개하는 데 사용된다.

④ 페르마 원리(Fermat's Principle) : 빛은 두 지점 사이를 이동할 때, 실제로 통과하는 경로를 따라 이동하는 데 걸리는 시간이 최소가 되는 경로를 택한다. 최단 시간의 원리라고도 하며, 빛의 반사와 굴절(스넬의 법칙) 현상을 이 원리로 설명할 수 있다.

정답 및 해설 11.① 12.③ 13.①

14 그림과 같이 마찰이 없는 수평면에서 질량이 각각 20kg, 30kg인 물체 A, B를 줄로 연결하고, B에 크기가 150N인 힘을 수평 방향으로 작용했을 때, 줄이 A를 당기는 힘의 크기는? (단, 줄의 질량과 공기 저항은 무시한다.)

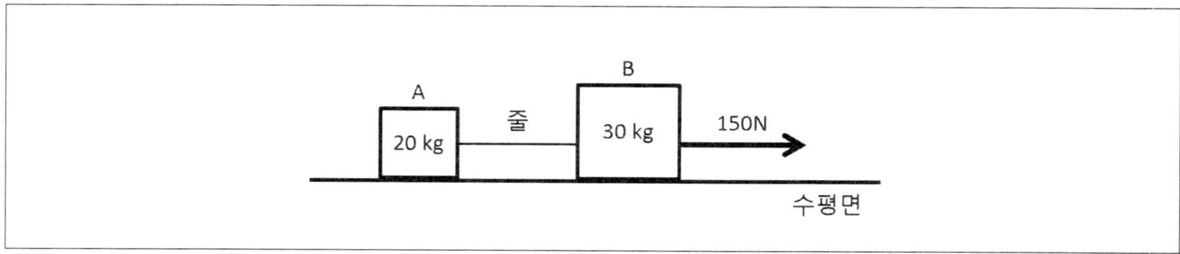

① 40N

② 60N

③ 80N

④ 100N

15 그림과 같이 $+4q$, $-2q$로 대전된 같은 크기의 동일한 금속구 A, B를 거리 r만큼 떨어뜨려 놓았더니, A와 B 사이에는 크기가 F인 전기력이 작용 하였다. A, B를 접촉시켰다가 다시 $2r$만큼 떨어뜨려 놓을 때, A와 B 사이에 작용하는 전기력의 크기는?

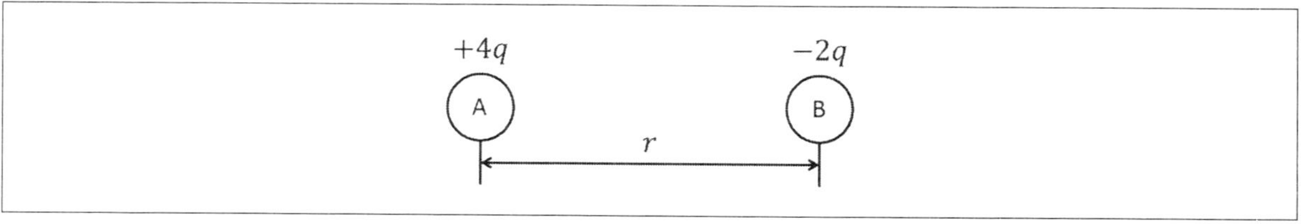

① $\dfrac{1}{2}F$

② $\dfrac{1}{8}F$

③ $\dfrac{1}{16}F$

④ $\dfrac{1}{32}F$

16 다음 중 빛(광파)과 소리(음파)에 대한 설명으로 가장 옳은 것은?

① 빛은 매질이 있어야만 에너지가 전달되는 파동이다.

② 빛과 진동 형태가 비슷한 파동으로는 지진파의 p파가 있다.

③ 빛은 종파이고, 소리는 횡파이다.

④ 빛이 속력이 느린 매질에서 빠른 매질로 진행할 때, 전반사가 발생할 수 있다.

---

14 먼저 질량 20kg, 30kg인 물체 A, B가 줄로 연결되어 150N의 힘으로 끌려가고 있으므로 다음과 같이 운동 방정식을 세워 두 물체의 가속도를 구하면 오른쪽 방향으로 $a = 3m/s^2$ 이다.

$150 = (20 + 30)a$

그리고 각각의 물체를 기준으로 운동 방정식을 세우면 다음과 같으며, 이 식들을 풀면 줄에 걸리는 장력(줄이 A를 당기는 힘의 크기) $T = 60N$임을 구할 수 있다.

- 물체 B 기준 : $150 - T = 30 \times 3$
- 물체 A 기준 $T = 20 \times 3$

15

쿨롱의 법칙에 따라 거리가 r인 두 전하 q_1, q_2 사이에 작용하는 전기력 $F = k\dfrac{q_1 q_2}{r^2}$ 이다.

초기 전기력 $F = k\dfrac{4q \times (-2q)}{r^2} = k\dfrac{8q^2}{r^2}$ 이다. 이후 동일한 크기의 금속구 A, B를 접촉시키면 전하는 평균적으로 재분배된다.

따라서 접촉 후 각 금속구의 전하 $q' = \dfrac{+4q + (-2q)}{2} = +q$이며, 나중 전기력 $F' = k\dfrac{q \times q}{(2r)^2} = \dfrac{1}{4}k\dfrac{q^2}{r^2}$ 이다.

$\therefore F' = \dfrac{1}{4}\left(\dfrac{F}{8}\right) = \dfrac{1}{32}F$

16 ④ 전반사는 빛이 만한 매질(속력이 느린 매질)에서 소한 매질(속력이 빠른 매질)로 입사할 때, 입사각이 임계각보다 커지면 굴절하지 않고 모두 반사되는 현상이다.

① 빛(광파)은 전자기파로, 매질 없이 진공에서도 전달된다. 반면, 소리(음파)는 전달을 위해서는 매질이 필요하다.

②③ 빛은 진행 방향에 수직으로 진동하는 횡파이다. 지진파의 P파는 진행 방향과 나란하게 진동하는 종파이므로 진동 형태가 다르다. 빛과 진동 형태가 비슷한 파동으로는 횡파인 지진파의 S파가 있다.

정답 및 해설　14.② 　15.④ 　16.④

17 높이 h=90m에서 질량 m인 물체를 연직 상방을 향해 속도 15m/s로 던져 올렸다. 바닥(h=0m)에 떨어질 때까지 걸리는 시간은? (단, 공기 저항은 무시하고, 중력가속도의 크기는 10m/s^2 이다.)

① 4초   ② 6초

③ 8초   ④ 10초

18 그림과 같이 저항 R, 코일 L, 축전기 C를 전압의 최댓값이 150V이고 진동수가 f_0로 일정한 교류 전원에 연결하였다. 저항 R은 40Ω이고, 저항 양단과 코일 양단에 걸리는 전압의 최댓값은 각각 120V와 90V 이다. 이 회로의 공명 진동수(f)는?

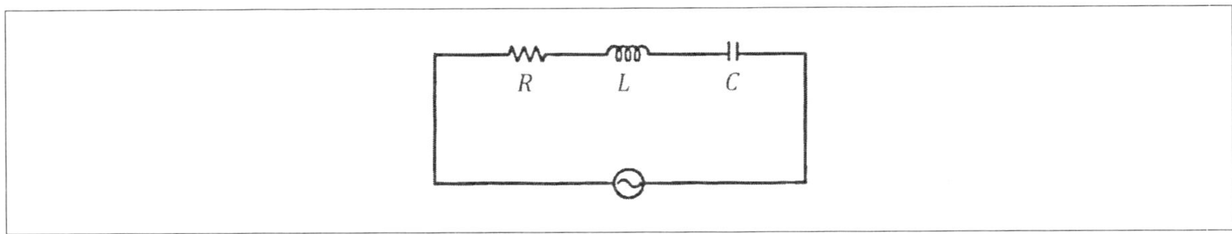

① $\dfrac{1}{2}f_0$

② $\dfrac{1}{\sqrt{2}}f_0$

③ f_0

④ $\sqrt{2}f_0$

17 물체의 위치를 나타내는 방정식 $s = s_0 + v_0 t + \dfrac{1}{2}at^2$ 을 다음과 같이 설정하고 시간 t를 구하면 된다.

- 초기 위치 $s_0 = 90\,m$ (바닥을 기준점 0으로 가정)
- 초기 속도 $v_0 = 15\,m/s$ (위 방향을 (+)로 설정)
- 가속도 $a = -g = -10\,m/s^2$ (물체에 작용하는 중력 가속도는 아래 방향이므로 (−)로 설정)
- 나중 위치 $s = 0\,m$ (나중에 바닥에 떨어질 때 위치)

이를 풀면 $0 = 90 + 15t + \dfrac{1}{2}(-10)t^2 = -5(t^2 - 3t - 18) = -5(t-6)(t+3)$ 이 되어, 가능한 시간 t=6초 또는 −3초를 얻는다. 이중 시간은 음수가 될 수 없으므로 6초가 정답이다.

18 RLC 직렬 교류 회로에서 전체 전압의 최댓값($V_{\max}$)은 각 소자 양단의 전압 최댓값 $\left(V_R,\ V_L,\ V_C\right)$과 다음과 같은 관계를 가진다.

$$V_{\max}^2 = V_R^2 + \left(V_L - V_C\right)^2$$

상기 식에 주어진 값을 대입하여 축전기 양단의 전압 최댓값 V_C을 구하면 $150^2 = 120^2 + (90 - V_C)^2$에서 $V_C = 180\,V$ 또는 $0\,V$가 나온다. 그런데 코일에 걸리는 전압의 최댓값 $V_L = 90\,V$이므로 $V_C = 0\,V$는 불가능하므로 $V_C = 180\,V$이다.

RLC 회로에서 공명이 일어날 조건은 코일의 유도 리액턴스(X_L)와 축전기의 용량 리액턴스(X_C)가 같을 때이다. 그런데 $X_L = 2\pi f L,\ X_C = \dfrac{1}{2\pi f C}$의 관계에 따라 코일의 유도 리액턴스는 인가된 진동수에 비례하고, 축전기의 용량 리액턴스는 인가된 진동수에 반비례한다. 따라서 진동수를 f_0에서 nf_0로 n배 증가시키면, X_L은 n배가 되고, X_C는 $\dfrac{1}{n}$이 된다. 문제에서 원래의 진동수 f_0일 때 코일의 유도 리액턴스(X_L)와 축전기의 용량 리액턴스(X_C)의 비는 걸리는 전압의 비와 같으므로 1:2인데, 공명 진동수를 nf_0라고 하면 $n = \dfrac{2}{n}$이 성립하여야 하므로 $n = \sqrt{2}$ 가 되어 공명 진동수 $f = \sqrt{2}f_0$임을 구할 수 있다.

19 다음 중 반도체에 대한 설명으로 가장 옳지 않은 것은?

① 반도체 물질은 온도가 올라갈수록 전기전도도가 작아지게 된다.

② 순수 반도체에 원자가 전자가 3개인 원소를 도핑한 것은 'p형 반도체'이다.

③ p형 반도체와 n형 반도체를 접합하여 만드는 반도체 소자를 'p-n 접합 다이오드'라고 한다.

④ 순수 반도체에 불순물 원소를 소량 첨가하는 것을 '도핑'이라고 한다.

20 그림은 동일한 4개의 전구 A, B, C, D가 연결된 전기 회로이다. 스위치 S를 닫을 때, 괄호 안에 들어갈 말들을 옳게 나열한 것은?

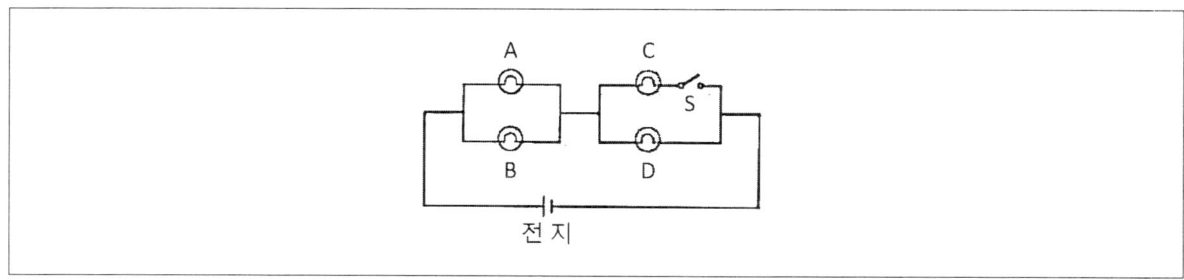

스위치 S를 닫는다. → 전구 C와 D의 합성저항은 전구 D의 저항보다 (㉠) 한다. → 전구 A에 걸린 전압은 (㉡) 한다. → 전구 B의 소모 전력은 (㉢) 한다.

	㉠	㉡	㉢
①	증가	증가	감소
②	증가	감소	감소
③	감소	증가	증가
④	감소	증가	감소

19 ① 반도체는 온도가 올라갈수록 원자가띠(valence band)의 전자가 전도띠(conduction band)로 더 많이 이동하여 전기 전도도가 커진다. 도체인 금속이 온도가 올라갈수록 전도도가 작아지는 것과는 반대의 현상이 나타난다.

② 순수 반도체(주로 원자가 전자 4개를 가지는 4족 원소)에 원자가 전자가 3개인 3족 원소(B, Al, Ga, In 등)를 도핑하면 전자가 부족한 양공(hole)이 주된 전하 운반자(carrier) 역할을 하는 p형 반도체가 된다. 참고로 순수 반도체에 원자가 전자가 5개인 5족 원소(N. P, As, Sb 등)를 도핑하면 남은 전자(과잉 전자)가 전하의 운반자 역할을 하는 n형 반도체가 된다.

③ p형 반도체와 n형 반도체를 접합한 구조를 p-n 접합이라고 하며, 이는 가장 기본적인 반도체 소자인 다이오드를 만든다.

④ 순수한 반도체의 전기적 특성을 조절하기 위해 고의로 소량의 불순물 원소(3족 또는 5족 원소)를 첨가하는 과정을 도핑이라고 한다.

20 스위치 S를 닫으면 전구 C와 D는 병렬로 연결되어 있으므로 합성저항 $\dfrac{1}{R_{tot}} = \dfrac{1}{R} + \dfrac{1}{R} = \dfrac{2}{R}$ 이 되어 $R_{tot} = \dfrac{R}{2}$ 가 되어 원래 전구 D의 저항 R에 비해 감소하게 된다. 전구에 걸리는 전압은 전구 저항의 크기에 비례하여 걸리기 때문에 전구 C/D의 합성 저항이 감소하면 전구 A와 전구 B에 걸리는 전압은 증가한다. 또한 모든 전구의 저항은 동일하므로 전구 A와 전구 B에 각각 걸리는 전압은 동일하다. 전구 B의 소모전력 $P = \dfrac{V_B^2}{R}$ 에서 스위치 S를 닫기 전보다 전구 B에 걸리는 전압 V_B의 크기가 증가하였으므로 전구 B의 소모전력은 증가한다.

정답 및 해설   19.①   20.③

1 그림은 xy 평면에서 연속적으로 발생하여 x 축과 나란한 방향으로 진행하는 파동의 시간 t = 0초, t = 0.5초인 순간의 모습을 각각 나타낸 것이다. 이에 대한 설명으로 옳은 것은?

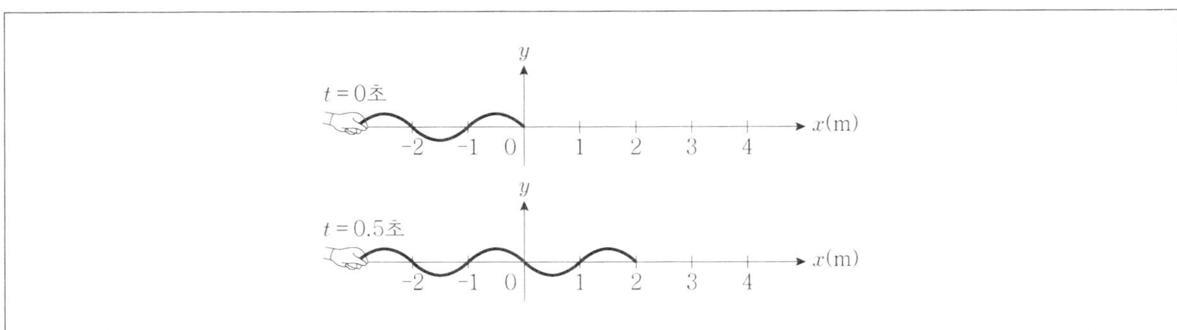

① 파장은 1m이다.

② 진동수는 0.5Hz이다.

③ 파동의 속력은 4m/s이다.

④ x = 3m인 지점이 마루가 되는 순간, x = 0m인 지점도 마루가 된다.

2 그림 ㈎~㈐는 도체, 반도체, 절연체의 에너지띠 구조를 순서 없이 나타낸 것이다. A는 전자가 가득 채워진 영역을, B는 비어 있는 영역을 나타낸다. 이에 대한 설명으로 옳은 것만을 모두 고르면?

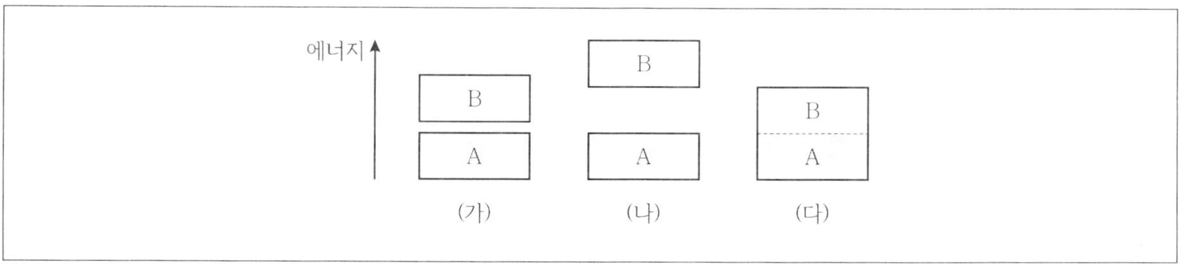

㉠ ㈎는 반도체이다.

㉡ 띠 간격은 ㈏가 ㈎보다 크다.

㉢ 상온에서 전기 전도성은 ㈐가 ㈏보다 작다.

① ㉠, ㉡

② ㉠, ㉢

③ ㉡, ㉢

④ ㉠, ㉡, ㉢

1

③ 파동의 속력은 $\dfrac{2\,m}{0.5\,s}=4\,m/s$이다.

① 공간에 퍼져 나가는 파동의 한 주기(cycle) 동안의 길이인 파장은 2m이다.

② t=0초와 0.5초 사이에 한 주기(cycle)가 진행되었으므로 진동수는 $\dfrac{1\,cycle}{0.5\,s}=2\text{Hz}$이다.

④ 파장의 길이가 2m이므로, x=3m인 지점이 마루가 되는 순간, x=0m인 지점은 x=3m인 지점과 위상이 반대이다. 따라서 x=0m인 지점은 마루가 아니라 배가 된다.

2

그림 ㈎~㈐에서 A는 원자의 최외각 전자가 모여 있는 에너지띠인 가전자대(valence band)를, B는 원자의 최외각 전자가 에너지를 얻어 이동할 수 있는 에너지띠인 전도대(conduction band)를 나타낸다. 이때 전도대의 전자 중 가장 낮은 에너지를 갖는 전자의 에너지와 가전자대의 전자 중 가장 높은 에너지를 갖는 전자의 에너지 차이를 에너지띠 간격(energy band gap)이라고 한다.

도체는 에너지띠 간격이 작아 최외각 전자가 쉽게 자유전자로서 존재할 수 있는 물질을 말하며, 부도체는 이와는 반대로 에너지띠 간격이 커서 최외각 전자가 쉽게 자유전자로서 존재할 수 없는 물질을 말한다. 반도체는 이 에너지띠 간격이 도체와 부도체 사이의 값을 갖는 물질을 말한다. 따라서 그림에서 ㈎는 반도체, ㈏는 부도체, ㈐는 도체의 에너지띠 구조를 나타내고 있다.

㉠ 위의 설명에서 ㈎는 반도체이다.

㉡ 그림에서 에너지띠 간격은 ㈏ > ㈎ > ㈐ 순이다. 따라서 띠 간격은 ㈏가 ㈎보다 크다.

㉢ 상온에서 전기 전도성은 도체인 ㈐가 부도체인 ㈏보다 크다.

정답 및 해설 1.③ 2.①

3 다음 글에서 설명하는 전자기파 A는?

> • 파장에 따라 다른 색으로 보인다.
> • 어떤 전자기파의 파장이 500nm인 경우, A에 속한다.
> • 사람의 눈으로 관찰할 수 있는 전자기파이다.

① 감마(γ)선 ② X선
③ 가시광선 ④ 마이크로파

4 그림 ⑺는 수평면에서 물체 A가 정지해 있는 물체 B를 향해 $4v$의 속력으로 운동하는 모습을 나타낸 것이다. 그림 ⑻는 ⑺에서 B와 충돌한 A가 반대 방향으로 v의 속력으로 운동하는 모습을 나타낸 것이다. A, B의 질량은 각각 m, $2m$이다. ⑻에서 B의 속력은? (단, A, B는 동일 직선상에 있고, 모든 마찰은 무시한다)

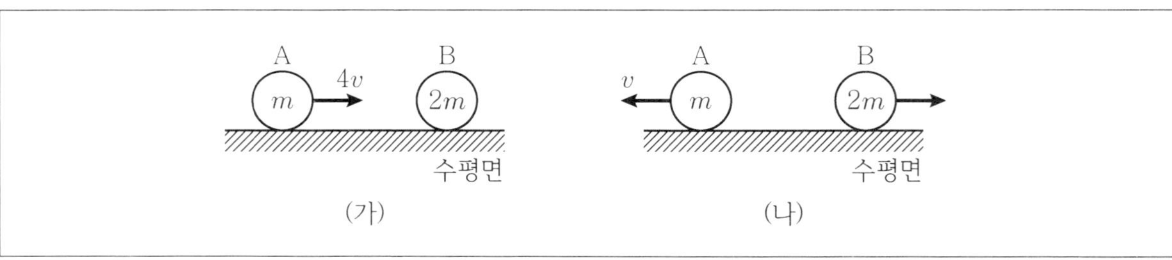

① v ② $1.5v$
③ $2.5v$ ④ $3v$

5 그림은 용수철을 따라 오른쪽으로 진행하는 파동의 어느 순간의 모습을 나타낸 것이다. 용수철의 진동 방향과 파동의 진행 방향은 나란하다. 이에 대한 설명으로 옳은 것만을 모두 고르면?

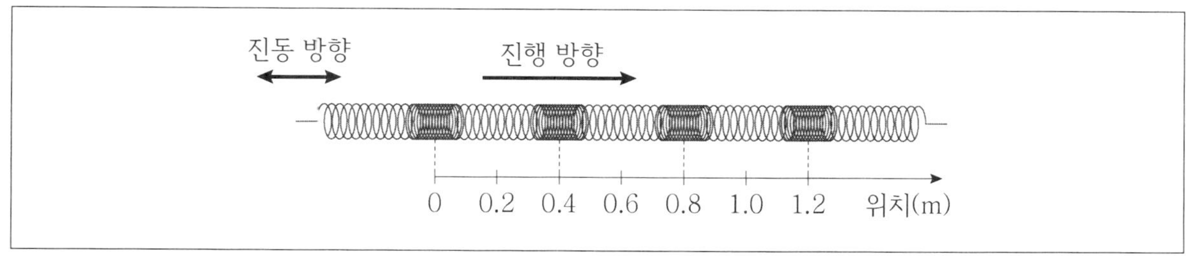

㉠ 횡파이다.
㉡ 파장은 0.4m이다.
㉢ 진행 방향으로 에너지가 전달된다.

① ㉠

② ㉡

③ ㉠, ㉢

④ ㉡, ㉢

---

3 가시광선은 사람의 눈으로 유일하게 관찰할 수 있는 전자기파이다. 가시광선의 파장대는 약 380nm에서 750nm 사이이며, 이 범위 내에서 파장에 따라 보라색부터 빨간색까지 무지개 색깔의 다양한 색의 빛이 나타난다. 이중 보라색이 파장이 가장 짧으며, 빨간색으 파장이 가장 길다.

4 외부에서 힘이 작용하지 않을 경우 두 개 이상의 물체가 충돌하거나 분열할 때, 충돌 전후의 총 운동량이 항상 일정하게 보존된다는 운동량 보존 법칙을 이용하여 해결할 수 있다. 이에 따라 식을 세우면 다음과 같으며, 이를 풀면 $v' = 2.5v$임을 구할 수 있다.
$$m \times 4v + 2m \times 0 = m \times (-v) + 2m \times v'$$

5 ㉡ 용수철을 따라 오른쪽으로 진행하는 파동의 한 주기(cycle) 동안의 길이인 파장은 0.4m이다.
㉢ 용수철의 진동 방향과 파동의 진행 방향이 같으므로 에너지가 전달되는 방향은 진행 방향과 같다.
㉠ 그림에서 용수철의 진동 방향과 파동의 진행 방향이 같기 때문에 이 파동은 횡파가 아니라 종파이다.

정답 및 해설 3.③ 4.③ 5.④

6 그림은 직선 운동하는 물체의 속도를 시간에 따라 나타낸 것이다. 이에 대한 설명으로 옳지 않은 것은?

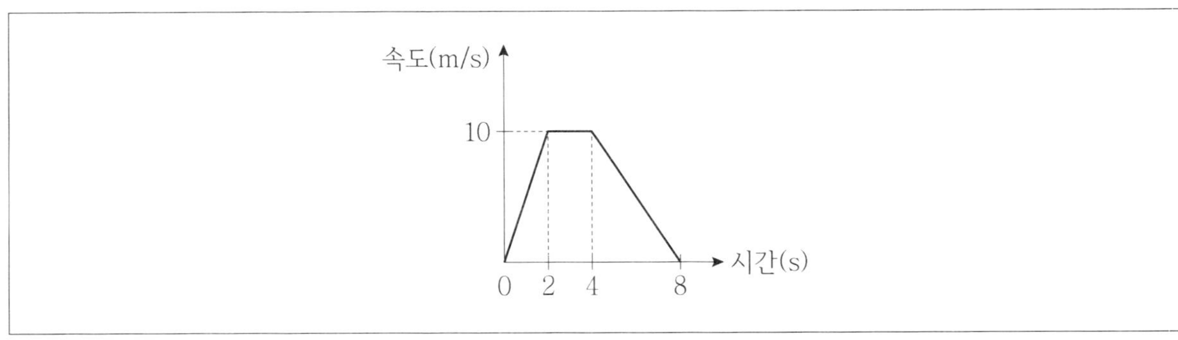

① 1초일 때 물체의 가속도의 크기는 $5m/s^2$이다.

② 5초일 때 물체의 속력은 2.5m/s이다.

③ 0초부터 8초까지 물체의 이동 거리는 50m이다.

④ 0초부터 8초까지 물체의 평균 속력은 6.25m/s이다.

7 그림은 수평면에서 질량이 각각 M, m인 두 물체 A, B를 실 p로 연결하고 일정한 힘 F로 당길 때, A, B가 같은 가속도로 운동하는 모습을 나타낸 것이다. 이에 대한 설명으로 옳은 것은? (단, $M > m$이고, 실의 질량과 모든 마찰은 무시한다)

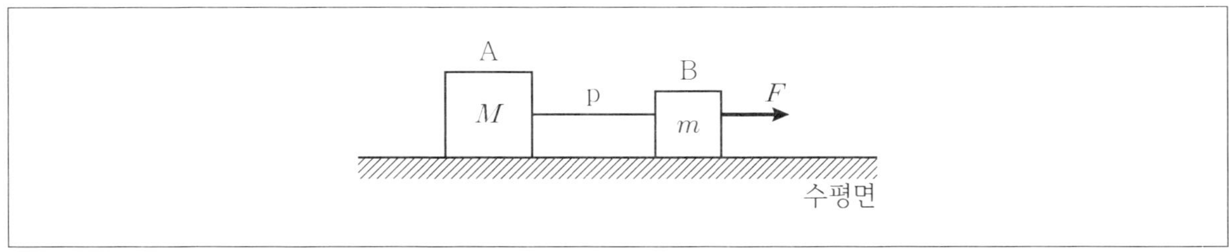

① p가 A를 당기는 힘의 크기는 p가 B를 당기는 힘의 크기보다 크다.

② A가 p를 당기는 힘과 B가 p를 당기는 힘은 작용 반작용 관계이다.

③ p가 A를 당기는 힘의 크기는 F보다 작다.

④ B의 가속도의 크기는 $\dfrac{F}{M}$이다.

6 ② 물체의 속력은 속도의 절댓값과 같다. 그림에서 4초부터 8초까지 속도는 10m/s에서 0으로 선형적으로 감소하므로 5초일 때 물체의 속력은 속도와 같은 7.5m/s이다.

① 그림으로 주어진 속도-시간 그래프에서의 기울기는 가속도이다. 따라서 1초일 때의 물체의 가속도는 그래프의 기울기와 같은 $\dfrac{10m/s}{2s}=5m/s^2$이다.

③ 주어진 속도-시간 그래프에서 그래프 아래의 넓이의 합이 주어진 시간 동안에 이동한 거리와 같다. 따라서 0초부터 8초까지 물체의 이동 거리는 $\dfrac{1}{2}\times10\times(2-0)+10\times(4-2)+\dfrac{1}{2}\times10\times(8-4)=50m$이다.

④ 0초부터 8초까지의 물체의 평균 속력은 $\dfrac{이동거리}{시간}=\dfrac{50m}{8s}=6.25m/s$이다.

7 ③ p가 A를 당기는 힘의 크기는 $\dfrac{M}{M+m}F$이므로 F보다 작다.

① 실 p가 A를 당기는 힘과 실 p가 B를 당기는 힘은 모두 실 p에 걸리는 실의 장력을 의미한다. 동일한 운동계에서 같은 실에 걸리는 힘의 크기는 같다. 즉, p가 A를 당기는 힘의 크기는 p가 B를 당기는 힘의 크기와 같다.

② A가 p를 당기는 힘과 p가 A를 당기는 힘, B가 p를 당기는 힘과 p가 B를 당기는 힘은 작용 반작용 관계에 있다. A가 p를 당기는 힘과 B가 p를 당기는 힘은 서로 크기가 같아 힘의 평형을 이루고 있으나 작용 반작용 관계는 아니다.

④ 두 물체 A와 B는 실로 연결되어 있으므로 일정한 힘 F로 당길 때 A와 B는 동시에 동일한 운동을 한다. 따라서 이때 운동 방정식 $F=(M+m)a$를 풀어서 얻은 B의 가속도의 크기는 $\dfrac{F}{M+m}$이다.

정답 및 해설 6.② 7.③

8 그림은 관찰자 A에 대해 관찰자 B가 탄 우주선이 $0.5c$의 속력으로 직선 운동하는 모습을 나타낸 것이다. B의 관성계에서 광원과 거울 사이의 거리는 L이고, 광원에서 우주선의 운동 방향과 수직으로 발생시킨 빛은 거울에 반사되어 되돌아온다. 이에 대한 설명으로 옳은 것만을 모두 고르면? (단, c는 빛의 속력이다)

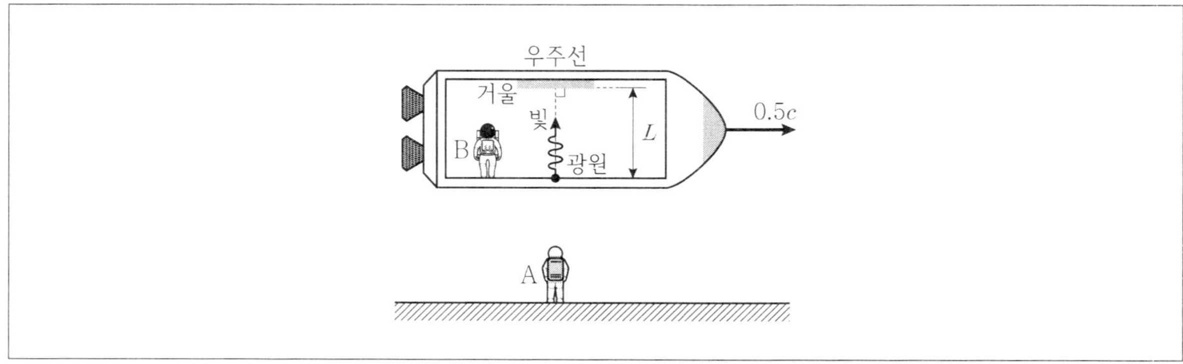

㉠ A의 관성계에서 빛의 속력은 c이다.
㉡ A의 관성계에서 광원과 거울 사이의 거리는 L보다 길다.
㉢ B의 관성계에서 A의 시간은 B의 시간보다 빠르게 간다.

① ㉠
② ㉠, ㉢
③ ㉡, ㉢
④ ㉠, ㉡, ㉢

9 그림은 수평면으로부터 높이가 $3h$인 점 p에 가만히 놓은 물체가 궤도를 따라 운동하여 점 q와 높이가 h인 점 r을 차례대로 지나는 모습을 나타낸 것이다. q에서 물체의 운동 에너지는 r에서 물체의 중력 퍼텐셜 에너지와 같다. 이에 대한 설명으로 옳은 것만을 모두 고르면? (단, g는 중력 가속도이고, 수평면에서 물체의 중력 퍼텐셜 에너지는 0이며, 물체의 크기와 모든 마찰은 무시한다)

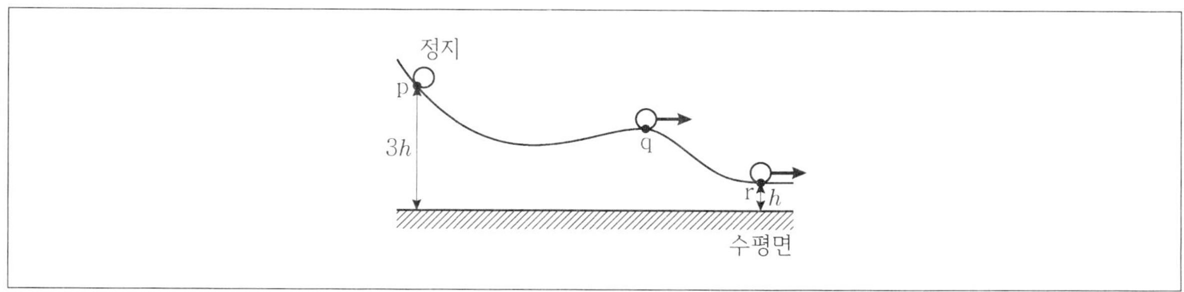

  ㉠ q에서 r까지 운동하는 동안 물체의 중력 퍼텐셜 에너지 감소량은 물체의 운동 에너지 증가량과 같다.
  ㉡ q에서 물체의 중력 퍼텐셜 에너지는 운동 에너지의 2배이다.
  ㉢ r에서 물체의 속력은 $\sqrt{8gh}$ 이다.

① ㉠, ㉡
② ㉠, ㉢
③ ㉡, ㉢
④ ㉠, ㉡, ㉢

---

8 ㉠ 특수 상대성 이론의 두 번째 가정인 광속 불변의 원리에 따라, 어떤 관성계에서 측정하든지 진공에서의 빛의 속력은 항상 c로 일정하다. 따라서 A의 관성계에서 측정된 빛의 속력도 c이다.

  ㉡ 특수 상대성 이론에 따른 물체의 길이 수축은 운동 방향과 나란한 방향으로만 발생하며, 운동 방향과 수직인 방향으로는 길이 변화가 일어나지 않는다. 문제에서 관찰자 A는 우주선의 운동 방향과 수직인 방향으로 놓여 있는 광원-거울 사이의 거리를 측정하고 있으므로 A가 측정한 거리도 B가 측정한 고유 길이 L과 같다.

  ㉢ 움직이는 관성계에서 일어나는 현상을 정지한 관찰자가 볼 때, 그 시간은 느리게(길게) 측정되는 시간 지연 현상이 나타난다. 이 문제에서 관찰자 B의 관성계에서는 관찰자 A의 시간(움직이는 시간)이 B 자신의 시간(고유 시간)보다 느리게 간다.

9 ㉠ 운동하는 동안 외력이 작용하지 않고 마찰력과 같은 비보존력이 작용하지 않는 운동이다. 따라서 역학적 에너지 보존 법칙이 성립한다. 다라서 q에서 r까지 운동하는 동안 물체의 중력 퍼텐셜 에너지 감소량은 물체의 운동 에너지 증가량과 같다.

  ㉡ 문제에서 q에서 물체의 운동 에너지는 r에서 물체의 중력 퍼텐셜 에너지인 mgh와 같다고 하였으므로 역학적 에너지 보존 법칙에 따라 q에서 물체의 중력 퍼텐셜 에너지는 p에서 물체의 중력 퍼텐셜 에너지이자 총 역학적 에너지 $3mgh$에서 mgh를 뺀 $2mgh$와 같다. 따라서 q에서 물체의 중력 퍼텐셜 에너지는 운동 에너지의 2배라는 설명은 맞는 설명이다.

  ㉢ r에서 물치의 운동 에너지는 총 역학적 에너지 $3mgh$에서 중력 퍼텐셜 에너지 mgh를 뺀 $2mgh$이다. 따라서 $2mgh = \dfrac{1}{2}mv^2$의 관계에 따라 r에서의 물체의 속력은 $\sqrt{4gh}$ 이다.

정답 및 해설   8.①   9.①

10 그림은 점전하 A, B, C가 각각 $x = 0$, $x = d$, $x = 3d$에 고정되어 있는 모습을 나타낸 것이다. A는 양 (+)전하이다. C가 받는 전기력은 0이고, B가 받는 전기력의 방향은 $+x$방향이다. 이에 대한 설명으로 옳은 것만을 모두 고르면?

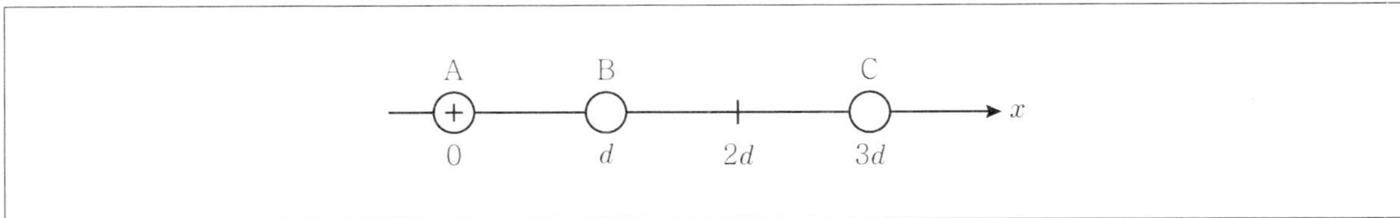

㉠ A가 B에 작용하는 전기력의 방향은 $+x$방향이다.
㉡ C는 양(+)전하이다.
㉢ 전하량의 크기는 C가 B보다 크다.

① ㉠, ㉡

② ㉠, ㉢

③ ㉡, ㉢

④ ㉠, ㉡, ㉢

11 다음 핵반응에 대한 설명으로 옳은 것은? (단, ㈎는 원자핵 또는 입자이다)

$$^{235}_{92}\text{U} + \boxed{\text{㈎}} \rightarrow {}^{141}_{56}\text{Ba} + {}^{92}_{36}\text{Kr} + 3\boxed{\text{㈎}} + 200 \text{ MeV}$$

① 핵융합 반응이다.

② ㈎는 $^{1}_{0}\text{n}$이다.

③ 크립톤($^{92}_{36}\text{Kr}$)의 중성자 수는 36이다.

④ 핵반응 전후 질량 결손이 일어나지 않는다.

---

10 ⓛ B가 받는 알짜 전기력의 방향은 $+x$ 방향이라고 하였으므로, A가 B에 작용하는 인력보다 C가 B에 작용하는 인력이 더 커야 한다. 따라서 C는 B와 반대인 양($+$)전하이다.

ⓒ 쿨롱의 법칙에 따라 두 전하 입자 사이에 작용하는 정전기적 인력은 두 전하의 곱에 비례하고, 두 입자 사이의 거리 제곱에 반비례한다$\left(F = k\dfrac{q_1 q_2}{r^2}\right)$. 문제에서 점전하 A와 B가 C에 작용하는 전기력의 합력은 0이라고 하였으므로 A와 B는 반대의 전하를 나타내고, A와 C 사이에 작용하는 전기력의 크기와 B와 C 사이에 작용하는 전기력의 크기가 같음을 이용하여 $k\dfrac{Q_A \times Q_C}{(3d)^2} = k\dfrac{Q_B \times Q_C}{(2d)^2}$ 라고 식을 세울 수 있고, 이 식을 풀면 $\left|\dfrac{Q_A}{Q_B}\right| = \dfrac{9}{4}$이다. 아울러 문제에서 B가 받는 알짜 전기력의 방향은 $+x$ 방향이라고 하였으므로, A와 B 사이에 작용하는 전기력의 크기가 B와 C 사이에 작용하는 전기력의 크기보다 작아야 하고 $k\dfrac{Q_A \times Q_B}{(d)^2} < k\dfrac{Q_B \times Q_C}{(2d)^2}$ 인 관계가 성립한다. 이 식을 풀면 $\left|\dfrac{Q_C}{Q_A}\right| > 4$이므로 전하량이 작은 것부터 큰 순서로 나열하면, B < A < C가 되므로 전하량의 크기는 C가 B보다 크다.

ⓞ 문제에서 점전하 C가 받는 전기력은 0이라고 하였으므로, C가 어떤 전하를 가지든 A와 B는 C에 대해 한쪽은 인력을, 다른 한쪽은 척력이 작용해야 한다. 따라서 A와 B는 반대의 전하를 가져야 하며, B는 ($-$) 전하를 가진다. 이 경우 A와 B는 서로 잡아당기는 인력이 작용한다. 즉, 점전하 A가 B에 작용하는 전기력의 방향은 A쪽 방향인 $-x$ 방향일 수밖에 없다.

11 ② 반도체 Ⅰ은 순수한 반도체(14족 원소)에 15족 원소인 인(P)을 도핑한 n형 반도체, 반도체 Ⅱ는 순수한 반도체(14족 원소)에 13족 원소인 붕소(B)을 도핑한 p형 반도체이다.

① 이 반응은 무거운 우라늄(U)-235 원자핵이 바륨(Ba)과 크립톤(Kr)으로 쪼개지는 핵분열 반응이다. 핵융합 반응은 여러 개의 원자핵이 하나가 되어 더 무거운 원자핵이 되는 반응을 말한다.

③ 중성자 수 = 질량 수 - 원자번호의 관계에서 크립톤($^{92}_{36}\text{Kr}$)의 중성자 수 = 92-36 = 56이다.

④ 반응 결과 200 MeV라는 엄청나게 큰 에너지가 방출되었음을 알 수 있다. 아인슈타인의 질량-에너지 등가 원리($E = mc^2$)에 따라, 방출된 에너지는 반응 전후 질량 결손에 의해 발생한 것이다. 즉, 반응 전의 총 질량이 반응 후의 총 질량보다 크다.

정답 및 해설 10.③ 11.②

12 그림 ⑺, ⑷는 동일한 자석이 관 속으로 같은 높이에서 가만히 놓아 h만큼 낙하하는 모습을 나타낸 것이다. 이때 ⑺, ⑷에 사용된 관의 외형은 동일하며, 각각 플라스틱과 구리로 만들어져 있다. 이에 대한 설명으로 옳은 것만을 모두 고르면? (단, 모든 마찰은 무시한다)

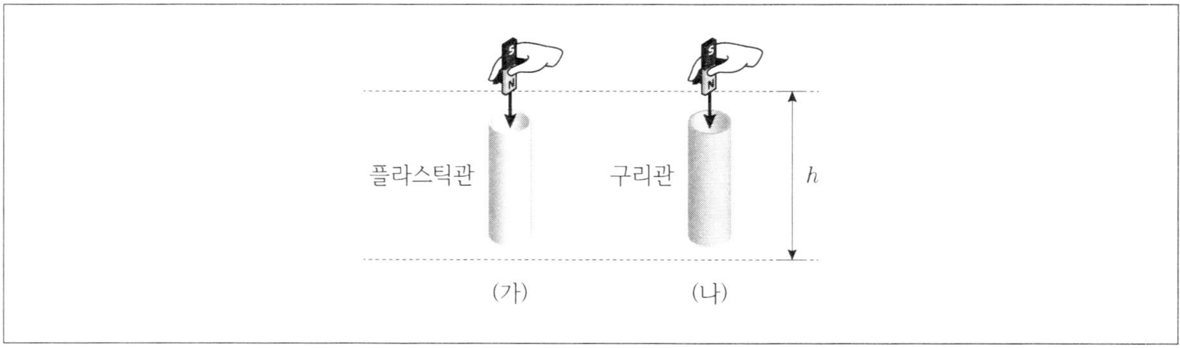

⑴ 자석이 h만큼 낙하하는 데 걸린 시간은 ⑺와 ⑷의 경우 동일하다.
⑵ 자석의 역학적 에너지 변화량의 크기가 더 큰 경우는 ⑺이다.
⑶ 자이로드롭의 브레이크 원리를 설명할 수 있는 경우는 ⑷이다.

① ⓛ

② ⓔ

③ ⓖ, ⓔ

④ ⓖ, ⓛ, ⓔ

12 자석이 ㈎플라스틱관과 ㈏구리관 속을 낙하할 때 발생하는 전자기 유도 현상과 이로 인한 역학적 에너지 변화를 비교하는 문제이다. ㈎의 경우 플라스틱은 전기가 통하지 않는 절연체이므로 자석이 낙하해도 관에 유도 전류가 생성되지 않고, 따라서 자석의 낙하를 방해하는 자기력(렌츠의 법칙에 의한 힘)이 발생하지 않는다. 반면 ㈏의 경우 구리는 전기가 잘 통하는 도체이므로 자석이 낙하하면서 구리관을 통과하면 자기장 변화에 의해 유도 전류가 발생한다. 렌츠의 법칙에 따라 이 유도 전류는 자석의 낙하를 방해하는 방향으로 자기력을 생성하여 자석의 낙하 속도를 늦추고, 이때 역학적 에너지의 일부는 열에너지로 전환된다.

ⓒ 놀이기구 자이로드롭의 자기 브레이크는 탑승체가 도체 레일을 빠른 속도로 지날 때 발생하는 전자기 유도 현상을 이용하여 제동하는 방식이다. 이는 ㈏에서 자석의 낙하를 방해하는 자기력이 유도되는 원리와 동일하며, 따라서 ㈏의 현상으로 자이로드롭의 브레이크 원리를 설명할 수 있다.

㉠ ㈏의 경우 렌츠의 법칙에 의해 자석의 낙하를 방해하는 힘이 작용한다. 따라서 ㈎와 비교하여 자석의 낙하 속도가 느리게 증가하므로, h만큼 낙하하는 데 걸리는 시간은 ㈎보다 ㈏가 더 오래 걸린다.

ⓛ 자석이 낙하하면 중력 퍼텐셜 에너지는 감소하지만, 그에 따라 운동 에너지가 증가하게 된다. 낙하를 방해하는 마찰력과 같은 비보존력이 작용하지 않으면 역학적 에너지 보존 법칙에 따라 퍼텐셜 에너지와 운동 에너지의 합은 일정하게 유지된다. ㈎의 경우 자기력이 작용하지 않으므로 공기 마찰을 무시할 경우 역학적 에너지가 거의 보존된다. 반면, ㈏의 경우 낙하를 방해하는 자기력이 비보존력으로 작용하여 역학적 에너지가 감소하며, 감소한 역학적 에너지는 열에너지로 전환된다. 따라서 역학적 에너지 변화량의 크기가 더 큰 경우는 ㈏이다.

정답 및 해설 12.②

13 그림은 지면에 수직으로 들어가는 방향의 균일한 자기장 영역을 정사각형 도선이 일정한 속력으로 통과하는 모습 A, B, C를 나타낸 것이다. 이에 대한 설명으로 옳은 것만을 모두 고르면?

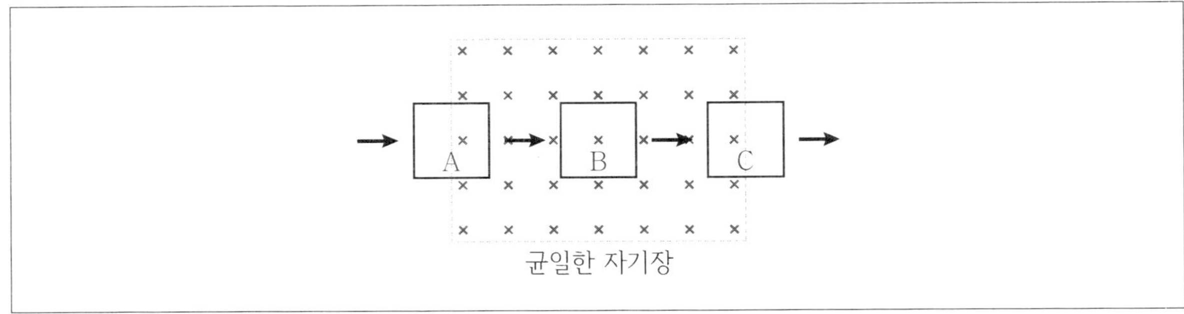

> ㉠ A에서 도선이 현재보다 빠른 속력으로 통과하면 유도 전류의 세기는 더 커진다.
> ㉡ B에서는 유도 전류가 흐르지 않는다.
> ㉢ A와 C에서 도선에 흐르는 유도 전류의 방향은 서로 같다.

① ㉠

② ㉠, ㉡

③ ㉡, ㉢

④ ㉠, ㉡, ㉢

14 그림은 p−n 접합 다이오드, 저항, 스위치를 전압이 같은 두 직류 전원에 연결한 회로를 나타낸 것이다. X, Y는 p형 반도체와 n형 반도체를 순서 없이 나타낸 것이고, 스위치를 a에 연결하면 저항에 전류가 흐르지 않는다. 이에 대한 설명으로 옳은 것은?

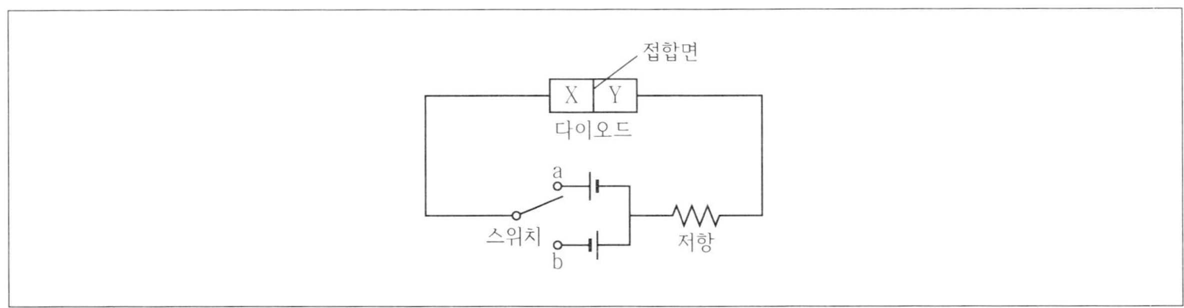

① X는 p형 반도체이다.

② 스위치를 a에 연결하면 다이오드 내부의 접합면에서 양공과 전자가 결합한다.

③ 스위치를 b에 연결하면 저항에 전류가 흐르지 않는다.

④ 스위치를 b에 연결하면 다이오드 내부에서 X의 전자는 접합면을 향하여 이동한다.

13 정사각형 도선이 균일한 자기장 영역을 통과할 때 발생하는 유도 전류에 대한 상황을 묻는 문제이다. 패러데이 전자기 유도 법칙에 따라 도선에 유도 전류가 흐르려면 도선 내부를 통과하는 자기 선속(Φ)의 시간적 변화가 있어야 한다. 이때 유도되는 기전력 $\epsilon = \dfrac{\Delta\Phi}{\Delta t}$ 이며, $\Phi = BA$(B: 자기장 세기, A : 자기장 영역 내 도선의 면적)의 관계가 성립한다.

㉠ A에서 도선이 자기장 영역으로 진입하는 동안, 자기장 영역 내 도선의 면적이 증가한다. 따라서 자기 선속이 증가하고, 유도 전류가 발생한다. 도선이 진입하는 동안 자기 선속의 변화량 $\Delta\Phi$는 일정하지만, 속력이 빨라지면 이 변화가 일어나는 데 걸리는 시간 Δt가 짧아진다. 따라서 유도 기전력 $\epsilon = \dfrac{\Delta\Phi}{\Delta t}$의 크기가 커지고, 유도 전류의 세기도 커진다. 반면, C에서 자기장 영역에서 탈출하는 동안 자기장 영역 내 도선의 면적이 감소한다. 따라서 자기 선속 Φ가 감소하고, 유도 전류가 발생한다.

㉡ B에서 도선이 자기장 영역 내부에서 완전히 통과하는 동안 자기장 영역 내 도선의 면적이 일정하게 유지된다. 따라서 자기 선속 Φ는 변화가 없으므로 $\Delta\Phi = 0$이고 유도 기전력 $\epsilon = \dfrac{\Delta\Phi}{\Delta t} = 0$이며, 유도 전류는 흐르지 않는다.

㉢ 유도 전류는 자기 선속의 변화를 방해하는 방향으로 흐른다. A에서는 들어가는 방향의 자기 선속이 증가하며, 이 자기선속의 증가를 방해하기 위해 나오는 방향의 자기장이 유도되어 반시계 방향의 유도 전류가 흐르게 된다. 반면, C에서는 들어가는 방향의 자기선속이 감소하며, 이 자기선속의 감소를 방해하기 위해 들어가는 방향의 자기장을 보충해 주기 위해 시계 방향의 유도 전류가 흐르게 된다. 따라서 A에서는 반시계 방향, C에서는 시계 방향으로 유도 전류가 흐르므로 방향은 서로 반대이다.

14 p-n 접합 다이오드에 전류가 흐르기 위해서는 p형 반도체(양공이 다수 캐리어) 쪽에 전원의 (+)극, n형 반도체(전자가 다수 캐리어) 쪽에 전원의 (−)극을 연결하는 순방향 전압이 걸려야 한다. 만약 p형 반도체 쪽에 (−)극, n형 반도체 쪽에 (+)극을 연결하는 역방향 전압이 걸릴 경우 전류가 흐르지 않는다.

④ 스위치를 b에 연결하면 n형 반도체(X)의 다수 캐리어인 전자는 (−)극의 반발력과 (+)극의 인력에 의해 접합면을 향하여 이동하게 된다. 이 전자가 p형 반도체(Y)의 양공과 접합면에서 결합하며 전류가 흐른다.

① 스위치를 a에 연결하면 저항에 전류가 흐르지 않는다고 하였으므로, 역방향 전압이 걸린다는 사실을 알 수 있다. 따라서 전원의 (+)극과 맞닿는 X는 n형 반도체이다.

② 스위치를 a에 연결하면 역방향 전압이 걸리므로 전류가 흐르지 않는다. 이 경우 접합면 근처의 전자는 (+)극 방향(X쪽)으로, 양공은 (−)극 방향(Y쪽)으로 끌려가 접합면에서 멀어지므로, 공핍층이 넓어져 양공과 전자의 결합이 일어나지 않는다.

③ 스위치를 b에 연결하면 n형 반도체인 X쪽에 (−)극, p형 반도체인 Y쪽에 (+)극이 연결된다. 이는 순방향 전압이므로, 저항에 전류가 흐른다.

15 그림과 같이 정사각형의 두 꼭짓점 A, B에 놓인 스피커에서 세기와 진동수가 같은 소리가 같은 위상으로 발생한다. 점 O는 정사각형의 두 꼭짓점 P, Q를 잇는 선분 $\overline{PQ}$의 중점이다. 두 스피커에서 발생한 소리는 P에서 상쇄 간섭이 일어난다. 이에 대한 설명으로 옳은 것은?

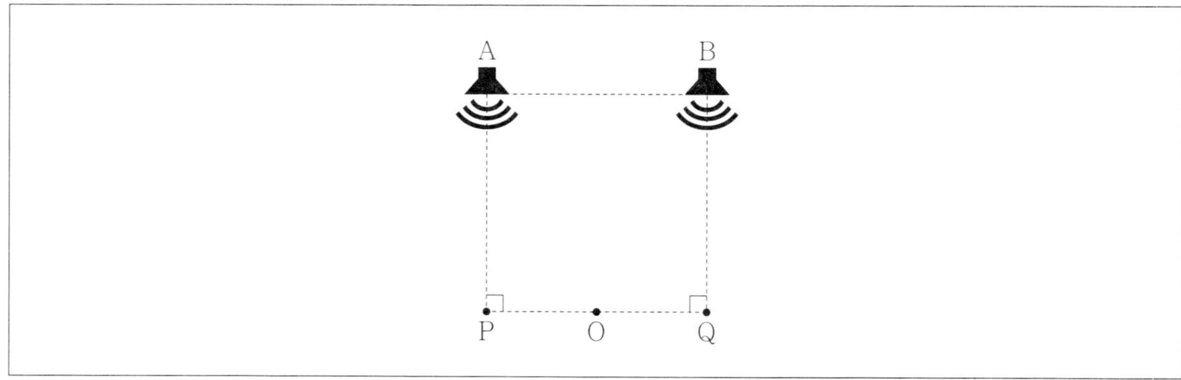

① O에서는 상쇄 간섭이 일어난다.

② Q에서 중첩되는 소리의 위상은 서로 반대이다.

③ 두 스피커 소리의 진동수를 2배로 하면, O에서 상쇄 간섭이 일어난다.

④ A에 있는 스피커만 제거할 때, P에서 측정되는 소리의 세기는 A에 있는 스피커를 제거하기 전보다 작아진다.

16 그림은 각각 등속 직선 운동을 하는 입자 A, B를 나타낸 것이고, 표는 A, B의 물질파 파장을 나타낸 것이다. 입자의 질량은 A가 B의 2배이다. 입자에 대한 설명으로 옳은 것은?

입자	A	B
물질파 파장	λ	2λ

① 운동량의 크기는 A가 B의 2배이다.

② 속력은 B가 A보다 크다.

③ 운동 에너지는 A와 B가 같다.

④ 운동량은 물질파의 파장에 비례한다.

15 ② 문제에서 P에서 상쇄 간섭이 일어난다고 했으므로 경로차 $\Delta d_P = |AP - BP| = \left(n - \dfrac{1}{2}\right)\lambda$를 만족해야 한다. Q는 P와 대칭적

인 위치에 있으므로 $\Delta d_Q = \Delta d_P = \left(n - \dfrac{1}{2}\right)\lambda$를 만족하고, 따라서 Q에서도 상쇄 간섭이 일어난다. 상쇄 간섭이 일어난다는

것은 두 파동이 합쳐질 때 서로의 효과를 상쇄시킨다는 것을 의미하며, 이는 Q에서 파동이 중첩될 때 위상이 반대임을 알

려준다.

① 점 O는 선분 PQ의 중점이고, 선분 AB에 평행하며, A와 B는 수직 방향으로 같은 높이에 존재한다. 따라서 O는 A와 B에

서 같은 거리에 위치하며, 경로차 $\Delta d_O = |AO - BO| = 0\lambda$이므로, O에서는 보강 간섭이 일어난다.

③ 진동수를 2배로 하면 파장은 그에 반비례하여 $\dfrac{1}{2}$배가 된다. O에서의 경로차 $\Delta d_O = 0$이므로 진동수와 관계 없이 항상 보

강 간섭이 일어난다.

④ A에 있는 스피커를 제거하기 전에는 P에서 A와 B의 소리가 상쇄 간섭을 일으키므로 소리의 세기가 0에 가까운 최소 상태

일 것이다. 이때 A 스피커를 제거하면 B 스피커의 소리만 P에 전달되며, 소리의 세기는 A, B 중 하나만 있을 때의 세기

와 같다. 따라서 상쇄 간섭으로 최소가 된 소리 세기(제거 전)보다, 하나의 스피커만 있을 때의 소리 세기(제거 후)가 더

커진다.

16 ① 드브로이 물질파 공식 $\lambda = \dfrac{h}{p}$에서 $p_A = \dfrac{h}{\lambda}$, $p_B = \dfrac{h}{2\lambda}$이다. 따라서 $p_A : p_B = 2 : 1$이므로 운동량의 크기는 A가 B의 2배이다.

② 운동량 $p = mv$이므로, 속력 $v = \dfrac{p}{m}$이다. 입자 A의 질량이 입자 B의 질량의 2배이므로 $v_A = \dfrac{p_A}{m_A} = \dfrac{h/\lambda}{2m}$이고,

$v_B = \dfrac{p_B}{m_B} = \dfrac{h/2\lambda}{m} = \dfrac{h/\lambda}{2m}$이 되어 두 입자의 속력은 같다.

③ 운동 에너지 $E_k = \dfrac{1}{2}mv^2 = \dfrac{p^2}{2m}$의 관계에서 $E_{kA} = \dfrac{p_A^2}{2m_A} = \dfrac{(2p_B)^2}{2(2m_B)} = \dfrac{p_B^2}{m_B}$이고, $E_{kB} = \dfrac{p_B^2}{2m_B}$가 되어 $E_{kA} = 2E_{kB}$이므

로 두 입자의 운동 에너지는 같지 않다.

④ 앞서 말한 것과 같이 드브로이 물질파 공식 $\lambda = \dfrac{h}{p}$에서 $p = \dfrac{h}{\lambda}$이므로, 운동량은 물질파의 파장에 반비례한다.

정답 및 해설　15.②　16.①

17 그림은 금속판에 단색광을 비추었을 때 광전자가 방출되지 않는 상황을 나타낸 것이다. 이때 광전자가 방출될 수 있도록 만드는 방법으로 옳은 것만을 모두 고르면?

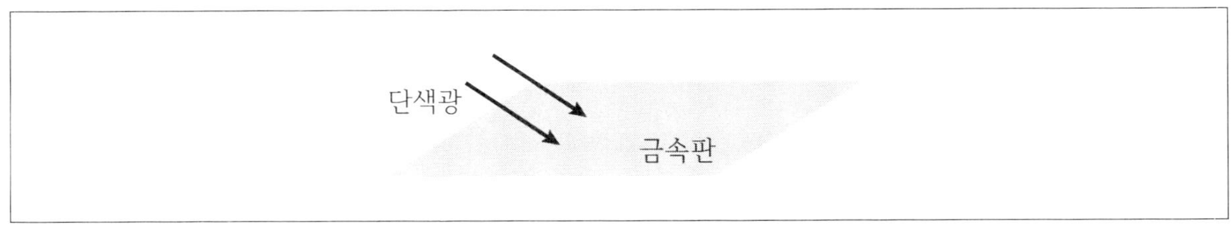

ㄱ 단색광의 파장을 감소시킨다.
ㄴ 단색광의 세기를 증가시킨다.
ㄷ 문턱(한계) 진동수가 더 큰 금속판으로 교체한다.

① ㄱ ② ㄷ
③ ㄱ, ㄴ ④ ㄱ, ㄴ, ㄷ

18 그림 (가)는 보어의 수소 원자 모형에서 양자수 n에 따른 에너지 준위의 일부와 전자의 전이에서 방출되는 빛 A, B를 나타낸 것이다. 그림 (나)는 수소 원자의 전자가 n = 3, 4, 5, 6인 상태에서 n = 2인 상태로 전이할 때 방출되는 빛에 의한 스펙트럼선을 나타낸 것이며, 파장이 짧은 것부터 순서대로 ㉠~㉣로 표시하였다. A, B와 ㉠~㉣을 바르게 연결한 것은?

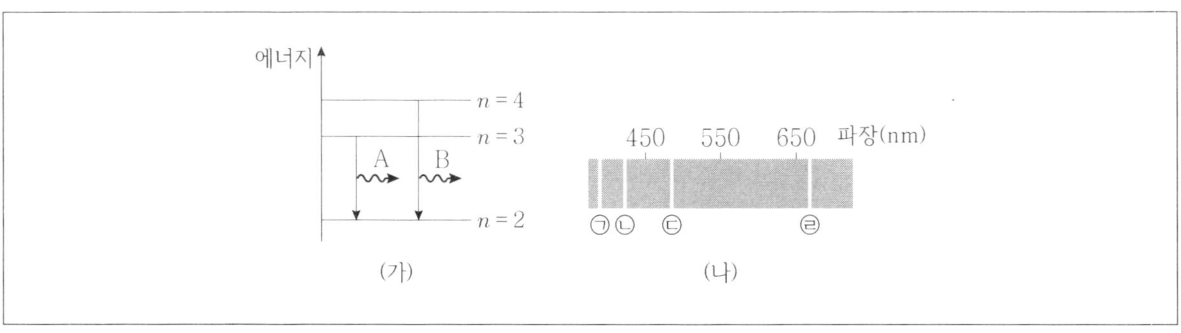

	A	B
①	㉡	㉠
②	㉡	㉢
③	㉣	㉠
④	㉣	㉢

17 금속판에 단색광을 비추었을 때 광전자가 방출되지 않는 상황이므로 광전자가 방출될 만큼 충분히 센 에너지를 가진 빛을 조사하지 않았다고 볼 수 있다.

  ㉠ $E = hf = h\dfrac{c}{\lambda}$의 관계에서 금속판에 비출 단색광의 진동수를 높이거나 파장을 감소시켜 금속판의 문턱(한계) 진동수를 넘는 빛을 조사하게 되면 광전자가 방출되는 광전 효과를 관찰할 수 있게될 것이다.

  ㉡ 에너지가 낮은 빛의 경우에는 빛의 세기를 증가시킨다고 해도 진동수는 변화가 없으므로 금속판에서 광전자가 방출되지 않는다.

  ㉢ 문턱(한계) 진동수가 더 높은 금속판으로 교체하면 현재의 금속판보다 더 높은 에너지를 가지는 빛을 조사해야 광전자를 방출시킬 수 있다. 따라서 현재 빛으로 광전자를 방출시킬 수 있게 하기 위해서는 문턱(한계) 진동수가 더 낮은 금속판으로 교체하여야 한다.

18 전자가 높은 에너지 준위에서 낮은 에너지 준위로 전이할 때 방출하는 빛의 에너지는 두 준위의 에너지 차이와 같다. 또한 방출되는 빛의 에너지 E, 진동 수 f, 파장 λ 사이에는 $E = hf = h\dfrac{c}{\lambda}$ 관계가 성립한다. 즉, 에너지 준위차가 클수록 방출되는 빛의 에너지 E가 크고, 에너지 E가 클수록 빛의 진동수 f가 크고 파장 λ는 짧다.

한편, 수소 원자에서 전자가 $n \geq 3$의 높은 준위에서 $n = 2$로 전이할 때 방출되는 스펙트럼을 발머 계열이라고 하며, 이 빛들은 가시광선 영역에 해당한다. 그림 (나)의 스펙트럼은 $n = 2$로 전이하는 발머 계열의 스펙트럼을 나타내고 있다. 그림 (나)의 스펙트럼선은 $n = 3, 4, 5, 6$에서 $n = 2$로 전이할 때 방출되는 빛을 파장이 짧은 것부터 순서대로 ㉠에서 ㉣ 순으로 표시하고 있다. 따라서, 발머 계열의 파장이 짧은 순서대로 정리하면 다음과 같다.

  ㉠ : $n = 6 \rightarrow n = 2$

  ㉡ : $n = 5 \rightarrow n = 2$

  ㉢ : $n = 4 \rightarrow n = 2$ ☞ B

  ㉣ : $n = 3 \rightarrow n = 2$ ☞ A

정답 및 해설   17.①   18.④

19 그림은 일정량의 이상 기체의 상태가 A→B→C 과정을 따라 변할 때 압력과 부피를 나타낸 것이다. 기체의 상태가 B→C 과정을 따라 변할 때 온도는 일정하고, A→B 과정과 B→C 과정에서 기체에 공급한 열량은 각각 Q_1, Q_2이다. 이에 대한 설명으로 옳은 것은?

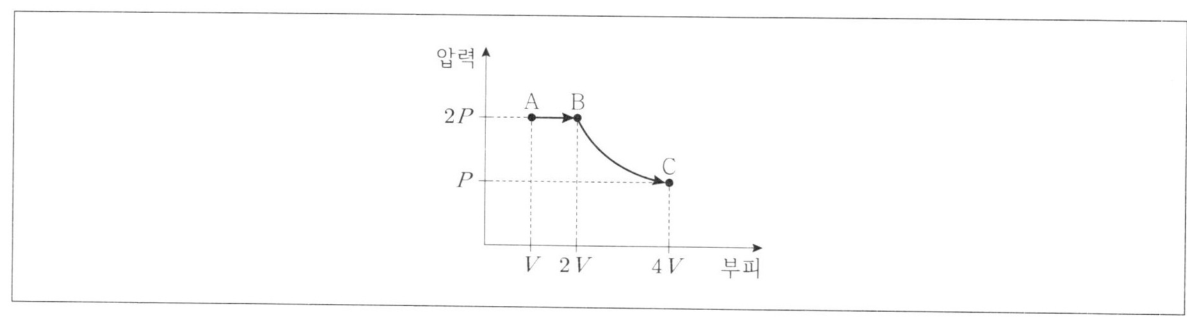

① 기체의 온도는 A에서가 C에서보다 높다.

② 기체가 한 일의 크기는 A→B 과정에서가 B→C 과정에서보다 크다.

③ A→B 과정에서 기체의 내부 에너지 변화량은 Q_1과 같다.

④ B→C 과정에서 기체가 한 일의 크기는 Q_2와 같다.

20 그림은 무한히 긴 직선 도선 P, Q가 y축과 나란한 방향으로 각각 $x = 0$, $x = 4r$에 고정되어 있는 모습을 나타낸 것이다. P에는 세기가 I인 전류가 $+y$방향으로 흐르며, Q에는 세기가 $3I$인 전류가 $-y$방향으로 흐른다. x축상의 $x = r$, $x = 5r$에서 P와 Q에 흐르는 전류에 의한 자기장의 세기를 각각 B_1, B_2라고 할 때, $\dfrac{B_2}{B_1}$는?

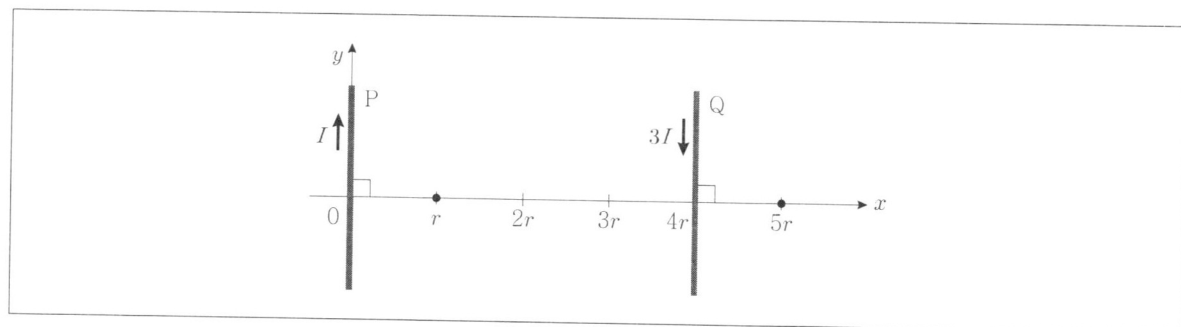

① 1

② $\dfrac{7}{5}$

③ $\dfrac{9}{5}$

④ $\dfrac{11}{5}$

19 ④ B→C 과정에서 온도 T가 일정한 등온 과정이며, 등온 과정에서는 내부 에너지 변화량 $\Delta U_{BC}=0$이다. 열역학 제1법칙에 따라 $\Delta U_{BC}=Q_2-W_{BC}=0$이므로, $Q_2=W_{BC}$가 성립한다. 즉, B→C 과정에서 기체가 한 일의 크기 W_{BC}는 Q_2와 같다.

① 기체의 몰수가 변하지 않았으므로(일정량 유지), 이상 기체 상태 방정식($PV=nRT$)에 따라 기체의 절대 온도(T)는 기체의 압력과 부피의 곱(PV)에 비례한다. 따라서 A에서의 기체의 온도 $T_A \propto 2P \times V = 2PV$, C에서의 기체의 온도 $T_C \propto P \times 4V = 4PV$에서 $T_A < T_C$이므로 A에서의 온도는 C에서보다 낮다.

② 주어진 P–V 그래프에서 기체가 한 일의 크기 W는 그래프 아래의 면적과 같다. 등압 과정 A→B 과정에서 한 일 $W_{AB}=2P \times (2V-V)=2PV$이고, 등온 과정 B→C 과정에서 한 일 $W_{BC}=nRT\ln\!\left(\dfrac{V_C}{V_B}\right)=4PV\ln(2)\simeq 2.77PV$이다.

즉, $W_{AB} < W_{BC}$이므로 A→B 과정에서 한 일이 B→C 과정에서 한 일보다 작다.

③ A→B 과정에서 온도가 증가하므로 내부 에너지 변화량 $\Delta U_{AB}>0$이다. 열역학 제1법칙에 따라 $\Delta U_{AB}=Q_1-W_{AB}$이고, 앞서 $W_{AB}=2PV>0$이므로 $\Delta U_{AB}<Q_1$의 관계가 성립한다.

20 앙페르 법칙에 따라 무한히 긴 직선 도선에 전류 I가 흐를 때, 도선으로부터 수직 거리 r만큼 떨어진 지점에서의 자기장의 세기 B는 $B=k\dfrac{I}{r}$으로 나타난다. 또한 이때 자기장의 방향은 오른손 법칙에 따른다. (여기에서는 지면을 뚫고 나오는 방향을 (+) 방향, 안으로 들어가는 방향을 (−) 방향으로 간주하여 계산하겠다.)

각 지점에서의 자기장의 세기는 전류가 흐르는 직선 도선 P와 Q에 의한 자기장의 합으로 나타낼 수 있다. 지점 $x=r$, $x=5r$에서의 자기장의 합을 구하면 다음과 같다.

$$B_1=B_{P1}+B_{Q1}=-k\frac{I}{r}-k\frac{3I}{3r}=-2k\frac{I}{r}$$

$$B_2=B_{P2}+B_{Q2}=-k\frac{I}{5r}+k\frac{3I}{r}=\frac{14}{5}k\frac{I}{r}$$

$$\therefore \frac{B_2}{B_1}=\left|\frac{\dfrac{14}{5}k\dfrac{I}{r}}{-2k\dfrac{I}{r}}\right|=\frac{7}{5}$$

시사용어사전 1228

매일 접하는 각종 기사와 정보! 공기업/언론사/기업체/공무원 채용을 준비하는 수험생과
현대인이 꼭 알아야 할 최신 시사상식을 쏙쏙 뽑아 이해하기 쉽도록 영역별로 정리

경제용어사전 1050

주요 경제용어는 거의 다 실었다! 금융권/공기업/언론사/기업체/공무원 채용을 준비하기 전에,
경지 공부를 시작하기 전에 읽어보면 경제가 쉬워지도록 사전식으로 구성

부동산용어사전 1310

부동산어 대한 이해를 높이고 부동산의 개발과 활용, 투자 및 부동산 용어 학습에도
적극적으로 이용할 수 있는 교재, 공인중개사 출제용어도 수록